中国科学院大学研究生教材系列

高等构造地质学

第二卷 新理论与应用

侯泉林 等 编著

科学出版社
北京

内 容 简 介

《高等构造地质学》按照“思想方法与构架—新理论与应用—专题知识与实践—知识综合与运用”思路构思，分四卷先后出版。本书为第二卷，主要涉及岩石变形的新理论与应用。本卷以岩石的变形、应变和流变分析为基础，以最大有效力矩准则的分析和应用及其拓展为核心内容，进而探讨广义断层模式和岩石不同变形准则的联合与应用等。

本书主要读者对象为高等院校（研究所）地质学专业研究生，也可供本科生及大学教师和科研人员等地质工作者参考。

图书在版编目（CIP）数据

高等构造地质学. 第二卷，新理论与应用 / 侯泉林等编著. —北京：科学出版社，2018.9

中国科学院大学研究生教材系列

ISBN 978-7-03-058878-4

Ⅰ. ①高…　Ⅱ. ①侯…　Ⅲ. ①构造地质学－研究生－教材　Ⅳ. ① P54

中国版本图书馆CIP数据核字（2018）第215201号

责任编辑：张井飞　韩　鹏　姜德君 / 责任校对：张小霞
责任印制：吴兆东 / 封面设计：北京东方人华科技有限公司

科学出版社出版
北京东黄城根北街 16 号
邮政编码：100717
http://www.sciencep.com
北京建宏印刷有限公司印刷
科学出版社发行　各地新华书店经销
*
2018年9月第　一　版　开本：787 × 1092　1/16
2025年3月第四次印刷　印张：17 1/4
字数：406 000

定价：128.00元

（如有印装质量问题，我社负责调换）

总　序

研究生是科学人生的关键阶段，与本科和中学阶段不同，它既有扩充拓展深化知识的功能，又有知识专门化专业化的功能，更有研究创新能力培养训练的功能。我认为教与学的方式可以分为三个层次，不同阶段其侧重点不同。

第一层次：知识传授与汲取——知识拥有；

第二层次：科学问题研讨，解决科学问题能力的培养——知识运用；

第三层次：发现和提出科学问题，创新能力的培养——知识创新。

大学之前，主要是第一层次；大学阶段要从第一层次扩展到第二层次；研究生阶段要扩展到第三层次，且以第三层次为重点。

只要上了研究生，不管将来是否从事本专业的工作，都要不遗余力地努力学习，因为研究生不仅仅是学知识，更主要的是能力的培养，进而发现自己的发展潜能。不管从事什么工作，能力是通用的。

科学是一种理论化的知识体系，更是人类不断探索真理的一种认识活动。现代社会条件下，科学也是一种社会建制，科学的发达水平、公民的平均科学素养，是衡量一个国家文明程度和综合国力强弱的重要指标。北京大学老校长蒋梦麟先生曾指出："强国之道，不在强兵，而在强民。强民之道，惟在养成健全之个人，创造进化的社会。所谓教育，就是为了达此目的之方法也。"作为知识体系，科学是逻辑连贯的、自洽的；作为活动，科学是不断修正自身，不断发展；作为社会建制，科学是人类文化的最重要组成部分，科学为技术提供指导。科学精神就是实事求是，勇于探索真理和捍卫真理的精神。主要包括：求实精神、创新精神、怀疑精神、宽容精神等几个方面，其中最主要的，是求实与创新，不求实就不是科学，不创新科学就不会发展。著名地质学家孙贤鉥先生指出："业余选手总是沉醉于自己的成绩中，而职业选手——真正的科学家总是看到自己的不足。"要成为一名真正的科学家，必须经受严格的科学训练。

研究生开展研究工作要调研和思考三个问题：

- 为什么要做这项研究？
- 还有其他人在做或做过相关的研究工作吗？已经做到了什么程度？
- 别人是怎样做的？有无借鉴的价值？如何超过前人的工作？

构造地质学有其自身学科特点，主要表现在以下方面：

时间跨度大：地球长达42亿年的变形历史，从前寒武纪变形到现代地裂缝；早期变形可能被后期变形改造、破坏殆尽，造成对早期变形的识别困难，但辨认各期变形特色，建立变形期次、序列，重塑变形历史和过程又是构造地质学的重要任务。

尺度跨度大：从整个地球到晶格位错，以超宏观到超微观构成特色，而且其原理具有普适性，与自然现象最为贴近，这有别于其他学科。因此需要注意：①从更大的区域去理解小区域构造，避免“只见树，不见林”；②正确处理大尺度构造和小尺度构造之间的关系，避免以小代大；③忠实于野外现象，谨防以假乱真。

层次跨度大：上地壳—中地壳—下地壳—岩石圈—地幔—地核；板块构造—大陆漂移—磁条带对称分布—海底扩张—地幔对流—登陆局限性—逆冲、裂谷、走滑断层—地体—层圈构造—地幔柱构造。涉及地球整体及各圈层的相互作用。

应用和服务对象跨度大：涉及固体矿产资源（构造成矿控矿，断层阀模式等）、油气资源（构造圈闭作用）、工程建设（地基和大坝选址）、各类地质灾害（包括地震、滑坡、泥石流等）、环境保护以及全球环境变化（青藏高原隆升与气候关系）等。这是其他学科所不能媲美的。

学科跨度大：构造地质学除自身的知识体系外，还涉及岩石学、矿物学、地层古生物学、地球化学、地球物理学等方面的知识，它不仅记录了历次构造－热事件，而且是重要研究手段；构造地质学是地球科学中的上层建筑，起统帅作用。因此，构造地质学家不仅要有深厚的构造地质学功底，而且要有广博的地质学知识和扎实的野外基本功。

在地球科学领域中，各分支学科均拥有稳定的研究队伍，有各自的研究方法和技术手段，建立了各具特色的科学思维方式，能比较得心应手地研究本学科所面临的主要科学问题。然而，随着社会和科学的发展，地球科学家所面临的许多重大科学命题，却往往要求综合性的、跨学科的研究工作。这种以综合（synthesis）为主导的研究工作，已成为地球科学所面临的重大挑战，这正符合构造地质学的学科特点。因此这既是构造地质学和构造地质学家难得的机遇，同时也是严峻的挑战。

随着我国经济实力的提升，我国构造地质学研究也相应取得长足进展，拥有了国际上最先进的仪器设备；研究领域日趋扩展，地壳→岩石圈→软流圈；大陆→大洋；本土→国外；微观→超微观；定性→定量；现象描述→理论创新（如最大有效力矩准则及其扩展、广义断层模式等）。但与国际先进水平相比仍有差距，存在明显不足，主要表现在如下方面：①模仿多于创新，整体表现为跟踪为主，近些年来在有些方面显示出了领先端倪。②缺乏稳定的研究基地，泛泛提出的模式多，公认的模式和新理论产出少。我国拥有各种类型的造山带，但没有一个能够像阿尔卑斯造山带那样研究的如此精细，它尽管没有太多的年龄数据，但却成为了“构造地质学”的摇篮，构造地质学家的“朝圣地”。③实验和定量研究手段创新偏少，购买国外的先进仪器多，自己研发的装备少。④对方法学研究重视不够，缺乏后劲，近些年来有所改观。⑤知识不够宽厚，基础知识和实践经验明显不足，我们的教材与发达国家相比明显逊色。⑥在广泛利用现代化仪器分析的同时，野外地质有被边缘化或弱化之趋势，年轻地质学家的野外基本功有趋弱现象。⑦学术风气相对浮躁，存在“著书不立说”现象。作为研究生，对这些现象要有清醒的认识，要脚踏实地，力戒浮躁！

“构造地质学”（tectonics）按照研究对象尺度不同，可分为大地构造学（简称“大构造”，geotectonics）、（中小尺度）构造地质学（简称“小构造”，structural geology）、显微构造地质学（简称“显微构造”，microstructural geology），乃至超显微构造地质学（简称“超显微构造”，super-microstructural geology）。本教材侧重于小构造，但同时注重与大构造以及显微构造的衔接和延伸。此外，考虑到目前研究生通常对某一学科知识掌握的比较好，但对学科知识的综合运用相对薄弱的情况，力图使本教材能体现思想性、综合性、系统性、实用性和前沿性。

广义的“构造地质学”是地质学科的核心和基础，俗称地质学的三大件之一（三大件是指构造地质学、岩石学、地层古生物学）。构造地质学科本身有其独特的一面，它不仅具有很强的知识体系，而且具有明显的哲学色彩，其思想方法独特，涉及面宽，有较强的探索性。所以有人说“构造地质学”是地质学的统帅性学科。鉴于此，本教材的结构按照“思想方法与构架—新理论与应用—专题知识与实践—知识综合与运用”思路构思，分四卷先后出版。

第一卷　思想方法与构架：科学哲学与地质学思维方式、地球科学革命与启示、板块构造学的基本内容和思想方法。

第二卷　新理论与应用：以岩石变形理论为基础，以最大有效力矩准则的分析和应用为核心，进而探讨广义断层模式和岩石不同变形准则的联合与应用问题等。

第三卷　专题知识与实践：构造形迹（面理、线理等）、构造岩石特征、逆冲推覆构造、伸展构造、走滑构造、韧性剪切带、变质核杂岩等。

第四卷　知识综合与运用：碰撞造山带及其大地构造相分析方法、造山带研究中的若干问题、造山带研究实例分析、构造作用与成矿等。

此外，针对容易混淆和误解的一些问题，或者当前使用中有些混乱的概念，以附录的方式附于每卷之后，以便学生学习和讨论。

按说研究生不应有固定教材，而是随着学科的发展而不断修正和补充，所以与其说是教材倒不如说是参考教材更为贴切。研究生的专业课程并没有统一的教学大纲，这为各个大学和教授本人根据具体情况和自身特色因材施教提供了空间。本教材主要是作者在中国科学院大学（简称“国科大”，原中国科学院研究生院）地球与行星科学学院多年讲授“高等构造地质学”研究生核心课程、“碰撞造山带研究方法”和“板块边缘地质学”等研究生研讨课程，郑亚东教授讲授的“构造地质学新进展”以及作者在河南理工大学开设的“构造地质学系列讲座”等的基础上，经不断修正、补充完善综合而成。因涉及内容较多，不同专业研究生可根据需要选择不同部分阅读。本教材若能为研究生在课程学习阶段提供参考、有所裨益，作者就已很感满足，除此之外并无其他奢望。本教材并未邀请名师作序，主要担心书中会有错误和不妥之处，影响大师之声誉。教材中若有任何错误和问题均由作者本人负责。

这里要特别感谢中国科学院大学地球与行星科学学院的吴春明教授和闫全人教授，还有中国科学院地质与地球物理研究所的王清晨研究员，是他们的多次鼓励才使我下决心撰写本教材。本教材实际上是整个学科组集体劳动的成果，在各卷的前言中会分别予以致谢。本教材得到了多个研究项目的支持，主要包括：国家重点研发计划“深地资源勘查开采”重点专项（编号：2016YFC0600401）、国土资源部行业科研专项项目（编号：201211024-04）、岩石圈演化国家重点实验室开放课题（编号：开 201605）、国家自然科学基金重点项目（编号：41030422；90714003）、中国科学院战略性先导科技专项项目（编号：XDA05030000）等。

这里要特别感谢我的博士生导师，中国科学院地质与地球物理研究所的孙枢院士和李继亮研究员、硕士生导师钟大赉院士；我在北京大学进修时的指导老师郑亚东教授和刘瑞珣教授；我的构造地质学启蒙老师，河南理工大学的康继武教授；博士后阶段的合作导师，中国科学院高能物理所的柴之芳院士等，他们的学术思想和科学精神都深深地影响着我。遗憾的是，在第一、二卷书稿成稿之时，恩师孙枢先生和康继武先生不幸辞世，谨以本教材寄托哀思！

书中一些观点仍存在争论或还很不成熟，有些内容仍在讨论和完善之中。作者认为，这正是研究生教材与本科生教材的不同所在。此外，由于作者水平所限，疏漏和错误之处一定不少，恳请读者和广大师生不吝指教，以便今后修正完善。

于中国科学院大学 雁栖湖校区

2018 年 4 月

前　言

第二卷之所以叫“新理论与应用”，主要基于以下考虑。

（1）以新理论及其应用为核心。本卷以北京大学郑亚东教授等于21世纪初提出的“最大有效力矩准则”及其应用为重要内容（见绪论、第2章2.3节、第5章、第6章）。最大有效力矩准则的提出为韧性变形力学机理的研究提供了新的途径，一方面解决了低角度正断层和高角度逆断层的产状与库仑准则不相容的理论问题，另一方面在实践中解决了有关膝褶带、伸展褶劈理、低角度正断层、高角度逆断层以及宽V字形构造等形成机理的长期争论问题，是对构造地质学基础理论的一大贡献，被誉为21世纪构造地质学新理论。欧美的一些教科书已采纳了这一观点，国内有些教材，如《构造地质学》（朱志澄，曾佐勋等，2008年版）对此也有简单介绍；《地球科学大辞典》（2006年版）也收录了其基本概念。但以上均是比较简单的介绍，有关其实践和应用分析很少，或基本没有涉及。再者，对该理论的认知面还比较有限。本教材对此作了比较详细的介绍和分析，以使学生在熟悉和运用前沿理论和方法的基础上，了解学科发展趋势，开发创新思路。

（2）注重不同理论的融合与发展。最大有效力矩准则虽已问世十多年，但一直没有摩尔圆包络线方程，在应力摩尔圆图解上如何表示还不清楚，与库仑准则、格里菲斯准则等如何协调融合也还一直存在争论。本教材在这方面进行了探索（见第2章2.4节、2.5节），以帮助学生在掌握基础知识的基础上，对如何提出科学问题和解决科学问题提供借鉴。

（3）直面问题，不回避争论。针对以库仑破裂准则为基础的Anderson断层模式仅适用于均匀介质这一情况，中国石油大学（北京）童亨茂教授等提出了广义断层模式，把库仑准则从均匀介质扩展到有先存构造的非均匀介质，从临界应力状态扩展到任意应力状态，把以Byerlee律为代表的滑动摩擦律从二维应力状态扩展到任意三轴应力状态（见第7章），此外他还提出了“最大有效力矩准则”的拓展问题等。本教材对此均如实收录，以供学生思考、判断、讨论，进一步发展和完善。

（4）紧扣现代岩石变形理论和分析方法这一主线。以岩石变形理论和分析为主线，对共轴变形与非共轴变形、纯剪切与简单剪切和次简单剪切、递进剪切的类型与特征进行比较系统的分析（见第1章1.1节）。对岩石变形的定量分析方法，如岩石有限应变测量和剪切带的运动学涡度等进行了深入剖析（见第1章1.2、1.3节）。对岩石的流变行为和影响岩石变形的主要因素等进行了系统介绍（见第3、第4章）。这部分所占篇幅较大，以使学生掌握现代岩石变形和定量分析的基本理论和方法。

在章节安排上，大致按照“基础理论与方法—新理论与应用—理论争鸣与探索”的顺序来编排，体现循序渐进的过程。撰写过程中参阅了国内外已出版的教材，主要包括 Fossen（2010，2012，2016）*Structural Geology*，Twiss 和 Moores (2007)*Structural Geology*, Davis 等(2011)*Structural Geology of Rocks and Regions*，郑亚东和常志忠(1985)《岩石有限应变测量及韧性剪切带》，俞鸿年和卢华复（1998）《构造地质学原理》，朱志澄和宋鸿林（1990，1999，2008）《构造地质学》等。

本卷主要执笔人的大致分工如下：侯泉林（第 1 章，第 2 章 2.1、2.2、2.4、2.5 节，第 3 章 3.5 节，附录），郑亚东（绪论，第 2 章 2.3 节，第 3 章 3.1 ～ 3.4 节，第 4 ～第 6 章），童亨茂（第 7 章、第 8 章）。最后由侯泉林修改统编。主要内容反映了编著者多年的教学和科研成果。博士研究生程南南和石梦岩同学参加了部分章节编写，并帮助查阅资料、清绘图件且承担了全部文字校对。中国科学院地质与地球物理研究所肖文交研究员、中国科学院大学地球科学学院闫全人教授、吴春明教授、柴育成教授等就一些问题与笔者进行了深入讨论，对书稿提出了宝贵意见，并提供了相关资料；中国科学院地质与地球物理研究所卫巍副研究员和中国科学院大学地球科学学院刘庆副教授、郭谦谦副教授、孙金凤副教授、张玉修副教授、张吉衡讲师、宋国学讲师和博士后研究人员何苗博士、陈艺超博士和陈博博士等就有关内容提出宝贵意见并提供相关资料；中国科学院大学地球科学学院博士研究生韩雨贞、王瑾和硕士研究生赵腾格等同学，加拿大 Western University 博士生卢茜同学等帮助查阅资料且承担了其他相关工作。

中国科学院地质与地球物理研究所吴福元院士、青藏高原研究所丁林院士，北京大学张进江教授审阅了部分稿件，提出了宝贵意见，使笔者收获颇多。在此一并致以衷心感谢！还要感谢中国科学院大学教材出版中心的资助和大力支持。由于作者水平和学识所限，不当之处在所难免，敬请读者批评指正！

于中国科学院大学 雁栖湖校区

2018 年 1 月 31 日

目　　录

绪　论

当前构造地质学正处于一转型期，从传统的构造地质学向新型构造地质学过渡。构造地质学转型的主要标志是最大有效力矩准则、变形局部化、变位形分解理念，以及广义断层模式的提出。构造地质学的研究对象是岩石的破裂和变形。传统构造地质学分析断裂构造的基石是库仑准则，分析大变形则依据连续介质、均匀变形为基础的应变椭球理念。

20 世纪 70 年代末、80 年代初美国西部科迪勒拉的盆岭区确立的低角度正断层或伸展拆离断层（Crittenden *et al.*，1980；Wernicke，1981；Davis，1980），掀起构造地质学领域“低角度正断层”热潮。40 余年来来自世界各地的报道证明低角度正断层的存在。因其产状背离库仑准则，力学成因问题构成构造地质学中热点问题。Collettini（2011）在《低角度正断层力学之谜：当前的理解和问题》中提出的关键问题是在主压应力轴直立的脆性地壳中形成的低角度正断层，无法对低角度正断层力学之谜提供一简单的力学解。

与美国西部低角度正断层大体同期确立的加拿大魁北克高角度逆断层（Sibson，1988），以及 21 世纪初青藏高原钝角面对缩短方向的宽 V 形共轭走滑断层系（Yin，2010；Yin and Taylor，2011）的确立，其构造取向也同样显著偏离库仑准则，构成另外两类反库仑构造。反库仑构造的确立是对传统构造地质学理论基石的严峻挑战。

反库仑构造的基本特征是共轭系缩短一方的夹角不是库仑准则所预测的锐角（～60°），而是钝角 110° 左右。如能据力学分析解释这一钝角，便能解开反库仑构造之谜。

对钝角最流行的一种解释是 Ramsay（1980）提出的压实说，即连续均匀变形过程中的体积损失导致缩短方向的共轭最大剪应力面间的 90° 夹角增大。这种解释内涵有三：①相关变形过程必有体积损失；②初始交角为 90°，以后随变形而增大；③共轭交角随相关变形材料而变，为一材料变量。然而，相关实验和实际观测证明，共轭的初始夹角是～110°，该夹角并不随变形增大而增大。与之相悖的重要的事实是自然界所观察到的～110° 共轭角出现在各种不同矿物、岩石和材料中，表明共轭角不随材料而变。特别是矿物中的共轭剪切带，证明材料不可压缩，共轭角一开始就是～110°。建立在均匀变形的假设前提上的连续变形理论，难以解释变形局部化韧性剪切带的形成，因为均匀变形与变形局部化实属本质不同的变形范畴。前者与正应力相关，属黏性域（德波拉数 $<10^{-3}$ 量级）；后者与剪应力相关，属弹黏性域（德波拉数 $>10^{-3}$ 量级）。

自然界广泛发育韧性剪切带是变形局部化的产物。为解开韧性剪切带共轭角～110° 之谜，以共轭膝褶带分析为基础，进而扩展至共轭伸展褶劈理，根据这两类构造带内物质线旋转的基本特征，建立了最大有效力矩准则（Zheng *et al.*，2004）。该准则预测，共轭韧性剪切带间缩短一方的理论夹角为 109.4°。该值为一材料不变量，构成韧性剪切带优选局部化的方向。最大有效力矩准则合理地解释了与韧性剪切带密切相关的低角度正断层、高角度逆断层和宽 V 形共轭走滑断层系的力学成因，为上述三类反库仑构造提供一简单的力学解。最大有效力矩准则不仅划清了脆、韧性变形的界限，而且还划清了变形局部化与均匀变形的界限。传统构造地质学以库仑准则为基石解释脆性断层的取向，用均匀变形的应变椭球体概念解释韧性剪切带的取向，转型中的构造地质学则以最大有效力矩准则控制变形局部化解释韧性剪切带和韧性断层带的取向，构成转型中构造地质学新的理论基础。

变形局部化构造不限于膝褶带、伸展褶劈理、低角度正断层、高角度逆冲断层和宽 V 形共轭走滑断层系，还包括晶体的局部化塑性变形，如方解石、白云石的机械双晶、石英的变形纹等位错滑移相关构造，几乎涉及构造地质学的全部构造形迹和要素。

转型中的构造地质学的另一重要标志是变位形分解（deformation partitioning）的理念。20 世纪 70 年代末、80 年代初，大量的构造分析、震源机制解和水压致裂揭示，主压应力方向与走滑断层近垂直、走滑断层与逆冲推覆构造平行（如圣·安德烈斯走滑断层）。这大大超乎人们的预料，因为连续介质力学难以给出合理的解释。这种应力状态与运动学间的不相容导致不连续介质的变位形分解理念的应运而生（Tikoff and Teyssier，1994；Teyssier *et al.*，1995）。由于地壳中的不连续面几乎是随处可见，变位形分解现象充斥规模不等、大小各异的变形带，构成转型中构造地质学另一新的理论基础，与传统构造地质学中连续介质理论构成鲜明的对比。

最后应当强调，转型中的构造地质学不是否定传统，而是继承和发展传统构造地质学，补充一些新概念为构造观察提供新视角、增添一些新方法充实构造分析的内涵，旨在促进构造地质学的进一步发展。

构造分析离不开岩石的变形、应变和流变分析，本卷以此为基础，重点是非均匀变形的变形局部化和非连续介质变形导致的变位形分解，论证“反库仑”构造或韧性剪切带的形成，挑战塑性力学的滑移线理论，论证运动学涡度分析方法，探索广义断层理论，分析中亚－青藏区构造格局、东亚大陆的中生代裂解机制和构造特征等。

思考题

1. 为什么说现在是构造地质学理论的转型期？
2. 最大有效力矩准则产生的思想背景及启示。
3. 何为变位形分解？

参考文献

Collettini C. 2011. The mechanical paradox of low-angle normal faults: Current understanding and open questions. Tectonophysics, 510(3-4): 253 ～ 268

Crittenden M D, Coney P G, Davis G H. 1980. Cordilleran metamorphic core complexes. Geological Society of

America Memoir, 153: 7 ～ 31

Davis G H. 1980. Structural characteristics of metamorphic core complexes, southern Arizona. Memoir of the Geological Society of America, 153(9): 35 ～ 77

Ramsay J G. 1980. Shear zone geometry: A review. Journal of Structural Geology, 2: 83 ～ 99

Sibson R H. 1988. High-angle reverse faults, fluid-pressure cycling, and mesothermal gold-quartz deposits. Geology, 16(6): 551 ～ 555

Teyssier C, Tikoff B, Markley M. 1995. Oblique plate motion and continental tectonics. Geology, 23: 447 ～ 450

Tikoff B, Teyssier C. 1994. Strain modeling of displacement-field partitioning in transpressional orogens. Journal of Structural Geology, 16: 1575 ～ 1588

Wernicke B. 1981. Low angle normal faults in the Basin and Range Province: Nappe tectonics in an extending orogen. Nature, 291(5817): 645 ～ 648

Yin A. 2010. Cenozoic tectonic evolution of Asia: A preliminary synthesis. Tectonophysics, 488(1-4): 293 ～ 325

Yin A, Taylor M H. 2011. Mechanics of V-shaped conjugate strike-slip faults and the corresponding continuum mode of continental deformation. Geological Society of America Bulletin, 123(9-10): 1798 ～ 1821

Zheng Y D, Wang T, Ma M B. 2004. Maximum effective moment criterion and the origin of low-angle normal faults. Journal of Structural Geology, 26(2): 271 ～ 285

第 1 章　变形与应变分析

1.1　变形或变位形

1.1.1　变形或变位形的概念

变形（deformation）这一术语在构造地质学中，不同的人和不同环境下使用的含义有所不同。多数情况下，“变形”实际上是指岩石的畸变（应变）。按字面意思，“变形”是指物体形状和形态的改变。但是，岩石也可作为一刚体单元整体上平移或旋转，而没有任何内部形态上的改变。例如，断块在变形过程中可能被移动较大的距离，但没有任何内部畸变的发生。一些构造地质学家希望“变形”术语包括这种刚体移动和旋转，建议翻译为“变位形”。因此，**“变形”或“变位形”（deformation）可定义为“物体从初始几何状态到最终状态的转变，包括刚体平移、刚体旋转（刚体变形），以及应变（strain）/畸变（distortion）和体积变化（非刚体变形）”**（图 1.1）。而应变或畸变则是指物体形态的改变，其中各质点的相对位置发生了变化，体积可以变化也可以没有变化。

为了便于理解，把岩石或岩石集合体当作质点的连续体。变形是表述物体变形前后质点位置的变化，可用位移矢量来表示，这一矢量场称为位移场。位移矢量并不能告诉我们变形过程中质点是如何移动的，只是将未变形状态与变形状态相联系（图 1.1 中间蓝线）。变形过程中，每个质点的实际路径称为质点路径（图 1.1 右侧绿线）。变形过程中的渐进变化称为变形史或递进变形。

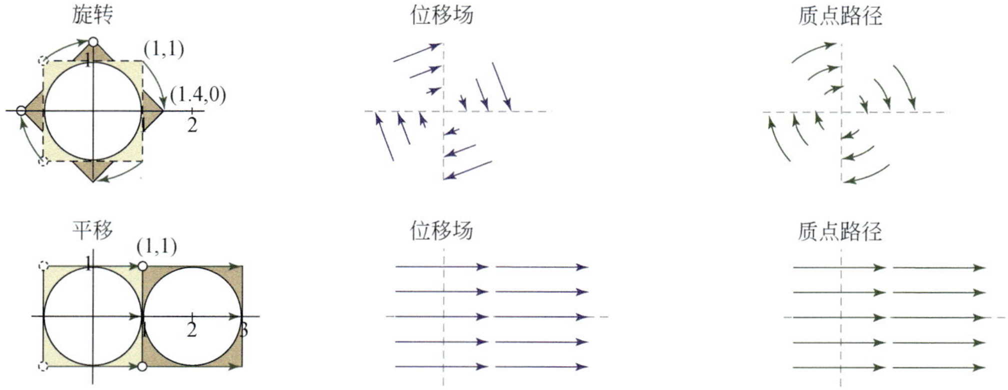

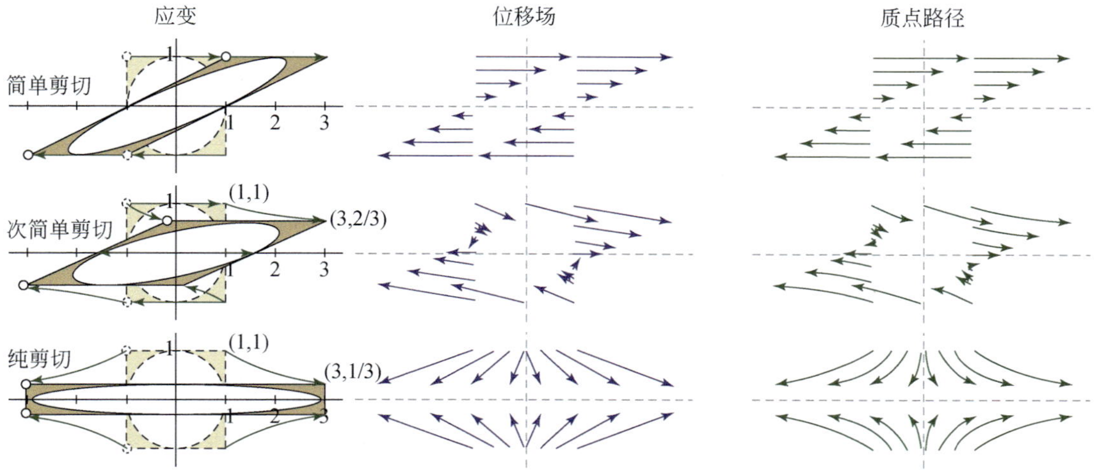

图 1.1　物体变（位）形过程的位移场和质点路径（据 Fossen，2016）

包括刚体平移和旋转，由简单剪切、次简单剪切和纯剪切导致的物体应变；左侧——变形类型；中间蓝线——位移场；右侧绿线——质点路径

1.1.2　均匀变形与非均匀变形

均匀变形，顾名思义，是指岩石变形过程中，各点的变形都是一致的。按此定义，刚体平移和旋转是均匀变形，而应变 / 畸变，体积或者面积改变是不均一的。因此均匀变形与均匀应变是对等的表述。如图 1.2 所示，在均匀变形中，原来互相平行的直线变形后还是互相平行的直线。此外，整个岩石中，各点的应变和体积 / 面积的变化也会保持不变，否则，这个变形就是不均一的。因此均匀变形可定义为以下三条（图 1.2）：

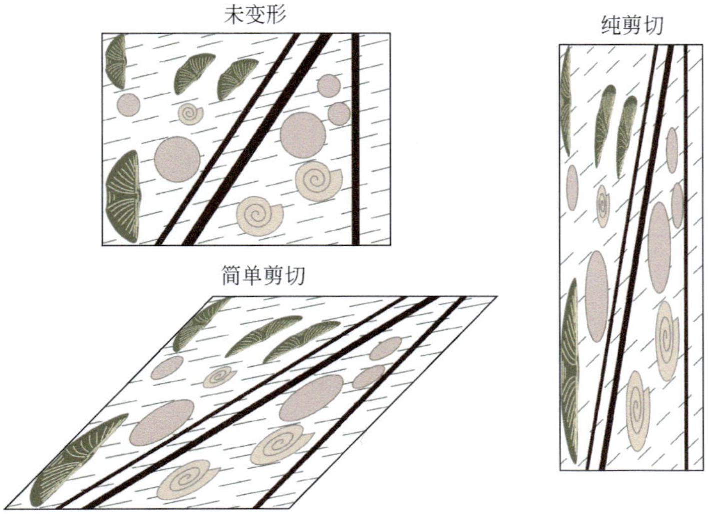

图 1.2　岩石的均匀变形（据 Fossen，2016）

特别注意，变形前不同方位的腕足类化石变形后形态不同

（1）变形前任一取向的质点直线在变形后仍然是一条质点直线；

（2）变形前任何取向的平行的质点直线在变形后仍平行；

（3）变形物体中所有相同取向的直线具有相同的畸变状况。

实际上，上述三条是互相关联的，其中的一条得不到满足，其他两条也就不可能满足。均匀变形说明初始形态和方位相同的两个物体，变形后仍然具有相同的形态和方位。然而，一般而言初始的形态和方位不同于最终的形态和方位，如两个物体变形前的初始形态相同但方位不同，即使经均匀变形后其形态也不再相同，如图 1.2 中的腕足类化石。这个差异反映了岩石的应变。

一个圆在均匀变形过程中变为椭圆，其椭圆率（椭圆的长短轴比）反映其变形类型和变形程度。需要强调的是，某一尺度上的均匀变形在另一尺度上可能是非均匀变形。一个经典的例子是韧性剪切带，从边部到中心部位应变逐渐增强，因此在剪切带尺度上是非均匀变形，但是若把剪切带分为若干层更小的剪切带，每个小的剪切带的应变可大致看作是均匀的。另一例子就是如图 1.3 所示，断层将岩石切成若干片。在大的尺度上，可以认为该变形是均匀的，因为断层造成的不连续面相对较小。但在小的尺度上，断层造成的不连续面是显而易见的，因此该变形应是非均匀的。从这个角度讲，应变的概念同样可以用于脆性变形（即脆性应变），关键是看所观察尺度的大小。

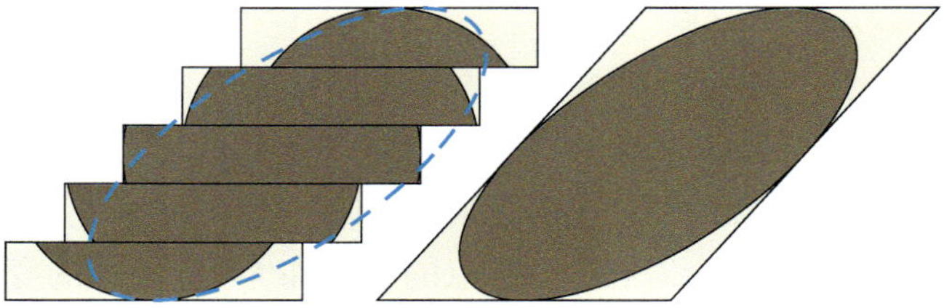

图 1.3　均匀变形与非均匀变形的尺度概念图示

大尺度上可看作均匀变形；小尺度上是非均匀变形

1.1.3　纯剪切与共轴变形

这里所讨论的纯剪切是指平面（二维）应变，没有体积变化。纯剪切是典型的共轴变形［图 1.4（b）］，也就是说，平行于主应变轴的标志物不会旋转背离其初始方位。而对于单轴应变，即岩石仅在一个方向上伸长或缩短，是共轴变形的一种特殊情况（涉及明显的体积变化），本教材不予讨论。共轴变形即说明沿主应变轴方向的线在变形过程中始终保持与变形前一致。纯剪切是一个方向的缩短与另一个方向的伸长是一致的，其变形矩阵可表示为

$$\begin{bmatrix} k_x & 0 \\ 0 & k_y \end{bmatrix} \tag{1.1}$$

式中，k_x，k_y 分别为沿 X 和 Y 坐标轴的伸长和缩短量。纯剪切面积不变，所以 $k_x=1/k_y$。

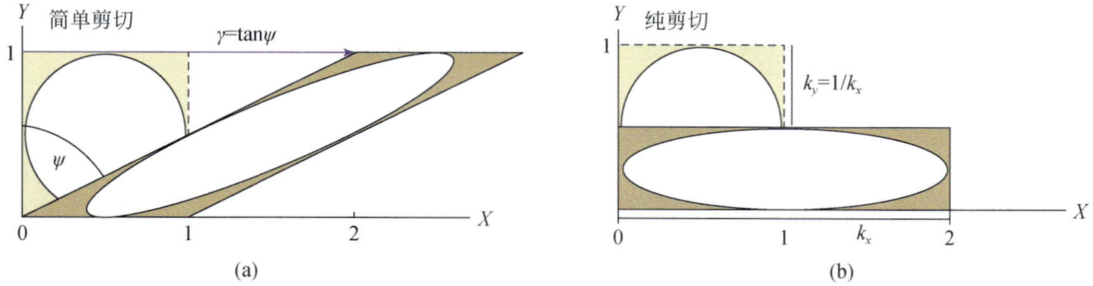

图 1.4　简单剪切与纯剪切图示（据 Fossen，2016）

1.1.4　简单剪切与非共轴变形

简单剪切是特殊的体积恒定的平面应变变形（图 1.4）。没有伸长，没有缩短，也没有质点移动的线在第三个方向上。与纯剪切不同，简单剪切是非共轴变形，也就是说平行于主应变轴的线在变形过程中旋转偏离其初始位置。正是这种应变的内部旋转因素使得一些地质学家倾向于将简单剪切和其他的非共轴变形称为“旋转变形”。所谓内部旋转，就是指沿最长的有限应变轴的线的方位与变形前该质点线方位的变化。纯剪切没有内部旋转成分，而简单剪切的内部旋转成分取决于应变量。非共轴变形的另一特点是应变椭球的取向和应变量。因此，**非共轴变形情境下，不同的应变量，其主应变轴的取向不同；而共轴变形情境下，主应变轴方向保持不变（即取向相同，长度不同）**。

对于任何平面应变，简单剪切的应变椭球有两个圆切面（图 1.5），一个是平行于剪切面，且与应变量无关。剪切面上有剪切发生（图 1.6），犹如断层的滑动面，对简单剪切来说，

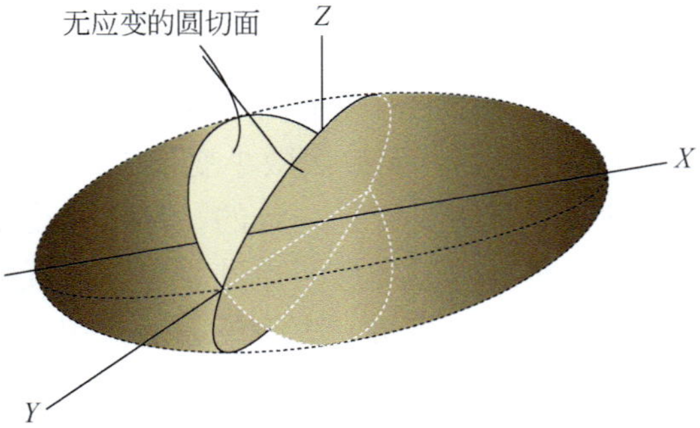

图 1.5　平面应变椭球有两个无应变的圆切面

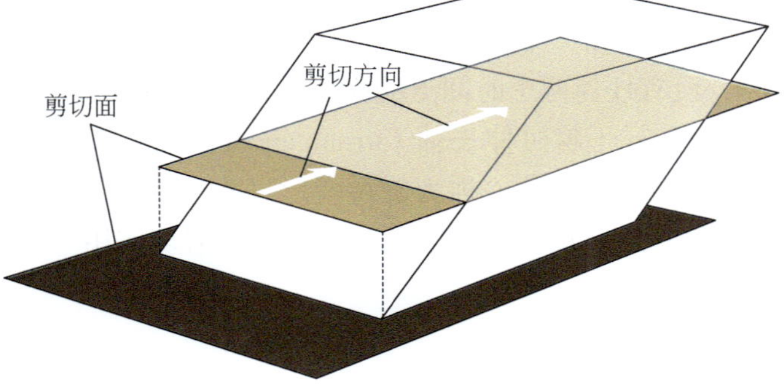

图 1.6　简单剪切的剪切面和剪切方向图示

是一个无应变面。

简单剪切的矩阵可表示为

$$\begin{bmatrix} 1 & \gamma \\ 0 & 1 \end{bmatrix} \tag{1.2}$$

这里 γ 为剪应变（详细讨论见 1.2 节），$\gamma=\tan\psi$，ψ 为变形前与剪切面垂直的线的旋转角度，即角剪切［图 1.4（a）］。平行于剪切面的线或面的方向或长度在简单剪切过程中均保持不变，除此之外的其他任何方向上的线或面的方向或长度在简单剪切过程中均会发生改变。这就是为什么描写共轴变形的矩阵是对称的，而描述非共轴变形的矩阵是不对称的。

1.1.5 次简单剪切

次简单剪切（subsimple shear），又称一般剪切（general shear），是介于纯剪切与简单剪切的平面变形，也可以理解为纯剪切与简单剪切的混合，其内部旋转小于简单剪切。数学上，需要将纯剪切和简单剪切的矩阵结合起来，所以次简单剪切矩阵可写为

$$\begin{bmatrix} k_x & \varGamma \\ 0 & k_y \end{bmatrix} \tag{1.3}$$

这里 $\varGamma=\gamma(k_x-k_y)/[\lambda_n(k_x-k_y)]$，$k_x$，$k_y$ 同式（1.1），如果没有面积变化，$k_y=1/k_x$，$\varGamma=\gamma\left(k_x-\dfrac{1}{k_x}\right)\Big/2\ln k_x$。次简单剪切及其位移场和质点路径如图 1.1 所示。

1.1.6 递进简单剪切

前面讨论了变形的基本类型，包括简单剪切、纯剪切和次简单剪切等。物体从初始状态变化到最终状态的过程是一个由无数次微小变形（增量变形）逐次叠加的过程，如果每个增量变形的类型与总变形的类型是一致的，那么该变形过程即递进变形。如果总变形和增量变形均是简单剪切，该变形即递进简单剪切或简单剪切。同理，有递进纯剪切或纯剪切作用，递进次简单剪切或次简单剪切作用，以及递进体积变化或膨胀作用。

应该注意的是，一个给定的简单剪切未必一定是递进简单剪切所致，也可以是纯剪切叠加刚体旋转所致，刚体旋转角度为 arctan［(1/2) $\tan\psi$］（ψ 为角剪切）。

递进变形分为非共轴变形和共轴变形两类。**非共轴变形**有两个特点，一是递进应变椭球的方向不停地变化，没有任何两个时间点的应变椭球方向是相同的［如图 1.7（a）所示，X 轴不停地旋转］；二是平行于瞬时伸长轴（instantaneous stretching axes，ISA）或主应变轴在变形过程中不停地旋转，因此，称为旋转变形过程。**共轴变形**则不同，其应变椭球的方向始终保持不变，平行于 ISA 的线也不旋转，如纯剪切作用［图 1.7（b）］，因此称为非旋转过程。

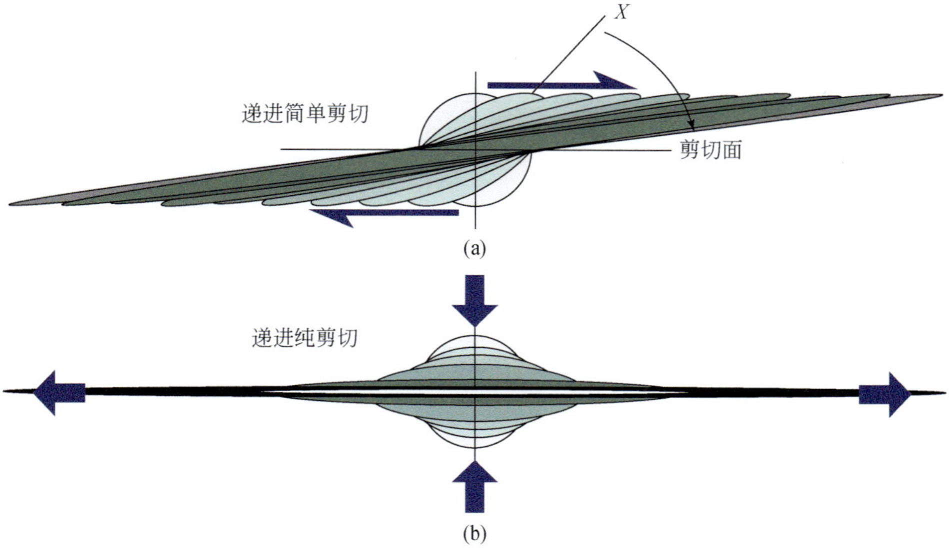

图 1.7　递进简单剪切和纯剪切过程中的应变演化（据 Fossen，2016）

简单剪切作用过程中平行于剪切面的线或面不伸长、不缩短，也不旋转，而其他线(面)则随着长度变化的同时向剪切（面）方向旋转。应变椭球体的长轴在剪切作用过程中也逐渐向剪切方向旋转，但理论上永远不会平行于剪切方向。也就是说，长轴与剪切方向的夹角随剪切作用的进行会越来越小，但永远不会等于 0，因此其夹角是反映剪应变程度的有效指标。

为了进一步理解简单剪切作用，我们研究一个初始圆中的六条线，分别标为 1，2，…，6（图 1.8）。将这六条线分为互相垂直的三组，1 与 4，2 与 5，3 与 6 相互垂直，看它们在递进变形过程的不同阶段会有什么变化。变形初期，岩石（初始圆）在 ISA_1（最大瞬时伸长轴）方向迅速拉伸，在 ISA_3（最小瞬时伸长轴）方向迅速缩短（负拉伸），稳态流变条件下，认为 ISA_2（中间瞬时伸长轴）在变形过程中保持不变，即平面应变。就二维变形而言，如图 1.8（a）中两个白色区域中的直线持续伸展，称为瞬间伸长区域；而两个黄色区域的直线持续缩短，称为瞬时缩短区域。两个区域的分界线既无伸长，也无缩短。

直线 1 和 4 起初平行于伸长区域与缩短区域的界线。直线 1 平行于剪切面（C 面），其方向和长度在变形过程中保持不变，即不发生变形。直线 4 起初与剪切面垂直，一旦变形发生迅速向 ISA_1 方向旋转到伸长区域［图 1.8（b）］。从图 1.8（c）可以看出，直线 4 已经旋转超过了 ISA_1 的位置，如果变形持续进行它甚至会超过应变椭圆的 X 轴（长轴）。

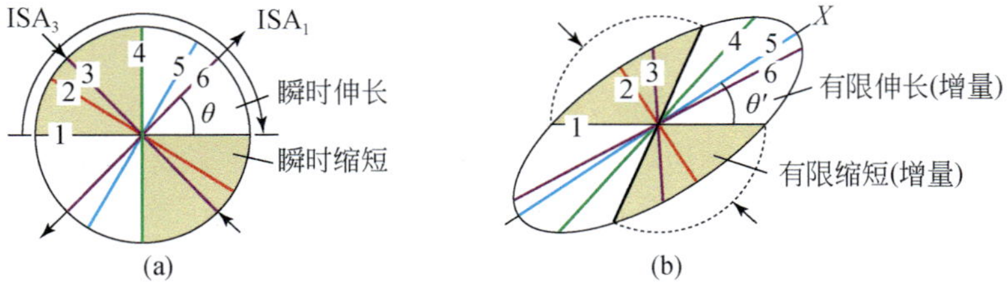

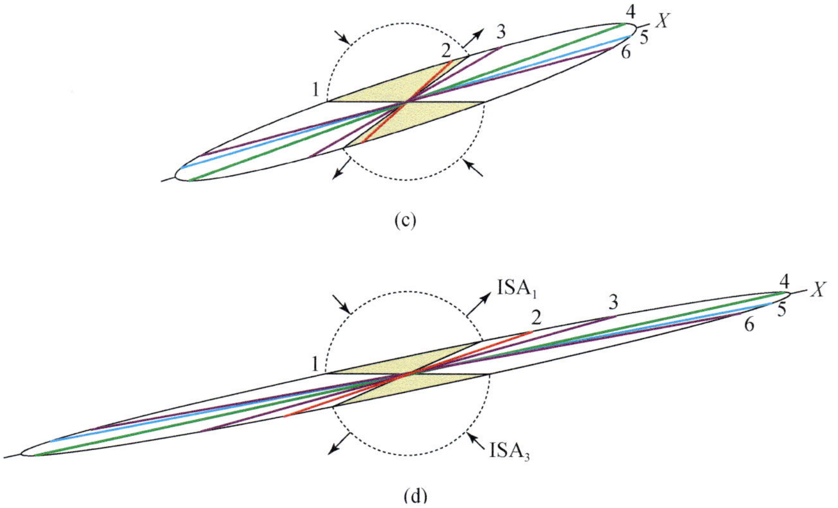

图 1.8　圆的简单剪切作用和三组正交直线的变化（据 Fossen，2016）

图（a）中沿圆周的箭头指示这些线在变形过程中的旋转方向；图（a）～（d）分别对应阶段 a～d

直线 2 和 5 分别位于缩短和伸长区域。在图 1.8（b）中，直线 2 缩短、直线 5 伸长，但两直线在此位置互相垂直，而且在变形前也互相垂直，也就是说此时两个方向的角剪切（angular shear）ψ 是 0，同样意味着直线 2 和 5 此时平行于应变主轴。然而，它们比应变椭球（圆）旋转得快，如图 1.8（c）中直线 5 已超过了应变椭球长轴 X，直线 2 已超过了应变椭球的短轴。以上说明分别平行于有限应变椭球长短轴的线，在变形前是垂直的，但在变形过程中却不一定垂直。还可看出，此时直线 2 与 ISA$_1$ 平行，已经超过了瞬时缩短和伸长区域的界线，也就是说直线 2 已经从缩短变为伸长，但是伸长的量还没有超过缩短的量，所以仍位于有限应变椭球的缩短区域。再进一步变形［图 1.8（d）］，直线 2 不仅超过了 ISA$_1$，而且超过了总的缩短与伸长区域的界线，也就是说其伸长的量已经超过了缩短的量，即经历了先缩短后伸长但超过了原长过程。

最后的一对直线（直线 3 和 6）起初分别平行于 ISA$_3$ 和 ISA$_1$。一旦开始变形，直线便立即偏离主方向（瞬时长短轴）。直线 3 在阶段 b 之前被缩短［图 1.8（b）］，此后很快伸长，并在经过瞬间缩短与伸长区域界线时其长度恢复到原长（阶段 b 与 c 之间），之后随着向剪切方向旋转，继续伸长［图 1.8（c）］。直线 6 在整个变形过程中经历伸长过程，但是在向剪切方向旋转、更加偏离 ISA$_1$ 过程中，其伸长量（伸展速度）越来越小（慢）。由此可以看出，尽管最初直线 6 与应变椭圆长轴是一致的，但直线 6 的旋转速度比应变椭圆长轴的旋转速度快。

从上述分析可以看出，不同直线在变形过程中经历了不同的应变历史，据此可将应变椭圆（对二维变形）分为四个不同的应变区域（图 1.9），这四个区域并不以应变椭球主轴对称，而是以剪切面（C 面）为镜面对称。

（1）永远伸长区域①：一侧边界为平行于剪切方向的无伸缩线即图 1.8 中的直线 1；另一侧边界线是变形前与剪切方向垂直的线即图 1.8 中的直线 4，变形后到达现在位置，与剪切方向的夹角为（$\pi/2-\arctan\gamma$）。随着变形程度的增加，γ 值增大，该区域会越变越小。

（2）先缩短后伸长，且已超过原长的区域②：一侧与区域①相接；另一侧边界为另一条无伸缩线（与另一条无伸缩线以应变椭圆长主轴对称）。变形后与剪切方向的（锐）夹角为 $2\theta'=\arctan(2/\gamma)$，实际上应变椭圆的长轴为该角的平分线。两侧边界线夹角为[$\arctan(2/\gamma)+\arctan\gamma-\pi/2$]（由公式 $\tan2\theta'=2/\gamma$ 推得，其中 θ' 为变形后主方向与剪切方向的夹角。详细讨论见 1.2 节）。

（3）先缩短后伸长，但没有超过原长的区域③：一侧边界与区域②相接；另一侧边界线为始终与剪切方向垂直的线。所以两侧边界线的夹角为［ $\pi/2-\arctan(2/\gamma)$ ］，因此随着变形程度的增加，该区域范围增大。

（4）永远缩短区域④：位于平行于剪切方向的无伸缩线与区域③之间，两侧边界线的夹角始终为 $\pi/2$。所以在变形过程中该区域范围始终保持不变。

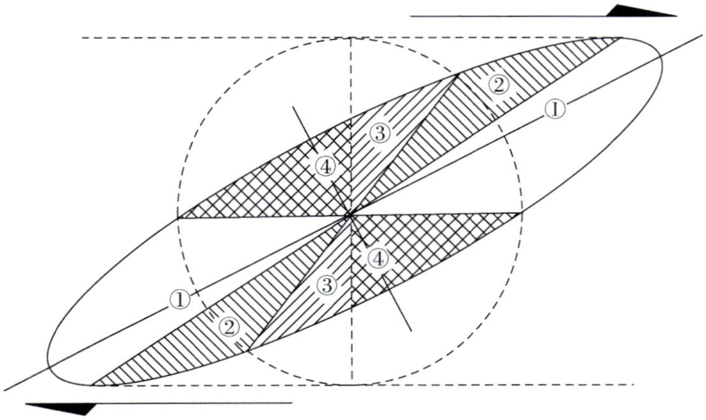

图 1.9　递进简单剪切应变椭圆的不同应变区域

①永远伸长区域；②先缩短后伸长，且已超过原长的区域；③先缩短后伸长，但没有超过原长的区域；④永远缩短区域

有关根据剪应变求各直线夹角问题详见 1.2 节。

需要提醒的是，这四个区域中并不存在一个先伸长后缩短的区域。以前有些教材中有此误解。

对于递进简单剪切可概括以下几个特征（图 1.9）：

- 沿剪切面（平行于剪切方向）的线不变形，也不旋转；
- 物理（物质）线的旋转速度通常比应变椭球（二维为应变椭圆）轴的旋转速度快；
- 平行于 ISA 的线通常发生旋转；
- 物理线可以从瞬时缩短区域旋转到瞬时伸长区域，但对于稳态简单剪切绝不会从瞬时伸长区域旋转到瞬时缩短区域；
- 斯密特网上，物理线沿大圆向剪切方向旋转。

野外可见不同方向标志层如岩墙或岩脉等经递进剪切而发生不同的变形方式，如图 1.10 为美国亚利桑那州大峡谷的一条剪切带。不同方向的岩墙经历了不同的变形类型：岩墙 1 平行于剪切方向，未发生变形和旋转；岩墙 2 和 3 始终处于永远缩短区域，形成褶皱，因其初始方位不同，故变形程度不尽相同；岩墙 4 从缩短区域旋转进入伸长区域（即图 1.9 中的区域②和③），经历了先缩短发生褶皱，而后进入伸长区域后又被拉伸形成布丁，即褶皱布丁构造，至于是否超过了原长需要具体应变测量计算；岩墙 5、6 和 7 一直处于永远伸长区域，形成了布丁构造，因其初始方位不同故其线应变和剪应变有所不同。需要强调的是，在稳态递进剪切过程中，绝不会形成先布丁而后褶皱的构造。

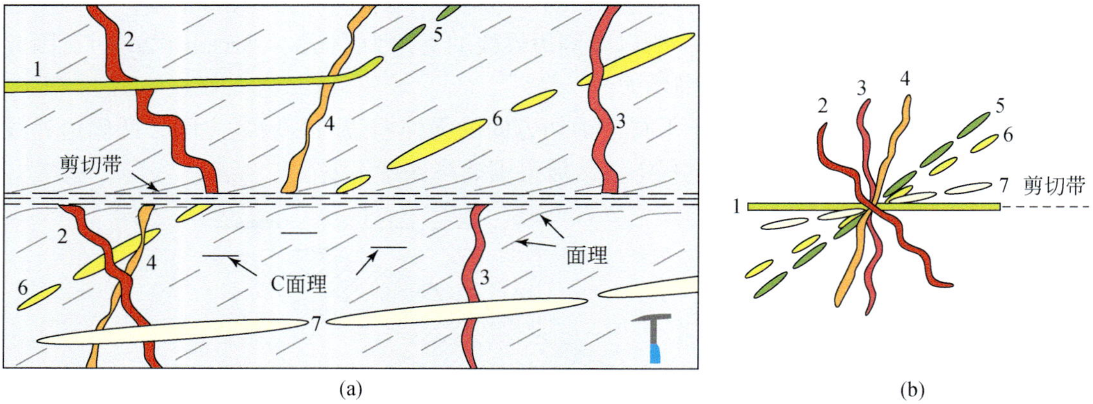

图 1.10 美国亚利桑那州大峡谷一条剪切带附近的递进变形现象（据 Davis and Reynolds，1984）

（a）野外露头素描图：不同方向的岩墙经历了不同的变形类型（褶皱、褶皱布丁、布丁及不变形）。（b）不同方向岩墙对应不同的应变区域（褶皱、布丁和不变形）

1.1.7 递进纯剪切

递进纯剪切或纯剪切是二维的共轴变形，即应变椭圆在变形过程中不发生旋转，ISA 固定不变［图 1.7（b）］。共轴变形过程形成了对称变形矩阵。纯剪切作用的 ISA 与瞬时伸展和缩短区域均关于主应变轴（应变椭圆主轴）对称。参照递进简单剪切分析方法，同样可以分析纯剪切应变椭圆中三对互相垂直的直线在不同变形阶段的变形特征。递进纯剪切可概括出以下特征（图 1.11）：

- 有限应变主轴（X）不旋转，而且始终与 ISA_1 平行；
- 平行于 ISA 的线在变形过程中不旋转（直线 1 和 4）；
- 其他任何直线在变形过程中均向 X 和 ISA_1 方向旋转（如直线 2 和 5，直线 3 和 6）；
- 旋转的直线以 ISA 对称的方式分别顺时针和逆时针旋转。

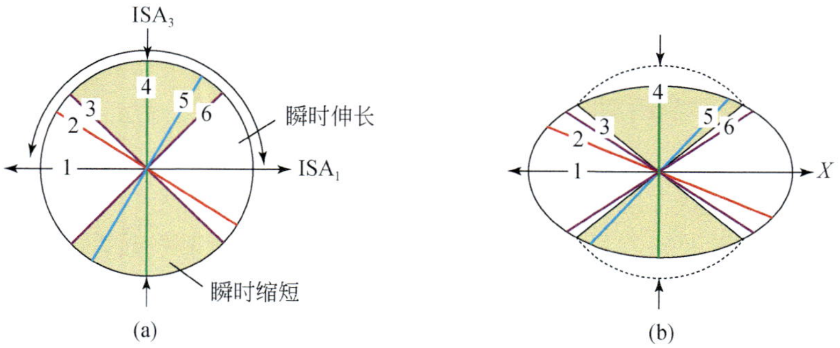

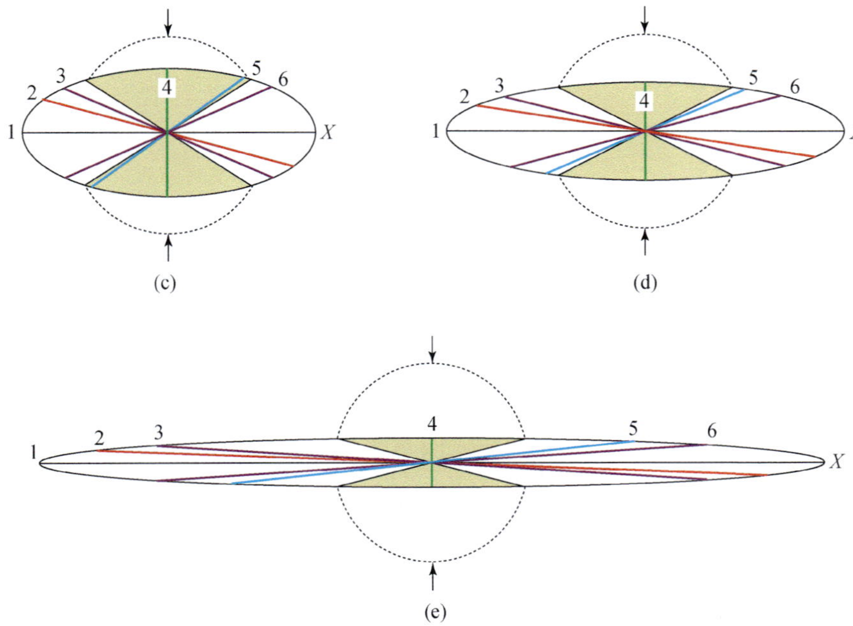

图 1.11　圆的纯剪切作用和三组正交直线的变化（据 Fossen，2016）

图（a）中沿圆周的箭头指示这些线在变形过程中的旋转方向；图（a）～（e）分别对应阶段 a ～ e

需要强调的是，旋转的直线可以从缩短区域旋转到伸展区域（如直线 5），但绝不会从伸长区域旋转到缩短区域。

与递进简单剪切类似，递进纯剪切变形同样可以划分出四个不同的应变区域，这四个区域以应变椭圆主轴对称（图 1.12）。

（1）永远伸长区域①：一侧边界线为应变椭圆长轴（X）；另一侧边界线为从变形前与 ISA（二维应变）夹角为 45° 的线变形（旋转）而来，与主应变轴（X）的夹角为 $\arctan(\lambda_2/\lambda_1)^{1/2}$（运用哈克公式），随着变形程度增加，该区域范围逐渐变小。该区域形成石香肠（布丁）构造（λ 为主方向的平方长度比，$\lambda_1>\lambda_2$）。

（2）先缩短后伸长，且已超过原长的区域②：位于无伸缩线之外，两侧边界线与 X 的夹角分别为 $\arctan(\lambda_2/\lambda_1)^{1/2}$ 和 $\arctan[(1-\lambda'_1)/(\lambda'_2-1)]^{1/2}$。该区域形成褶皱布丁构造（$\lambda'=1/\lambda$）。

（3）先缩短后伸长，但最终没有超过原长的区域③：位于无伸缩线与变形后的 45° 线之间。该区域形成褶皱布丁构造，但褶皱更明显。

（4）永远缩短区域④：位于变形后的 45° 线与有限应变最小主轴（Y）之间，变形中两侧边界线夹角始终保持 45°，随变形程度增加该区域范围保持不变。该区域主要形成肠状褶皱构造。

先缩短后伸长区域（区域②和③）范围随变形程度增强而增大。

值得注意的是，四个变形区域中并不存在先伸长后缩短的区域，也就是说稳态递进变形过程中不可能形成先布丁再褶皱的构造。

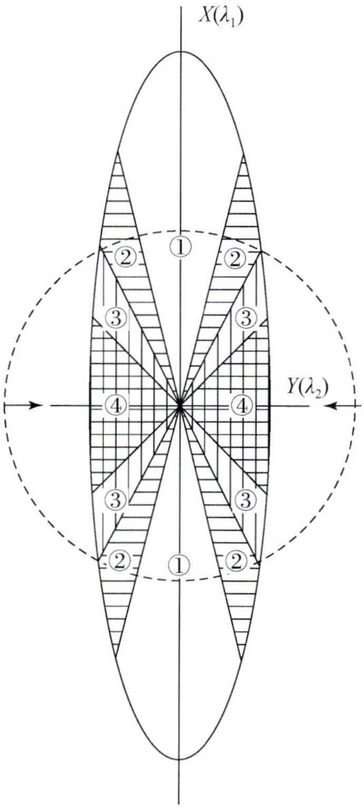

图 1.12 递进纯剪切应变椭圆的不同应变区域

①永远伸长区域；②先缩短后伸长，且已超过原长的区域；③先缩短后伸长，但没有超过原长的区域；④永远缩短区域

1.1.8 递进次简单剪切

次简单剪切（subsimple shear）也称一般剪切（general shear），是简单剪切与纯剪切的混合，简单剪切的成分赋予其非共轴的特征。采用同样的方法，我们来分析递进次简单剪切椭圆中三组互相垂直的直线（直线 1 ～ 6）在变形过程中的变化。我们以运动学涡度 W_k=0.82 为例，意味着该次简单剪切中简单剪切占主要成分（图 1.13）。与简单剪切相比的一个重要区别是，直线 1 和 2 之间区域的直线的旋转方向与剪切方向相反。该区域范围与流脊（α）相同，取决于运动学涡度（W_k）以及 ISA_1 与第一特征方向的锐夹角（θ）（详见 1.3.2 节图 1.41）（有关流脊和运动学涡度详见 1.3 节）。纯剪切的成分越多，反向旋转的区域就越大，如纯剪切（W_k=0），正反向旋转的区域同等大小［图 1.11（a）］，而简单剪切（W_k=1）反向旋转区域消失［图 1.8（a）］。

直线 1 平行于剪切面，不会旋转，但是与简单剪切情形相比该直线沿剪切方向伸长。直线 4 顺时针旋转，最大限度地展现其次简单剪切的非共轴效应。直线 4 从瞬时缩短区域旋转到伸长区域，并在阶段 b 达到原始长度［图 1.13（b）］。此后，质点线 4 将逐渐伸长，而且与其他所有质点线一起向水平流脊，即简单剪切的剪切方向旋转。

直线 2 一旦缩短即逆时针旋转，而直线 5 和 6 则在向水平流脊方向旋转过程中伸长。在阶段 e，直线 6 已经超过了应变椭圆长轴（X 轴），而直线 5 还没有完全达到长轴位置。

直线 3 处于瞬时缩短区域。在阶段 c，平行于 ISA_3（图 1.13），并随着非共轴变形旋转通过 ISA_3，此后，沿着直线 4 的路径发展。

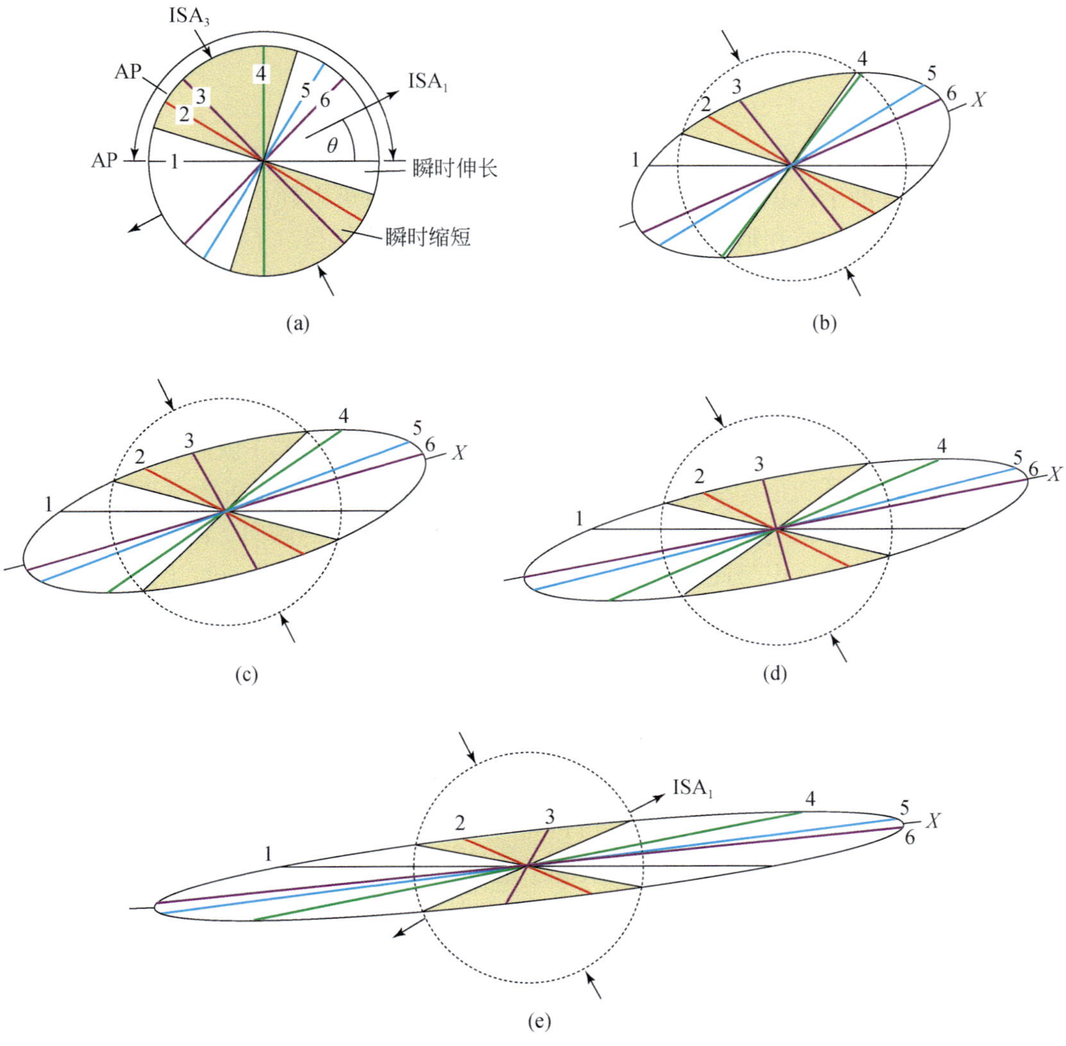

图 1.13　圆的次简单剪切作用和三组正交直线的变化（据 Fossen，2016）

图（a）中沿圆周的箭头指示这些线在变形过程中的旋转方向；图（a）～（e）分别对应阶段 a ～ e；AP. 流脊；W_k=0.82

以下是递进次简单剪切的一些基本特征：

- 任何方向的直线均向流脊方向（剪切方向）旋转。
- 有两个旋转方向相反的区域。区域的大小和不对称性由流脊控制，因此也指示了运动学涡度（W_k）和沿剪切方向的流脊。
- 任何方向的线在次简单剪切过程中都在伸长或缩短。

- 平行于 ISA 的线旋转，只有平行于剪切平面的线不发生旋转。
- 应变椭球长轴 X 旋转，但是比简单剪切情况旋转得慢。
- 物理线可以从瞬时缩短区域旋转至瞬时伸长区域，但反之则不可以。

1.2 应变与应变分析

岩石应变分析（strain analysis）是定量研究岩石变形程度和变形类型的重要手段。岩石应变分析有助于认识构造的形成机制，通过应变测量可以确立岩石的应变状态，从而帮助认识构造的性质和形成机制；有助于恢复变形前的状态，了解原始特征；可以定量描述岩石变形程度，计算地壳缩短量；有助于建立区域应力场和应变场，查明大地构造环境。因此应变分析是现代构造地质研究中不可缺少的组成部分。著名英国地质学家 White 早在 1979 年就曾指出“岩石应变测量已成为大多数构造地质学家的第二天性（second nature）”。

岩石有限应变测量的研究历史悠久。19 世纪 Phillips（1843 年）就研究变形化石，证明所在的岩石经历了变形。Sharpe（1846 年）首先用变形化石确定了板劈理的意义，发现岩石的最大缩短方向与劈理垂直，最大伸长方向沿劈理面的倾向。Haughton（1856）对劈理的力学意义的认识与此一致，并将变形与未变形的腕足类化石对比，算出了其应变轴率，首次将应变椭球的概念应用于岩石变形研究。Sorby（1855 年）用还原斑进行变形分析。Thompson（1879 年）将应变椭球称为有限应变椭球。之后 40 年没有大的进展。20 世纪下半叶，Cloos（1947）系统研究了美国阿巴拉契亚寒武系—奥陶系鲕状灰岩的变形鲕粒，进行了数百个点的应变测量；50 年代，Bredding（1956 年，1957 年）对德国亚琛一带进行了大量的化石应变测量的系统分析。40 年代和 50 年代的工作开创了区域有限应变测量的新纪元。60 年代，Wellman 和 Flinn 分别发表了《变形化石应变分析的图解法》和《论递进变形过程中的褶皱作用》，引起了地质界的广泛兴趣；1967 年 Ramsay 在《岩石的褶皱作用和断裂作用》一书中对岩石有限应变测量方法进行了全面系统总结，从此在世界范围掀起了研究岩石有限应变的高潮，被誉为“构造地质学的革命”；80 年代，Ramsay 和 Huber（1983）的《现代构造地质学方法》对岩石有限应变测量进行了第二次总结，代表了现代水平，之后没有太大的发展。

郑亚东和常志忠（1985）《岩石有限应变测量及韧性剪切带》一书的问世，表明我国在努力跟上国际水平。

应变分析的主要任务就是获得主应变轴的大小和方位，对于平面应变（二维）则是获得某平面（通常是 XZ 面）上主应变轴的大小和方位。如果通过变形观察分析，可以确定主应变轴的方向，问题就简单得多了。如果岩石具有面状和线状构造要素，确定主应变轴的方向并不困难，如压扁的面状构造如板劈理、片理、片麻理等即平行于应变椭球的 XY 面，面理的法线就是 Z 轴方向，面理上的 a 线理即 X 轴方向。

1.2.1　应变的有关概念

应变（strain）：在数值上度量畸变程度的量叫应变。物体发生畸变时，物体内各质点的相对位置发生了变化。可以通过两种类型的量来描述这种变化。一类是描述物体内一质点线段在变形前后的长度变化，称为线应变（linear strain）；另一类是描述物体内两条质点线段间的交角在变形前后的变化，称为剪应变（shear strain）。通过测量这两类量可以确定整个物体的畸变。

1. 线应变（一维应变）

设物体中某质点线段变形前长度为l_0，变形后长度为l_1，度量线应变有以下常用方法（图 1.14）。

（1）**伸长度（*e*）**（elongation）：线段长度改变量与原长度的比值（伸长为正，缩短为负）。

$$e=(l_1-l_0)/l_0=\Delta l/l \tag{1.4}$$

式（1.4）可用于描述伸展盆地水平方向的伸展程度。

（2）**长度比（*S*）**（stretch）：线段变形后长度 l_1 与变形前长度 l_0 的比值。

$$S=l_1/l_0=1+e \tag{1.5}$$

式（1.5）可用于裂谷和伸展盆地分析，有时使用β因子，与 S 为同义语（图 1.14）。

（3）**平方长度比（λ）**（quadratic elongation）：长度比（S）的平方。在应变分析中非常常用。

$$\lambda=(l_1/l_0)^2=(1+e)^2=S^2 \tag{1.6}$$

（4）**自然应变（$\bar{e}$）**（natural strain）：把大应变看作伸长度的一系列无限小增量（dl/l）之和。

$$\bar{e}=\sum_{l_0}^{l_1}\Delta l/l=\int_{l_0}^{l_1}\mathrm{d}l/l=\ln\left(l_1/l_0\right)=\ln\left(1+e\right) \tag{1.7}$$

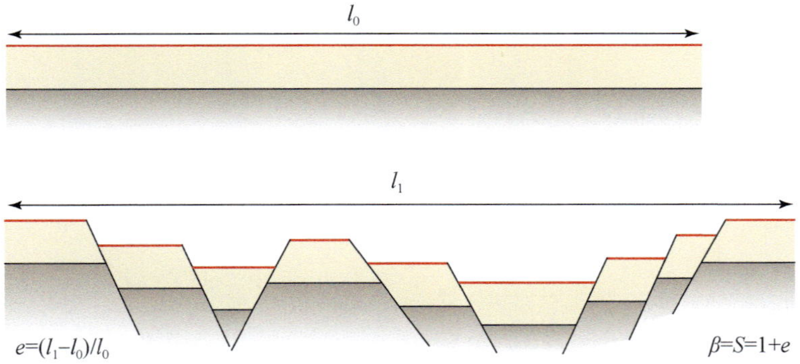

图 1.14　地层的断层式伸展（据 Fossen，2016）

红色地层原长 l_0，现长 l_1，伸长度 e；β 因子主要用于定量描述伸展盆地的伸展量

线应变的表达方式多以线段的原长为基准，将变形后的长度与原长相比，但如果长度变化较大时，而且对地质体的应变历史与构造发育之间的关系感兴趣时用自然应变表

达更为真实。例如，若一线段在变形后长度缩短几乎为零，表明变形非常强烈，此时伸长度 e 趋向于 -1，而自然应变则趋向于 $-\infty$。显然自然应变更能反映变形的真实情况，所以也称为真应变（true strain）。

需要说明的是：①上述线应变的四种表达方式彼此相互联系，给定其中一个量可确定其余三个量，具体应用时可根据需要和方便而定；②上述定义中是假定物体受均匀形变，一线段各部分具有相同的伸长度，所以 l_0 可以具有任意长度。若是非均匀形变，则应认为 l_0 是一小量，讨论只在一点邻近的一个足够小的线段上进行。

2. 剪应变（二维应变）

物体变形时，任意两条直线间的夹角一般会发生变化。初始相互垂直的线，变形后一般不再垂直，这种原为直角的改变量（ψ）称为角剪切（angular shear）。角剪切的正切即剪应变（γ）（图 1.15、图 1.16）：

$$\gamma = \tan\psi \tag{1.8}$$

顺时针旋转为正，逆时针旋转为负。实际上取决于选择的参考线，如图 1.16 所示，对线 A 来说，线 B 是顺时针旋转；对线 B 来说，线 A 是逆时针旋转。

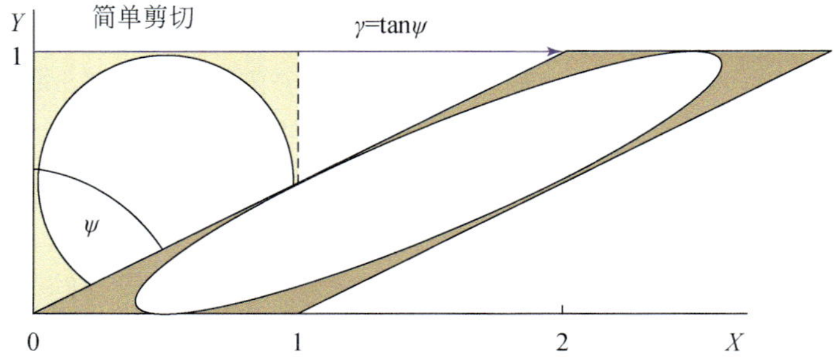

图 1.15　简单剪切情形下的剪应变

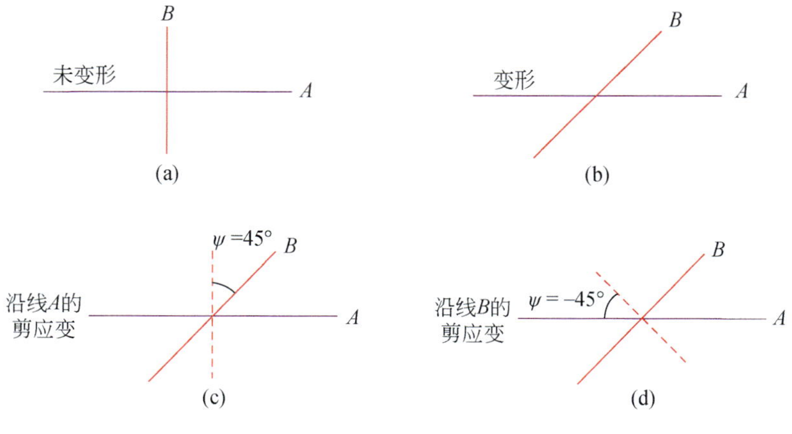

图 1.16　剪应变图示

顺时针旋转为正，逆时针旋转为负；以线 A 为准，线 B 是顺时针旋转；以线 B 为准，线 A 是逆时针旋转在三维应变中，需要考虑该直线及与它垂直的一个平面，把变形后该直线与变形后平面的法线的交角 ψ 定义为角剪切，ψ 的正切即该直线的剪应变。

3. 扩张应变

扩张应变（dilational strain）的三种方式如下（图 1.17）：颗粒间的空隙进一步收缩（$-\Delta$）；压溶作用造成体积损失（$-\Delta$）；岩体破裂，体积增加（$+\Delta$）。

$$\Delta=(V_1-V_0)/V_0=\Delta V/V_0 \tag{1.9}$$

对于无限小应变，则

$$\Delta=\mathrm{d}V/V \tag{1.10}$$

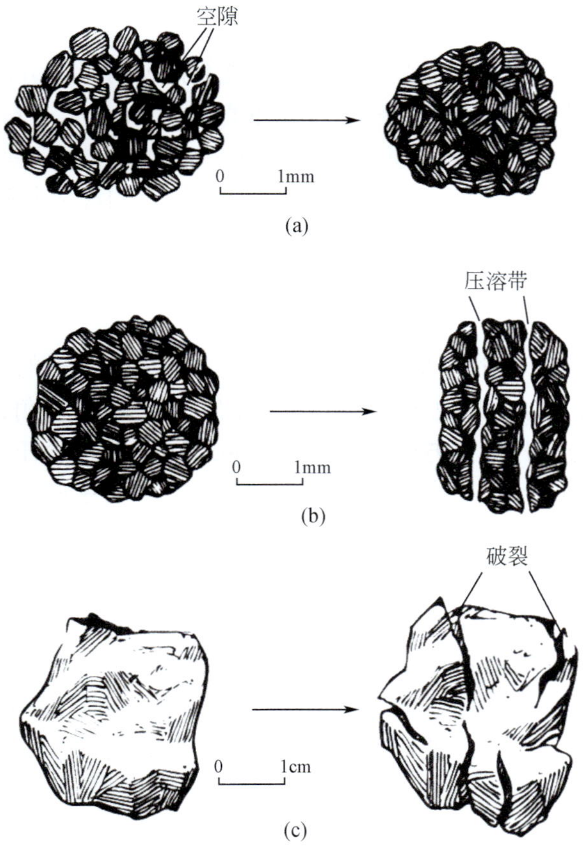

图 1.17　扩张应变的三种方式

4. 有限应变和无限小应变

当畸变很小时，我们假定伸长度和剪应变无限地接近于零。这种情形称为**无限小应变**（infinitesimal strain）。这时，可以认为剪应变 γ 在数值上接近于角剪切 ψ（弧度值）。对于无限小应变，其理论研究可大大简化。在地质应用中，一般将 e 和 γ 不超过 0.01 者视为无限小应变，超过者则视为**有限应变**（finite strain）。

需要说明的是：①无限小应变与有限应变并没有截然的界限，只是相对概念；②岩石变形是一个过程，其中的任一小的阶段可视作无限小应变，或者说，有限应变是由无数个无限小应变累积而成的。

5. 应变分量和应变状态

应变分析是以均匀形变为前提，因此在考虑物体的畸变时，可以选择物体内各质点的小邻域来作为研究对象，以使接近均匀形变。

通过某质点的任一小直线段的线应变和剪应变称为该线段的**应变分量**（train component）。对于有限应变，通常以平方长度比 λ 和剪应变 γ 作为应变分量；对于无限小应变，则通常以伸长度 e 和剪应变 γ 作为应变分量。

线段的应变分量描述了该线段的畸变状况。如果确定了过某一点的所有可能方向的线段的应变分量，也就确定了这一点邻域的畸变状况，称为确定了该点的**应变状态**（strain state）

确定一点的应变状态，既无必要，也不可能算出所有可能方向的线段的应变分量。实际上，若知道了过某一点的任意三条互相垂直线段 ox，oy，oz 的线应变 λ_x，λ_y，λ_z 及剪应变 γ_{xy}，γ_{yx}，γ_{yz}，γ_{zy}，γ_{zx}，γ_{xz}，则过该点的任一方向线段的应变分量 λ，γ 可通过这九个量计算出来。这就确定了该点的应变状态，称为该点的**应变分量**。而 $\gamma_{xy}=-\gamma_{yx}$，六个剪应变分量只有三个是独立的，因此实际上只需要六个量，即 λ_x，λ_y，λ_z，γ_{xy}，γ_{yz}，γ_{zx} 便可确定该点的应变状态的应变分量。

6. 主应变

根据应变分析理论，通过变形物体内的任一点一定存在这样的三个互相垂直的方向 1、2 和 3，它们的剪应变 γ 均为 0，说明这些方向的线段在变形前为直角，变形后仍保持为直角。这三个互相垂直的方向称为**主方向**（principal direction），包含任何两个主方向的平面称为**主平面**（principal plane），沿主方向的平方长度比称为**主应变**（principal strain），记为 λ_1，λ_2，λ_3。当然，相应的伸长度 e_1，e_2，e_3 或长度比 $1+e_1$，$1+e_2$，$1+e_3$ 也叫主应变，常用 X，Y，Z 表示三个主应变轴。

只要知道了三个主应变的大小和方向，也就确定了该点的应变状态。因此，有限应变的研究往往归结为找出物体内每一点的主应变大小和方向。

需要说明的是，这里说的主方向仅涉及变形前、后两个状态的比较，保持互相垂直，而未涉及中间过程。实际上，变形前后互相垂直的主方向质点线在中间过程中一般并不保持垂直。

7. 三维应变

如果长宽高三个方向均可以伸长和压缩，那么应变状态谱就会十分宽阔。典型的情况如均匀伸长、均匀压扁以及平面应变［图 1.18（c）～（e）］。均匀伸长，也叫轴向对称伸展，即 X 轴方向的伸展由垂直于 X 轴的平面各方向的缩短相补偿［图 1.18（d）］。均匀压扁（即轴向对称压扁）则相反，即 Z 轴方向的缩短由所有垂直于 Z 轴方向的伸长所补偿［图 1.18（e）］。在均匀压扁和均匀伸长之间还有一种应变状态叫平面应变，即 X 轴方向的伸展由与之垂直的 Z 轴方向的缩短相补偿，Y 轴方向保持不变［图 1.18（c）］。

单轴应变是指仅沿一个应变主轴缩短或伸长，而其他两个主轴保持不变（图 1.18 上排）。这种应变要求岩石体积的重新调整，减小或增加。例如，多孔沉积物在物理压实过程中，颗粒重新调整，更加紧密堆积；还有充填于岩石孔隙中的水分、油气的释放会使岩石体积损失，而并非矿物本身的改变。

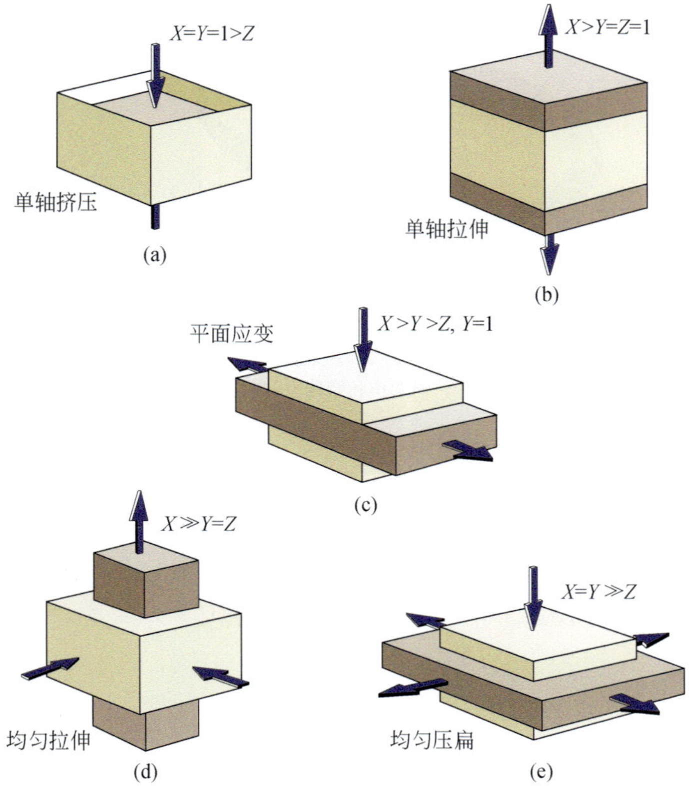

图 1.18　几中典型的应变状态

（a）、（b）为单轴应变；（c）为平面应变；（d）、（e）为三轴应变。应变主轴：$X>Y>Z$

1.2.2　应变椭圆（球）

为了确定一点的应变状态，可以考虑在变形前物体中以此点为中心由其周围质点组成一个球面，在均匀变形下，球面将变成一个椭球面。这个椭球面叫作应变椭球（strain ellipsoid）。应变椭球具有三个互相垂直的主轴，可以证明这三个主轴在变形前也是互相垂直的，因此，应变椭球的主轴即变形状态中的主方向，且其半径与主应变相联系。实际上，若取初始圆球的半径为 1，则应变椭球的主半径分别就是主长度比 $1+e_1$，$1+e_2$，$1+e_3$，即 $\lambda_1^{1/2}$，$\lambda_2^{1/2}$，$\lambda_3^{1/2}$，那么，应变椭球的三个主半径的平方就是主应变 λ_1，λ_2，λ_3（图 1.19）。

习惯上将 λ_1 代表最大主应变轴，λ_2 代表中间主应变轴，λ_3 代表最小主应变轴，即 $\lambda_1>\lambda_2>\lambda_3$。若取坐标轴 X，Y，Z 分别沿着主方向 λ_1，λ_2，λ_3，并取椭球中心为原点，则可写出应变椭球方程：

$$x^2/\lambda_1+y^2/\lambda_2+z^2/\lambda_3=1 \qquad (1.11)$$

这时轴 X，Y，Z 可分别称为主轴 λ_1，λ_2，λ_3。可见，只要确定了一点的应变椭球就确定了该点的应变状态。

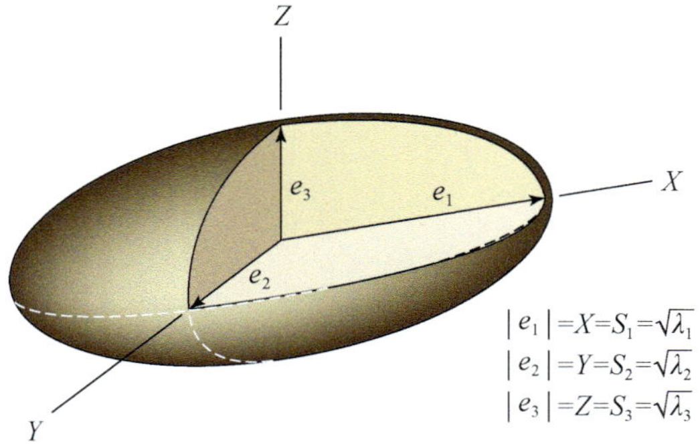

图 1.19 应变椭球（据 Fossen，2016）

应变椭球是一个虚构的球，随着岩石的均匀变形而变形，可通过三个向量（e_1、e_2、e_3）来确定应变主轴（X、Y、Z）的大小和椭球方位

在二维应变中，初始为单位半径的圆，经均匀变形后成为一椭圆，称为应变椭圆。其方程可写为

$$x^2/\lambda_1+y^2/\lambda_2=1 \tag{1.12}$$

变形后的主方向相对变形前的主方向发生了转动，称为旋转形变，如简单剪切；变形前后主方向取向相同的形变，叫无转动形变，如纯剪切。

1.2.3 应变摩尔圆

1. 质点线长度变化情形

在均匀变形条件下，设以 O 为圆心的一单位圆及圆上任一点 P（x，y），OP 与 x 轴夹角为 θ。变形后成为椭圆，圆心变为 O_1，x 轴和 y 轴分别变为 x_1 和 y_1 轴，点 P 变为 P_1（x_1，y_1），O_1P_1 与 x_1 轴夹角为 θ'（图 1.20）。

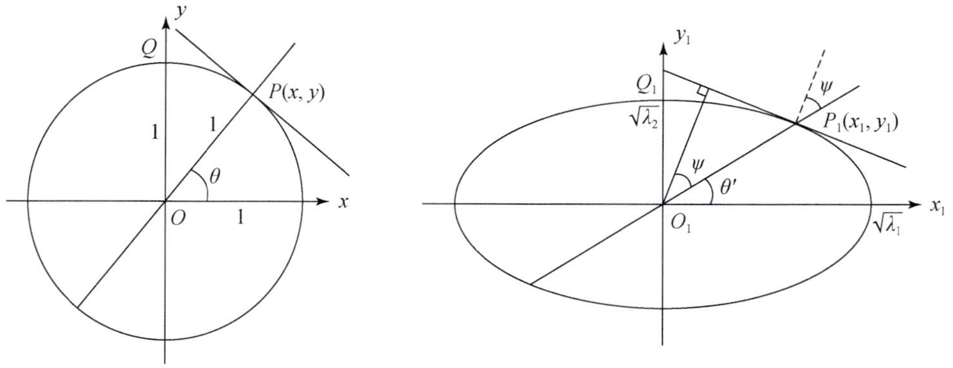

图 1.20 单位圆与对应的应变椭圆中各相应量的关系

设 O_1P_1 的平方长度比为 λ，而椭圆的长短半轴的平方为主应变 λ_1（x_1 方向）及 λ_2（y_1 方向），

$$\lambda=(1+e)^2=x_1^2+y_1^2 \tag{1.13}$$

但由于

$$x_1=x(1+e_1),\ y_1=y(1+e_2)$$

这里 e_1 和 e_1 分别代表 X 轴和 Y 轴方向的伸长度，且单位圆内有 $x=\cos\theta$，$y=\sin\theta$，故上式可写为

$$x_1=\sqrt{\lambda_1}\cos\theta,\ y_1=\sqrt{\lambda_2}\sin\theta$$

将此式代入式（1.13），可得

$$\lambda=\lambda_1\cos^2\theta+\lambda_2\sin^2\theta \tag{1.14}$$

式（1.14）给出了变形前与主方向成 θ 角的线段 λ 与主应变（λ_1,λ_2）大小的关系。然而，在地质学上，更容易测得变形后某方向与主方向 λ_1 的夹角，因此更常用的是由变形后与主方向 λ_1 的夹角 θ' 来给出的类似表达式。

为此，利用下列式子：

$$\cos\theta=x=x_1/\lambda_1^{1/2}=(\lambda^{1/2}\cos\theta')/\lambda_1^{1/2},\sin\theta=(\lambda^{1/2}\sin\theta')/\lambda_2^{1/2} \tag{1.15}$$

将之代入 $\cos^2\theta+\sin^2\theta=1$，得

$$(\lambda\cos^2\theta')/\lambda_1+(\lambda\sin^2\theta')/\lambda_2=1$$

或

$$(\cos^2\theta')/\lambda_1+(\sin^2\theta')/\lambda_2=1/\lambda$$

令：$\lambda'=1/\lambda$，$\lambda'_1=1/\lambda_1$，$\lambda'_2=1/\lambda_2$

上式化为

$$\lambda'=\lambda_1'\cos^2\theta'+\lambda_2'\sin^2\theta' \tag{1.16}$$

运用倍角公式：$\cos2\theta'=2\cos^2\theta'-1=1-2\sin^2\theta'$，将式（1.16）化为更普遍的形式：

$$\lambda'=\frac{1}{2}(\lambda_1'+\lambda_2')-\frac{1}{2}(\lambda_2'-\lambda_1')\cos2\theta' \tag{1.17}$$

这就给出了变形后与主方向成 θ' 角的线段的 λ 与主应变（λ_1，λ_2）大小的关系。

无伸缩线：经过有限应变，如果 $\lambda_1>1>\lambda_2$，则某些方向的线段会伸长，另一些方向的线段会缩短，但在应变椭圆内总会有两个方向上的直线既不伸长也不缩短（若为三维应变，则有两个无伸缩面，图 1.5），即没有发生有限线应变（$\lambda=1$）。其位置可由原单位圆（$x^2+y^2=1$）与椭圆（$x^2/\lambda_1+y^2/\lambda_2=1$）相截求得。将 $\lambda=1$ 代入式（1.14），可求得其代数表达式：

$$\lambda_1\cos^2\theta+\lambda_2\sin^2\theta=1$$

解得

$$\cos^2\theta=(1-\lambda_2)/(\lambda_1-\lambda_2)$$
$$\sin^2\theta=(\lambda_1-1)/(\lambda_1-\lambda_2)$$
$$\tan^2\theta=(\lambda_1-1)/(1-\lambda_2)$$

同理，将 $\lambda'=1$ 代入式（1.16）求得

$$\lambda_1'\cos^2\theta'+\lambda_2'\sin^2\theta'=1$$

解得

$$\cos^2\theta'=(\lambda_2'-1)/(\lambda_2'-\lambda_1')$$

$$\sin^2\theta'=(1-\lambda_1')/(\lambda_2'-\lambda_1')$$

$$\tan^2\theta'=(1-\lambda_1')/(\lambda_2'-1)$$

如果 $\lambda_1>\lambda_2>1$ 或 $1>\lambda_1>\lambda_2$，即非均匀变形情形下，上述方程没有解，即没有无伸缩线（面）。因为在这样的应变椭圆中的所有线段都比原来的长或短。表明在变形过程中有面积（体积）的变化。

2. 角度变化情形

变形前后，某直线与 x 轴的夹角变化可用下式表示（图 1.20）：

$$\tan\theta'=y_1/x_1=(y\cdot\lambda_2^{1/2})/(x\cdot\lambda_1^{1/2})=(\lambda_2/\lambda_1)^{1/2}\cdot\tan\theta$$

引入轴率概念：$R_s=(\lambda_1/\lambda_2)^{1/2}$，则有著名的**哈克**（Harker）公式：

$$R_s\tan\theta'=\tan\theta \qquad (1.18)$$

如果知道变形前的角度和应变椭球的形状，可求出变形后的角度 θ'；反之，知道变形后的角度 θ'，也可求出变形前的角度。变形前后角度的关系只与应变椭圆主轴的比值有关，与 λ_1 和 λ_2 的绝对值无关，所以与面积变化无关。

从哈克公式不难理解，变形后应变椭圆的主轴在变形前也是垂直的。

3. 剪应变情形

考虑过 P 点的切线 PQ。变形前 PQ 与 x 轴夹角为 $\pi/2-\theta$，而变形后 P_1Q_1 与 x_1 轴夹角为 $\pi/2-(\theta'+\psi)$（图 1.20）。代入 Harker 公式得

$$R_s\tan[\pi/2-(\theta'+\psi)]=\tan(\pi/2-\theta)$$

整理得

$$R_s\tan\theta=\tan(\theta'+\psi)=(\tan\theta'+\tan\psi)/(1-\tan\theta'\tan\psi) \qquad (1.19)$$

式（1.19）整理，并用 Harker 公式消去 θ'，得

$$\tan\psi=(R_s-1/R_s)\sin\theta\cos\theta$$

考虑轴率的定义有 $(R_s-1/R_s)=(\lambda_1-\lambda_2)/(\lambda_1\lambda_2)^{1/2}$

而 $\tan\psi=\gamma$ 是 OP 线的剪应变，于是

$$\gamma=[(\lambda_1-\lambda_2)\sin\theta\cos\theta]/(\lambda_1\lambda_2)^{1/2} \qquad (1.20a)$$

或

$$\gamma=(\lambda_1/\lambda_2+\lambda_2/\lambda_1-2)^{1/2}\sin\theta\cos\theta \qquad (1.20b)$$

式（1.20）给出了与最大主应变轴 λ_1 成 θ 角的线的剪应变与主应变大小之间的关系。说明，剪应变只与应变椭圆的主轴比有关。

为了应用方便，需将式（1.20）用变形后的角度 θ' 表示。将式（1.20）中的 θ 替换为 θ'，得

$$\gamma/\lambda=(1/\lambda_2-1/\lambda_1)\sin\theta'\cos\theta'$$

引入参数 $\gamma'=\gamma/\lambda=\gamma\lambda'$，则上式简化为对于应变状态的剪应变的标准公式：

$$\gamma'=(\lambda_2'-\lambda_1')\sin\theta'\cos\theta' \quad (1.21a)$$

或

$$\gamma'=\frac{1}{2}(\lambda_2'-\lambda_1')\sin 2\theta' \quad (1.21b)$$

最大剪应变：求式（1.20）的最大值可获得最大剪应变线。

令 $d\gamma/d\theta=0$，则 $\cos2\theta=0$，即 $\theta=\pm45°$。说明变形前与主方向 λ_1 成 ±45° 的线具有最大剪应变 γ_{max}。

运用 Harker 公式求得变形后最大剪应变的位置：

$$\tan\theta'=\tan45°/R_s=1/R_s=(\lambda_2/\lambda_1)^{1/2} \quad (1.22a)$$

$$\theta'=\arctan(\lambda_2/\lambda_1)^{1/2} \quad (1.22b)$$

将 $\theta=\pm45°$ 代入式（1.20），可求得最大剪应变 γ_{max}：

$$\gamma_{max}=\pm(\lambda_1-\lambda_2)/2(\lambda_1\lambda_2)^{1/2} \quad (1.23)$$

4. 摩尔图解

摩尔图解（Mohr Diagram）是 Mohr（1882 年）设计的，用来表示应力或应变各分量值的变化最简便的方法。请看前面提到的四个重要公式：

运用三角函数倍角公式，即 $\sin2\theta=2\sin\theta\cos\theta$；$\cos2\theta=2\cos^2\theta-1=1-2\sin^2\theta$，对式（1.14）、式（1.20）和式（1.16）、式（1.21）进行变换，获得以下内容。

1）摩尔图解参数方程（一）（以 θ 为基础）

$$\lambda=(\lambda_1+\lambda_2)/2+[(\lambda_1-\lambda_2)/2]\cdot\cos2\theta \quad (1.14')$$

$$\gamma=[(\lambda_1-\lambda_2)/2(\lambda_1\lambda_2)^{1/2}]\cdot\sin2\theta \quad (1.20')$$

这两个方程构成了长半轴为 $(\lambda_1-\lambda_2)/2$、短半轴 $r'=(\lambda_1-\lambda_2)/2(\lambda_1\lambda_2)^{1/2}$ 的椭圆方程，变形前与应变主轴成 θ 角方向线上的线应变和剪应变可用该椭圆上的点来代表（图 1.21）。

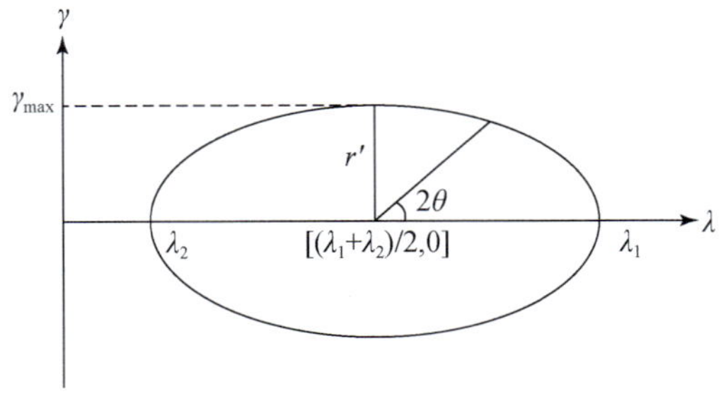

图 1.21　未应变状态的摩尔图解

2）摩尔圆的参数方程（二）（以 θ' 为基础）

$$\lambda'=(\lambda_1'+\lambda_2')/2-[(\lambda_2'-\lambda_1')/2]\cdot\cos2\theta' \quad (1.16')$$

$$\gamma' = [(\lambda_2' - \lambda_1')/2] \cdot \sin 2\theta' \qquad (1.21')$$

构成了圆心在 $[(\lambda_1'+\lambda_2')/2, 0]$，半径为 $(\lambda_2' - \lambda_1')/2$ 的圆的方程，即摩尔圆方程（图 1.22）。这种用变形后与主方向夹角 θ' 来表达应变状态的方程在地质学上更为实用。

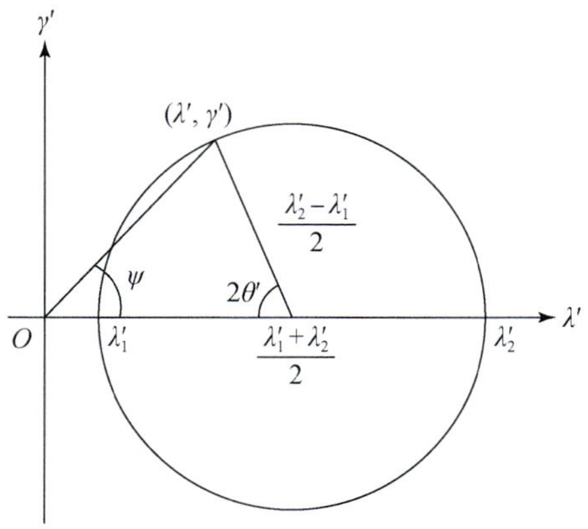

图 1.22　有限应变摩尔圆

5. 简单剪切的特征

从以上分析可以看出，对于任一具体给出的简单剪切的剪应变 γ，可用摩尔图解法求出其应变状态。如给定 γ=1/2，则 λ_x=1，γ_x=−1/2；λ_y=5/4，γ_y=1/2。可以求出摩尔圆上的两个点，两点的连线即摩尔圆的弦，弦的垂直平分线与横坐标的交点为摩尔圆的圆心，即可做出摩尔圆。

同样也可以用解析式表示。通过坐标变换和数学推导，可得出如下几个公式：

$$\tan 2\varphi' = 2/\gamma \qquad (1.24)$$

式中，φ' 为变形后主方向与剪切方向的夹角。这是简单剪切情形中由给定的剪应变 γ 直接确定变形后主方向的公式。

由此可以看出，当 γ 无穷小时，φ' 接近于 45°，即对于每一瞬间的无限小增量应变的主轴总是与剪切方向成 45° 交角。

同样可以推导出简单剪切情形中由给定的剪应变 γ 直接确定主应变大小的解析式。

$$\lambda_1 = 1 + \gamma^2/2 + \gamma(\gamma^2+4)^{1/2}/2 \qquad (1.25)$$

$$\lambda_2 = 1 + \gamma^2/2 - \gamma(\gamma^2+4)^{1/2}/2 \qquad (1.26)$$

简单剪切的另一特征是原来与剪切面成 α 的线，剪切变形后该夹角变为 α'。则有如下关系式：

$$\cot\alpha' = \cot\alpha + \gamma \qquad (1.27)$$

当然，对于主方向与剪切方向自然也有如下关系式：

$$\cot\varphi' = \cot\varphi + \gamma \qquad (1.28)$$

可以利用旋转的张节理（图 1.23）测定剪应变 γ，进而确定其应变状态。

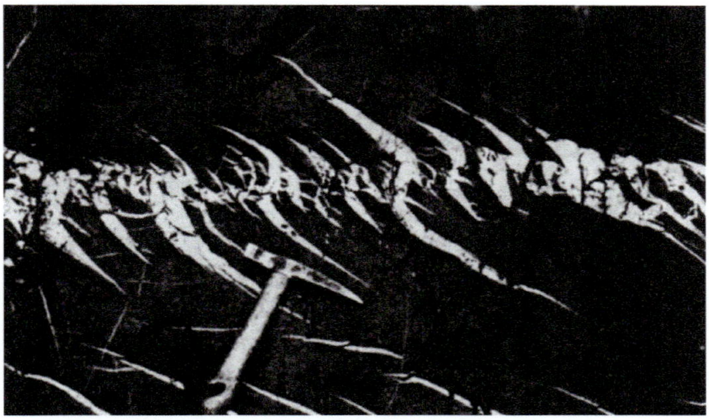

图 1.23　剪切带中旋转的张节理（据 Ramsay，1980）

1.2.4　常用应变标志物

岩石中任何变形前后可进行定量比较的标志均可作为应变标志。一般应具备两个条件，即标志体变形前的形状是已知的或可被确定的；标志体与整体岩石应具备类似的力学性质。常见的应变标志有以下几种。

（1）鲕粒（ooide）和豆粒（pisolite）　这是非常好的应变标志，常见于碳酸盐岩和铁矿石中，变形前基本上为球形或椭球形。Cloos（1971 年）对美国马里兰州南山、宾夕法尼亚州、北弗吉尼亚州的鲕状灰岩进行了系统研究，通过数万个点的测量，解决了蓝岭（Blue Ridge）复背斜的变形过程问题。

（2）还原斑（reduction spot）　在红色或绿色页岩、泥灰岩和砂岩中，围绕岩石中某些质点有时发生铁质组分的还原作用，从而形成球形或椭球形的绿色斑痕，周围为红色或紫色基质环绕。这是非常有效的一种标志。Ramsay 和 Wood（1973）对英国威尔士和美国佛蒙特州寒武系板岩中还原斑的应变分析，其伸长度超过了 100%。

主要问题：原始形状不确切；还原斑的形成与变形的时间关系不十分清楚。

（3）砾石（pebble）　最常用的应变标志。尽管大部分砾石初始形态并非圆形，但如果大量测量（至少 10 个以上），由原形状引起的误差将很小。有时变形砾石清楚地指示了三个主应变轴的方位（图 1.24），很容易进行测量。R_f/φ 法适用于砾石测量。

（4）气孔构造（vesicle）　喷出和侵入的火山岩常形成原形为球形的气孔构造和杏仁构造等，是应变测量的有效标志。

（5）有机物　有些小型生物，如藻类、有孔虫和放射虫，形状非常接近球形，是应变测量的有效标志。

（6）熔岩枕（pillow）　枕状玄武岩中的熔岩枕多为球形和近于球形，变形后呈定向排列的椭球形（图 1.25），可作为应变测量标志。

（7）化石（fossil）　化石通常被认为是最好的应变标志，因为熟知其变形前的形状和不同部位（器官）之间的夹角如三叶虫、腕足类化石等。

图 1.24 法国阿尔卑斯变形砾石（侯泉林摄于 2010 年）

变形砾石清楚地指示了三个主应变轴的方位

图 1.25 广西那坡变形的枕状熔岩（侯泉林摄于 2014 年）

1.2.5 一维应变分析

一维应变分析实际上就是线应变分析，主要针对变形物体长度的变化，是最简单的一种应变分析。如果能够恢复变形物体原始（变形前）的长度，就能够计算其在该方向上的伸长量或缩短量，进而计算其线应变。被拉长或缩短的各类应变标志如布丁化的岩墙或岩层、矿物或线形化石（如箭石类或笔石类，如图 1.26 所示）均能够揭示其长度变化。也可以是地质或地震剖面中被错断的标志层等（图 1.14）。标志层可以是因正断层被伸长或是因逆断层被缩短，整体上被称为脆性应变。

如何恢复应变标志的原始长度是关键，长期以来已积累了诸多有效方法，如石香肠构造，在二维尺度上可假定其最宽（厚）的部位近似于变形前的厚度。测量整个石香肠的面积，除以其原始厚度即可得出变形前的长度，再测量出石香肠的现有长度，便可求出其线应变。

图 1.26　两个被拉长的箭石类化石（据 Fossen，2016）

两个不同方向的箭石类化石提供了两个方向的应变状况：上面的箭石类化石经历了左旋剪切应变，而下面一个则没有，表明其更接近最大拉伸方向

1.2.6　二维应变分析

二维应变分析主要是寻找具有已知初始形态的标志或具有不同方向的线形应变标志（图 1.26）的剖面。如图 1.27 所示的还原斑就是很好的应变标志，因其变形前趋于圆形。还有如前所述的砾石、构造角砾、珊瑚类化石、鲕粒、气孔、枕状熔岩（图 1.25）、柱状玄武岩，以及深成岩等，凡包含此类标志的剖面均可进行应变测量分析。此外，二维应变分析还可以通过不同方向的一维应变分析获得，如不同方向的岩墙、岩脉，以及化石（图 1.26）等。进而，通过不同剖面的二维应变分析可以估计三维应变状态。

图 1.27　威尔士板岩中的还原斑（据 Fossen，2010）

亮斑原为岩石还原反应形成的球形还原斑，现呈椭球形，说明板岩发生了变形

1. 角度的变化

如果我们知道两组线的初始夹角，就可以计算其应变。两组构造的初始角度关系如岩墙、面理、层理等有时可以通过变形带内外的对比获得。然后看应变如何影响了其间

的角度关系，进而估算应变。有些化石如三叶虫、腕足类化石以及蠕虫洞穴（与地层夹角）变形前有对称的直交线可用于确定变形沉积岩的角剪切。总之，只要知道两组线之间的角度变化，且没有应变分解的情况下，就可以求其应变。

如果两条线变形前夹角为 90°，那么其角度变化即该处的角剪切 ψ；如果两条垂直直线变形后仍保持垂直，如前所述，则这两条直线分别代表主应变，并指明应变椭球方位。对不同方向线段的观测可以为确定应变椭圆或应变椭球提供信息，关键是运用有效的测量方法。最常用的方法为 Wellman 法和 Breddin 作图法等。

2.Wellman 法

该方法要追溯到 1962 年，是二维（平面）应变分析的几何作图法。通常是针对变形前具有正交对称线的化石。如图 1.28（a）所示，我们利用腕足类化石的绞合线和对称线来求应变椭圆。画一任意方向的参考线，并确定一对变形前互相垂直的线。明确参考线的两个端点 *A* 和 *B*［图 1.28（b）］，然后过 *A* 点和 *B* 点分别画出平行于每个腕足化石绞合线和对称线的直线，对应化石的两条线分别交于 1，2，…，6 诸点［图 1.28（b）、（c）］。

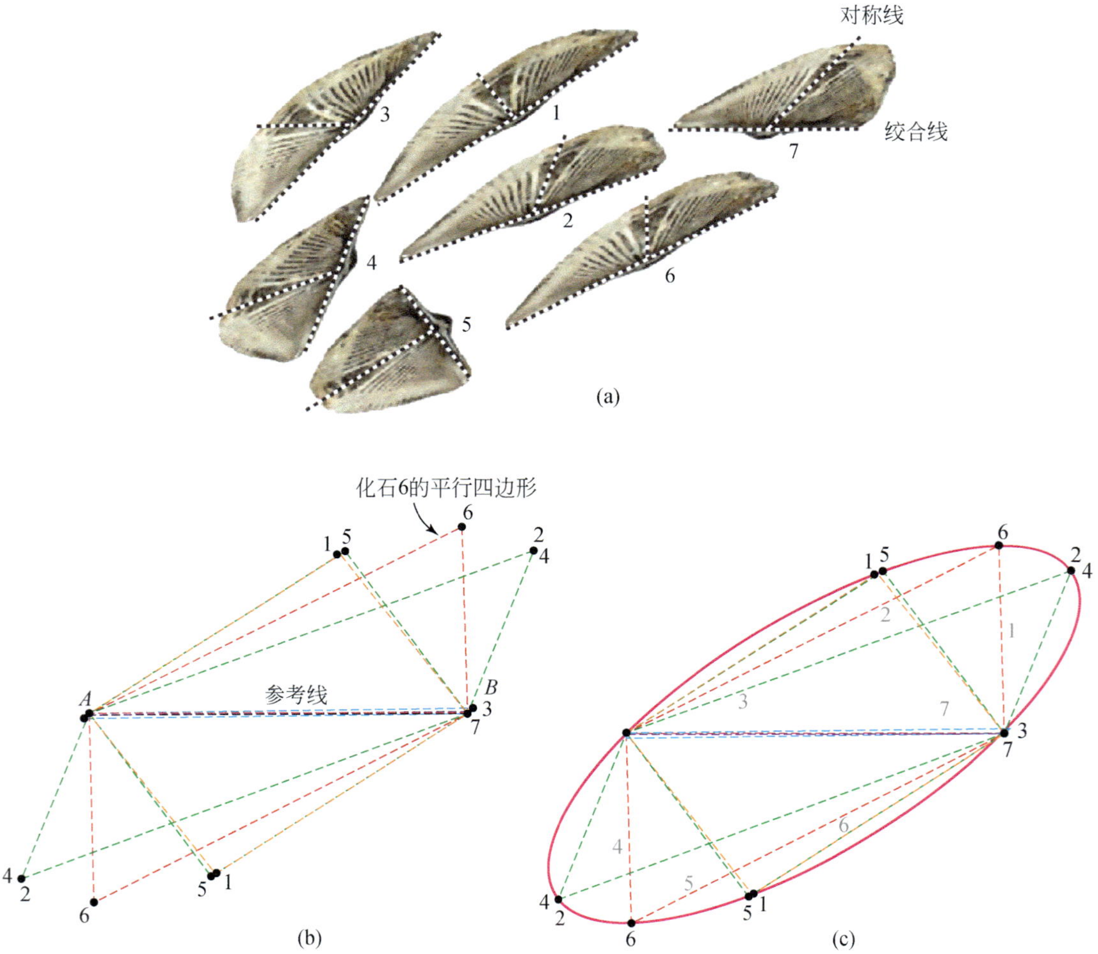

图 1.28 Wellman 法绘制的应变椭圆（据 Fossen，2016）

该变形是在计算机上生成的剪应变 γ=1 的均匀简单剪切，然而所勾绘出的应变椭圆不能反映其共轴性，因为该椭圆同样可以由纯剪切生成如果没有变形，每个化石的绞合线和对称线的平行线会构成一个矩形；如果发生了变形就构成平行四边形［图 1.28（b）］。画各平行四边形共同的外接椭圆，或过 A、B 及 1 ～ 6 各点画椭圆，即该处的应变椭圆［图 1.28（c）］。如果四边形的各点不能构成一个合适的椭圆，则有两种可能：一是该应变是不均匀的；二是两条线变形前垂直的假定是错误的。该方法简单易行，但其主要问题是，如何发现如此多的化石或其他变形前互相垂直的应变标志。通常应观测 6 ～ 10 个标志点。

3.Breddin 作图法

如前所述，角剪切与主应变的方向密切相关，两个直交的线越靠近主应变，其角剪切就越小，据此原理可以确定应变状态。对此的应用最早是由 Hans Breddin（1956）提出的。图 1.29 展示了角剪切 ψ 随主应变方向和应变强度（长短轴比 R）的变化关系。将角剪切和相对于主应变的剪切线方位投到所谓 Breddin 曲线图上，便可找出与各点最接近的曲线，即 R 值（图 1.29）。该方法即使只有 1 个或 2 个观察点也可以使用。

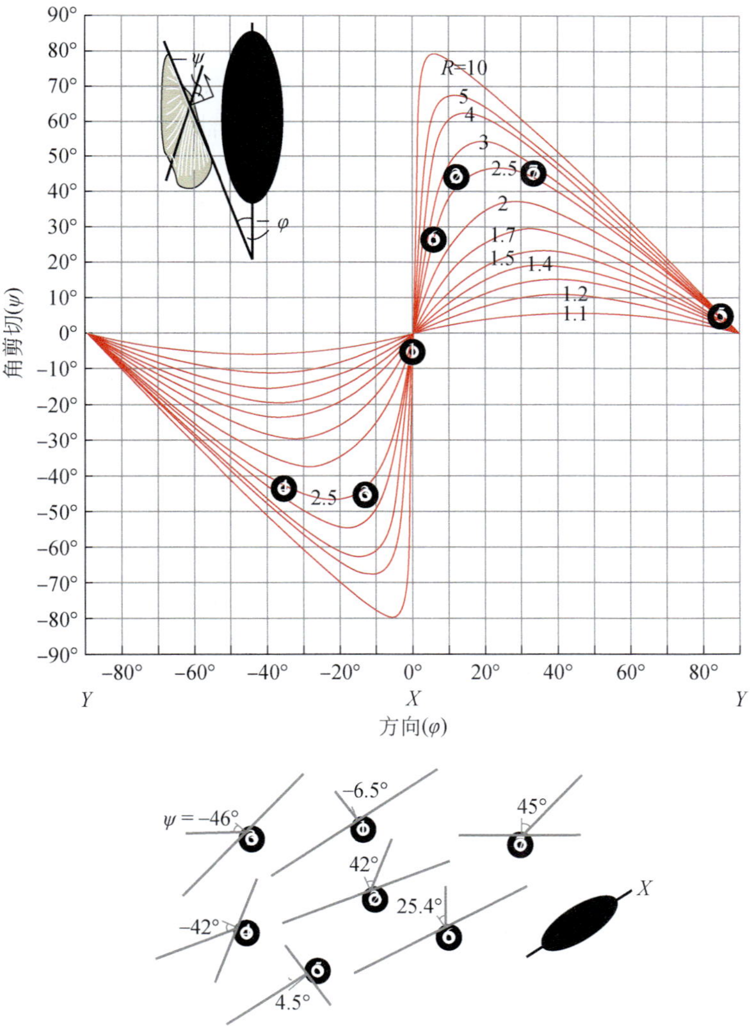

图 1.29　Breddin 作图法（据 Fossen，2016）

数据点接近于 R=2.5 的曲线

许多情况下，应变主轴的方向是不知道的。这种情况下，可任意选择一条参考线，在图上投点，然后水平移动，直到各点均接近某一条曲线，该曲线即代表其 R 值。图中曲线与水平轴的交叉点即应变主轴的方向（图 1.29）。

4.R_f/φ 法

变形标志体初始几何形态为圆形（二维）或球形（三维）的情况确实存在，但并不多见。还原斑、鲕粒应该是沉积岩中最好的球形标志体。经均匀变形，变为椭圆或椭球，可代表局部的有限应变。砾岩也许是更为普遍并可以反映有限应变标志体的岩石。相对鲕粒和还原斑而言，砾岩中很少有变形前为球形的砾石。这当然会影响其在变形状态下的形状，因此对应变分析提出了挑战。然而，碎屑长轴在变形前拥有不同的方向，如此情况 R_f/φ 法充分考虑了初始形态因素。

R_f/φ 法最早是兰姆赛（Ramsay，1967）在其著名的《岩石的褶皱作用与断裂作用》教科书中提出来的，后来 Dunnet（1969）对这一方法进行了改进。R_f/φ 法如图 1.30 所示，假定标志体在变形后和变形前均为椭圆（前后形状不同），变形后其长轴方向发生了明显变化。其基本原理主要是根据标志体的形态和取向进行分析。原始椭圆形的标志体变形后的最终轴率（R_f，长短轴比）和相对应变椭圆长轴（$1+e_1$）的取向 φ'（最终椭圆长轴与应变椭圆长轴之间的夹角）取决于标志体变形前的原始轴率（R_i）、应变椭圆的轴率（R_s），以及标志体原始长轴与应变椭圆长轴的夹角 φ（图 1.30）。

如图 1.30 所示，变形前椭圆形标志体的长短轴比 $R_i=2$，增加一个应变 R_s 后，标志体形态发生改变，其形态的差异取决于椭圆形标志体的初始方位。以变形后椭圆形标志体长短轴比（R_f）为横坐标，以其方位即变形标志体椭圆长轴与参考线（图 1.30 为水平线）的夹角 φ' 为纵坐标进行投图。这里引用的是对不同方向的椭圆形标志体施加了两个纯剪切，每个椭圆形标志体具有相同的初始形态（$R_i=2$），变形前都落在 R_f/φ 图上的一条垂直线上［图 1.30（d）］，在极 Elliott 图上落在了半径 $R_f=R_i=2$ 的圆上［图 1.30（g）］。标志体椭圆 1 的长轴平行于应变椭圆的最小主轴（Z）方向，所以变形后成为比实际应变椭圆轴率（R_s）还小的标志体应变椭圆（低的 R_f 值）（图 1.30）。标志体椭圆 7 则是另一种情况，即其长轴与应变椭圆最大主轴（X）平行。两个轴率叠加，使标志体椭圆 7 变形后的最终轴率（R_f）大于实际应变椭圆轴率（R_s）。当 $R_s=3$ 时，实际应变椭圆轴率位于标志体椭圆 1 和 7 之间［图 1.30（i）］。

对于 $R_s=1.5$ 的情况，拥有 φ' 从 $-90°$ 到 $+90°$ 全方位的变形标志体椭圆［图 1.30（b）、（e）、（h）］；而 $R_s=3$ 时，变形标志体椭圆的方位更加有限［图 1.30（c）、（f）、（i）］。这种方位的分散度用波动指数 F 表示［图 1.30（f）；图 1.31（d）］。重要的变化是标志体椭圆 1，起初其长轴与应变椭圆 Z 轴平行，变形过程中经历了圆形阶段（$R_s=R_i$），然后进一步变形成为长轴平行于应变椭圆长轴（X）的标志体。若 $R_s=2$ 或更大的应变，其数据点会限定为一个环形。这一形状反映了我们最感兴趣的应变轴率 R_s。那么，如何确定 R_s 呢？最大 R_f 和最小 R_f 的简单平均值与标志体椭圆初始方位分布有关。即使初始分布是随机的，平均的 R 值可能也偏大，因为大的 R_f 值偏多［图 1.30（c）、（f）、（i）］。

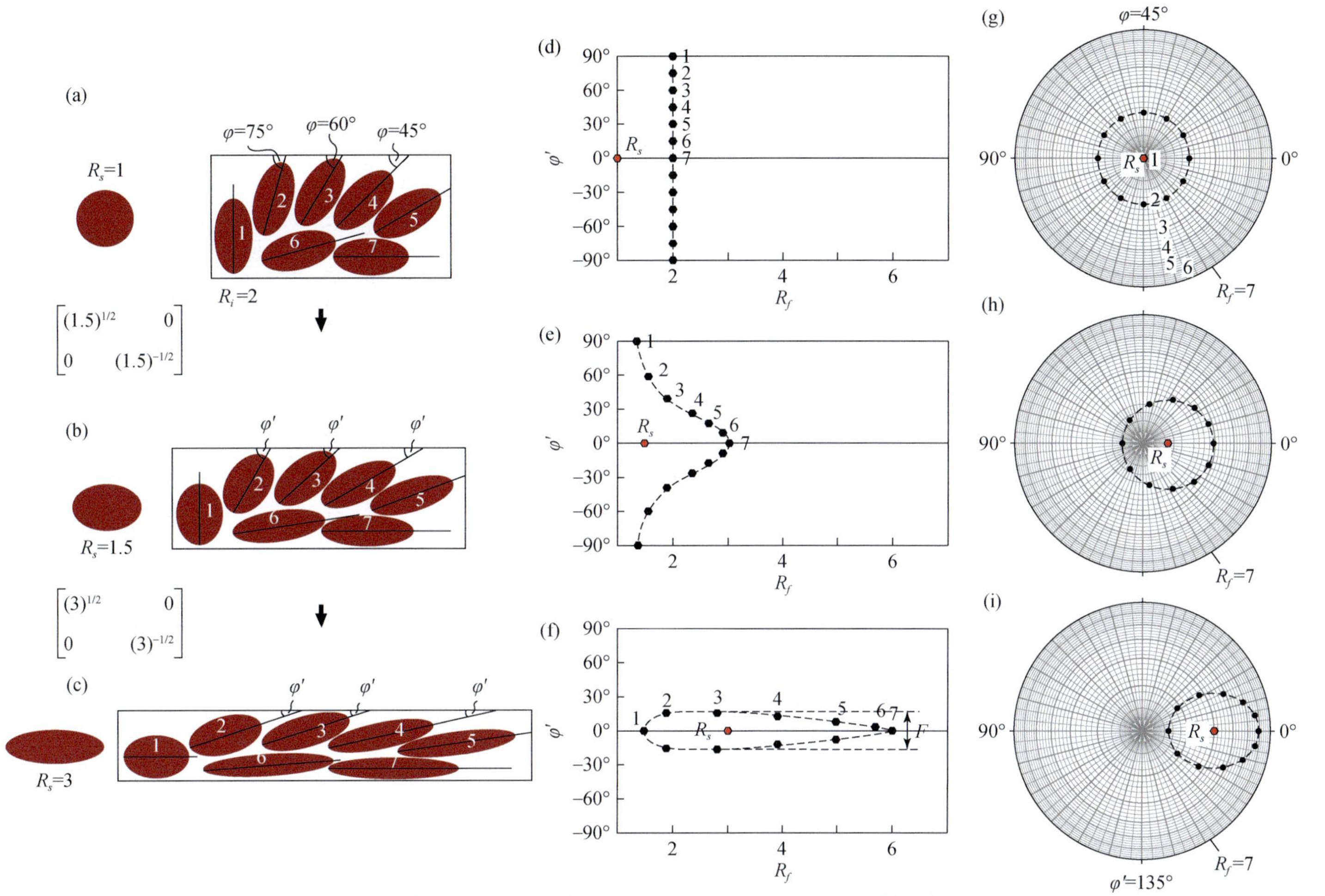

图 1.30　R_f/φ 法图示［（a）～（f）］据 Ramsay and Huber，1983；转引自 Fossen，2016）

（a）～（c）变形前标志体椭圆具有相同的轴率（R_i），图中标示了变形矩阵；（d）～（f）R_f/φ 图表明 R_i=2，然后先后加上 R_s 分别为 1.5 和 3 的纯剪切；（g）～（i）极 Elliott 图示法（Elliott，1970），不同大小的同心圆环代表 R_f 大小（圆心 R_f=1，外环圆 R_f=7），圆周代表 φ（0°～180°）；R_s 应变椭圆轴率，R_f. 标志体最终轴率，φ'. 最终的椭圆长轴与主应变方向（应变椭圆长轴，图中为水平方向）的夹角。使用软件为 Frederick W. Vollmer 的 “EllipseFit”

为了确定 R_s，我们必须努力确定什么地方 $R_s>R_i$，什么地方 $R_s<R_i$。后一种情况已表达在图 1.30（e），对 R_f 的最大值和最小值可用下列方式表达（Fossen，2016）：

$$R_{f\max}=R_sR_i$$
$$R_{f\min}=R_i/R_s$$

求解 R_s 和 R_i：

$$R_s=(R_{f\max}/R_{f\min})^{1/2}$$
$$R_i=(R_{f\max}R_{f\min})^{1/2}$$

此式给出了标志体变形后与变形前轴率的关系。

对于高应变情形，$R_s>R_i$，可以得到：

$$R_{f\max}=R_sR_i$$
$$R_{f\min}=R_s/R_i$$

求解 R_s 和 R_i：

$$R_s=(R_{f\max}R_{f\min})^{1/2}$$
$$R_i=(R_{f\max}/R_{f\min})^{1/2}$$

两种情况下，应变椭圆长轴（X）的方位均可由最大 R_f 的位置确定；同样，应变也可以从预先给定的 R_i 和 R_s 的 R_f/φ 曲线中获得。实际应用时，可运用 Ramsay（1967）和 Dunnet（1969）推导的公式：

$$\cos 2\varphi=\frac{\pm R_i(R_f^{\ 2}+1)(R_s^{\ 2}+1)\mp 2(R_i^{\ 2}+1)R_sR_f}{R_i(R_i^{\ 2}-1)(R_s^{\ 2}-1)}$$

通过计算机软件编制出不同 R_i 和 R_s 值下的一套 R_f/φ 曲线，以供应用。因篇幅所限，这里不再赘述，详细内容可参阅 Ramsay（1967）、Dunnet（1969）、兰腊宝和郑亚东（1984）、郑亚东和常志忠（1985）等文献资料。

Elliott（1970）提出了 R_f/φ 法的另一种表示方法——极 Elliott 图示法（polar Elliott graph）［图 1.30（g）～（i），图 1.31（e）］，R_f 值（放射状圆环，圆心 $R_f=1$）相对于两倍 φ 值投图［图 1.30（g）～（i）、图 1.31（e）］。极 Elliott 图大大减少了按 R_f/φ 法投图所产生的误差，尤其在低应变情况下更为明显。鲕粒应该是比较好的 R_f/φ 法标志体，如图 1.31（a）、（b）、（d）、（e）为意大利撒丁岛自然变形鲕粒应变分析研究实例，获得应变（R_s）大约为 2，方向为照片边框方向。需要强调的是，测量过程中薄片必须固定方向。

如上所讨论都是理想化状态（图 1.30），假定所有未变形的椭圆形标志体具有相同的轴率。如果情况不是这样呢？即有些标志体更扁一些，那么可能无法得到很好的 R_f/φ 曲线。最大和最小 R_f 值同样可以获得，应变也可以通过上述公式求出来。公式中唯一变化的是 R_i 代表了变形前标志体椭圆的最大轴率。

另外的问题是，初始标志体可能有一定方向性。理论上，R_f/φ 法要求变形前椭圆形标志体长轴方向基本上是随机分布。通常使用该方法的砾岩往往有择优定向的砾石，这可能导致 R_f/φ 法投点只在曲线的一部分或云状分布。如果这样，最大和最小 R_f 值可能不具有代表性，上述公式可能也无法给出正确的答案。但是，通常情况下，砾岩仅少量砾石有初始异常取向，所以适用于该方法。

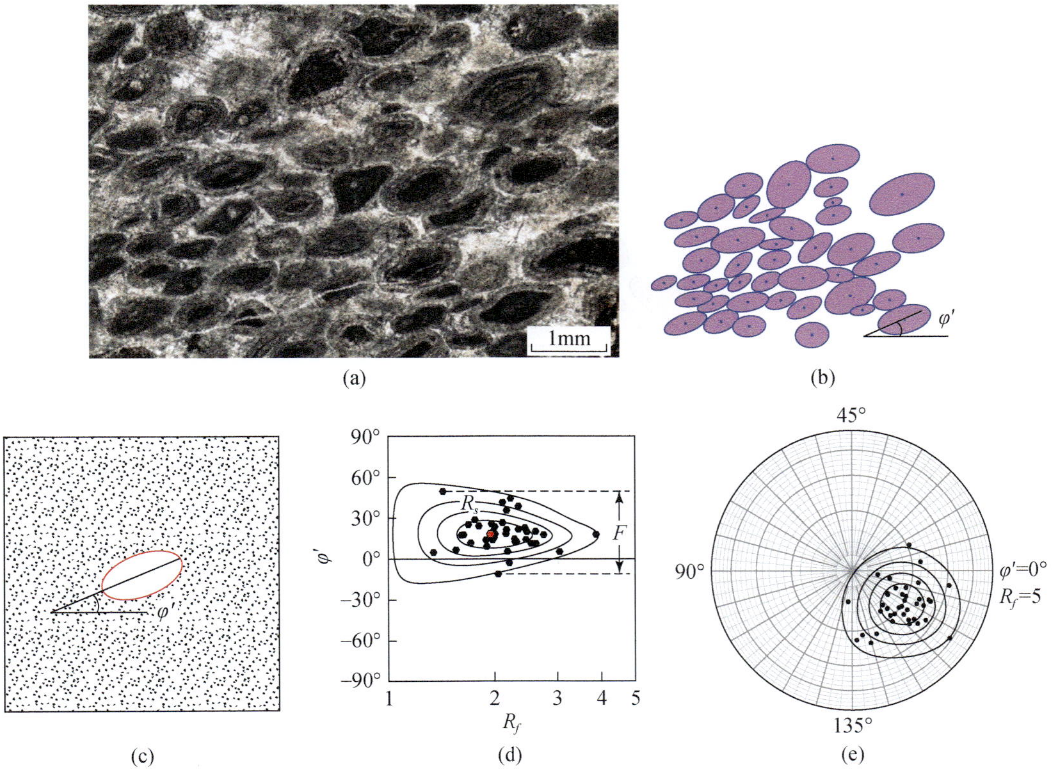

图 1.31　意大利撒丁岛自然变形鲕粒应变分析（据 Fossen，2016）

（a）鲕粒薄片照片；（b）根据薄片的鲕粒椭圆素描；（c）Fry 法结果；（d）R_f/φ 法图解；（e）R_f/φ 的极 Elliott 图解。软件为“EllipseFit”

5. 心对心法

该方法是 Ramsay（1967）提出来的，假定圆形颗粒在所测剖面上从统计学角度是均匀分布的，也就是说各相邻颗粒中心间的距离在变形前是相等的。这些颗粒可以是分选比较好的砂岩中的砂粒、砾石、鲕粒、泥裂中心、枕状熔岩或绳状熔岩中心、深成岩中心，或其他大小近于相等，均匀分布，且其中心距离易于测定的标志体。如果不能确定所测剖面是否适用该方法，那么可以试试；如果获得了很好的椭圆，那么该方法就是可用的。

该方法简单易行：只要测定各相邻标志体中心间的距离（d'）及其方位（α'）就可以了（图 1.32）。如果所测剖面没有变形，将得到一条直线；如果发生了变形，将获得一条曲线，其最大值（d'_{max}）即为应变椭圆的 X，最小值（d'_{min}）为 Y，据此求得应变椭圆轴率 $R_s=X/Y$。

实际上，岩石中的颗粒（标志体）并不等大，又不是在一个平面内排列，故剖面（切面）上的颗粒大小悬殊，变形前相邻颗粒中心间不可能等距，故心对心法比较难以获得理想效果。

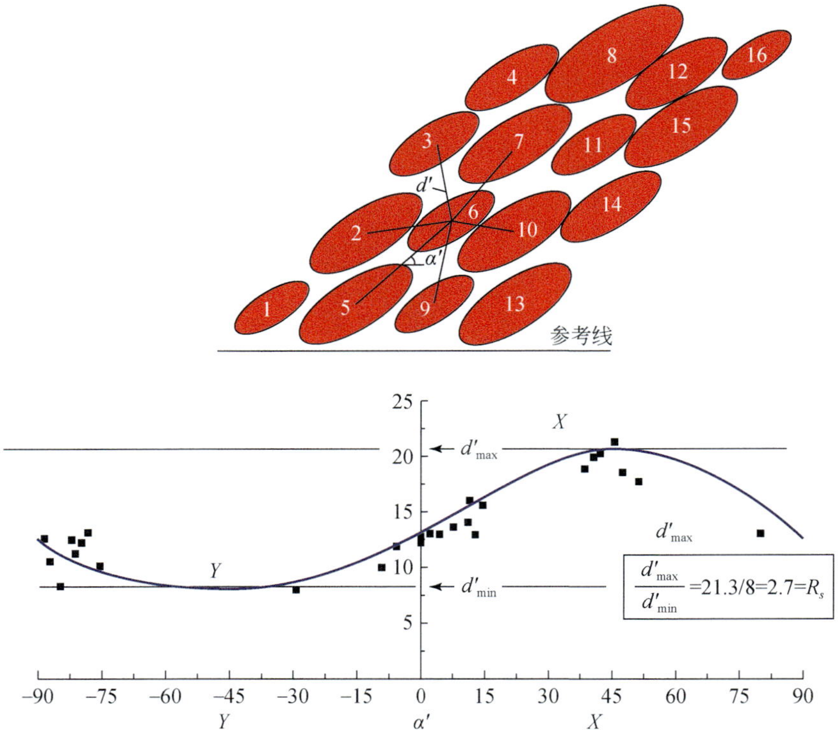

图 1.32 心对心法图示（据 Fossen，2010）

将各标志体中心用直线相连，采用直线的长度（d'）和与参考线的夹角（α'）为坐标投图，拟合出一条曲线，其最大值即为应变椭圆的 X，最小值为 Y，求得轴率 $R_s=X/Y$

6.Fry 法

该法系 Fry（1979）提出，其假设前提与心对心法相似，要求标志体中心在变形前的分布统计上为各向同性，岩石在测量范围内是均匀的。那么以任何标志体为中心，与其他各标志体中心间的距离在各方向上的相应点都是相等的。这样，标志体中心的分布就如同无数半径不同的共心圆（球体）。此法如果用计算机程序处理非常便捷，手工处理也不复杂（图 1.33），方法如下。

用两张带格透明纸，在第一张透明纸上将露头上或标本切面上的标志体中心全部画上；在第二张透明纸的近中心部位确定一点。首先将第二张纸上的标志点与第一张纸上的某一点重合，注意保持两张透明纸的纵横格线分别平行（即第二张纸不能相对第一张纸旋转），投上其他所有各点［图 1.33（a）］。然后将第二张纸上的标志点与第一张纸上的另一点重合，并重复上述步骤［图 1.33（b）］。如此直至第二张纸上的标志点与第一张纸上的所有点都重合为止。结果就会在第二张纸上显示出一个向标志点附近密度渐增的中空椭圆环带，该椭圆的轴率和方位与应变椭圆一致［图 1.33（c）］。一般要 50 ～ 60 个点以上，有时 20 个点也可得到满意结果。

在均匀变形条件下，共心圆环带内外一致。如果标志体与基质之间有韧性差，变形不一致，则显示内外轴率不同的椭圆环带。内椭圆为标志体的平均应变，外椭圆代表岩石的总应变。因此，Fry 法的一个显著优点是可以判断标志体与基质间变形是否一致。这种非均质变形可能分为两个阶段：开始基质变形，标志体保持刚性；随后标志体与基质共同变形。若如此，根据标志体形态测出的应变一般代表晚期应变。另外，与 R_f/φ 法一样，Fry 法可以更直观地看出应变椭圆的取向是否与劈理迹线一致，是否受层理的影响，从而判断变形前是否存在择优取向［图 1.31（c）］（Hanna and Fry，1979）。

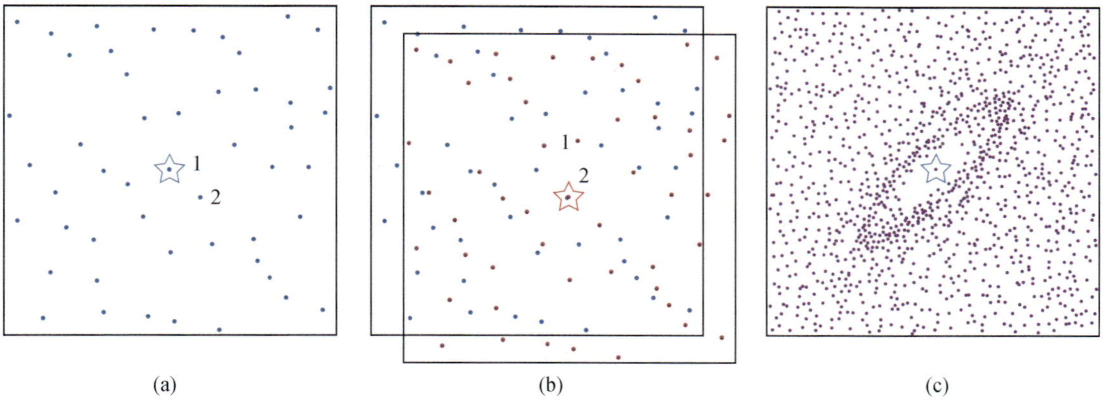

图 1.33　Fry 法图示（据 Ramsay and Hubber，1983；转引自 Fossen，2016）

Fry 法与心对心法一样，不考虑标志体的形态，只考虑间距，当标志体间距大于压溶条带时可测量通过压溶方式变形的岩石应变。正因为该方法不考虑标志体形态，可以测量岩石的总应变。结合其他分析方法如长短轴法、R_f/φ 法等能够区分颗粒塑性变形产生的应变与压溶作用产生的应变，也就是说可进行应变分解（strain partitioning）分析。

同样，这些方法也有其局限性，如 Fry 法和心对心法不能测定通过标志体颗粒边界滑动方式产生的应变。此外，当颗粒中心可以无限趋近时，Fry 法也无法得到一椭圆系。因此在应用中要注意选取具有一定粒径和粒径近于等大的标志体进行测量。

以上所介绍的方法均是二维应变分析。若进行三维应变分析，需要在两个或以上不同方向切面上进行分析，所选切面最好包括主应变面。

还有一些其他的优先应变测量方法，如 θ 曲线法（Lisle，1977）、Elliott 法（Elliott，1970）、双晶应变分析法（Groshong，1972）、March 法（March，1932）等，由于篇幅所限，不再一一介绍。

1.2.7　应变椭球形态及表示方式

前面讨论了有限应变分析方法，即如何获得二维乃至三维应变椭圆（球）轴率，我们最关心的还是如何直观地表达应变椭球的形态及其所代表的应变类型。

1. 弗林图解

应变椭球体的形态可以通过以轴率 X/Y 和 Y/Z 分别为纵、横坐标轴的坐标系中直观表达，而且通常使用对数坐标［图 1.34（a）；图 1.35（b）、(d)］，这就是著名的弗林图解（Flinn diagram）。最早是 Zingg（1935 年）首先使用该图表示不同类型的均匀变形。英国地质学家弗林 1962 年将这种图引入地质界（Flinn，1962）。

用弗林参数 k 表示应变的类型［图 1.34（a）；图 1.35（b）、（d）］。

$$k=\frac{R_{xy}-1}{R_{yz}-1}$$

这里

$$R_{xy}=X/Y=\frac{1+e_1}{1+e_2},\ R_{yz}=Y/Z=\frac{1+e_2}{1+e_3}$$

式中，X、Y、Z 即 $1+e_1$、$1+e_2$、$1+e_3$ 分别为应变椭球的长半轴、中间半轴和短半轴的长度；$R_{xy}>1$，$R_{yz}>1$。

分别用 R_{xy} 和 R_{yz} 作为直角坐标系的纵横坐标时，k 值表示坐标内各直线的斜率。不同 k 值表示不同的应变状态。弗林将体积不变的应变椭球的应变状态分为五类［图 1.34（a）］：

（1）$k=1$ 时，$R_{xy}=R_{yz}$，即 $Y^2=XZ$ 或 $(1+e_2)^2=(1+e_1)(1+e_3)$。

如果在变形过程中没有体积变化，则

$$XYZ=1$$

因此，$Y^3=1$，即 $Y=1$，$X>Y=1>Z$。

表明应变椭球的中间主应变轴长度在变形过程中没有变化，所有应变只发生于 XZ 平面内，所以 $k=1$ 代表平面应变。

（2）沿纵坐标的直线 $k=\infty$，表明 $R_{yz}=1$，$X>Y=Z$，即应变椭球的中间主轴与短主轴相等。这时，应变椭球的形态为轴对称长椭球体或单轴旋转长椭球体（uniaxial prolate types），即单轴伸展，有人称为“雪茄状”椭球体。

（3）$1<k<\infty$ 范围内，$X\gg Y>Z$，应变椭球为三轴长椭球，或叫收缩型椭球（constriction types）。

（4）沿横坐标的直线 $k=0$，表明 $R_{xy}=1$，$X=Y>Z$，即应变椭球的中间主轴与长主轴相等。这时应变椭球的形态为轴对称扁椭球或单轴旋转扁球形（uniaxial oblate types），即单轴压缩，有人称为“烙饼状”椭球体。

（5）$0<k<1$ 范围内，$X>Y\gg Z$，应变椭球为三轴扁椭球，或叫压扁型椭球（flattening types）。

弗林图解中的任何一点都代表着应变大小和应变椭球三维形态的独特结合，也就是说一个应变椭球就有一个对应的 k 值。然而，有的情况下不同的变形类型会产生具有同一 k 值的椭球，这种情况需要利用其他判别方法加以区分。例如，纯剪切和简单剪切（见后）分别产生了沿弗林图解对角线（$k=1$）上的两个点，但纯剪切与简单剪切的应变椭圆方向并不相同。这种情况弗林图解不能将其区分开来。但并不失弗林图解的应用价值。

在弗林图解中，应变大小随距原点距离的增加而增加。然而，直接比较图解中不同位置所代表的应变强度并不容易，如如何比较“烙饼型”与“雪茄型”应变？哪个应变更强一些？我们可以利用其半径［距原点的距离；图 1.34（a）中的虚线］反映应变程度，尽管还没有从数学或物理理论角度解释它为什么能比较精确地度量应变大小。

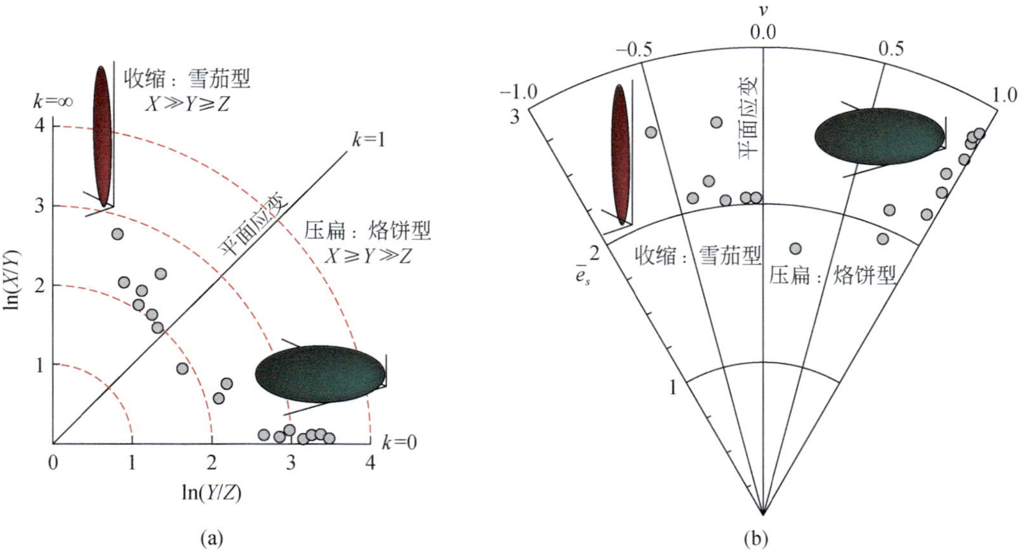

图 1.34　应变椭球的弗林图解和许氏图解（数据来自 Holst 和 Fossen，1987；转引自 Fossen，2016）

（a）弗林图解（直线或对数坐标）；（b）许氏图解（Hsü，1966）。相同的数据投在两个图上以便对比

2. 许氏图解

许氏图解（Hsü diagram）是与弗林图解相当的另一种应变图解［图 1.34（b）］，由 Hsü（1966）提出，然后由 Hossack（1968）首先使用［图 1.35（a）、（c）］。许氏图解中有两个重要参数，一个是 Nadai（1963）提出的单位八面体的自然剪应变 $\bar{e}_s$：

$$\bar{e}_s = \frac{\sqrt{3}}{2}\bar{\gamma}_{\text{oct}}$$

其中

$$\bar{\gamma}_{\text{oct}} = \frac{2}{3}\sqrt{\left(\bar{e}_1 - \bar{e}_2\right)^2 + \left(\bar{e}_2 - \bar{e}_3\right)^2 + \left(\bar{e}_3 - \bar{e}_1\right)^2}$$

所以

$$\bar{e}_s = \frac{\sqrt{3}}{3}\sqrt{\left(\bar{e}_1 - \bar{e}_2\right)^2 + \left(\bar{e}_2 - \bar{e}_3\right)^2 + \left(\bar{e}_3 - \bar{e}_1\right)^2}$$

式中，$\bar{e}_{1,2,3}$ 分别为应变椭球三个主轴的自然应变，即 ln（1+ $e_{1,2,3}$）。

Nadai（1963）认为，这一参数与变形过程中所做的机械功直接相关。为了量化表示所做的功，Nadai 用共轴变形中八面体［111］面上的剪应变（$\bar{\gamma}_{\text{oct}}$）来代表之。但是他没有考虑非共轴变形中应变椭球的旋转，因此其更适合于共轴变形。

许氏图解的另一重要参数是 Lode（1926）在研究金属变形时提出的，称为 Lode 参数（v）：

$$v = \frac{2\bar{e}_2 - \bar{e}_1 - \bar{e}_3}{\bar{e}_1 - \bar{e}_3}$$

Lode 参数（v）位于 −1 与 1 之间，具有与弗林参数（k）相似的作用。当 v=−1 时，应变椭球为长椭球体；当 v=1 时，应变椭球为扁椭球体；v=0 时，为平面应变椭球；当−1<v<0 时，为收缩型椭球；当 0<v<1 时，为压扁型椭球［图 1.35（a）］。

许氏图解是一个 60° 角的扇形，八面体剪应变（$\overline{e}_s$）自原点向外增加，放射线代表 $\overline{e}_s$ 的等量线；各半径为 Lode 参数 v［图 1.35（a）、（c）］。许氏图解和 Lode 参数的另一优点是共轴应变路径为一常数直线（Elliott，1972）。

图 1.34 中使用了同样的数据分别投于弗林图解和许氏图解中，以便比较其应用效果。图 1.35 将弗林图解与许氏图解的有关参数交叉投图，以比较二者参数的效果和差异。

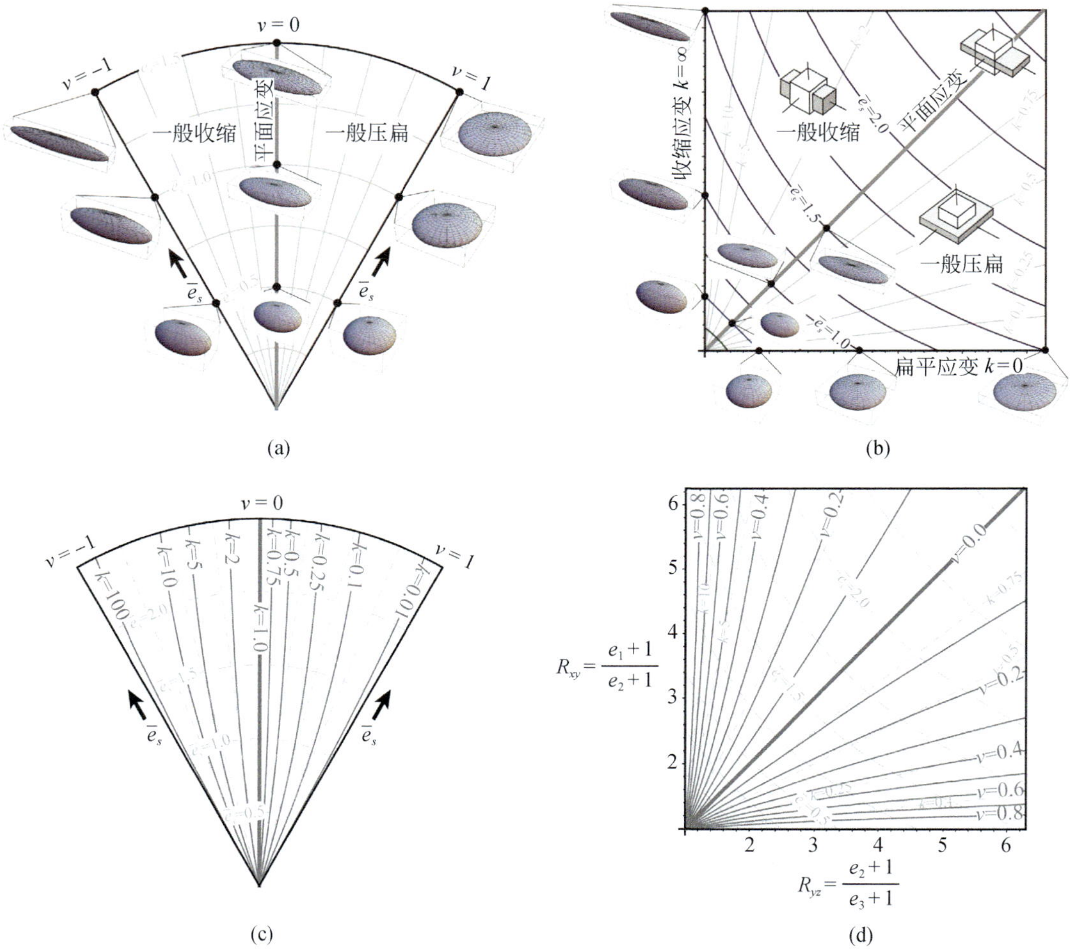

图 1.35　应变椭球的许氏图解与弗林图解的比较（据 Mookerjee and Peek，2014）

（a）典型的许氏图解。（b）标有弗林参数（k）和单位八面体自然剪应变（$\overline{e}_s$）值的弗林图解。注意：$\overline{e}_s$ =0.25（绿色线）向外（右上方向）凸，$\overline{e}_s$ =0.5（蓝色线）为直线，其余的线（紫色）内（左下方向）凸。（c）标有弗林参数（k）的许氏图解。（d）标有 Lode 参数（v）的弗林图解

3. 三维应变分析及其注意事项

完整的应变分析应该是三维的，并能在弗林图解或其他类似图解中表述应变椭球体的形态及其几何学特征。但前提是，应变在所观察的尺度内应该是均匀的，标志体在变

形过程中表现出与其寄主岩石相似的力学性质，而且能知道标志体变形前的大致形状。否则，标志体记录的应变与其周围岩石的应变不同，只是若干应变中的一部分，不能反映总体应变。

与周围岩石力学性质相同的应变标志体被称为“被动应变标志体”，因为它是随着围岩变形而变形；如果其力学性质与周围介质不同，对整体应变的响应也就不同，这类标志体被称为“主动应变标志体”。主动应变标志体的实例如图 1.36 所示，数据来自同一地点不同碎屑类型的变形砾岩。显然，不同的碎屑类型记录的应变不同，能干（坚硬）的花岗岩碎屑（图 1.36 红点）的应变明显低于能干性弱的绿岩碎屑（图 1.36 绿色方块），因此可借助应变分析结果进行变形分解探讨。从弗林图解可以看出，应变强度总体上呈现距图解原点越远而增强。还有一有趣的现象，能干碎屑的点位比非能干（软）碎屑的点位高，似乎意味着能干碎屑多表现为扁长形态（图 1.36）。因此，应变标志体的力学性质不仅影响应变标志体的应变强度，而且影响应变的几何形态。

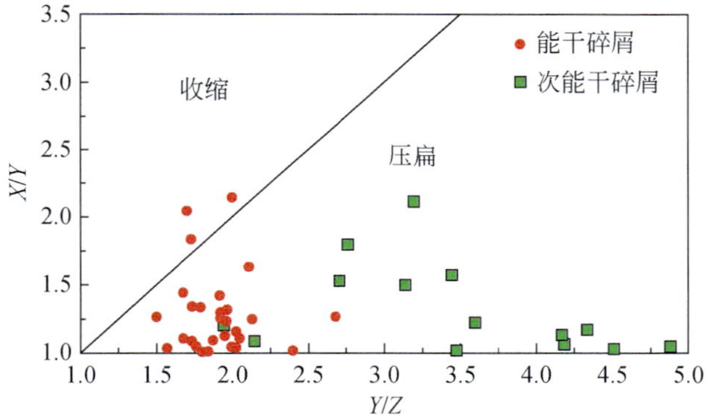

图 1.36　砾岩应变弗林图解（据 Fossen，2016）

不同类型的砾石表现出不同的形态和应变

变形过程中，应变标志的行为方式取决于诸如矿物学、先存组构、颗粒大小、水分，以及温压条件等诸多因素。就图 1.36 的情况看，其温压条件不会高于中绿片岩相。如果温度再高，富含石英的岩石行为可能表现为“软”的物质，弗林图解中的碎屑的相对位置可能会发生改变。

还有一点要注意的是，变形物体的初始形状明显会影响其变形后的形状。如果我们考虑诸如切过鲕状灰岩、砂岩或者砾岩的二维物体，前面介绍的 R_f/ϕ 法能够处理这类不确定因素。最好用该方法测量两个或以上不同方向的切面，而不是挖出一个标志体测其三维形态。单个标志体可能有意想不到的初始形态（砾岩碎屑很少有精确的球形或椭球型），但是通过若干切面上多个标志体测量，得到一个统计变量，可以解决或减少初始形态的影响。现在有计算机程序可以从切面数据提取三维应变。如果切面包含两个主应变轴，所有的事情都会变得简单，因为两个切面是必须的（当然多了更好）。否则，至少需要三个不同方向的切面才能获得三维应变。

总之，三维应变是通过不同方向切面上的二维数据所获得。

1.3 运动学涡度

大陆岩石圈流变学研究是21世纪构造领域研究的核心课题（有关流变学讨论详见第3章）。流变学研究的基本任务是建立各种材料的流变律或本构关系。流变律或本构关系的一般表达形式为

$$\dot{e} = A\sigma^n \exp\left(-\frac{Q}{RT}\right)$$

式中，$\dot{e}$为应变速率；A为常数；σ为（差异）应力；n为应变速率敏感度；Q为活化能；R为气体常数；T为绝对温度。其中，A、n和Q可通过相关材料的蠕变实验获得。例如，金振民等（Jin *et al.*，2002）给定围压3Gpa，主要在1450K、1500K和1600K三种热力学温度条件下做了高围压条件下榴辉岩的蠕变实验，获得榴辉岩流变律为

$$\dot{e} = 10^{33}\sigma^{3.4} \exp\left(-\frac{480 \pm 30}{RT}\right)$$

值得注意的是，流变律中考虑到了差异应力的大小，但不考虑主应力的方向。然而，在构造研究中，不考虑主应力的方向便无法确定构造变形带的运动学特征和力学性质，动力学分析便缺乏坚实的基础。韧性剪切带作为深层次岩石变形的一种主要形式，20世纪70年代以来，成为现代构造地质学的研究热点。韧性剪切带研究的最初10余年，人们侧重研究组成韧性剪切带岩石的构造特征、剪切指向和有限应变的研究。由于研究者大多采用简单剪切模式说明剪切带内岩石有限应变与剪切位移间的关系（Ramsay，1980），却忽略了剪切作用中的纯剪切组分，所估算的剪切位移一般都偏大。20世纪70年代末、80年代初，有学者将运动学涡度（W_k）概念引入地质学领域（McKenzie，1979；Means *et al.*，1980；De Paor，1983），后来郑亚东和张进江等将之介绍到我国（张进江和郑亚东，1997；郑亚东等，2008）。90年代出现一些地质实例分析。进入21世纪后，涌现出大量有关运动学涡度的研究成果，涉及各种构造环境的韧性剪切带，方法学也取得了研究进展（Li *et al.*，2000；Holcombe and Little，2001；Xypolias and Koukouvelas，2001；Bailey and Eyster，2003；Law *et al.*，2004；Bailey *et al.*，2004；刘江等，2012），标志着韧性剪切带研究新高潮的来临。中国学者在该领域做出了一定的贡献（张进江和郑亚东，1997；Zhang and Zheng，1997；Li *et al.*，2000；刘江等，2012），近些年来一系列实例研究成果相继发表（Li *et al.*，2013；李建波等，2010，2012，2015；夏浩然，2011；丁元军等，2016）。

1.3.1 流脊

1. 流脊的概念

流脊（flow apophyses），有文献称为**特征方向**（eigenvector）（Simpson and De Paor,

1993)，是不可见的理论线，独立于实体线之外，分为不同的流动区域(如图 1.37 的蓝色线)。粒子流线不能穿过流脊，但可沿着该方向运动，所以流脊又称为**非旋转方向**，其角速度为 0。因此，对于简单剪切，或叫非共轴剪切，流线总是沿着剪切方向做直线运动，在垂直于剪切面方向上既没有缩短也没有伸展，流脊平行于剪切方向，即只有一个流脊或者说两个流脊的夹角 α=0°（图 1.37 的简单剪切情形；W_k=1）；对于纯剪切，即共轴剪切，则具有两个互相垂直的流脊（α=90°，W_k=0）；次简单剪切（subsimple shear），或称一般剪切（general shear）是由不同比例的纯剪切和简单剪切组合而成，包括一系列非共轴变形，两个流脊斜交（0° <α<90°，0<W_k<1），其中一个流脊平行于剪切方向（图 1.37）。因此，纯剪切和简单剪切是剪切作用的端元组分，两个非旋转方向的夹角（α）体现了两端元组分的相对贡献。这三种情况具有双曲线流线（平行的流线可视为顶角为零的双曲线），可形成独立的变形带，两流脊构成双曲线流线的渐近线。导致质点离散的流脊称为第一特征方向（也叫伸展性、稳定流脊）；导致质点汇聚的流脊称为第二特征方向（也叫缩短性、不稳定流脊）。超简单剪切（椭圆形流线，1<W_k<∞）和刚体旋转（圆形流线，W_k=∞）属脉冲流（圆形流可视为椭圆流的一种特例），局限在变形带内部，不构成独立的变形带（图 1.37）。

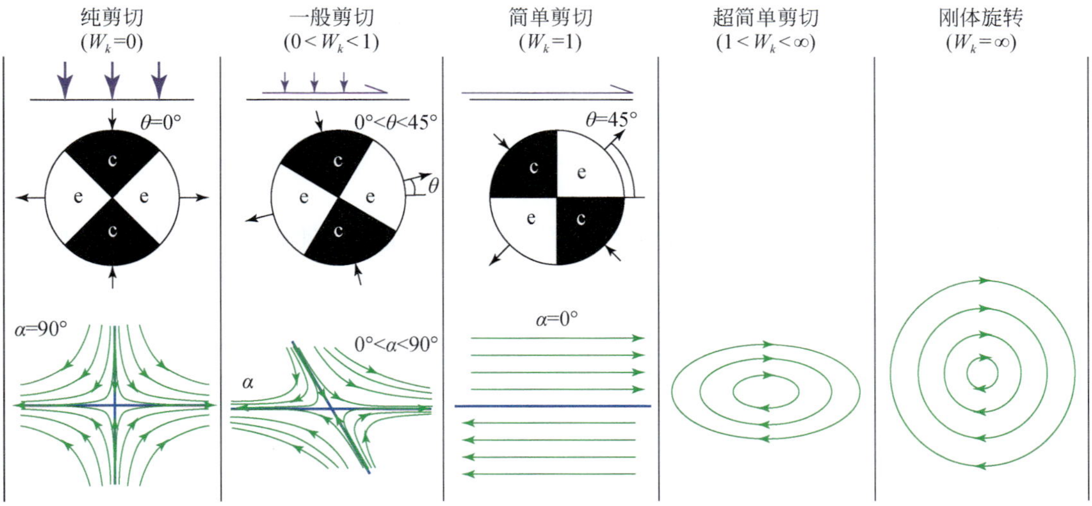

图 1.37　平面变形的流线（绿色线）和流脊（蓝色线）图示（据 Fossen，2016 修改）

纯剪切，两个流脊垂直（W_k=0）；一般剪切（次简单剪切），两个流脊斜交（0<W_k<1）；简单剪切，两个流脊平行于剪切方向（或者认为只有一个流脊，W_k=1）。沿着椭圆路径的旋转变形即超简单剪切（1<W_k<∞），没有流脊；沿着圆路径的刚体旋转（W_k=∞），没有流脊。注意：0<W_k≤1 时，ISA 与流脊斜交；W_k>1 时没有流脊，属脉冲流。c. 缩短区域；e. 伸长区域

2. 流脊的构造意义

流脊在构造分析中有何意义呢？我们考察一下两个板块的相对运动。其实斜向流脊是平行于板块汇聚方向的，而质点的直线运动只能发生在流脊方向。也就是说，若 α 代表板块斜向汇聚角度，正向碰撞，α=90°；完全走滑，α=0°。从大尺度看，正向碰撞相当于纯剪切；走滑或守恒边界变形整体上相当于简单剪切。图 1.38 展示了板块斜向碰撞的理想实例，如果我们知道其中一个板块相对另一个板块的运动方向，至少从原理上我

们能够估计出斜向流脊的平均方向。一旦知道了流脊，就可以根据 $W_k=\cos\alpha$ 求出运动学涡度。据此，就可以建立板块边界的变形和演化模式。或者通过古板块边界的构造分析，指出古板块的汇聚方向。这样，矩阵计算与区域地质就可以在板块边界相融合。其他构造研究如韧性剪切带的类型等方面也大有用处。

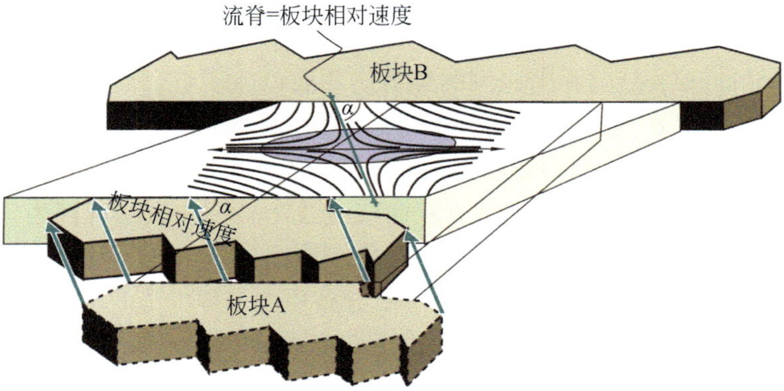

图 1.38　两个汇聚板块的流脊和运动学涡度（据 Fossen，2016）

两刚性板块（A 和 B），其间为变形带（浅黄色）。站在板块 B 上观察板块 A 斜向自己运动。如果该缩短是通过侧向伸展实现的，那么流脊即平行于板块运动方向，粒子路径也就知道了，运动学涡度（W_k）也就可以求出

1.3.2　涡度（W）与运动学涡度（W_k）

1. 涡度（W）的概念

涡度（vorticity）是流体力学的概念，用以描述流体的旋转程度。数学上，涡度是描述速度场旋度的一个向量场。地质学上，涡度则是描述岩石变形过程中内部旋转程度的向量。经典的类比就是桨轮，如图 1.39 所示。如果桨轮不动，则没有涡度；如果桨轮转动则有涡度，而且反映了旋转的速度，为一向量。角速度 ω，与涡度向量 W 密切相关。

$$W=2\omega=\mathrm{curl}\ v \tag{1.29}$$

式中，v 为速度场。式（1.29）一方面说明角速度 ω 的 2 倍就是涡度，另一方面说明涡度是速度场的旋度（curl）。

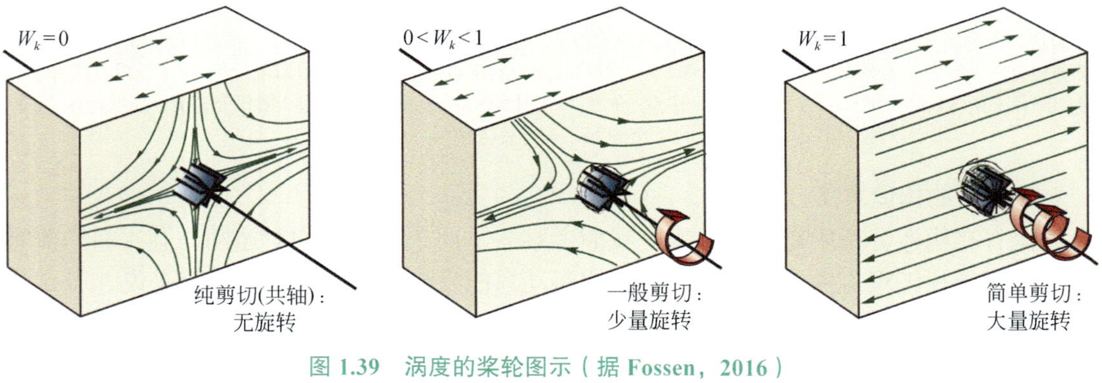

图 1.39　涡度的桨轮图示（据 Fossen，2016）

桨轮轴平行于涡度向量；共轴变形，桨轮不旋转（$W_k=0$）；随着旋转趋势的增加，运动学涡度（W_k）也增加

另一个说明涡度的例子就是如图 1.40 冻结的流体球。如果该球体无限小，向量 W 则代表球体的旋转轴，其长度与旋转速度成比例关系。涡度向量（W）可解释如下：①垂直于涡度向量 W 的平面内所有线相对于 ISA 的平均旋转速度；②一系列平行于 ISA 的物理线的旋转速度；③垂直于 W 平面内两条相互垂直的物理线的平均旋转速度；④韧性基质内的刚性球体旋转速度的一半，球体边界没有滑动，球体与基质的黏度比为无穷大。

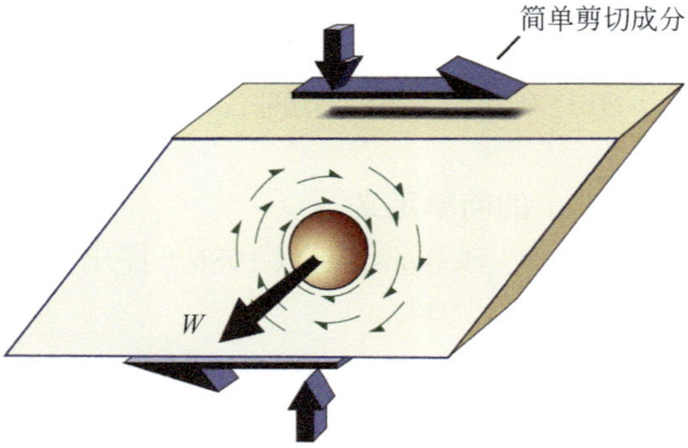

图 1.40　递进次简单剪切中的涡度向量（W）

2. 运动学涡度（W_k）的概念

先做个实验，把一个刚球放入变形箱中，然后用标示有应变标志的柔软材料充填满。如果在一个方向上挤压箱子，在其他方向上伸展，使之发生共轴变形（纯剪切），那么球体没有旋转，涡度是 0。然而，如果对箱子增加一个简单剪切，该刚球会旋转，同时会发现无论实验做得多快，应变与旋转之间有一定关系：应变越大旋转越多。这种应变与内部旋转之间的关系即运动学涡度（W_k）。对于纯剪切与简单剪切的结合，即次简单剪切或一般剪切来说，一定应变所对应的旋转量要小于简单剪切的旋转量。简单剪切的应变与所对应的旋转量是一致的，其运动学涡度（W_k）为 1，那么 W_k 比 1 小多少取决于简单剪切与纯剪切各组分在变形过程中所占的比例（图 1.37、图 1.38）。因此，**运动学涡度（W_k）是度量涡度（W）（内部旋转）与变形过程中应变积累的速度（即应变速率）之间关系的参数**。

Truesdell（1953）和 Means 等（1980）将运动学涡度（W_k）定义为变形场中一点的角速度相对于应变速率的大小，结合式（1.29），其数学表达式可写为

$$W_k = \frac{\omega}{\dot{e}} = \frac{W}{2\dot{e}} \tag{1.30}$$

式中，ω 为角速度；$\dot{e}$ 为应变速率；W 为涡度。也可写为

$$W_k = \frac{W}{\sqrt{2(\dot{e}_x^2 + \dot{e}_y^2 + \dot{e}_z^2)}} \tag{1.31}$$

式中，$\dot{e}_x$，$\dot{e}_y$，$\dot{e}_z$ 分别为三个主应变速率，即平行于 ISA 的应变速率。

该定义不仅适合双曲流，还适合于脉冲流。纯剪切时 ω 和 W 均为 0，W_k=0；简单

剪切时，角速度与线应变速率相等，W_k=1；脉冲流的运动学涡度大于 1；刚体旋转，因 $\dot{e}=0$，$W_k=\infty$。

当坐标平面平行于主变形面，x_1 和 x_2 两坐标轴分别平行和垂直于变形带时，式（1.31）可改写为如下形式（张进江和郑亚东，1997；郑亚东等，2008）：

$$W_k=\frac{\dot{\gamma}}{\sqrt{4\dot{e}^2+\dot{\gamma}^2}} \tag{1.32}$$

式（1.32）表明，纯剪切时沿 x_1 和 x_2 的瞬时剪应变为零，W_k=0；简单剪切时，沿 x_1 和 x_2 的瞬时伸长度为零（$\dot{e}=0$），W_k=1；一般剪切时，瞬时剪应变和瞬时伸长度均不等于零，$0<W_k<1$。

3. 剪切带运动学涡度（W_k）的简单定义

根据双曲流的上述基本特征，Bobyarchick（1986）提出了运动学涡度（W_k）的简单定义（推导过程见张进江和郑亚东，1997）：

$$W_k=\cos\alpha \tag{1.33}$$

式中，α 为两特征方向的夹角。该定义简单明确，表明纯剪切运动学涡度为 0，简单剪切为 1，一般剪切带运动学涡度介于 0 和 1。然而，由于脉冲流主变形面内无特征方向，该定义不适合于脉冲流（超简单剪切和刚体旋转）。

由于式（1.33）为非线性关系，W_k=0.5 不等于纯剪切和简单剪切组分各占一半。然而，可根据简单剪切组分所占的百分数表达与运动学涡度的对应关系，纯剪切和简单剪切组分各占一半的 W_k=0.71。此前，Tikoff 和 Teyssier（1994）设定走滑挤压带的减薄为垂向加宽补偿的简单三维模式，给出的中间值为 W_k=0.75。因此，对于一般的三维变形，中间值变化于 0.71 ～ 0.75。

可以导出（张进江和郑亚东，1997）：

$$\alpha=\tan^{-1}\frac{2\dot{e}}{\dot{\gamma}} \tag{1.34}$$

所以

$$W_k=\cos\tan^{-1}\frac{2\dot{e}}{\dot{\gamma}} \tag{1.35}$$

运动学涡度（W_k）与 α、α'、θ 之间的关系如图 1.41 所示，同时展示了 W_k 与 ISA_1 的关系，通过测量 α、α'、θ 任意一角，便可获得相应的 W_k。

4. 运动学涡度与瞬时缩短轴或最大主应力方向的关系

在总体均匀变形，无体积变化和平面变形条件下，只要涡度与应变速率之比恒定，运动学涡度还可用瞬时缩短轴（ISA_2）或最大主应力轴（σ_1）方向来定义（Passchier，1988；Weijermars，1991，1993，1998）：

$$\xi=45°-(\alpha/2)$$

或

$$\alpha=90°-2\xi$$

所以

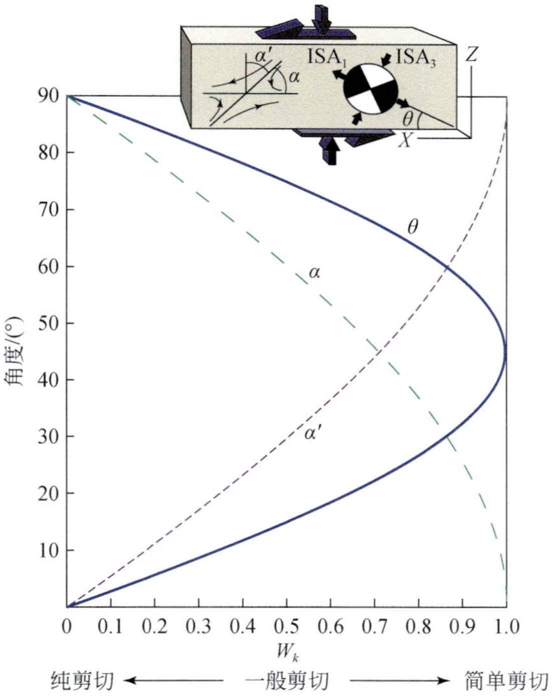

图 1.41　W_k 与 α、α'、θ 关系图（据 Fossen，2016）

α. 两特征方向的锐夹角；α'. 第二特征方向与第一特征方向法线的夹角；θ. ISA$_1$ 与第一特征方向的锐夹角

$$W_k=\sin 2\xi \tag{1.36}$$

式中，ξ 为变形带（剪切带）边界的法线与瞬时最小主长度或最大主应力轴的夹角。

当 ξ=45° 时，α=0°，W_k=1，代表简单剪切，剪切带厚度不变；

当 ξ=0° 时，α=90°，W_k=0，代表垂直剪切带的挤压或缩短的纯剪切，形成减薄型剪切带；

当 ξ=90°，α=−90°，W_k=−1，代表平行剪切带的挤压或缩短，形成增厚型剪切带；

当 0° <ξ<45° 时，0° <α<90°，0<W_k<1，形成减薄型一般剪切带；

当 45° <ξ<90° 时，−90° <α<0°，−1<W_k<0，形成增厚型一般剪切带。

因此，如果已知主压应力和剪切带的方向，可以确定剪切带的运动学涡度和剪切带的类型。

5. 有限应变与平均运动学涡度（W_m）

我们所观察到是变形的最终产物，然而未涉及变形事件的全过程，即从启动时的加速应变到结束时的减速应变。一般情况下，我们无法测定某一瞬时的剪应变和伸长度。为了解决这一问题，常假定变形过程中，瞬时剪应变相对瞬时伸长度的大小保持恒定，便可用实际可测的有限应变取代瞬时应变。这样所确立的运动学涡度为某一变形事件的平均运动学涡度（W_m）。Wallis 等（1993）、Wallis（1995）求得了 W_m 与有限应变间的关系：

$$W_m=\sin\{\tan^{-1}[\sin 2\theta/[(R_s+1)/(R_s-1)]-\cos 2\theta]\}\cdot(R_s+1)/(R_s-1) \tag{1.37}$$

北京大学刘江等（2012）建立了除减薄纯剪切外，极摩尔圆法计算二维平均运动学涡度（W_m）公式，并计算了相应曲线图（图 1.42），便于剪切带平均运动学涡度的获得。

$$W_m=\cos\{\tan^{-1}(1-R_s\cdot\tan^2\theta)/[(1+R_s)\cdot\tan\theta]\} \quad (1.38)$$

式中，W_m 为平均运动学涡度；R_s 为有限应变的长短轴比；θ 为长轴与剪切带的夹角。

刘江等（2012）同时提出了两种判定剪切类型的方法：R_s=1 时，θ<45°，=45°，>45° 分别对应减薄一般剪切，简单剪切和增厚一般剪切；累积应变情况下，$R_s\times\tan2\theta$<1，=1，>1 分别对应减薄一般剪切、简单剪切和增厚一般剪切。

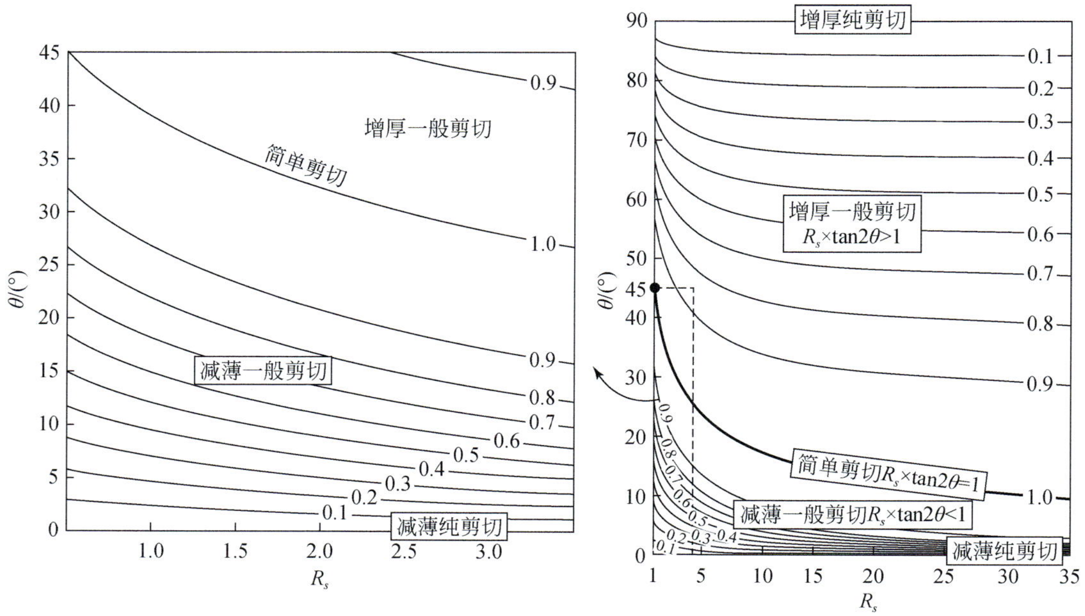

图 1.42 W_m 关于 R_s 和 θ 的等值线图（刘江等，2012）

剪切类型根据 $R_s\times\tan2\theta$ 值划分；左图为右图虚线框部分的放大

6. 运动学涡度与临界形态因子

以两特征方向或流脊向为渐近线的双曲线，其上各点代表不同取向和二长比（R_s）的不旋转刚性体：第一特征方向或伸展性流脊一侧为稳定端（图 1.43）；第二特征方向或缩短性流脊一侧为不稳定端。因此可以根据双曲线，特别是其顶点的位置和两渐近线的夹角确定高应变变形带的运动学涡度。Passchier（1987），Simpson 和 De Paor（1993）分别给出其直角坐标系和极坐标系方程：

$$\eta=\frac{1}{2}\sin^{-1}[(W_k/B)(\sqrt{1-W_k^2}\pm\sqrt{B^2-W_k^2})] \quad (1.39)$$

$$B=W_k/\cos2\phi \quad (1.40)$$

式中，η，ϕ 分别为刚性体长轴分别在直角坐标和极坐标系中的取向；B（形态因子）定义为（R−1/R）/（R+1/R）；R 为刚性体的长短轴比（图 1.43）。

图 1.43 和图 1.44 表明，双曲线外侧刚性体的旋转方式与剪切带的剪切方式一致，即随剪切作用向前旋转，形成具有 σ、δ、δ-σ 型拖尾的碎斑，其长轴取向趋于向剪切带汇聚。长轴取向和二长比位于双曲线内侧的刚性体，其旋转方式与剪切带的剪切方式相反，即发生逆向旋转。逆向旋转有利于 σ 拖尾附着在刚性体长边的形成。位于双曲线稳定端

的刚性体处于稳定状态；位于不稳定端的刚性体处于不稳定状态，流动中的一点扰动可导致刚性体向前或逆向旋转；双曲线顶点处的 B 值最小，称为临界形态因子（B^*）。小于临界形态因子的刚性体将顺向不断旋转。因此其取向随机分散，这是确定临界形态因子（B^*）的重要依据。根据式（1.40），临界形态因子等于运动学涡度。这样，运动学涡度可定义如下（Bretherton，1962）：

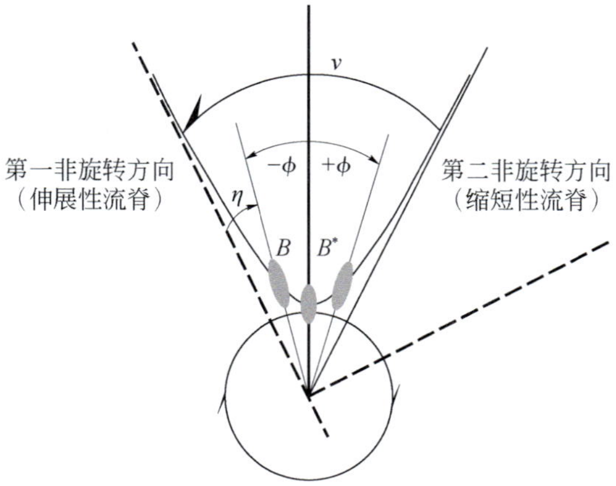

图 1.43 形态因子的笛卡儿坐标（虚线）和极坐标方程图示（据郑亚东等，2008 修改）

B. 形态因子；B^*. 临界形态因子，等于运动学涡度（W_k）

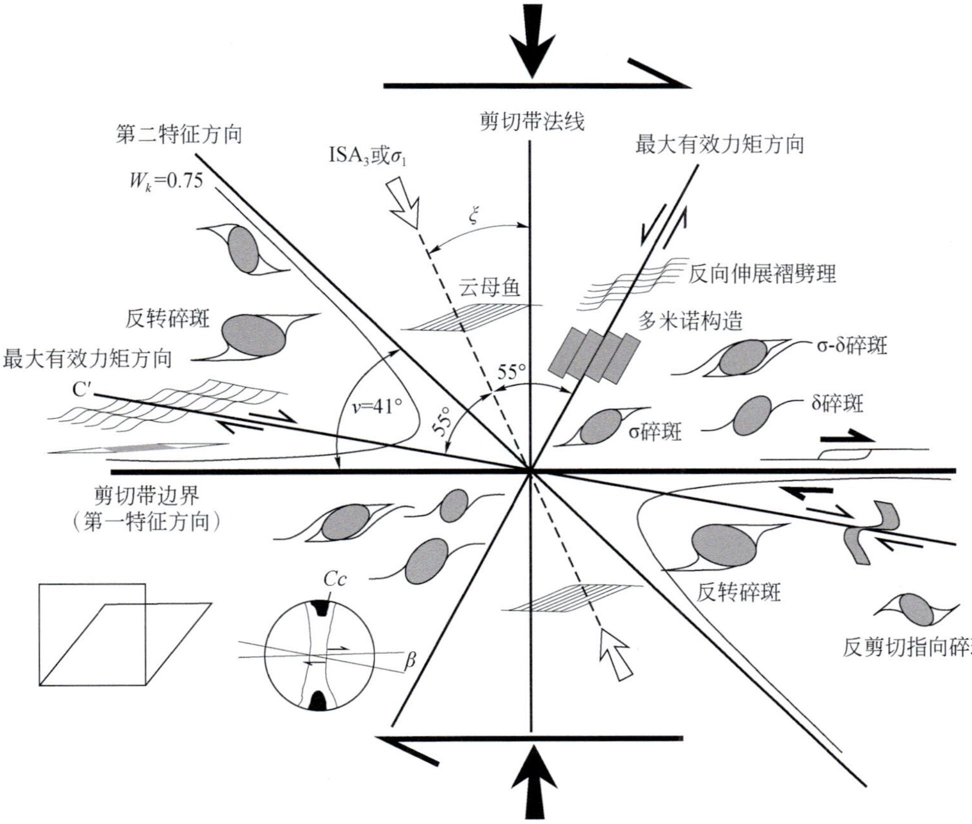

图 1.44 一般剪切带中主要构造类型及其取向（据郑亚东等，2008 修改）

$$W_k = B^* = (M_x^2 - M_n^2)/(M_x^2 + M_n^2)$$

式中，M_x 为碎斑长轴；M_n 为碎斑短轴。或写为如下形式（Passchier，1987）：

$$W_k = B^* = (R_m - 1/R_m)/(R_m + 1/R_m)$$

式中，R_m 为碎斑最小轴比。或写为如下形式（Wallis *et al.*，1993）：

$$W_k = B^* = (R_c^2 - 1)/(R_c^2 + 1) \tag{1.41}$$

式中，R_c 为临界二长比，等于刚性体最小二长比（R_m）。

显然，上述各种运动学涡度的定义，虽然形式不同，但都紧紧围绕双曲线的构成或其渐近线加以限定。因此，求出相关的渐近线、划分刚性体正向或逆向旋转界限，或确定临界形态因子的取向和大小是确定运动学涡度的关键。

1.3.3 运动学涡度的测定

根据上述有关理论，可采用以下方法确定剪切带的运动学涡度（W_k）。

1. 有限应变法

根据式（1.37）或式（1.38）给出变形带的运动学涡度与有限应变间的关系，首先实测获得变形带内岩石有限应变的两个重要参数：应变椭球的长短轴比（R_s）和长轴与变形带边界的夹角（θ）。强变形带的应变测量常根据石英条带和长石变斑晶标志体分别用 R_f/θ 法（Dunnet，1969；De Paor，1983）和 Fry 法（Fry，1979）获得 R_s 和两参数。根据式（1.37）可计算出相关的运动学涡度。利用运动学涡度与有限应变间的关系绘制的理论图表（图 1.42、图 1.45）（Tikoff and Fossen，1995；刘江等，2012），实际操作更为简便。编制极摩尔圆也可获得相关的运动学涡度（Zhang and Zheng，1997；刘江等，2012）。因此，有限应变测量是确定运动学涡度的基础。

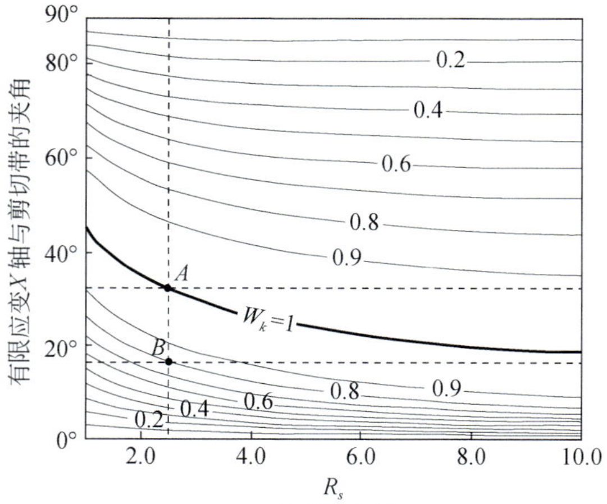

(a)面积守恒

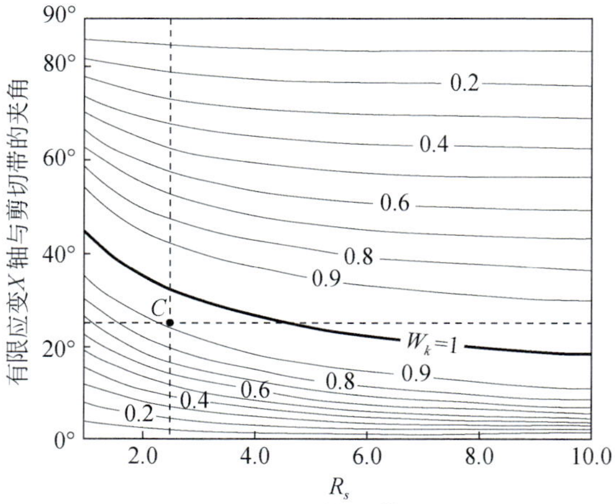

(b)面积亏损

图 1.45 运动学涡度与有限应变椭球长轴和取向间的关系（据 Tikoff and Fossen，1995）

2. 临界形态因子法

前述理论分析中指出，大于和小于临界形态因子的刚性体取向显著不同。小于临界形态因子的刚性体，由于顺向不断旋转，其取向随机分散；而大于临界形态因子的逆向和顺向旋转刚性体，其长轴取向则限定在一定范围内。许多研究者根据这一特点，采用不同投图方式获得相关变形带的运动学涡度。常见的 4 种投图方式为 Passchier 图示（Passchier，1987）、Wallis 图示（Wallis，1995）、双曲线网（PHD）图示（Simpson and De Paor，1993；De Paor，1988）和刚性颗粒网（RGN）图示（Jessup *et al.*，2007）。Passchier 图示［图 1.46（a）］、Wallis 图示［图 1.46（b）］和 RGN 图示［图 1.46（d）］，均采用直角坐标，纵坐标为刚性体长轴取向。以剪切指向为准，顺向倾斜的锐角为正，逆向倾斜者为负。横坐标为形态因子（B）［图 1.46（a）、（d）］，或二长比（R）［图 1.46（b）、（c）］。对应刚性体长轴取向从随机分布突然变至优选分布的 B 或 R 便是临界形态因子（B^*）或临界二长比（R^*）。B^* 直接代表运动学涡度，R^* 则需根据式（1.41）换算得到运动学涡度。

该法无须判断刚性体的旋转方式，只需客观记录刚性体的长轴和二长比，因此避免了人为判断所带来的失误。因为假定所测的变斑或碎斑为理想的刚体，而实际的变斑或碎斑在变形过程中多少有些变形，变形过程中二长比的增大或减小都会影响所测定的运动学涡度。

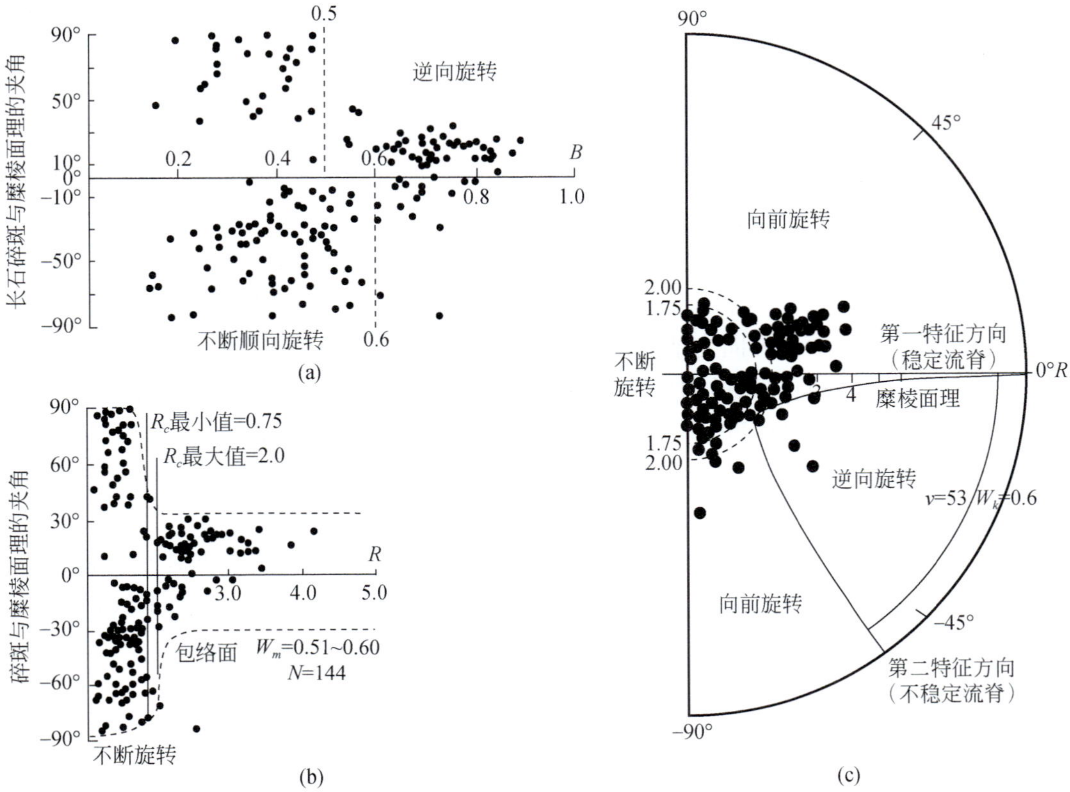

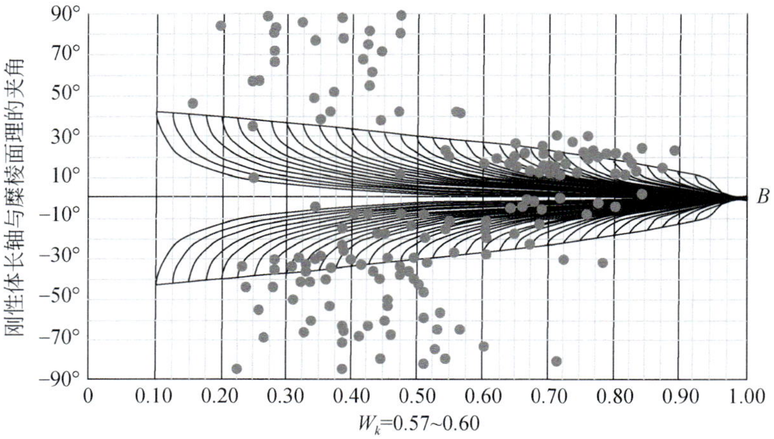

(d)

图 1.46 临界形态因子的 Passchier、Wallis、PHD 和 RGN 图示（据 Fessup *et al.*，2006；郑亚东等，2008）

3. 拖尾形态法

一般剪切带中包含四类刚性体（图 1.44）：①顺向旋转 σ- 型变斑或碎斑；②顺向旋转 δ- 型变斑或碎斑；③顺向旋转的 σ-δ 复合型变斑或碎斑；④逆向旋转、顺向倾斜的 σ- 型变斑或碎斑。判断逆向旋转的标志有两个：①顺流倾斜，σ- 拖尾附着于刚性体的宽边（Simpson and De Paor，1993；Passchier，1987）；②顺流或逆流倾斜，σ- 拖尾附着在刚性体的宽边或窄边，其剪切指向与总体相反（Klepeis *et al.*，1999）。

鉴于双曲线内外侧刚性体旋转方式相反，而顺向和逆向旋转所形成拖尾形态不同，根据变形带内变斑或碎斑的重结晶拖尾的形态特征划分顺向旋转域和逆向旋转域（图 1.44）。两者的边界之一是第一特征方向（常沿变形带边界），另一边界为缩短流脊。两流脊所夹的锐角扇形域，刚性体逆向旋转。为此，通常要在变形带内采集定向标本，垂直糜棱面理、一般是平行（或有时垂直）线理切制岩石薄片。以糜棱岩面理（强变形带代表变形带的边界）剪切方向为基准，测量薄片中变斑的二长比（长短轴比）和长轴方向，并根据拖尾形态区分顺向和逆向变斑。将所测量的两参数，用符号区分顺向和逆向旋转两类变斑或碎斑，投在 De Poar（1988）设计的双曲线网上。根据旋转类型的不同，找出其间的分界线（缩短性流脊）。基准线与该线的夹角（υ）给出该变形带的运动学涡度。De Paor（1988）指出，该方法至少要 16 次测量，根据现有的实践，有关测量数一般为 40～150。为了获得足够的数据需制作一组岩石薄片。由于顺向旋转只能抑制而不能消除 σ- 拖尾附着于变斑或碎斑长边的可能性，实践中难以准确划分两类旋转变斑或碎斑的界限，这样获得的运动学涡度误差可能较大。

4. 石英光轴组构结合有限应变测量

石英的组构（Wallis，1992，1995）和石英实验研究（Vernooij *et al.*，2006）表明，石英 C- 组构大环带的法线与糜棱岩面理的夹角（β）等于流面与有限应变主面（XY）的夹角（图 1.47）。这样，结合有限应变的长短轴法所获得的 R_s，通过式（1.37）、式（1.38）或图 1.47 可获得相关的运动学涡度（W_k）。

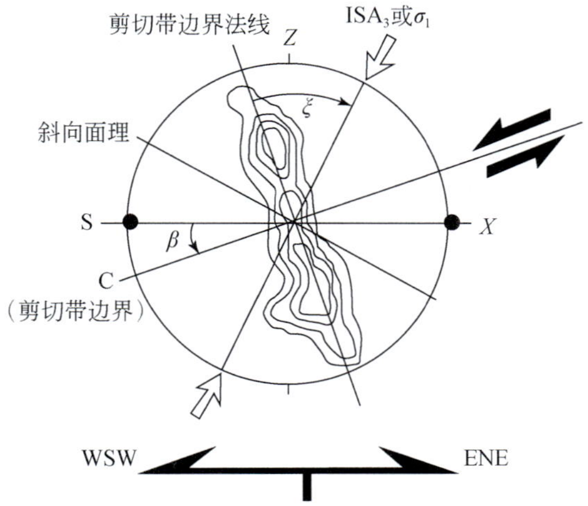

图 1.47　石英光轴组构与 S-C 组构间的关系（据 Xypolias and KouKouvelas，2001；郑亚东等，2008）

5. 糜棱面理与瞬时应变伸长轴（ISA）

高应变带中的糜棱面理与剪切带边界近于平行，可作为第一特征方向（稳定性流脊），如果已知瞬时应变伸长轴（ISA）的方向，通过式（1.36）可确定该变形带的运动学涡度。假定石英条带中的斜向面理和“云母鱼”的解理面平行于最后一次增量应变的主面，瞬时应变伸长轴（ISA）则与之垂直（Wallis，1995；Lister and Snoke，1984；Passchier and Trouw，1996）。根据这一假定，在垂直糜棱面理 / 平行线理的岩石薄片内，测量糜棱面理或石英条带的与石英斜向面理或云母解理面的夹角（ξ）（图 1.44、图 1.47），将其中的一些最大值代入式（1.36）获取相关的运动学涡度。

6. C′ 法

糜棱岩中常发育的剪切条带（shear bands）（White，1979；White *et al.*，1980；Harris and Cobbold，1985）或伸展褶劈理（extensial crenulation cleavage，ecc）（Passchier and Trouw，1996；Platt，1979），与剪切带剪切指向相同的一组称为同向伸展褶劈理或 C′。C′ 一般作为剪切指向的可靠标志，然而其成因却说法不一（参阅第 6 章 6.2 节）。Bobyarchick（1986）假定 C′ 平行于倾斜的特征方向（即缩短性流脊）发育。一些构造研究者支持这一观点（Klepeis *et al.*，1999）。如果这一假定正确，C′ 与剪切带的夹角则可用以确定相关剪切带的运动学涡度。然而，第二特征方向为缩短性流脊，剪应变近于零，这与沿 C′ 面观察到的显著剪切的事实不符。Simpson 和 De Paor（1993）依据 Behrmann（1987）关于共轭剪切条带的夹角为 90° 的报道，假定剪切条带平行最大剪应变速率方向，并预测低应变条件下 C′ 大致平分两特征方向的夹角，随应变增大，C′ 面逐渐向糜棱面理趋近。这里有两点事实需要澄清：①共轭剪切条带的夹角为～110°，而不是 90°（Zheng *et al.*，2004，2006，2015）；②间隔性的 C′ 面理叠加在透入性的糜棱面理之上，形成时代晚于糜棱面理（郑亚东等，2008）。基于后者，许多研究者提出剪切条带（C′）是变形分解作用的产物（Harris and Cobbold，1985；Michibayashi and Murakami，2007）。这种解释可说明沿先期糜棱面理的滑动导致剪切带的共轴变形组分增大和共轭剪切条带的形成，然而却未说明共轭剪切条带何以成 110° 相交。郑亚东等（Zheng *et al.*，2004，2006，

2015）论证最大有效力矩准则控制共轭剪切条带的形成，共轭剪切条带与最大主应力（σ_1）的夹角为 55°（图 1.44，详见第 2 章 2.3 节）。根据这一角度关系，通过式（1.36）获得剪切条带或伸展褶劈理形成期剪切带的运动学涡度（Zheng and Wang，2005）。需要指出的是，有些膝褶带与糜棱面理形成同期或近于同期，如额尔齐斯带糜棱岩云母中的膝褶带，据此获得的是糜棱面理形成时的运动学涡度（郑亚东等，2008）。

北京云蒙山变质核杂岩拆离断层发育 S-C-C′ 构造（图 1.48）。按照最大有效力矩准则，主压应力（σ_1）与 C′ 的夹角为 55°，据此可求得剪切面（C）的法线与最大主压应力 σ_1 的夹角 ξ=12°。按照式（1.36）（$W_k=\sin 2\xi$）可求得该剪切带晚期伸展拆离作用的运动学涡度 W_k=0.41，表明其纯剪切作用的成分更多。这里只是举一个计算的例子，实际工作中要进行大量统计工作，以消除人为和系统误差。有关北京云蒙山变质核杂岩的运动学涡度工作可参阅 Li 等（2013）的资料。

图 1.48 北京云蒙山变质核杂岩拆离断层 S-C-C′ 构造（北京密云云蒙峡入口处，侯泉林摄于 2006 年）

1.3.4 运动学涡度的运用与实践

运动学涡度分析现已广泛用以说明各种构造环境中韧性剪切带的流变特征。例如，新西兰的 Alpine 断层（Holcombe and Little，2001），希腊 Chelmos 剪切带的韧性挤出（Xypolias and Koukouvelas，2001），美国科迪勒拉变质核杂岩（Bailey and Eyster，2003）和中国东部变质核杂岩的研究（Li *et al.*，2013；李建波等，2010，2012，2015；夏浩然，2011；丁元军等，2016）；藏南拆离带（Law *et al.*，2004；Fessup *et al.*，2006），走滑挤压剪切带（Bailey *et al.*，2004）和晚造山伸展垮塌作用（Zheng and Wang，2005）。

1. 运动学涡度与变质核杂岩的构造演化

Bailey 和 Eyster（2003）对亚利桑那 Pinaleno 变质核杂岩运动学涡度分析表明，运动学涡度在变质核杂岩发育过程中递进增大。这一增大是伸展过程中上覆地壳的递进减薄导致缓倾剪切带垂向纯剪组分的减小造成的。而中蒙边界亚干变质核杂岩的涡度分析结果正好相反（Zheng and Wang，2005），在变质核杂岩的演化过程中主拆离断层下盘糜棱岩的运动学涡度递进减小：伸展初期的运动学涡度为 0.74 ～ 0.87，后期为 0.55。解释为早期推覆相关的近水平简单剪切带，随推覆过程引起地壳增厚和深部物质的部分熔融；浅部重力和深部热隆的联合作用下，垂向纯剪切组分递进增大。C′ 是推覆过程中孕育形成的伸展因素，沿 C′ 的应变集中和软化，导致低角度正断层的形成和发展。大型伸展拆离断层的形成标志伸展体制取代早期的缩短体制。沿主拆离断层的滑动所产生的变形分解，将导致下盘的纯剪切组分的进一步增大。

上述两变质核杂岩的实例研究表明，不同变质核杂岩可能经历全然不同的运动学过程。系统运动学涡度分析有助于揭示变质核杂岩发育的运动学路径和成因。

2. 根据运动学涡度确定有限应变椭球

通常是根据变形带中岩石有限应变椭球确定运动学涡度，从而确定变形带的减薄或增厚量和相关的切向剪切或水平走滑量，建立相关的构造体制和地壳水平缩短 / 垂向增厚或水平伸展 / 垂向减薄量。然而，实践中往往因缺乏可靠的应变标志体，难以确定剪切带的有限应变椭球的轴比（R_s）。这时，根据刚体拖尾和刚体临界形态因子确定的运动学涡度，虽可判断变形带纯剪切与简单剪切组分相对大小，却不能定量确定相关变形带的减薄或增厚量和相关的切向剪切或水平走滑量。为此，可根据确定的运动学涡度，结合部分可行的应变测量，确定相关的应变椭球的 R_s。例如，剪切带糜棱岩的 S/C 组构或石英光轴环带可给出剪切带边界与有限应变椭球长轴的夹角（β）。平行韧性剪切带往往发育石香肠构造，可据此确定沿剪切带的长度比 $S_\alpha=1+e_\alpha$（Mandal *et al.*，2007）。根据已知的 W_k，据式（1.33）可求得 α，实测 β 和 S_α，可按下述编图步骤制作应变极摩尔圆，从而获得剪切带的有限应变椭球：①在绘图纸上作纵、横两线分别代表极坐标轴和剪切带边界，坐标原点为 O，并沿极坐标轴标出 S_α 位置 A；通过 A 的一侧（根据剪切指向而定，右行在右），以水平线为准，分别逆时针量 β 作直线 AB 和顺时针量 α 作直线 AC［图 1.49（a）］。②在透明纸上作任一直线 $O'S_1$（代表应变椭球长轴方向）并于 S_1 点沿 $O'S_1$ 取不同直径作一系列内切圆［图 1.49（b）］。③将透明纸盖在绘图纸上，使 S_1 沿 AB 移动并确保 $O'S_1$ 通过坐标原点 O，直至系列圆之一通过 A 点、AC 通过该圆的直径，该圆即应变椭球 XZ 面的极摩尔圆［图 1.49（c）］。④在绘图纸上画出该圆，由此可知相关剪切带有限应变椭球在摩尔空间和实际空间的位态（原理详见 Zhang and Zheng，1997；张进江和郑亚东，1997）。

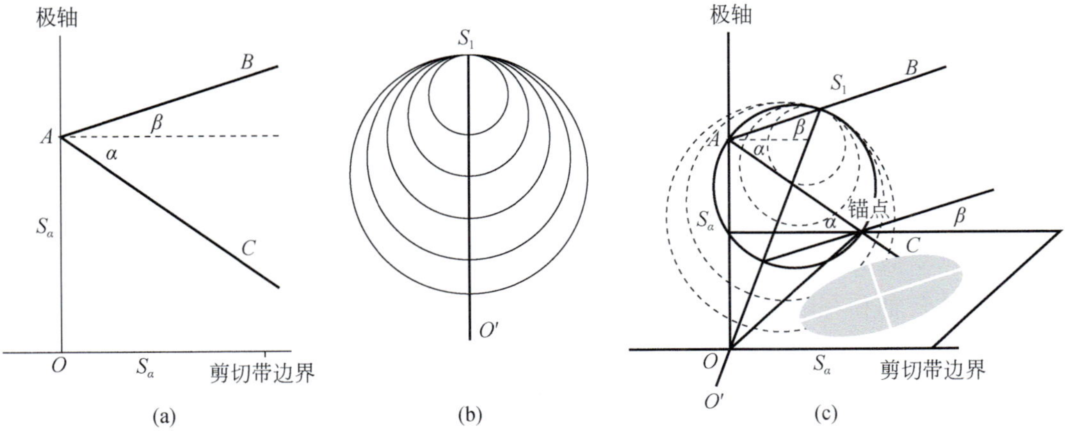

图 1.49　根据运动学涡度和有限应变沿剪切带的长度比编制极摩尔圆（据郑亚东等，2008）

1.3.5 有关问题讨论

1. 运动学涡度的时空变化

不同韧性剪切带，由于组成、构造背景和形成时温度、压力、应变速率等条件不同，必然具有不同的运动学涡度。问题是，即使是同一剪切带，不同地段具有不同的涡度，如同一条河流，主河道与两侧以及上下游不同地段，具有不同的流速。因此，随意选取的个别露头测定的运动学涡度，特别是大型剪切带，很难具有代表性。通常，需要对同一剪切带在不同地段进行涡度的剖面系统测定。再者，剪切带的形成一般都经历初始加速、峰期稳态变形和晚期减速变形三个阶段。一般情况下，只能获得剪切事件的平均运动学涡度（Passchier，1988；Jessup and Law，2007）。

2. 面积损失问题

由于三维涡度分析受到种种限制，一般研究只进行二维分析。平面应变假定运动面内面积守恒，只有简单剪切满足这一假设，一般剪切通常面临面积亏损问题。当物质沿运动坐标的 b 轴或应变坐标的 Y 轴被挤出运动面，则运动面的面积减小。如果仍假定面积守恒，所测定的运动学涡度将小于实际涡度（图 1.50）。地质学中宽泛定义的纯剪切为共轴变形，因而纯剪切组分使面积亏损的可能性增大。面积亏损量可通过测量 b 轴方向的线应变或编制极摩尔圆法获得（Li *et al.*，2000）。

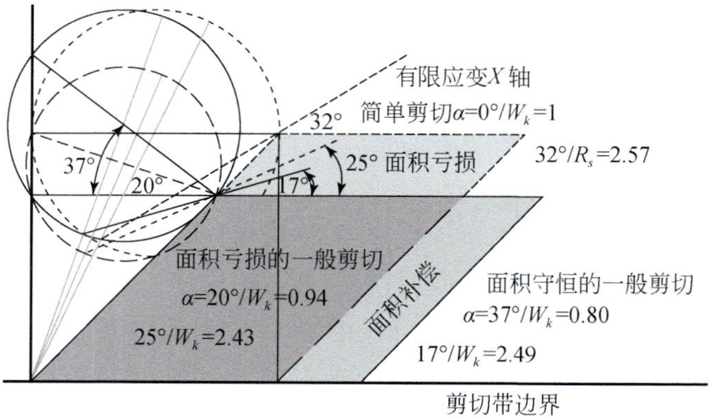

图 1.50 极摩尔圆示同一剪应变的不同运动学涡度（据郑亚东等，2008 修改）

简单剪切（虚线）、面积守恒（实线）和面积亏损（破折线），分别相当于图 1.45 中的 A、B、C 三个点

3. 三斜流动与运动学涡度

三斜组构对称传统上是作为叠加变形的产物，然而，20 世纪末出现三斜流动的新理念（Jiang and Willians，1998；Lin *et al.*，1998）。在非均匀的三斜变形中，运动矢量与瞬时缩短（主应力）方向和有限缩短方向都不平行；拉伸线理与剪切方向不平行，而是位于瞬时伸长轴和有限应变轴之间；剪切带中的组构要素不再与涡度矢量平行。因此，本教材介绍的二维涡度分析并不适用于明显的三斜流动。然而，应当指出均匀的地质变形实际并不存在。运用连续介质力学理论时，势必要将一定范围的地质体当作统计上的均质体。虽然三斜流动变形的报道不断增加，大多数剪切带的线理统计上或是平行或是

垂直剪切方向(Tikoff and Teyssier, 1994; Sanderson and Marchini, 1984)。Iacopini 等(2007)在关于三斜流动的研究中指出，涡度矢量与瞬时伸长轴间的夹角可大于 20°，但不产生永久性的面理和线理。对于确实产生永久性组构的三斜流动，瞬时伸长轴与组构的夹角太小，以至难以辨认。因此，只要确认剪切指向与线理近于一致或垂直，二维涡度分析可提供相关变形带可靠的运动学信息。

4. 测量精度问题

由于方法所依据的原理不同，所获得的运动涡度一般有所不同。刚性颗粒法假定颗粒为刚性，如果并非理想的刚性，在剪切过程中多少有些变形，这时所给出临界形态因子为一区间（图 1.46）。刚性差区间大，刚性好区间小。然而，区间的大小还取决于测量的颗粒数。拖尾形态法是假定重结晶拖尾附着在长边的碎斑为反向旋转颗粒。这虽属一般情况，但这类碎斑未必均是反向旋转。正向旋转倾向剪切方向的颗粒如果转速小于重结晶速度，拖尾的发育虽受抑制，但仍附着在长边。拖尾形态法因而出现大的误差。Forte 和 Bailey（2007）采用仿真统计和计算筛选程序分析拖尾形态资料，证明测定运动学涡度的标准差随纯剪切组分增大而增大（图 1.51）。因为简单剪切为平面应变，其组分越多，面积亏损越少。

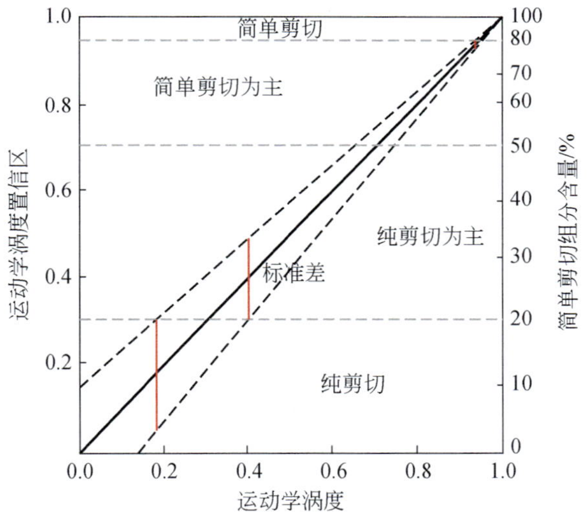

图 1.51　运动学涡度测定的标准差（据 Forte and Bailey，2007；郑亚东等，2008）

高应变的变形场中，不同二长比的不旋转刚性椭球位于双曲线上，双曲线的两渐近线为两特征方向（非旋转向量）。运动学涡度定义为双曲线顶点处的形态因子或两渐近线夹角的余弦，可定量表征相关变形带简单剪切和纯剪切相对大小；运动学涡度可通过计算、图解［双曲线网（PHD）、刚性颗粒网（RGN）法、Passchier 图解、Wallis 图解］、极摩尔圆法和应力或瞬时增量应变方向获得；根据临界最小轴比或形态因子可获得较准确的运动学涡度，结合有限应变测量可估算剪切带的减薄或增厚量；变形过程中运动学涡度很可能发生变化，应根据不同时期形成的构造求得相应时期的运动学涡度。

思考题

1. 均匀变形与非均匀变形。
2. 共轴变形与非共轴变形。
3. 纯剪切、简单剪切、次简单剪切。
4. 递进剪切的类型与特征。
5. 何为线应变、剪应变？
6. 何为主应变？
7. 简单剪切情况下，如何用剪应变求应变摩尔圆？
8. Harker 公式。
9. 应变分析的常用方法？
10. 弗林图解和许氏图解及其运用中应注意的问题？
11. 如何用有限应变测量结果来分析变形分解？
12. 流脊（flow apophyses）的概念及其大地构造意义。
13. 涡度（W）与运动学涡度（W_k）的概念及其意义。
14. 平均运动学涡度（W_m）及其与有限应变的关系。
15. 运动学涡度的测定方法。
16. 如何用运动学涡度判别剪切带类型？
17. 运动学涡度运用中有哪些值得注意的问题？
18. 运动学涡度在构造地质学中的应用前景如何？

参考文献

丁园军，黄佳星，李建波等 . 2016. 万福变质核杂岩韧性剪切拆离带的韧性减薄量 . 东华理工大学学报（自然科学版）, 39(2): 118 ～ 125

兰腊保，郑亚东 . 1984. 用于有限应变测量的标准曲线图——R_f/φ 曲线和 50% 资料曲线 . 地质论评，30(6): 516 ～ 522

李建波，王涛，欧阳志侠 . 2010. 内蒙古赤峰楼子店低角韧性剪切拆离带的应变与运动学涡度分析 . 中国科学：地球科学，40(7): 840 ～ 854

李建波，鲁勇花，蒋振频 . 2012. 辽南万福变质核杂岩韧性剪切带的应变与剪切作用类型 . 东华理工大学学报（自然科学版）, 35(3): 238 ～ 245

李建波，郭磊，欧阳志侠等 . 2015. 辽南变质核杂岩韧性拆离带的变形特征、应变与运动学涡度分析 . 北京大学学报（自然科学版）, 51(6): 1078 ～ 1090

刘江，张进江，张波 . 2012. 极摩尔圆法计算二维平均运动学涡度 . 地质科学，47(1): 13 ～ 21

夏浩然 . 2011. 伸展拆离型韧性剪切带的演化：北京云蒙山水峪剪切带的显微构造、运动学与流变学研究 . 中国地质大学（北京）硕士学位论文 . 1 ～ 36

张进江，郑亚东 . 1997. 运动学涡度和极摩尔圆的基本原理与应用 . 地质科技情报，16(3): 33 ～ 39

郑亚东，常志忠 . 1985. 岩石有限应变测量及韧性剪切带 . 北京：地质出版社 . 1 ～ 185

郑亚东，王涛，张进江 . 2008. 运动学涡度的理论与实践 . 地学前缘，15(3): 209 ～ 220

Bailey C M, Eyster E L. 2003. General shear deformation in the Pinaleno mountains metamorphic core complex, Arizona. Journal of Structural Geology, 25(11): 1883 ～ 1893

Bailey C M, Francis B E, Fahmey E E. 2004. Strain and vorticity analysis of transpressssional high-strain zones from the Virginia Piedmont, USA. Geological Society London Special Publications, 224(1):249 ～ 264

Behrmann J H. 1987. A precautionary note on shear bands as kinematic indicators. Journal of Structural Geology, 9(6): 659 ～ 666

Bobyarchick A R. 1986. The eigenvalues of steady state flow in Mohr space. Tectonophysics, 122(1-2): 35 ～ 51

Bretherton F P. 1962. The motion of rigid particles in shear flow at low Reynolds number. Journal of Fluid Mechanics, 14(2): 284 ～ 304

Cloos E. 1947. Oolite deformation in South Mountain fold, Maryland. Bulletin of Geological Society: 893 ～ 918

Davis G H, Reynolds S J. 1984. Structural Geology of Rocks and Regions. New York: John Wiley and Sons. 1 ～ 776

De Paor D G. 1983. Orthographic analysis of geological structures- Ⅰ. Deformation theory. Journal of Structural Geology, 5(3): 255 ～ 278

De Paor D G. 1988. R_f/φ_f strain analysis using an orientation net. Journal of Structural Geology, 10(4): 323 ～ 333

Dunnet D. 1969. A technique of finite strain analysis using elliptical particles. Tectonophysics, 7: 117 ～ 136

Elliott D. 1970. Determination of finite strain and initial shape from deformed elliptical objects. Geological Society of America Bulletin, 81: 2221 ～ 2236

Elliott D. 1972. Deformation paths of structural geology. Geological Society of America Bulletin, 83: 2621 ～ 2638

Fessup M J, Law R D, Searle M P, *et al*. 2006. Structural evolution and vorticity of flow during extrusion and exhumation of the Greater Himalayan Slab, Mount Everest Massif, Tibet/Nepal: Implications for orogen-scale flow partitioning. Geological Society London, Special Publications, 268(1): 379 ～ 414

Flinn D. 1962. On folding during three-dimentional progressive deformation. Q. J. Geological Society London, 118: 385 ～ 433

Forte A M, Bailey C M. 2007. Testing the utility of the porphyroclast hyperbolic distribution method of kinematic vorticity analysis. Journal of Structural Geology, 29(6): 983 ～ 1001

Fossen H. 2010. Structural Geology. New York: Cambridge University Press. 21 ～ 239

Fossen H. 2016. Structural Geology (Second Edition). New York: Cambridge University Press. 25 ～ 254

Fry N. 1979. Random point distribution and strain measurements in rocks. Tectonophysics, 60: 89 ～ 105

Groshong R H J. 1972. Strain calculated from twinning in calcite. Geological Society of America Bulletin, 82(7): 2025 ～ 2038

Hanna S S, Fry N. 1979. A comparison of methods of strain determination in rocks from southwestern Dyfed (Pembrokeshiro) and adjacent areas. Journal of Structural Geology, 1(2): 155 ～ 162

Harris L B, Cobbold P R. 1985. Development of conjugate shear bands during bulk simple shearing. Journal of Structural Geology, 7(1): 37 ～ 44

Holcombe R J, Little T A. 2001. A sensitive vorticity gauge using rotated porphyroblasts and its application to rocks adjacent to the Alpine Fault, New Zealand. Journal of Structural Geology, 23(6-7): 979 ～ 990

Holst T B, Fossen H. 1987. Strain distribution in a fold in the West Norwegian Caledonides. Journal of Structural Geology, 9: 915 ～ 924

Hossack J R. 1968. Pebble deformation and thrusting in the Bygdin Area (southern Norway). Tectonophysics, 5(4): 315 ～ 339

Hsü T C. 1966. The characteristics of coaxial and non-coaxial strain paths. Journal of Strain Analysis for Engineering Design, 1(3): 216 ～ 222

Iacopini D, Passchi er C W, Koehn D, *et al*. 2007. Fabric attractors in general triclinic flow systems and application to high strain shear zones: A dynamical system approach. Journal of Structural Geology, 29(2): 298 ～ 317

Jessup M J, Law R D, Frassi C. 2007. The Rigid Net (RGN): An alternative method for estimating mean kinematic vorticity number (W_m). Journal of Structural Geology, 29(3): 411 ～ 421

Jiang D, Willians P E. 1998. High strain zones: A unified model. Journal of Structural Geology, 20(8): 1105 ～ 1120

Jin Z M, Zhang J, Green H W I, *et al*. 2002. Eclogite rheology: Implications for subducted lithosphere. Geology, 29(8): 667 ～ 670.

Klepeis K A, Daczko N R, Clarke G L. 1999. Kinematic vorticity and tectonic significance of superposed mylonites in a major lower crustal shear zone, northern Fiordland, New Zealand. Journal of Structural Geology, 21(10): 1385 ～ 1405

Law R D, Searle M P, Simpson R L. 2004. Strain, deformation temperatures and vorticity of flow at the top of the Greater Himalayan Slab, Everest Massif, Tibet. Journal of the Geological Society, 161(3): 305 ～ 320

Li H, Quo Z J, Liu R X, *et al*. 2000. Polar Mohr diagram method and its application in calculating the shear displacements of general shear zones with volume loss. Science in China: Series D, 43(2): 151 ～ 157

Li J B, Wang T, Guo L, *et al*. 2013. Strain, Kinematic Vorticity and Ductile Thinning along the Detachment Zone of the Yunmeng Shan Metamorphic Core Complex, Beijing, China. Acta Geologica Sinica (English Edition), 87(4): 989 ～ 1004.

Lin S, Jiang D, Willians P F. 1998. Transpression (or transtension) zones of triclinic symmetry: Natural example and theoretical modeling. Geological Society London Special Publications, 135(1): 42 ～ 57

Lisle R J. 1977. Clastic grain shape and orientation in relation to cleavage from the Aberystwyth Grits, Wales. Tectonophysics, 39: 381 ～ 395

Lister G S, Snoke A W. 1984. S-C mylonites. Journal of Structural Geology, 6(6):617 ～ 638

Lode W. 1926. Versuche über den Einfluβ der mittleren Hauptspannung auf das Flieβen des Metalle Eisen, Kupfer, und Nickel. Zieitschrift fur Phys, 36: 913 ～ 939

Mandal N, Dhar R, Misra S, *et al*. 2007. Use of boudinaged rigid objects as a strain gauge: Insights from analogue and numerical models. Journal of Structural Geology, 29(5): 759 ～ 773

March A. 1932. Mathematische theeric der regelung nach der korngestalt boi affiner deformation. Z. Kristallogr, 81: 285 ～ 298

McKenzie D .1979. Finite deformation during fluid flow. Geophysical Journal of the Royal Astronomical Society,

58(3): 689 ～ 715

Means W D, Hobbs B E, Willianms P F. 1980. Vorticity and non-coaxiality in progressive deformation. Journal of Structural Geology, 2(3): 371 ～ 378

Michibayashi K, Murakami M. 2007. Development of a shear band cleavage as a result of strain partitioning. Journal of Structural Geology, 29(6): 1070 ～ 1082

Mookerjee M, Peek S, 2014. Evaluating the effectiveness of Flinn's k-value versus Lode's ratio. Journal of Structural Geology, 68, 33 ～ 43

Nadai A. 1963. Theory of Flow and Fracture of Solids// Engineering Societies Monographs. New York: McGraw-Hill. 1 ～ 705

Passchier C W. 1987. Stable positions of rigid objects in non-coaxial flow-a study in vorticity analysis. Journal of Structural Geology, 9(5): 679 ～ 690

Passchier C W. 1988. Analysis of deformation paths in shear zones. Geologische Rundschau, 77(1): 309 ～ 318

Passchier C W, Trouw R A. 1996. Microtectonics. Berlin: Springer-Verlag. 1 ～ 285

Platt J P. 1979. Extensional crenulation cleavage. Journal of Structural Geology, 1(1):95 ～ 96

Ramsay J G. 1967. Folding and Fracturing of Rocks. New York: McGraw-Hill. 1 ～ 568

Ramsay J G. 1980. Shear zone geometry: A review. Journal of Structural Geology, 2: 83 ～ 99

Ramsay J G, Wood D S. 1973. The geometric effects of volume change during deformation processes. Tectonophysics, 16(3): 263 ～ 277

Ramsay J G, Huber M I. 1983. The Techniques of Modern Structural Geology. Vol. 1: Strain Analysis. London: Academic Press. 1 ～ 307

Sanderson D J, Marchini W R D. 1984. Transpression. Journal of Structural Geology, 6(5): 449 ～ 458

Simpson C, De Paor D G. 1993. Strain and kinematic analysis in general shear zones. Journal of Structural Geology, 15(1): 1 ～ 20

Tikoff B, Teyssier C. 1994. Strain modeling of displacement field partitioning in transpressional orogens. Journal of Structural Geology, 16(11): 1575 ～ 1588

Tikoff B, Fossen H. 1995. The limitations of three dimensional kinematic vorticity analysis. Journal of Structural Geology, 17:1771 ～ 1784

Truesdell C. 1953. Two measures of vorticity. Journal of Rational Mechanics and Analysis, 2: 173 ～ 217

Vernooij M G C, Kunze K, den Brok B. 2006. 'Brittle' shear zones in experimentally deformed quartz single crystals. Journal of Structural Geology, 28: 1292 ～ 1306

Wallis S R. 1992. Vorticity analysis in a metachert from the Sanbagawa belt, SW Japan. Journal of Structural Geology, 14(3): 271 ～ 280

Wallis S R. 1995. Vorticity analysis and recognition of ductile deformation in the Sanbagawa belt, SW Japan. Journal of Structural Geology, 17(8): 1077 ～ 1093

Wallis S R, Platt J P, Knott S D. 1993. Recognition of synconvergence extension in accretionary wedges with examples from the Calabrian Arc and the Eastern Alps. American Journal of Science, 293(5): 463 ～ 495

Weijermars R. 1991. The role of stress in ductile deformation. Journal of Structural Geology, 13(13): 1061 ～ 1078

Weijermars R. 1993. Progressive deformation of single layers under constantly oriented boundary stresses. Journal of Structural Geology, 15(7): 911 ～ 922

Weijermars R. 1998. Taylor-mill analogues for patterns of flow and deformation in rocks. Journal of Structural Geology, 20(1): 77 ～ 92

Wellman H W. 1962. Agraphical method for analyzing fossil distortion caused by tectonic deformation. Geological Magazine, 99 (4):348 ～ 352

White S H. 1979. Large strain deformation: Report on a tectonic studied group discussion meeting held at Imperial College, London on 14 November 1979. Journal of Structural Geology, 1(4): 333 ～ 339

White S H, Burrows S E, Carreras J, *et al*. 1980. On mylonites in ductile shear zones. Journal of Structural Geology, 2(1-2): 175 ～ 187

Xypolias P, Koukouvelas I K. 2001. Kinematic vorticity and strain patterns associated with ductile extrusion in the Chelmos shear zone (External Hellenides. Greece). Tectonophysics, 338(1): 59 ～ 77

Zhang J J, Zheng Y D. 1997. Polar Mohr constructions for strain analysis in general shear zones. Journal of Structural Geology, 19(5): 745 ～ 748

Zheng Y D, Wang T. 2005. Kinematics and dynamics of the Mesozoic orogeny and late-orogenic extensional collapse in the Sino Mongolian border areas. Science in China: Series D, 48(7): 849 ～ 862

Zheng Y D, Wang T, Ma M, *et al*. 2004. Maximum effective moment criterion and the origin of low-angle normal faults. Journal of Structural Geology, 26(2): 271 ～ 285

Zheng Y D, Wang T, Wang X S. 2006. The maximum effective moment criterion (MEMC) and its implications in structural geology. Acta Geologica Sinica, 80(1): 70 ～ 78

Zheng Y D, Zhang Q, Hou Q L. 2015. Deformation Localization-A Review on the Maximum-Effective-Moment (MEM) Criterion. Acta Geologica Sinica (English edition), 89(4): 1133 ～ 1152

第 2 章　岩石的脆性变形与韧性变形准则

岩石的脆性变形即岩石的破裂构造如节理、断层等是固体地球表面最普遍的构造现象。实际上，脆性变形是上地壳的变形标志，形成于局部应力超过地壳破裂强度的区域。脆性构造可以在岩石折返、冷却过程中缓慢形成，也可以在地震过程中快速形成。无论什么情况，由破裂形成的脆性变形均说明了原子尺度上晶格的瞬间破坏，并且相对塑性变形不仅更快，而且更为局部化。本章主要介绍各类小型脆性构造及其形成条件，以及岩石脆性变形和韧性变形的基本理论及其比较和融合。

2.1　岩石脆性变形的方式与类型

2.1.1　脆性变形机理

一旦岩石中的差异应力达到一定极限就会通过塑性流动而产生永久应变（详见第 3 章）。在摩擦状态和脆性状态下，应力达到其破裂强度，岩石就会因破裂而变形。在脆性破裂过程中，颗粒被破碎而重新组合，应变（位移）更加局部化。

有些情况下，描述变形岩石中裂隙的数量是很有必要的，它可以区分破裂发生与否和变形的强度。没有破裂产生的摩擦变形往往发生于相对弱固结的多孔岩石或沉积物中。此类岩石和沉积物中，摩擦滑动发生于颗粒边界，孔隙可以使相邻颗粒之间发生相对滑动［图 2.1（a）］。这样，颗粒通过传递和旋转以适应摩擦颗粒边界的滑动，这一过程称为**粒子流**（particulate flow）或**颗粒流**（granular flow）。

通常在脆性状态下，颗粒边界间的滑动受摩擦力的制约，因此这种滑动机理称为**摩擦滑动**。这意味着摩擦滑动必须克服某种摩擦控制的抗滑性［图 2.1（a）］。注意这里不要将之与在塑性状态下发生的非摩擦颗粒边界滑动混淆。

颗粒的摩擦滑动也许广泛分布于岩石中，但可能只局限于几毫米至数十厘米宽的带中。颗粒流使得韧性剪切带可以从一侧连续地贯穿到另一侧，这是一种受脆性变形机理控制的韧性剪切带。

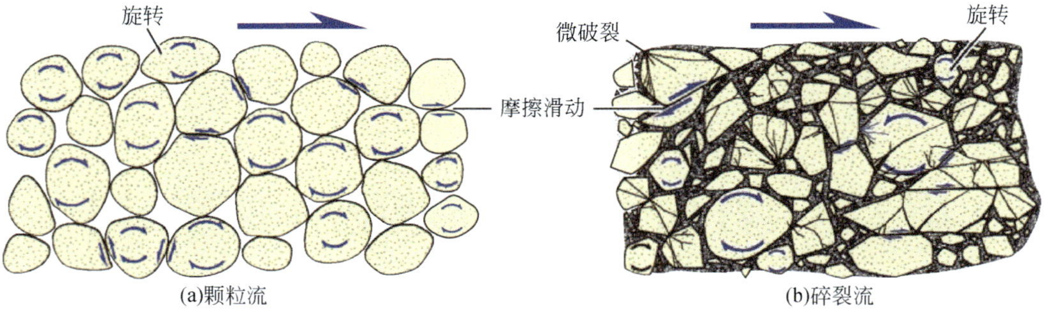

图 2.1 脆性变形机理示意图（据 Fossen，2016）

颗粒流在多孔岩石和沉积物的浅部变形中普遍存在；而碎裂流则发生于强固结砂岩和无孔隙岩石中。注意：带内颗粒的旋转方向和颗粒边界的剪切方向以及剪切带的剪切方向未必一致

有的情况下，变形过程中会形成新的破裂。这些破裂往往发生于非多孔岩石的脆性永久变形过程中，但是如果颗粒接触面应力足够高，也能发生于多孔岩石中。对于多孔岩石，我们经常看到仅限于单个颗粒内部的粒内破裂［图 2.2（a）］；对于低孔或非多孔岩石，粒内破裂会扩展横穿若干个颗粒［图 2.2（b）］。由颗粒摩擦滑动和旋转引起的颗粒破裂和破碎称为**碎裂**。沿断层边缘或表面的薄条带内会发生强烈的碎裂作用，颗粒大小持续减小；在较宽的脆性或碎裂剪切带内，碎裂变形会相对较弱些。这种情况下，由颗粒破碎形成的碎片在剪切过程中会发生流动，这一过程称为**碎裂流**［图 2.2（b）］。

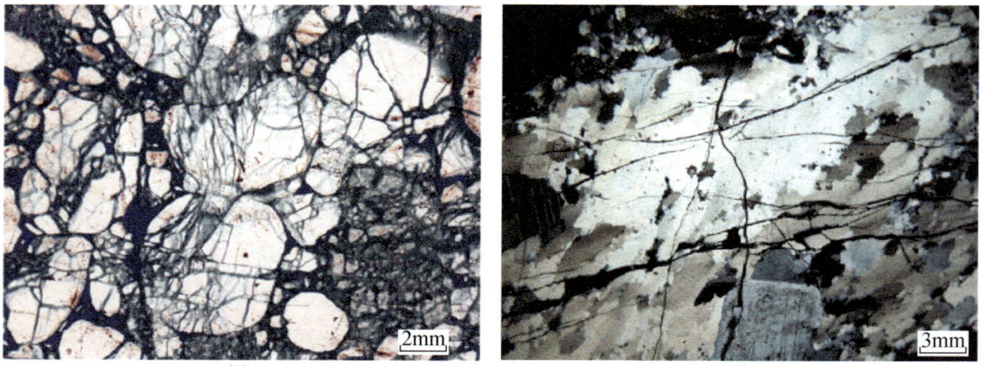

图 2.2 碎裂变形的粒内破裂（据 Fossen，2016）

（a）多孔砂岩碎裂变形的粒内破裂，多限定在单颗粒内部（Mesa Verde Group，萨莱纳，美国犹他州）；（b）变质岩的粒内破裂

总之，颗粒流涉及颗粒旋转和颗粒间的摩擦滑动，而碎裂流还涉及颗粒破裂和碎裂。但二者均能产生介观尺度（mesoscopic scale，1 ～ 100nm 尺度）上的韧性构造。

2.1.2 脆性变形的类型

何为脆性变形？脆性变形即岩石的破裂，是岩石中由外部应力或内部应力所引起的不连续面，表现为岩石或矿物的破裂，内聚力降低或消失。破裂常表述为破裂面，实际上有一定的厚度，根据其力学性质可分为剪切破裂、伸展破裂及收缩破裂（图 2.3）。

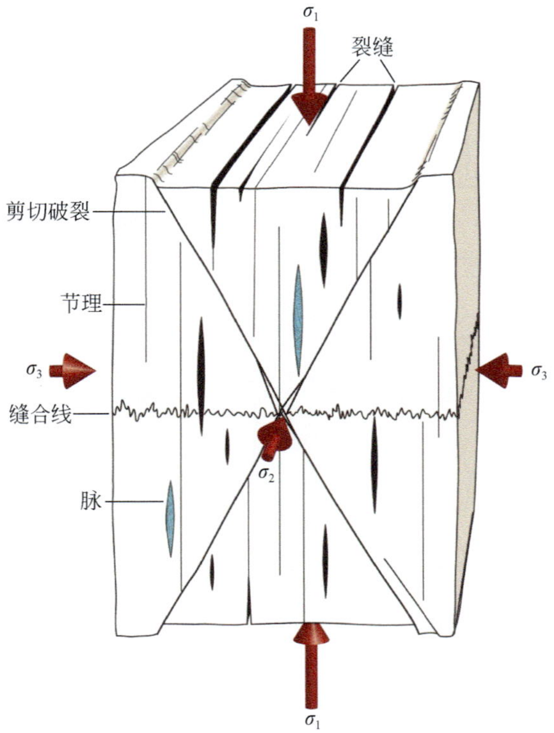

图 2.3　不同类型的破裂及其与主应力的关系（据 Fossen，2016）

按照岩石的库仑破裂准则（详见 2.2 节），在应力作用下首先发育一组共轭的剪破裂或滑动面，多数岩石的共轭剪裂面的夹角为 60° 左右（图 2.3），不同的岩石会有差别。剪破裂通常沿破裂面发生小的位移（毫米至厘米量级），如果位移较大则称为断层。破裂在材料科学和岩石力学方面通常称为裂缝。不同应力和围压下的岩石力学实验为研究破裂的形成提供了条件（图 2.4），同样数值模拟也大大增加了人们对裂缝生长的理解，特别是线弹性断裂力学理论。

1）伸展破裂（extension fractures）与拉伸破裂（tensile fractures）

伸展破裂常表现为垂直于破裂（面）方向的伸展（长）如节理等。节理很少或没有宏观上可观察到的位移，但仔细观察会发现大部分节理有横跨节理面的微小位移。因此，节理被划归于真正的伸展破裂。伸展破裂通常充填以气体、流体、岩浆或矿物。当被气体或流体充填时，称为裂缝（fissure）；当被矿物充填时称为脉（veins）；当被岩浆充填时称为（岩）墙（dykes）。所以，节理、脉、裂缝都属于伸展破裂。

伸展破裂理想情况下垂直于最小主应力（σ_3）发育，因此包含了最大主应力（σ_1）和中间主应力（σ_2）（$2\theta=0°$；θ 为破裂面与 σ_1 的夹角）。拉伸条件下，垂直于拉伸方向[（图 2.4（a）]；压缩期间，平行于压缩轴 [图 2.4（b）]。因为大多数伸展破裂属小应变，所以应力主轴与应变主轴基本重合。

节理是在地球表面或附近的最常见的伸展破裂，只有很小的应变。裂缝，又称地裂缝，是比节理更开阔的伸展破裂，主要发育于固体地壳最上部几百米深的浅部，可延长达数千米。

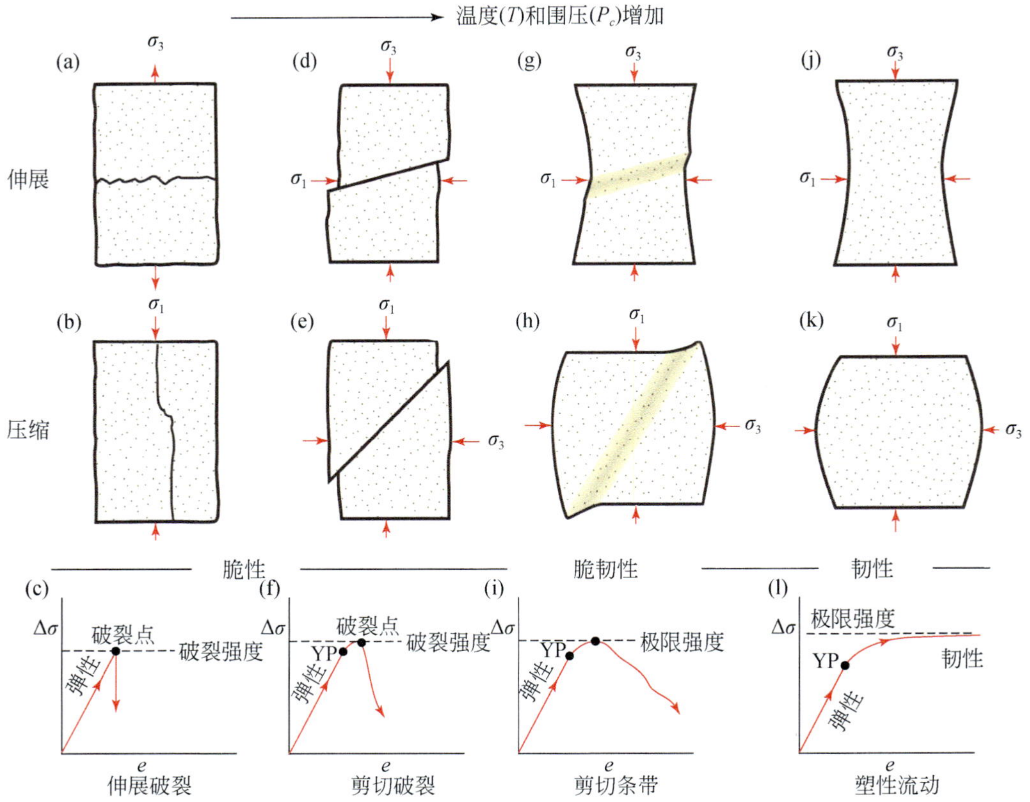

图 2.4 分别在伸展和压缩条件下的变形实验（据 Fossen，2016）

各实验中起初均表现为弹性变形；随着温度（T）和围压（P_c）的增加，其韧性增加。YP. 屈服点；$\Delta\sigma$. 差应力

伸展破裂是典型的低围压和非围压下的变形，而且形成于低的差异应力条件下。如果伸展破裂形成于至少一个应力轴是拉伸的条件下，那么这种破裂就是真正的**拉伸破裂**。这种条件通常在地表附近可以实现，σ_3 可为负值（挤压为正）。它们也可能发生在岩石圈深部，因为高流体压力会降低有效正应力。许多其他的节理可能与岩石的卸载和冷却有关。

2）剪切破裂（shear fractures）

从诸多围压条件下的实验可以看出，剪切破裂常以共轭方式发育，表现为平行破裂的滑动［图 2.4（d）、(e)］，分别在与 σ_1 成 20° ～ 30° 方向发育，即 σ_1 为其角平分线（图 2.3）。这类剪破裂发育的温压条件相当于上地壳环境，但也可形成于脆 - 韧性转换带附近，此处形成有一定宽度的剪切带或碎裂流带，甚至形成典型的韧性变形带［图 2.4（g）、(h)］。

3）收缩破裂（contraction fractures）

收缩破裂又称**闭合式破裂**（closing fractures），具有横跨破裂的缩短位移，而且常充填一些来自寄主岩石的不活泼的残渣物质如缝合线，既可以是原生缝合线，即由埋深压实形成平行层理的缝合线；也可以是构造成因缝合线。还可以形成一些压性劈理、透镜体等，韧性变形情况下也可表现为褶皱轴面以及面理［图 2.4（k）］等。这种构造通常垂直于最大主压应力 σ_1 方向（图 2.3），在工程文献中称为**反向破裂**（anticracks）。

此外，实验表明岩石伸展条件下的脆 - 韧性变形转换所需要的围压要远远高于收缩变形所需要的围压，同时温度和应变速率也是影响脆 - 韧性转换的重要因素（详见第 4 章）。

2.2　岩石脆性变形（破裂）理论

我们知道，岩石对应力的响应取决于应力水平或累积应变的大小，以及岩石各向异性、温度、应变速率、孔隙流体和围压等因素。在脆性状态下，变形岩石在破裂前会积累弹性应变。在脆 - 韧性过渡状态下，脆性破坏前会有一个塑性变形阶段，而且这一破坏并不一定是瞬间贯穿性的破裂，而是形成由碎裂流控制的剪切条带（shear band）。相比之下，塑性状态下的应变更为宽泛，而且以塑性变形机制为主［图 2.4（j）、(l)］。

那么，脆性状态下岩石是何时，又是如何发生破裂的呢？首先让我们假定一块岩石在恒定的温度和恒定的正围压下，岩石破裂取决于差异应力（σ_1-σ_3）和平均应力［（σ_1+σ_3）/2］。如果没有差异应力，只是静岩压力，没有任何特定方向上的推力或拉力作用于岩石质点，岩石不会发生破坏（高孔隙岩石除外），因此**岩石要发生破裂通常需要超过岩石强度的差异应力**。

岩石强度取决于围压，即其埋藏深度。在上地壳脆性状态下，靠近地表岩石强度最低，向深部逐渐增加，也就是说随着围压增加，使岩石发生破裂的差异应力也要增加（注意：塑性状态下则不同，详见 2.5 节）。下面我们通过临界正应力与剪应力之间的简单关系来讨论围压（埋藏深度）和差异应力之间的这种联系，这就是我们通常所说的岩石变形（破裂）准则。

2.2.1　屈特加破裂理论（Tresca fracture criterion）

1864 年屈特加提出最大剪切应力准则，认为当岩石受到的最大剪应力达到一定限度时，岩石即将要发生破裂，即屈特加准则，此时包络线的方程可写为

$$\tau_{\max} = \frac{\sigma_1 - \sigma_3}{2} \geqslant \tau_0 \tag{2.1}$$

式中，τ_0 为抗纯剪断裂极限，即抗剪强度，也称岩石的内聚力；σ_1 和 σ_3 分别为最大和最小主应力（压应力为正，下同）；$\tau_{\max}$ 为最大剪应力。

从式（2.1）可以看出，最大剪应力为常量 τ_0，所以也称为最大剪切应力理论，或水平直线型包络线理论。按照该准则，在与主压应力 σ_1 方向成 θ=45° 夹角的截面上剪应力最大，因此剪破裂面应该发生在这个方向上（图 2.5 中虚线），常成对出现，共轭剪裂角 2θ=90°，此时的剪应力 τ=τ_0，其破裂包络线在摩尔图解中表现为截距为 τ_0 的水平直线（图 2.6）。但是，在有差异应力的情况下，受力岩石任一截面上的有效正应力 σ_n 存在三种情况：若 σ_3<0，则存在 σ_n<0 的界面，此时产生的破裂属于张破裂或张剪性破裂而非剪破裂的范畴；若 σ_3=0，即单轴压应力状态，在 σ_n=0 的界面剪应力也为 0（τ=0），剪

破裂不可能发生；除前两种情况外，任一截面上的正应力均大于 0（$\sigma_n>0$）。由于压应力的存在，要想使 $\theta=45°$ 夹角的截面发生剪切滑动，剪应力不仅要克服岩石的内聚力 τ_0，还要克服该截面上的内摩擦力（即存在内摩擦角 ϕ），因此剪应力仅达到内聚力（τ_0）时，岩石不可能发生破裂。侯泉林等（2018）认为，水平直线型屈特加准则在地质条件下是不可能实现的，现行《构造地质学》教材（朱志澄和宋鸿林，1990；朱志澄，1999；朱志澄等，2008）中所指出的，水平直线型包络线破裂准则适用于高围压深层次构造环境，很可能是抛物线型库仑准则所适用的条件范围。因此，有关正交节理可能并非共轭剪节理，而是正如 Pollard 和 Aydin（1988）指出的那样，野外的正交节理实际上都是张节理。

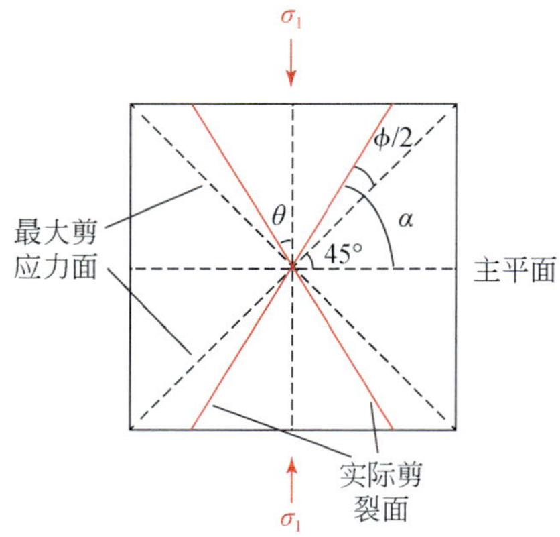

图 2.5 岩石破裂理论中的各角度关系

ϕ. 内摩擦角；θ. 剪裂角；α. 剪裂面与主平面的夹角，或最大主应力 σ_1 与剪裂面法线的夹角

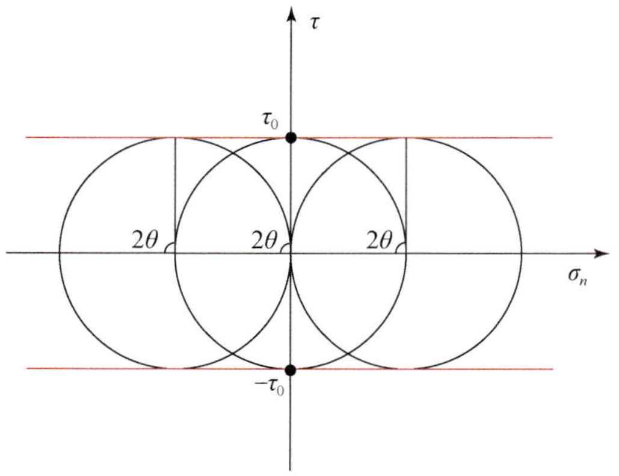

图 2.6 屈特加准则（水平直线型包络线）

研究发现地壳浅层次的脆性变形中共轭剪裂角（2θ）往往小于 90°，多在 40°～60°（图 2.6），不同岩石又不尽相同；而地壳深部高围压低应变速率下的韧性变形中，共轭剪裂角（2θ）又往往大于 90°，多在 110° 左右。针对后者，北京大学郑亚东教授于 21 世纪初提出了“最大有效力矩准则”（Zheng *et al.*，2004；详见 2.3 节）。针对前者，又先后提出了不同的岩石破裂准则。

2.2.2 库仑破裂理论（Coulomb fracture criterion）

1. 斜直线型包络线理论

在 17 世纪末期，法国物理学家查尔斯·奥古斯丁·库仑（Charles Augustin de Coulomb）提出了一个准则，认为岩石发生剪切破坏不仅与作用在截面上的剪应力有关，而且还与作用在该截面上的正应力有关，即库仑准则。库仑之后的三个世纪，德国工程师摩尔（Otto Mohr）介绍了其著名的圆，即 τ-σ_n 坐标系下的摩尔图解。因此，库仑准则就很方便地在摩尔图解上表示出来。纳维叶（Navier）对库仑准则进行了改进，认为摩尔圆的包络线是一条斜率为 μ 的斜直线。

库仑包络线的数学表达式为

$$\tau=\tau_0+\mu\sigma_n \text{ 或 } \tau=\tau_0+\sigma_n\tan\phi \tag{2.2}$$

式中，τ 为临界剪应力；σ_n 为作用于剪切面上的正应力；ϕ 为内摩擦角（图 2.5）；μ 为内摩擦系数（常数），直线的斜率（等于 $\tan\phi$）；τ_0 为 $\sigma_n=0$ 时剪切面上的剪应力，又叫内聚力或内聚强度。

在应力摩尔圆图解中，式（2.2）为两条斜直线型摩尔包络线[图 2.7（a）]，两个切点代表了共轭剪裂面的方位和应力状态。由此可知（图 2.5）：

$$2\theta=90° -\phi$$

$$\theta=45° -\phi/2$$

可见，剪裂角的大小取决于岩石变形时内摩擦角的大小。

由式（2.2）可以看出，水平直线型包络线是斜直线型包络线的一种特殊情况，即直线斜率（$\tan\phi$）为 0。尽管实验证明岩石的摩擦系数（即直线斜率）随深度的增加而减小（Byerlee，1978），但在地质条件下，摩擦系数不可能为 0，即直线斜率不会为 0，因此库仑准则中的摩尔包络线在地质条件下不可能是水平直线。此外，Fossen（2010，2016）指出，在 $\theta=45°$ 截面上，尽管剪应力达到了最大值，但此时正应力值也比较大，由于内摩擦角的存在，该截面不会发生破裂；随着共轭剪裂角的逐渐减小，正应力和剪应力都不断减小，但正应力减小的速率要快于剪应力，当 $\theta=30°$ 时，剪应力值仍比较大，但正应力值却变得非常小[图 2.7（b）]，因而该截面易于发生剪切滑动。野外与实验研究也表明，许多岩石的剪裂角在 30° 左右[图 2.7（c）]，但该角度随岩石本身的性质、围压、温度与流体压力的不同而发生改变，如常温压下花岗岩 $\theta=20°$，页岩 $\theta>30°$。实践表明，斜直线型的库仑准则对较浅层次的脆性变形比较适用，也比较简单，所以应用比较广泛。该破裂准则也称为**库仑－摩尔准则、摩尔－库仑准则、库仑－纳维叶准则**。

理想状态下，摩尔圆与包络线的切点代表了破裂面的方向即 2θ 角，以及剪应力和正应力的大小[图 2.5、图 2.7（a）]。如果摩尔圆离开包络线，不与包络线接触，代表稳定应力状态（即不会发生破裂）。平均应力（围压）越大，破裂所需差异应力也越大。换句话说，脆性地壳的深度越大，岩石强度越大，岩石破裂所需的差异应力也就越大。

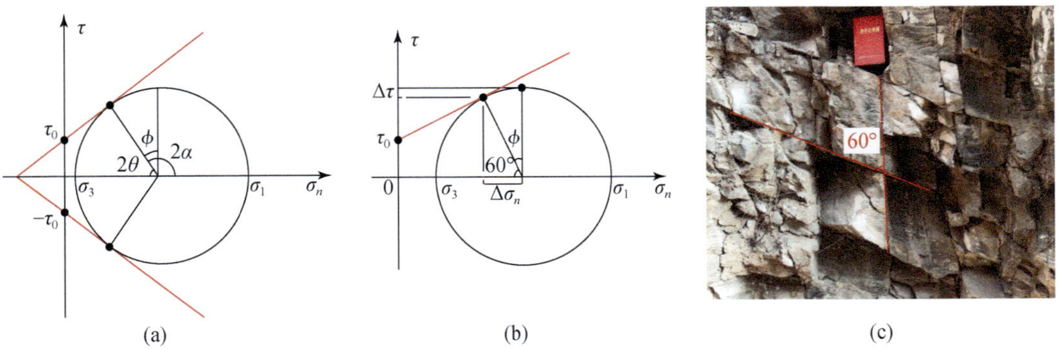

图 2.7　库仑破裂准则图解

（a）斜直线型包络线；（b）共轭剪裂面夹角为 60° 的摩尔图解（据 Fossen，2010，2016）；（c）野外观测到的共轭剪裂面夹角为 60°（据侯泉林等，2018）

值得注意的是，该准则中间主应力的作用没有考虑，破裂面总包含 σ_2，这与安德森（Anderson，1951）的破裂理论相一致。如果如此，正断层一般应为高角度（倾角为～60°），逆断层一般为低角度（倾角为～30°）。然而，野外大量正断层，特别是有控制作用的区域性正断层主要是低角度的（倾角 <30°）。

2. 抛物线型包络线理论

上述的斜直线型包络线破裂准则（库仑准则）表明，尽管随着围压的增大，岩石破坏所需的差异应力随之增大，但破裂面的方向并未随之发生改变，也就是说不管围压如何变化，内摩擦角（ϕ）和剪裂角（θ）保持不变，这显然与实际不符。实际情况是埋深（围压）越大，内摩擦角（ϕ）越小，剪裂角（θ）越大，这就是一般脆性变形的内摩擦角较韧性变形大的缘故。因此随着围压的增加，摩尔圆包络线就变成了一条曲线（抛物线）形式，这就是抛物线型包络线的库仑准则（图 2.8 中红色曲线）。

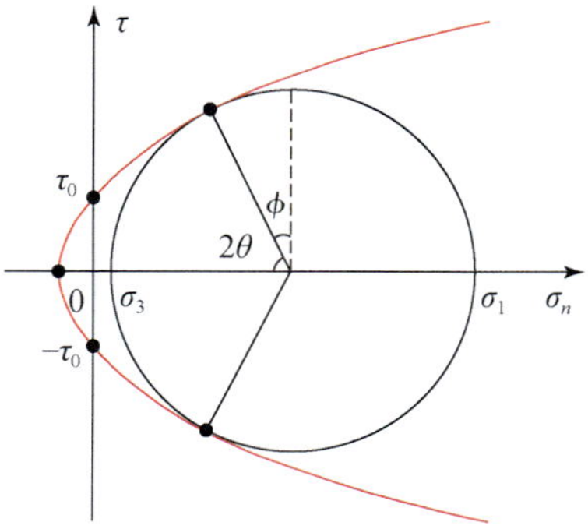

图 2.8 抛物线型包络线破裂准则图解

王维襄和韩玉英（1977）导出了抛物线型的摩尔包络线方程①：

$$\tau^2 = \frac{\tau_0^2}{\sigma_0}(\sigma_0 - \sigma) \tag{2.3}$$

式中，σ_0 为材料在各向等值拉伸条件下的抗张断裂极限。以主应力表达，可以写为

$$(\sigma_1 - \sigma_3)^2 + \frac{2\tau_0^2}{\sigma_0}(\sigma_1 + \sigma_3) = \tau_0^2\left(4 - \frac{\tau_0^2}{\tau_1^2}\right) \tag{2.4}$$

按此准则，剪裂角 θ 可表达为

$$\theta = \frac{1}{2}\arctan\frac{2\sigma_0}{\tau_0}\left(1 - \frac{\tau_0^2}{2\sigma_0^2} - \frac{\sigma_1 + \sigma_3}{2\sigma_0}\right)^{1/2} \tag{2.5}$$

$$\theta = \frac{1}{2}\arctan\frac{2\sigma_0}{\tau_0}\left(1 - \frac{\tau_0^2}{2\sigma_0^2} - \frac{\sigma_m}{\sigma_0}\right)^{1/2} \tag{2.6}$$

①该方程采用王维襄和韩玉英（1977）原文中的符号规定，即“拉”为正，“压”为负。图 2.8 中破裂包络线采用“压”为正的规定。

式中，$\sigma_m=\dfrac{\sigma_1+\sigma_3}{2}$，即平均正应力。

随着 σ_m、σ_0、τ_0 的变化，从图 2.8 中可以看出，抛物线向右逐渐趋于水平，共轭剪裂角会随围压的增加而不断增大并逐渐接近 90°，但因为抛物线的斜率只会无限接近而不可能等于 0，所以不会出现共轭剪裂角等于 90° 的情况。野外观测到的共轭剪裂角近于 90° 的实例，或许是恰好处于抛物线型包络线末端的情况。

从式（2.5）可以看出，剪裂角 θ 不仅与物性参数（σ_0、τ_0）有关，而且与各点极限应力状态有关。即使在同一种岩石中，由于各处极限应力状态不同，也可以形成不同的剪裂角。

2.2.3　格里菲斯破裂理论（Griffith fracture criterion）

格里菲斯破裂理论是英国航空工程师艾伦·阿诺德·格里菲斯（Alan Arnold Griffith）于 1921 年创立的，他将关于材料破裂的研究扩展到了原子水平，使之成为现代研究固体中低应力裂纹传播规律的重要理论。库仑准则式（2.2）是通过岩石力学实验得出的经验公式，只能说明岩石破裂时剪裂面与主应力轴 σ_1 和 σ_3 之间的关系，而不能对材料破坏的内部机制做出合理解释。格里菲斯发现，材料的实际破裂强度远远小于理论计算值，可达 3 个数量级。他认为这是由于材料中存在许多随机分布的微裂隙。这些微裂隙作为新的自由表面，犹如液体一样，具有表面张力；同时微裂隙释放出来的应变能的一部分又可转化为表面张力 T，因此，微裂隙末端应力集中，很快达到该点的抗张强度而使破裂发生扩展、延长、联合，最后导致材料脆性破坏（图 2.9）。总之，岩石中的微裂隙、气孔

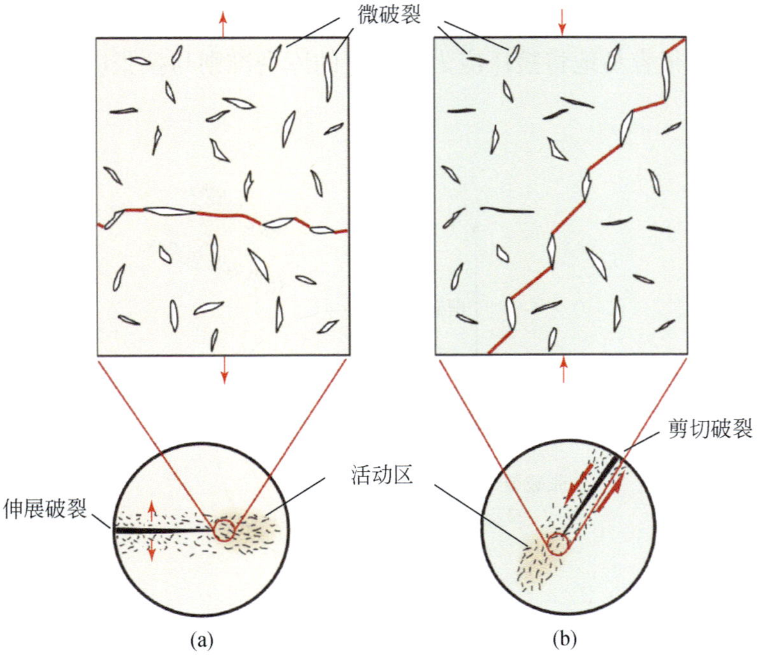

图 2.9　拉伸微裂隙（缺陷）经扩展和连接发展为伸展破裂（a）和剪切破裂（b）示意图（据 Fossen，2016）

注意：扩展发生于微裂隙末端前面的过渡区域。圆形图为厘米尺度；方形图展示了微尺度的结构

和其他缺陷大大降低了岩石的强度。现代超微观测技术的应用，已证实材料中这种微裂隙的存在及其在材料破坏中的作用。张应力临界值 T_c 可表述为

$$T_c=\sqrt{\frac{2ET}{\pi a}} \tag{2.7}$$

式中，a 为微裂隙的半长；T 为表面张力；E 为杨氏模量。因为 T_c 与 $\sqrt{a}$ 成反比，所以当裂纹延长，a 增大，则裂纹继续延长所需的 T_c 值就小。也就是说一旦裂纹开始延长，继续延长就会变得容易，进而可发展为宏观破裂。

在二维应力状态下，微裂隙被看作是扁平的椭圆形裂纹。格里菲斯推导出以下两种情况，以说明椭圆形裂纹扩展方向。

（1）设 $\sigma_3=-T_0$，当 $\sigma_1<|-3\sigma_3|$ 时，则裂纹的扩展方向平行于 σ_1，最终形成与 σ_1 平行的张裂隙。

（2）当（$\sigma_1-\sigma_3$）^{2}/（$\sigma_1+\sigma_3$）$\geqslant|-8T_0|$ 时（假定材料的抗压强度是抗张强度的 8 倍），则与轴向压力成 30° 角的裂纹最易扩展。以裂纹上的剪应力 τ_n 来表述格里菲斯破裂准则的数学表达式为

$$\tau_n^2=4T_0(T_0+\sigma_n) \tag{2.8}$$

式中，T_0 为材料的单轴抗张强度；τ_n 和 σ_n 分别为剪裂面上的剪应力与正应力。此式在应力摩尔圆图解上是一条抛物线型的包络线［图 2.10 和图 2.11（a）红线］。抛物线与横坐标 σ_n 的交点即 $-T_0$，与纵坐标 τ_n 的交点为 $2T_0$（此时 $\sigma_n=0$），此值在库仑－摩尔图解上相当于内聚强度 τ_0，也就是说岩石的内聚强度是抗张强度的 2 倍（$\tau_0=2T_0$），与实验结果比较吻合。因此，可以将库仑破裂准则写为

$$\tau_n=2T_0+\mu\sigma_n \tag{2.9}$$

这样，就可以很容易地将挤压应力状态下的库仑准则与拉张应力状态下的格里菲斯准则结合起来。

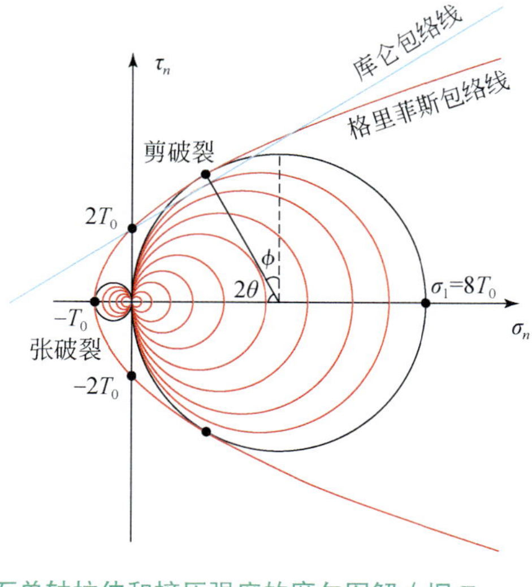

图 2.10 岩石单轴拉伸和挤压强度的摩尔图解（据 Fossen，2016）

单轴意即只有 $\sigma_1\neq0$，其他均为 0（即围压为 0）

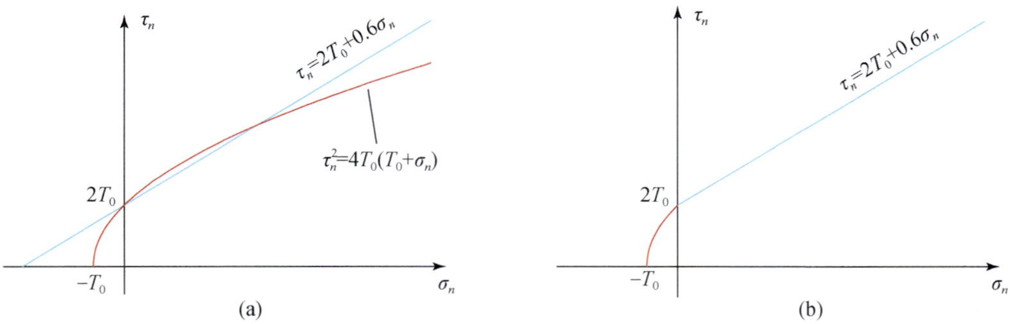

图 2.11　格里菲斯准则与库仑准则的比较（a）与联合（b）（据 Fossen，2016）

式（2.9）是 Mclintek 和 Walsh（1962 年）提出来的，他们认为，在挤压应力场中，由于裂纹在挤压应力作用下均匀闭合，故不能引起张应力在裂纹端部的应力集中，只有剪应力才能引起端部应力集中，而剪应力集中导致的裂纹扩展又必然受到摩擦力的影响。因此式（2.9）又称为修正后的格里菲斯破裂准则。

格里菲斯的主要贡献是考虑了岩石内随机取向和分布的微裂隙和孔隙对岩石强度的影响。对于非多孔岩石，格里菲斯破裂准则即使在挤压状态下也非常逼近实际情况。但是，格里菲斯准则预测的岩石单轴抗压强度是单轴抗张强度的 8 倍，而实验结果却相差 10 ～ 50 倍，并且围压越大预测结果误差越大（图 2.10）。这种差异为进一步探索其他更符合实际的岩石变形理论留出了空间。

2.3　岩石的韧性变形理论——最大有效力矩准则

2.3.1　问题的提出

如前所述，脆性变形局部化形成脆性断裂，根据库仑准则，共轭脆性断裂缩短一方的夹角为锐角，特征值为 60°。因此，共轭断层间锐角和钝角等分线分别为 σ_1 和 σ_3 方向。这一规律，地质学中称为哈特曼定律（Hartmann's law）。根据这一规律，Anderson（1951）预测正断层的倾角为高角度（>45°），逆断层为低角度（<45°），走滑断层近直立，共轭角锐角面对缩短方向。

然而，20 世纪 70 年代末、80 年代初分别在北美科迪勒拉地区和加拿大魁北克区确立了低角度正断层和高角度逆冲断层。Ramsay（1980）高度概括了地壳中的构造特征：缩短构造体制下大陆地壳的上部脆性域形成低角度逆断层，中下部韧性域形成高角度韧性剪切带；伸展构造体制下大陆地壳的上部脆性域形成高角度正断层，中下地壳韧性域形成低角度韧性正断层。Ramsay 和 Huber（1987）还指出，结晶基底中的基本构造形式是由共轭韧性剪切带分割未变形或弱变形菱形块体的菱网状构造，共轭钝角面对缩短方向。其实，菱网状构造并不限于结晶基底，21 世纪以来，不断出现非基底共轭剪切带钝角面对缩短方向的报道，建议称为宽 V 形共轭走滑断层系（Yin，2010；Yin and Taylor，2011）。

低角度正断层、高角度逆断层和宽 V 形共轭走滑断层系的共性是共轭钝角（～110°）面对缩短方向，这一特征与库仑准则和安德森的预测相悖。问题的关键在于如何解释共轭韧性剪切带钝角面对缩短轴方向。

Ramsay（1980）给出的解释是，剪切带起始位于最大主压应力轴左右 45° 方向，即共轭角为 90°，以后随变形而递进增大。其实，这一认识源于 19 世纪末的贝克尔应变椭球体理论（Becker，1893），至今仍是当今构造界的主流观念。因为从应力或应变等不同研究途径，如滑移线理论（Hill，1950；Tapponnier and Molnar，1976），平面应变的零伸长度理论（Watterson，1999）和最大角剪应变速率理论（Simpson and De Paor，1993），都支持 45° 方向的理念。

大多数地质学家相信递进压扁作用导致共轭角从初始的 90° 增大为钝角（Mitra，1979；Ramsay and Huber，1987；Carreras *et al.*，2010；Gómez-Rivas and Griera，2012；Fagereng，2012）。如果这一解释正确，共轭韧性剪切带的共轭角开始应为 90°，以后随后继的压扁作用持续增大；变化区间为 90° ～ 180°，不具一固定值。然而自然界和实验所观察到的共轭角一般为～ 110°。如果共轭角起始于 90°，以后随递进压扁变为 110°，那么根据哈克的平面变形公式（Harker's formulae，见第 1 章 1.2 节）R_s=tan45° /tan35° 计算，需要～ 17% 的缩短。如果是三维变形，所需的缩短量更大。然而，千枚岩和人工材料的膝褶带及伸展褶劈理实验证明，～ 10% 缩短量出现共轭系，初始角为～ 110° 共轭角，该角基本保持固定，不随后继的压扁而增大（Paterson and Weiss，1966；Gómez-Rivas and Griera，2012）。Kurz 和 Northrup（2008）报道的天然共轭伸展褶劈理，无论压扁量大小，共轭角均为～ 110°，表明共轭角相当稳定，不随递进压扁而增大（Zheng *et al.*，2009，2015）。

Waterston（1999）重新评估贝克尔的应变椭球理论（Becker，1893），提出韧性剪切带的发育平行于无限小应变椭球体的零伸长度（zero-extension）方向，预测平面变形的韧性剪切带共轭角为 90°，单轴轴向缩短变形的共轭角为 109.4°。虽然 109.4° 与天然和实验观测值很一致，但该值仅适用于单轴缩短变形，所预测的韧性剪切带形态为一对顶圆锥，而绝大多数天然韧性剪切带却是呈近平面带状。奇怪而有趣的是，根据塑性力学滑移线理论，单轴伸展变形的滑移线轨迹也是一对顶圆锥，但顶角不是 109.4°，而是其补角 70.6°（Hill，1950）。更为值得注意的是，如果在下面的力矩分析中沿伸展或σ_3方向取单位长度，与滑移线理论相似，109.4° 面对伸展方向，但其轨迹不是对顶圆锥而是一对平面。这神奇的 109.4° 来自上述四种不同的分析途径，给出四种不同的预测。然而，滑移线理论和零伸长度显然不能解释低角度正断层、高角度逆冲断层和宽 V 形共轭走滑断层系。

因无经典破裂准则解释共轭剪切带的钝角，Gómez-Rivas 和 Griera（2012）提出剪切带初始与缩短轴（Z 或 σ_1）的夹角（δ）可描述为

$$\delta \sim f(\phi, \psi, \varphi) \tag{2.10}$$

式中，ϕ 为内摩擦角；ψ 为扩容角；φ 为各向异性面与伸展方向（X 或 σ_3）的夹角。给定 ϕ=0°，φ=0°，剪切带的偏离 45° 方向可表达为

$$\delta = \pm 45° \mp \frac{\psi}{2} \quad (2.11)$$

式中，δ 为剪切带至缩短轴的夹角，逆时针度量为正；ψ 为扩容角，体积增大为正、缩小为负。根据该式预测：变形过程中体积缩小者（如松散沉积物或多孔岩石），共轭角为钝角；变形过程中出现断裂扩容者共轭角为锐角。根据式（2.11），δ 为一随材料而变的变量，只有当 ψ=−20°（相当于～6% 的体积损失）和内摩擦角 ϕ=0° 时，δ 才等于 55°（共轭角 110°）。扩容角的负号代表压实。换言之与扩容相关的变形，如膝褶作用（Ramsay，1984；Anderson，1964；Ramsay and Huber，1987；Wadee and Edmunds，2005），所计算的 δ 势必小于 ±45°。这与天然和实验的观察值～110° 大相径庭（Zheng *et al*，2011，2015；Zhang *et al*，2010；Wadee and Edmunds，2005）。

应当强调指出，所有 45° 理论都是基于均匀变形这一假设前提下建立的。均匀变形条件下，为建立点应力 / 应变状态，需取一无限小方块进行应力或应变分析。由于无限小方块中的力臂等于零，所导出最大主压应力轴左右 45° 方向为最大剪应力或最大剪应变速率方向。然而，却忽略了韧性剪切带为带状分布这一基本事实。带状分布证明变形是变形局部化而非均匀变形的产物。认识这一点至关重要。因为一些似是而非的构造分析，如影响甚广的滑移线理论，其根源在于混淆均匀变形与变形局部化的本质区别（Zheng *et al*，2014，2015）。

2.3.2　最大有效力矩准则的基本理论

韧性剪切带，如膝褶带（kink zones or ccc-contractional crenulation cleavage）和伸展褶劈理（ecc-extensional crenulation cleavage），是应力作用下岩石局部变形的产物。基本特征是物质线 / 面或先存的线 / 面状要素（层理、劈理、片理、糜棱面理或人为线 / 面状标志）在某一宽度的带状变形域内相对带外发生旋转或偏转（图 2.12）。

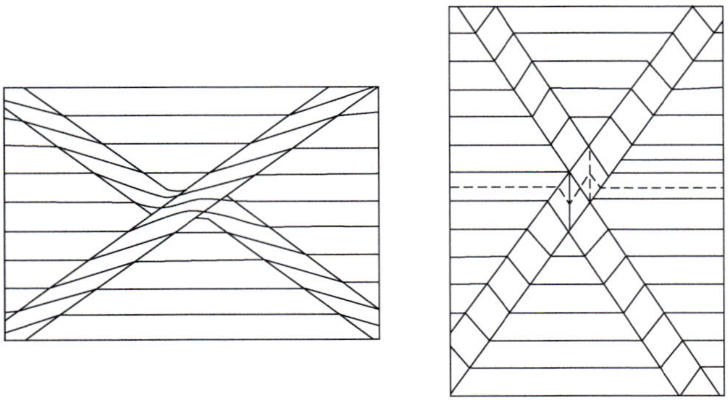

(a)共轭伸展褶劈理(ecc)　　(b)膝褶带或缩短褶劈理(ccc)

图 2.12　共轭伸展褶劈理（ecc）与膝褶带或缩短褶劈理（ccc）钝角面对缩短方向或主压应力（σ_1）方向

先存线 / 面状要素的旋转势必是平行剪切带边界力矩作用的结果，无疑最大力矩方向最有利于剪切带的形成。为了寻找最大力矩的方向，首先遵循力学惯例，从尚未变形的材料中取出一单位方块进行应力状态分析 [图 2.13（a）]。

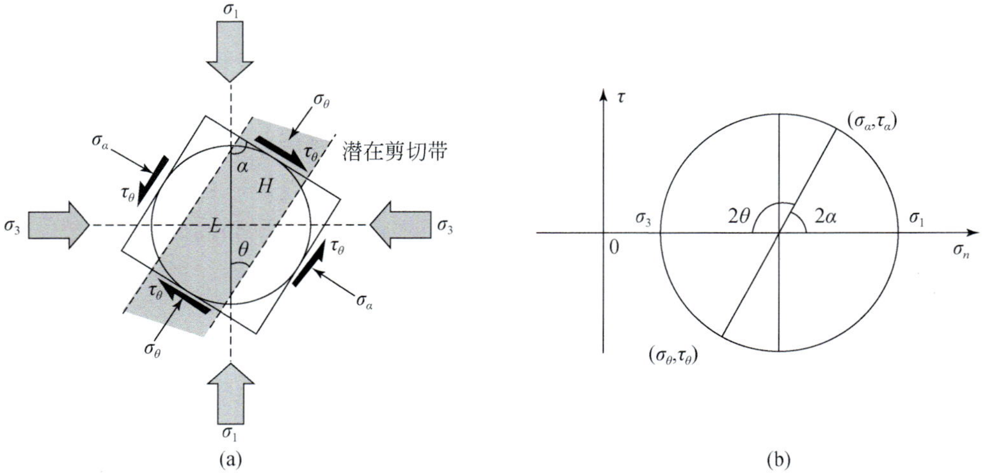

图 2.13　单位受力方块边界的应力状态（a）及其应力摩尔圆（b）（据 Zheng *et al.*，2004）

σ_1 和 σ_3 分别为最大和最小主压应力；α 为 σ_1 与潜在剪切带法线的夹角；θ 为 σ_1 与潜在剪切带本身的夹角；H 为力臂；L 为单位方块的边长或 σ_1 方向的最大力臂

根据相关摩尔圆 [图 2.13（b）]，作用在方块边界的正应力（σ）和剪应力（τ）分别为

$$\sigma_\alpha=\frac{1}{2}(\sigma_1+\sigma_3)+\frac{1}{2}(\sigma_1-\sigma_3)\cos 2\alpha \tag{2.12}$$

$$\sigma_\theta=\frac{1}{2}(\sigma_1+\sigma_3)-\frac{1}{2}(\sigma_1-\sigma_3)\cos 2\theta \tag{2.13}$$

$$\tau_\alpha=\frac{1}{2}(\sigma_1-\sigma_3)\sin 2\alpha \tag{2.14}$$

$$\tau_\theta=\frac{1}{2}(\sigma_1-\sigma_3)\sin 2\theta \tag{2.15}$$

式中，σ_1、σ_3 分别为最大和最小主应力（取压应力为正；$\sigma_1>\sigma_2>\sigma_3$）；$\alpha$、$\theta$ 分别为方块边界法线和边界面本身与 σ_1 的夹角，两者互为余角。式（2.14）和式（2.15）表明作用在方块正交边界的剪应力大小相等，剪切指向相反。按惯例规定左行或逆时针剪切为正，右行或顺时针剪切为负（图 2.13）。由于作用于方块边界的力和力矩的总和等于零，系统处于稳定状态。单位方块取无限小时，代表应力场中某一点的应力状态。

然而，为形成有宽度的剪切带，差异应力（σ_1-σ_3）必须大于等于相关材料的屈服强度，方块为有限小，相应的有效力矩（M_{eff}）破坏平衡，驱动带内物质线旋转。该有效力矩等于作用在预期将形成剪切带的有限小方块边界上的力（F）及其力臂（H）的乘积：

$$M_{eff}=FH \tag{2.16}$$

因力臂随方向而变，标准化力臂计算应以零力矩方向为准。平面变形中有两零力矩方向：最大和最小正应力方向。从数学的角度分析，可沿最大和最小主应力轴方向两者之一选取单位长度计算力臂。

1. 单位长度沿最大主应力轴方向的力矩分析

因地壳和岩石圈中压应力为主，故优先沿最大正应力轴（σ_1）方向取单位长线段 L 为准计算力臂：

$$H=L\sin\theta \tag{2.17}$$

作用在单位方块边上的切向力数值上等于剪应力（τ_θ），可将式（2.17）代入式（2.16），得

$$M_{eff}=\tau_\theta H=\tau_\theta L\sin\theta \tag{2.18}$$

用正应力取代式中的剪应力，可将式（2.16）代入式（2.17），得

$$M_{eff}=\frac{1}{2}(\sigma_1-\sigma_3)L\sin 2\theta\sin\theta \tag{2.19}$$

注意：图 2.13 作用在潜在剪切带的剪应力 τ_θ 为逆时针，故符号为正。若预期剪切带取其法线方向，则作用其上的剪应力为顺时针，符号为负。因此式（2.17）的一般形式为

$$M_{eff}=\pm\frac{1}{2}(\sigma_1-\sigma_3)L\sin 2\theta\sin\theta \tag{2.20}$$

式（2.18）被称为最大有效力矩准则（Zheng *et al.*，2004）。其图示（图 2.14）表明，当 θ 等于 ±54.7° 时力矩最大，即最大主应力轴左右 54.7° 方向有效力矩最大，是形成剪切带的优选方向，预期共轭韧性剪切带的缩短一方的共轭角为钝角 109.4°。

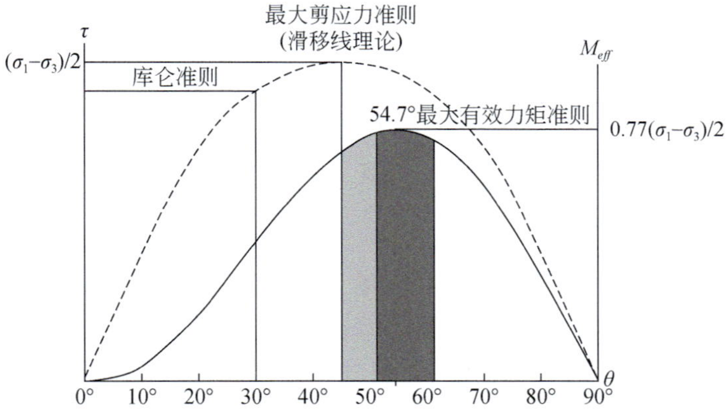

图 2.14　库仑准则、最大剪应力准则和最大有效力矩准则对比图（据 Zheng *et al.*，2004）

阴影区表示全部天然和实验观察结果，深灰区为 Gómez-Rivas（2008）提供的系统实验结果

图 2.14 中的阴影区表示全部天然和实验观察结果，来自不同材料（均质、非均质，各向同性和各向异性）和不同尺度的全部共轭角数据证明最大有效力矩准则的有效性。

2. 单位长度沿最小主应力轴方向的力矩分析

理论上可沿最小主应力轴方向选取单位长度计算力臂（图 2.15），最大有效力矩准则的数学表达式则变为

$$M_{eff}=\pm\frac{1}{2}(\sigma_1-\sigma_3)L\sin 2\theta\cos\theta \tag{2.21}$$

式（2.21）表明以伸展为准进行的数学推导结果是最大有效力矩方向出现在最小主应力（σ_3）轴方向左右 54.7° 方向，所产生的共轭走滑断层的钝夹角同样是 109.4°，但

面对伸展方向。这一结果与塑性力学单轴轴向拉伸的滑移线理论分析结果一致（Hill，1950）。Bohroudi 等（2003）所设计模拟伸展构造的砂箱实验中，在橡皮底垫上铺上 3cm 厚的砂层相当于地壳的上层，然后在 5×10^{-3}cm/s 的应变速率下拉伸底垫。当伸展量超过 20% 时，砂层表面出现共轭剪切带，伸展一方的共轭角为 109°。实验的总伸展量为 46%，共轭角无显著变化。该实验表明，伸展为驱动力的构造体制下，韧性剪切带的共轭角 110° 应面对伸展方向。然而，二维伸展构造的近期有限元数值模拟（Schmalholz and Maeder, 2012），伸展量高达 191%，结果与上述物理实验结果相反，共轭钝角（109° ～ 127°）始终面对缩短方向。因此，共轭韧性剪切带钝角面对伸展方向这一理论推断，尚未得到确凿的天然实例的支持，其适用性有待证实。

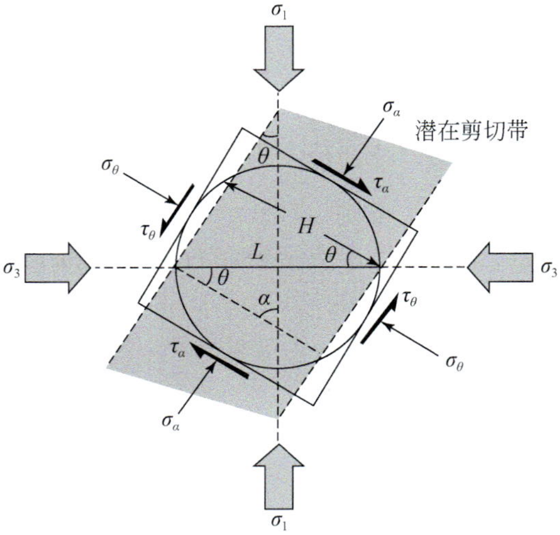

图 2.15 沿最小应力轴方向取单位长度的力矩分析（符号见图 2.13 说明）（据 Zheng *et al.*，2004）

最大有效力矩准则的主要物理意义可归纳如下：

（1）应力场中存在一对与最大主压应力轴成 54.7° 的最大力矩方向。在加载速率大于卸载速率条件下，当差应力达到相关材料的屈服强度时，将优先沿之形成单组或共轭韧性剪切带，该方向便成为有效力矩方向。

（2）无论何种材料，均质、非均质、各向同性、各向异性，甚至不论晶格方向，最大有效力矩方向控制韧性剪切带的形成，为韧性剪切带形成的优选方向。共轭角 109.4° 为一材料不变量。

（3）由于杠杆效应，最大有效力矩方向比滑移线理论（Hill，1950；Tapponnier and Molnar，1976）、库仑准则或零伸长度理论（Watterson，1999）预测的方向更省能量。

2.4 最大有效力矩准则的摩尔包络线

尽管最大有效力矩准则解决了构造地质学中存在的诸多问题，但如何在摩尔图解中表达该准则尚不明确。侯泉林等（2018）根据斜直线型库仑准则的表达式，求出当共轭剪切带夹角恒定时，最大有效力矩准则在摩尔图解中对应于一条反倾斜直线型摩尔包络线（图 2.16），由共轭剪裂角 2θ=110°，求得直线斜率：

$$\tan\phi=\tan(90°-2\theta)=-0.35 \tag{2.22}$$

进而求得摩尔包络线方程为

$$\tau=-0.35(\sigma_n-\sigma_d) \tag{2.23}$$

式中，σ_d 为摩尔包络线与横坐标的交点。

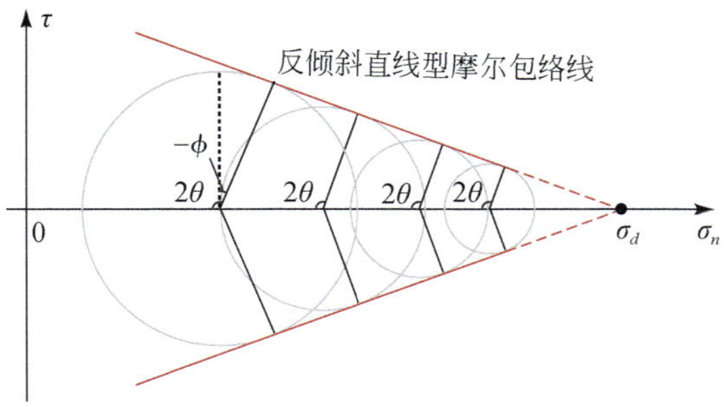

图 2.16　最大有效力矩准则对应的反倾斜直线型摩尔包络线图解（据侯泉林等，2018）

若上述包络线方程成立的话，则表明达到一定围压（深度）后岩石变形所需差异应力（即岩石强度）随围压的增加而减小，这与脆性变形准则中岩石强度随围压增加而逐渐增大的规律相反。那么在地质过程中，这种规律是否存在？实际上对于地壳岩石而言，其强度（即变形所需差异应力）不仅受围压控制，温度、应变速率以及流体等也是重要的影响因素（详见第 4 章讨论）。首先，从地壳浅部到深部，温度不断增加从而造成岩石强度逐渐降低。其次，应变速率对岩石力学性质也有重要影响，通常认为浅部脆性变形对应于高应变速率，深部韧性变形对应于低应变速率。从脆性变形到韧性变形，岩石应变速率逐渐降低，也会使岩石的强度降低。通常岩石力学实验中所能达到的应变速率最小为 $10^{-8}s^{-1}$，而在实际的地质过程中，岩石应变速率可能低至 $10^{-15}\sim10^{-14}s^{-1}$ 甚至到 $10^{-20}s^{-1}$，从而对岩石强度产生巨大影响。再者，地壳中流体的加入也会降低岩石强度。

因此在地壳脆性域中，围压对岩石强度的影响可能较其他因素而言更为重要，因而岩石强度随围压的增加而逐渐增大（图 2.17 中红色直线），符合 Byerlee 律（Byerlee，1978），此时岩石发生变形的临界应力状态可用脆性变形理论来描述（详见 2.2 节）。当达到一定深度后（脆 - 韧性转换带，图 2.17 中点 A，实际交点可能为渐变的过渡带），围压、温度、应变速率与流体作用达到一个平衡状态，此时岩石的强度不再随围压的增加而增大；而在此深度以下（韧性域中），岩石强度主要受控于温度、应变速率及流体等因素而不是围压，同时可能发生应变软化现象，因而岩石强度随围压增加而降低（图 2.17 中蓝色曲线），即岩石变形所需差异应力逐渐减小，符合岩石塑性流变规律，此时岩石发生变形的临界应力状态就可用反倾斜直线型的最大有效力矩准则来描述（图 2.16）。当围压增大到某一临界应力值后，岩石所受差异应力可能为 0，即在摩尔图解中表现为一个点（图 2.16 中点 σ_d），并非摩尔圆。当然，当差异应力小到一定程度后岩石可能也就

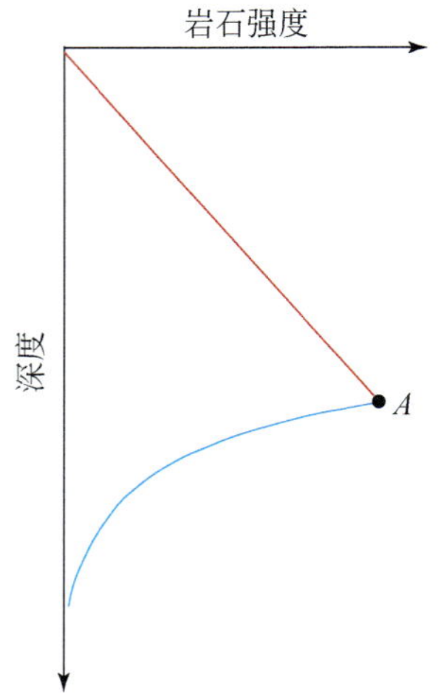

图 2.17　不同深度条件下围压、温度、应变速率和应变软化对岩石强度的共同作用（据 Fossen，2010，2016 修改）

不会发生变形了（图 2.16 中红色虚线部分）。高围压但差异应力很小的最好例子就是造山带中高压变质的古洋壳枕状熔岩，尽管经历了高压榴辉岩相变质作用，其岩枕状形态却依然保存的十分完好（Bearth，1959）。这表明该枕状熔岩在俯冲过程中虽然经历了很高的静岩压力（围压）发生了高压变质作用，但因差异应力很小，尽管发生了体变（密度增加），而几乎没有发生变形作用。通常这种榴辉岩发生变质的峰期压力＞1.8GPa（Gao and Klemd，2003），相当于＞60km 的深度，可能大致代表了该点处的应力状态。由此可见，在韧性变形域中，最大有效力矩准则在摩尔图解中的位置及相应的包络线方程是合理的。但如何将该准则与上述脆性变形准则融合起来统一表述于摩尔图解上，并与构造层次相联系的问题，见 2.5 节讨论。

2.5　不同变形准则的比较与融合

2.5.1　Fossen 对岩石变形准则的联合

不同围压和差异应力条件下岩石的破裂实验表明，每种岩石都有其自己的破裂包络线。有些情况下，在一定的应力区间，库仑破裂准则与实验结果吻合得很好，而另一些情况下，包络线则呈曲线［式（2.8）］，可能与格里菲斯破裂准则吻合较好。从图 2.18 可以看出，格里菲斯破裂准则和库仑破裂准则与实验数据均不太吻合。格里菲斯破裂准则似乎更适合于张应力状态，而在整个挤压状态下斜率过低；库仑破裂准则在较高围压下相对更接近包络线。因此，有的时候，特别是多孔介质如砂岩等，将库仑准则与格里菲斯准则联合使用可以取得良好效果［图 2.11（b）］，这样既可以发挥伸展拉张应力状态下格里菲斯准则的优势，又可避免高围压下格里菲斯准则斜率过低的不足。

Fossen（2010，2016）对岩石变形准则进行联合解释（图 2.19），认为在张性机制下（tensile regime），抛物线型格里菲斯准则更合适，此时会出现张破裂［图 2.19（a）］或张剪混合型破裂［图 2.19（b）］；在压性机制下（compressive regime），斜直线型库仑准则更合适，此时会出现剪破裂［图 2.19（c）］；在塑性变形机制下（plastic regime），岩石发生破裂的包络线逐渐变为水平直线，共轭剪裂角会逐渐接近并等于 90°，此时范・米塞斯准则（von Mises criterion）更为合适［图 2.19（d）、（e）］（注意：范・米塞斯准则与屈特加准则均代表水平直线型包络线，但屈特加准则是狭义的沿最大剪应力方向破裂的准则，而范·米塞斯准则是更抽象化的塑性屈服准则）。

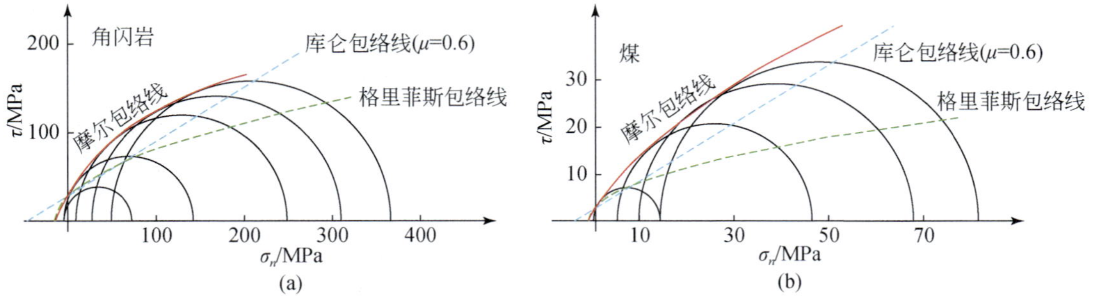

图 2.18　库仑包络线和格里菲斯包络线与实验数据的对比（据 Myrvang，2001）

格里菲斯准则更适合于张应力状态（左侧起点），而在整个挤压状态下斜率太低；库仑准则在高围压下比较接近包络线（图中右侧）

然而，前已述及，水平直线型摩尔包络线在地质过程中是无法实现的，共轭剪裂角不可能等于 90°（详见 2.2 节），而且 Fossen（2010，2016）在其《构造地质学》教材中所述的岩石力学实验也未出现夹角近于 90° 的共轭剪裂面，因此 Fossen 对岩石变形准则的联合图解本身存在一定的理论问题。此外，该图解仅考虑了 $2\theta \leqslant 90°$ 情况，并未涉及上述韧性变形条件下共轭剪切带为钝夹角的最大有效力矩准则情况（见 2.3 节）。所以 Fossen 对岩石变形准则的联合仍存在一定局限性。

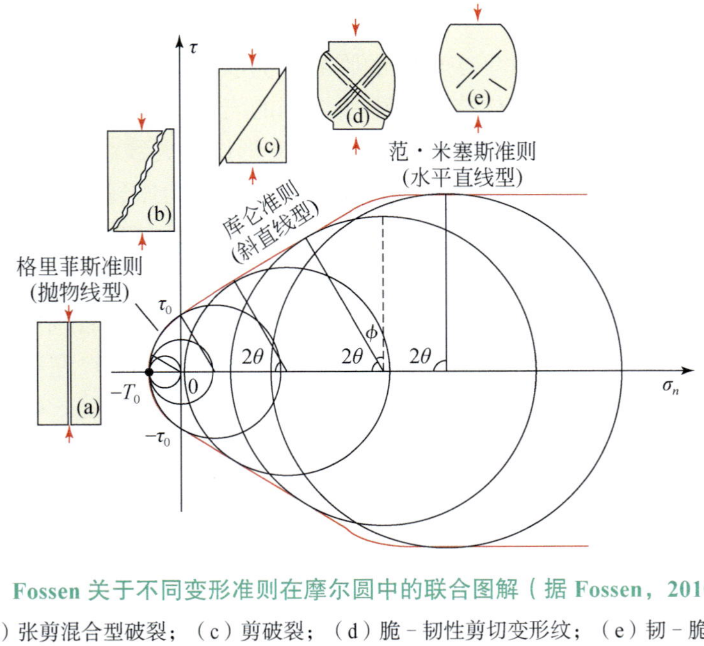

图 2.19　Fossen 关于不同变形准则在摩尔圆中的联合图解（据 Fossen，2010，2016）

（a）张破裂；（b）张剪混合型破裂；（c）剪破裂；（d）脆－韧性剪切变形纹；（e）韧－脆性剪切变形纹。图中红色箭头代表最大主应力 σ_1 的方向

2.5.2　本教材对岩石变形准则的融合

通过对经典的岩石变形准则中相关问题的分析，发现在张应力条件下，格里菲斯准

则预测的包络线与实际得出的曲线较为接近，但在压应力条件下该准则预测的岩石抗压强度明显低于实际值，此时斜直线型摩尔包络线较为符合实际情况，并且常出现夹角在60°左右的共轭剪破裂；在较高围压条件下，共轭剪裂角逐渐接近90°，此时斜直线型摩尔包络线不太符合实际情况，而抛物线型摩尔包络线较为合适，由于其末端无限趋近水平，共轭剪裂角会近于90°，但该包络线仍然无法对客观存在的共轭剪切带夹角$2\theta>90°$的情况做出解释；在韧性变形条件下，最大有效力矩准则所预测的夹角近于110°的共轭剪切带（shear bands）比较符合实际情况，其在摩尔图解中对应于反倾斜直线型摩尔包络线（图2.16）。

需要强调的是，岩石变形准则之所以在应用时会出现上述矛盾现象，根本原因在于没有正确区分各种准则所适用的范围，即所对应的构造层次。对于自然界岩石而言，总体上可分为脆性变形域（上地壳层次）、脆性－韧性变形域（中地壳层次）和韧性变形域（下地壳和地幔层次）。脆性域中岩石变形的微观机制是摩擦滑动－碎裂流动机制，即岩石所受差异应力克服内聚力和内摩擦力的脆性破裂过程；而韧性域中岩石变形的微观机制是晶体塑性变形，包括位错蠕变和扩散蠕变等塑性变形行为。在上地壳层次，岩石所能承受的变形（破裂）强度随其所处深度（围压）的增加而增大，脆性变形准则适用于该层次的岩石变形过程；当深度足够大（相当于中－下地壳层次）时，温度、应变速率和流体等因素取代围压成为控制岩石强度的主要因素，产生塑性流，岩石变形机制从脆性破裂（克服内聚力和内摩擦力）转变为塑性蠕变。岩石变形机制的转变客观上就要求变形准则做出相应的调整。

为涵盖自然界中各种岩石发生变形时的临界应力状态，侯泉林等（2018）将脆性与韧性变形准则结合起来，对不同构造层次中所适用的岩石变形准则进行融合和拓展，并在摩尔图解中进行联合表示（图2.20），并与岩石变形层次大致对应：

（1）张性应力存在的构造环境（包括地壳浅表层次、水力压裂等人为张性应力环境），比较适合于格里菲斯准则，形成单组张节理或混合型的张剪性节理，剪裂角θ为0°～30°［图2.20（a）、（b）］；

（2）上地壳在一般情况下（三个主应力均为挤压应力），随着围压增大，比较适合于库仑准则（斜直线型摩尔包络线），主要形成共轭剪节理，θ为30°左右［图2.20（c）］；

（3）随着深度增加，一般在中上地壳和中地壳，岩石表现为脆－韧性变形行为，包络线趋于变平，这时比较适合库仑准则（抛物线型摩尔包络线），主要形成共轭的脆韧性剪切变形纹（带），θ一般为30°～45°［图2.20（d）］；

（4）深度进一步增加，一般在中地壳和中下地壳，岩石处于韧－脆性至韧性变形行为的临界点处（图2.20中点B和B'附近），包络线近水平，主要形成近于直交的共轭剪切变形带，剪裂角θ近于45°；

（5）进入下地壳及以下，岩石为韧性变形，比较适合于最大有效力矩准则，主要形成钝夹角的共轭剪切变形带，剪裂角θ为55°左右［图2.20（e）］。

然而，以上论述只是一个整体的变化规律和对应关系，实际上的地质作用过程要复杂得多，岩石变形行为不仅受围压的影响，还受到应变速率、温度以及流体和孔隙压力的影响；再者不同层次的岩石组合具有不同的变形行为，所以在实际工作中要具体问题具体分析，不能简单地对号入座。

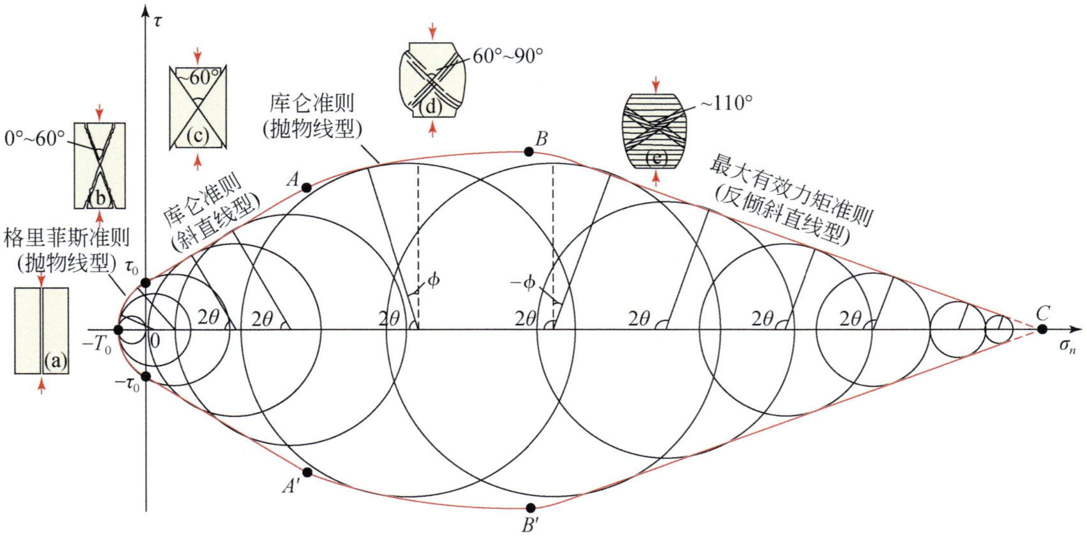

图 2.20　四种不同岩石变形准则联合的摩尔图解（据侯泉林等，2018）

（a）张破裂；（b）张剪混合型破裂；（c）剪破裂；（d）脆 - 韧性剪切变形纹；（e）韧性剪切变形带；*A* 和 *A′* 为斜直线型变为抛物线型包络线的临界点；*B* 和 *B′* 为抛物线型变为反倾斜直线型包络线的临界点；*C* 为高围压条件下差异应力近于 0 的临界点；图中红色箭头代表最大主应力 σ_1 方向

这一联合解释是对不同构造层次下岩石变形理论的有效融合，但是还很不成熟，仍有一些问题有待进一步讨论和完善：

（1）针对脆性变形的库仑准则和格里菲斯准则仅适用于连续介质、均匀变形情况，对于非连续介质则不适用；该准则对美国西部低角度正断层、加拿大魁北克高角度逆断层（Sibson *et al.*，1988），以及青藏高原钝角面对缩短方向的宽 V 形（钝角）共轭走滑断层系（Yin，2010；Yin and Taylor，2011）无法给出解释。于是，针对韧性变形的最大有效力矩准则（Zheng *et al.*，2004）应运而生，但其求解过程似乎是假定先存面理与最大主压应力 σ_1 平行，若不平行，情况又会如何？童亨茂等（2011）对此进行了理论拓展，提出了任意方向先存面理的泛最大有效力矩准则（详见第 8 章）。有关问题还没有统一认识，如何协调还有待进一步研究。

（2）图 2.20 中 *A*、*B* 和 *C* 点在摩尔圆中的具体位置和所代表的物理含义还不太明确，需要理论与实践的确定。

（3）每种岩石的破裂 - 变形都有其自身的包络线，该联合图解是否能涵盖不同构造层次中所有岩石变形时的临界应力状态还需要大量野外实例与实验的检验。

（4）岩石圈流变行为是分层的，即流变学分层（rheologic stratification）（详见第 4 章 4.5 节图 4.7），在每个分层中其变形理论如何运用也还有待进一步研究。

思　考　题

1. 脆性变形的形式与机理。

2. 岩石脆性变形准则及其边界条件。
3. 最大有效力矩准则的合理性及其应用条件。
4. 最大有效力矩准则的摩尔包络线。
5. 不同岩石变形准则的融合统一及存在的问题。
6. 不同变形准则适用的构造层次。

参考文献

侯泉林，程南南，石梦岩等 . 2018. 不同构造层次岩石变形准则的融合与发展 . 岩石学报，34(6):1792 ～ 1800

童亨茂，王明阳，郝化武等 . 2011. 最大有效力矩准则的理论拓展 . 地质力学学报，17(4): 312 ～ 321

王维襄，韩玉英 . 1977. 棋盘格式构造的力学分析 . 地质力学论丛，第 4 号，北京：科学出版社 . 64 ～ 75

朱志澄 . 1999. 构造地质学 (第二版). 武汉：中国地质大学出版社 . 1 ～ 262

朱志澄，宋鸿林 . 1990. 构造地质学 (第一版). 武汉：中国地质大学出版社 . 1 ～ 331

朱志澄，曾佐勋，樊光明 . 2008. 构造地质学 (第三版). 武汉：中国地质大学出版社 . 1 ～ 226

Åke Fagereng. 2012. A note on folding mechanisms in the cape fold belt, South Africa. South African Journal of Geology, 115(2): 137 ～ 144

Anderson E M. 1951. The Dynamics of Faulting (Second Edition). Edinburgh: Oliver and Boyd. 1 ～ 206

Anderson T B. 1964. Kink-band and related geological structures. Nature, 202: 272 ～ 274

Bearth P. 1959. Über Eklogite, Glaukophanschiefer und metamorphe Pillowlaven. Schweizerische Mineralogische Petrographische Mitteiltungen, 39: 267 ～ 286

Becker G F. 1893. Finite homogeneous strain, flow and rupture of rocks. Geological Society of America Bulletin, 4: 13 ～ 19

Byerlee J. 1978. Friction of rocks. Pure & Applied Geophysics, 116(4-5): 615 ～ 626

Carreras J, Czeck D M, Druuet E, *et al*. 2010. Structure and development of an anastomosing network of ductile shear zones. Journal of Structural Geology, 32(5): 656 ～ 666

Fossen H. 2010. Structural Geology. New York: Cambridge University Press. 21 ～ 239

Fossen H. 2016. Structural Geology (Second Edition). New York: Cambridge University Press. 25 ～ 254

Gao J, Klemd R. 2003. Formation of HP–LT rocks and their tectonic implications in the western Tianshan Orogen, NW China: geochemical and age constraints. Lithos, 66(1-2): 1 ～ 22

Gómez-Rivas E. 2008. Localización de deformación en mediosdúctiles y anisótropos: Studio de campo, experimental y numérico. Tesis doctoral, Universitat Autònoma de Barceloma. 1 ～ 65

Gómez-Rivas E, Griera A. 2012. Shear fractures in anisotropic ductile materials: An experimental approach. Journal of Structural Geology, 34(1): 61 ～ 76

Griffith A A. 1921. The phenomena of rupture and flow in solids. Philosophical transactions of the Royal Society of London. Series A, Containing Papers of A Mathematical or Physical Character, 221: 163 ～ 198

Hill R. 1950. The Mathematical Theory of Plasticity. Oxford: Oxford University Press/Clarendon Press

Kurz G A, Northrup C J. 2008. Structural analysis of mylonitic rocks in the Cougar Creek Complex, Oregon-Idaho using the porphyroclast hyperbolic distribution method, and potential use of SC'-type extensional shear bands as quantitative vorticity indicators. Journal of Structural Geology, 30(8): 1005 ～ 1012

Mitra G. 1979. Ductile deformation zones in Blue Ridge basement rocks and estimation of finite strain. Geological Society of America Bulletin, 90(10): 935 ～ 951

Myrvang A. 2001. Bergmekanikk. Trondheim, Institutt for geologi og bergteknikk, NTNU

Paterson M S, Weiss L E. 1966. Experimental Deformation and Folding in Phyllite. Geological Society of America Bulletin, 77(4): 343 ～ 374

Pollard D D，Aydin A. 1988. Progress in Understanding Jointing Over the Past Century. Geological Society of America Bulletin, 100(7): 1181 ～ 1204

Ramsay J G. 1980. Shear zone geometry: A review. Journal of Structural Geology, 2: 83 ～ 99

Ramsay J G. 1984. The ambiguity of improvement. Urban Education, 18(4): 400 ～ 412

Ramsay J G, Huber M I. 1987. The techniques of modern structural geology. Vol. 2: Folds and fractures. London : Academic Press. 1 ～ 309

Schmalholz S M, Maeder X. 2012. Pinch-and-swell structure and shear zones in viscoplastic layers. Journal of Structural Geology, 37: 75 ～ 88

Sibson R H, Robert F, Poulsen K H. 1988. High-angle reverse faults, fluid-pressure cycling, and mesothermal gold-quartz deposits. Geology, 16(6): 551 ～ 555

Simpson C, De Paor D G. 1993. Strain and kinematic analysis in general shear zones. Journal of Structural Geology, 15(1): 1 ～ 20

Tapponnier P, Molnar P. 1976. Slip-line field theory and large-scale continental tectonics. Nature, 264: 319 ～ 324

Wadee M A, Edmunds R. 2005. Kink band propagation in layer structures. Journal of the Mechanics and Physics of Solid, 53(9): 2017 ～ 2035

Watterson J. 1999. The future of failure: Stress or strain? Journal of Structural Geology, 21(8-9): 939 ～ 948

Yin A. 2010. Cenozoic tectonic evolution of Asia: A preliminary synthesis. Tectonophysics, 488(1-4): 293 ～ 325

Yin A, Taylor M H. 2011. Mechanics of V-shaped conjugate strike-slip faults and the corresponding continuum mode of continental deformation. Geological Society of America Bulletin, 123(9-10): 1798 ～ 1821

Zhang B, Zhang J J, Zhong D. 2010. Structure, kinematics and ages of transpression during strain-partitioning in the Chongshan shear zone, western Yunnan, China. Journal of Structural Geology, 32(4): 445 ～ 463

Zheng Y D, Wang T, Ma M B, *et al*. 2004. Maximum effective moment criterion and the origin of low-angle normal faults. Journal of Structural Geology, 26(2): 271 ～ 285

Zheng Y D, Wang T, Zhang J J. 2009. Comment on “Structural analysis of mylonitic rocks in the Cougar Creek Complex, Oregon-Idaho using the porphyroclast hyperbolic distribution method, and potential use of SC’ -type extensional shear bands as quantitative vorticity indicators” . Journal of Structural Geology, 31(5): 541 ～ 543

Zheng Y D, Wang E, Zhang J J, *et al*. 2011. A challenge to the concept of slip-lines in extrusion tectonics. Geoscience Frontiers, 2(1): 23 ～ 34

Zheng Y D, Zhang J J, Wang T. 2014. Interpretation of the experimental data provided by Gómez-Rivas and Griera (2012) in terms of the MEM-criterion. Science China: Earth Sciences, 57(11): 2819 ～ 2824

Zheng Y D, Zhang Q, Hou Q L. 2015. Deformation Localization: A Review on the Maximum-Effective-Moment (MEM) Criterion. Acta Geologica Sinica (English edition), 89(4): 1133 ～ 1152

第3章　岩石流变行为

3.1　流变学与连续介质力学

流变学（rheology）是研究固体、流体和气体力学性质的科学。流变学来自希腊语Rheo，意思是流动。古希腊哲学家Heraclitus有句格言："万物皆会流"。因此，高山区的冰川、盐丘区的盐冰川、花岗岩中的煤岩墙①等一些"怪现象"，如果考虑地质年代的久远，便不难理解。不仅水会流，冰、樟脑、沥青、盐、煤、玻璃、岩石等一切都会流。研究冰川的流动需耗时数日、数月和数年。盐冰川则比冰川流动快得多。一般认为玻璃是弹脆固体，然而中世纪欧洲大教堂的玻璃窗却发生了变形。

如果将岩石作为连续介质，忽略微断裂、颗粒边界和孔隙一类的非均质性，并考虑其物理性质，或者不变或者均匀变化，则可在连续介质力学的框架内用简单的数学和物理公式描述和分析岩石变形。本章中很重要的一部分是以数学方式描述应力和应变/应变速率间的关系。这类公式称为本构公式或本构定律（constitutive law）。术语"**本构**"是强调材料的组成或成分的重要性。

流变学和连续介质力学是研究岩石流动的科学，而岩石力学主要是研究岩石通过不连续的脆性断裂作用对应力的响应。

在简单理想化连续介质力学条件下，岩石对应力的响应有三种基本方式：弹性、黏性和塑性（图3.1）。此外，还有脆性断裂和碎裂流，但这两者超出连续介质力学的研究范围。

通常用应力-应变或应力-应变速率曲线图分析变形。用应力-时间或应变-时间曲线说明与时间有关的变形。每条曲线可分阶段，每阶段有自己的斜率。首先分析岩石对应力的弹性响应，然后分析永久变形或流动（图3.1）。常规的做法总是从简单入手，先考虑纯各向同性介质（岩石）。各向同性是指材料各方向的力学性质相同，因此，无论方向如何，材料对应力的响应相同。岩石的弹性变形一般很小，应变小于百分之几。显然，这与野外研究的岩石不同。弹性变形的优点在于应力与应变关系简单。特别是瞬

① 如我国浙江天目山200×200km^{2}范围内发现30多处含钒沥青煤脉产于寒武系灰岩、志留系砂页岩和花岗岩北北东向裂隙中。安吉县康山煤矿脉一般厚4～5m，厚度变化极大，最厚达23m。富含V_2O_5，年产煤量曾为600万～900万t。

时伸长轴与主应力轴一致。

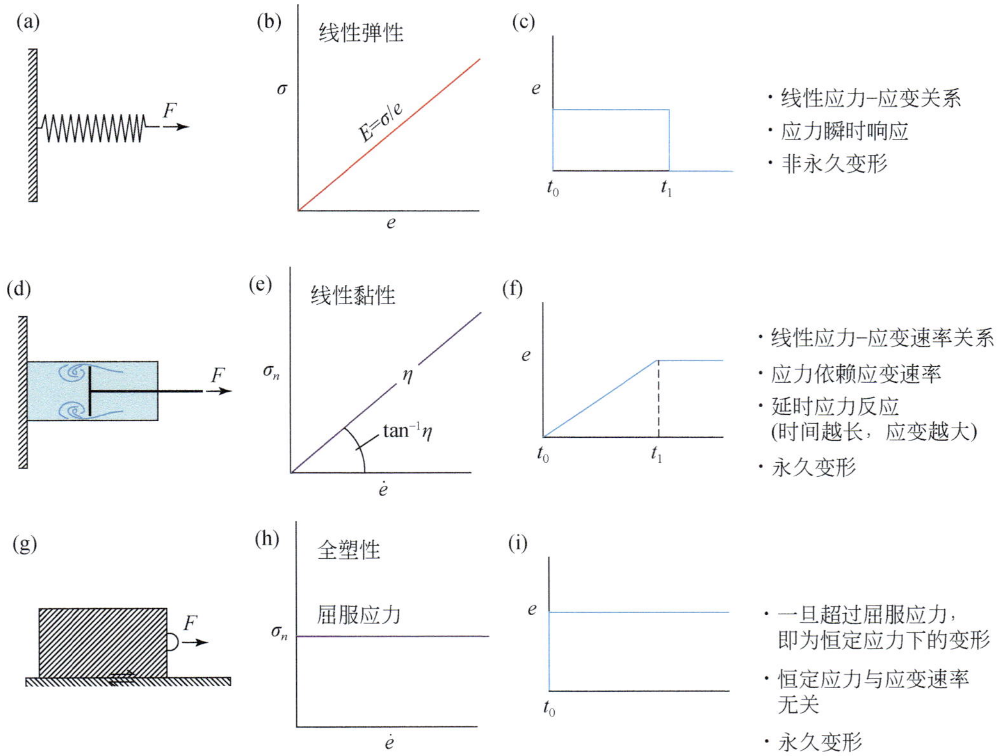

图 3.1　弹性、黏性和塑性变形示意图（据 Fossen，2016）

（a）～（c）线性弹性变形；（d）～（f）线性黏性变形；（g）～（i）全塑性变形。左侧：机械相似物。中间：应力–应变（或应变速率）曲线。右侧：应变历史。e. 应变，$\dot{e}$. 应变速率，η. 黏度，σ. 应力，E. 杨氏模量

3.1.1　弹性行为

弹性行为定义为施加外力时变形，伸长度越大所要求的应力越大，外力拆除时便恢复原形的行为。由于其伸长不破坏原子键，因此应变可恢复。大多数橡皮带的行为很适合该定义。

1. 线性弹性与胡克定律

线性弹性行为具有应力与应变间的线性关系。弹簧是常见的相似物，重量大一倍，则弹簧伸长也大一倍。换言之，弹簧的伸长与施加力成正比［图 3.1（a）～（c）］。胡克定律表达了应力与应变间这一线性关系：

$$\sigma = Ee \tag{3.1}$$

式中，σ 为应力；e 为伸长度；E 为比例系数，称为杨氏模量或弹性模量。胡克定律是弹性材料的本构公式。

对于线性弹性行为，剪应力（τ）与剪应变（γ）存在类似的线性关系：

$$\tau = G\gamma \tag{3.2}$$

杨氏模量 E 与刚性模量 G 有密切的关系。对于单轴应变，具有以下简单关系：

$$E = 2G \tag{3.3}$$

因此，胡克定律还可表达为

$$\sigma = 2Ge \tag{3.4}$$

杨氏模量为正应力与同方向弹性伸长或缩短量之比，说明材料或岩石变形的难易程度。与之相似，刚性模量定量说明小应变变形时简单剪切作用下岩石弹性变形的难易程度。

杨氏模量小说明材料软弱、抗变形能力低。由于应变无量纲，杨氏模量的量纲与应力相同，典型以 GPa（10^9Pa）为单位。表 3.1 给出一些材料的杨氏模量和泊松比。

表 3.1 常见材料的杨氏模量与泊松比（据 Griggs and Handin，1960；Hobbs *et al.*，1972；Fossen，2010）

材料	杨氏模量 E/GPa	泊松比 ν
橡皮	0.01 ～ 0.1	0.5
铁	196	0.29
盐	40	～ 0.38
白云石	77	
石英	100	0.16
辉石	126	
金刚石	1050 ～ 1200	0.2
页岩	5 ～ 70	0.03 ～ 0.4
砂岩	10 ～ 20	0.21 ～ 0.38
灰岩	80	0.15 ～ 0.3
大理岩	50 ～ 70	0.06 ～ 0.25
花岗岩	50 ～ 75	0.1 ～ 0.25
闪石岩	50 ～ 110	0.1 ～ 0.33
辉长岩	50 ～ 100	0.2 ～ 0.4

2. 弹性变形与泊松比

轴向拉伸一圆形弹性杆时，其横截面积将变小。拉伸量越大，横截面积越小。这种现象，称为泊松效应。

如果材料为各向同性，横截面内各方向的缩短量应相等。将圆形杆置于直角坐标系内，圆形杆长轴沿 z 轴方向。假定材料体积守恒，轴向的伸长应变应与横向缩短应变平衡：

$$e_z = -(e_x + e_y) \tag{3.5}$$

式中，e_z 为轴向伸长度；e_x 和 e_y 分别为横截面 x 和 y 方向的伸长度（负值代表缩短）。因为 $e_x = e_y$，式（3.5）可写为

$$e_z = -2e_x \tag{3.6}$$

或

$$0.5e_z = -e_x \tag{3.7}$$

式（3.7）表明，对于不可压缩材料，一方向的伸长完全为横截面中的负伸长平衡。

式中的 0.5 为不可压缩材料的**泊松比** ν。由于大多数岩石可压缩，泊松比一般均小于 0.5。

$$\nu = -\frac{e_x}{e_z} \tag{3.7'}$$

地壳中的岩石周边受到限制，一方向的缩短，垂直方向不能自由地伸长。这一情景如同岩石力学实验中加套管的圆柱状岩石试件。垂向对试件施压导致轴向缩短应变为

$$e_{z'} = \frac{\sigma_z}{E} \tag{3.8}$$

相应的水平挤压应力反过来导致的垂向伸长应变为

$$e_{z''} = -\frac{\nu\sigma_x}{E} \tag{3.9}$$

和

$$e_{z'''} = -\frac{\nu\sigma_y}{E} \tag{3.10}$$

因此，总的轴向应变为

$$e_z = \frac{1}{E}[\sigma_z - \nu(\sigma_x + \sigma_y)] \tag{3.11}$$

与之相似，横截面 x 和 y 方向的应变分别为

$$e_x = \frac{1}{E}[\sigma_x - \nu(\sigma_z + \sigma_y)] \tag{3.12}$$

和

$$e_y = \frac{1}{E}[\sigma_y - \nu(\sigma_z + \sigma_x)] \tag{3.13}$$

围压的效应使水平应变趋于零并减少垂向的缩短应变。实际上，垂向的应变取决于泊松比和垂向应力。为求得垂向应力 σ_z，设式（3.12）中 e_x=0：

$$\frac{1}{E}[\sigma_x - \nu(\sigma_z + \sigma_y)] = 0 \tag{3.14}$$

等式两侧乘以 E 得

$$\sigma_x - \nu（\sigma_z + \sigma_y）= 0 \tag{3.15}$$

因 σ_x=σ_y，式（3.14）和式（3.15）可改写为

$$\sigma_x = \sigma_y = \frac{\nu}{1-\nu}\sigma_z \tag{3.16}$$

或

$$\sigma_H = \frac{\nu}{1-\nu}\sigma_v \tag{3.17}$$

式中，σ_H 和 σ_v 分别为水平和垂向主应力。由于岩石的泊松比 ν 为 0.25 ～ 0.33，弹性理论预测的围压为垂向应力的 1/3 ～ 1/2。

注意：这是各向同性弹性材料在自重作用下的应力状态，该式假定地壳中原无应力，

垂向应力是垂向加载的结果。因此该结果只适用于计算较小范围内的快速加载或卸载，如高层建筑、水库蓄水、矿山开采等所导致的深处的应力状态。

3.1.2 黏性行为（流体）

上述弹性理论对小应变有效，应力拆除后应变可恢复。而热的岩石趋于流动而形成永久变形。岩石除非熔融，否则不可能完全变成流体。然而，高温和低应变速率下的岩石可很近似于流体。

用黏度 η 易于描述该种流体的流动。牛顿首先定量揭示黏度和线性流动的关系，发现剪应力 τ 与剪应变速率密切相关：

$$\tau = \eta\dot{\gamma} \tag{3.18}$$

式中，η 为黏度常数；$\dot{\gamma}$ 为剪应变速率。按此方式变形的材料称为牛顿流体或线性流体或完美黏性材料。黏性材料的本构公式也可用正应力和线应变速率（$\dot{e}$）来表述：

$$\sigma = \eta\dot{e} \text{或} \eta = \frac{\sigma}{\dot{e}} \tag{3.19}$$

式（3.18）、式（3.19）表明，黏性变形过程中，应力与应变速率间存在简单线性关系：应力越高、流速越快。黏度是应力除以应变速率，因此，其度量为应力的单位乘以时间的单位（帕秒；Pa·s）。黏度过去的单位是泊（P），1 泊 =0.1 帕秒。黏度的大小代表流动的难易程度，说明应力越高、流速越快，应变积累越快。水的黏度约为 10^{-3}Pa·s，冰川冰的黏度为 10^{11} ～ 10^{13}Pa·s。室温条件下玻璃流动十分缓慢，黏度为 10^{14}Pa·s。岩石的黏度估计变化极大，一般比玻璃大好几个量级。即使是石盐，流动形成盐刺穿或盐丘构造时，黏度约为 10^{17}Pa·s（取决于粒度），比玻璃黏度大 1000 倍。许多计算中将岩石圈以下的地幔作为流体，估计平均黏度约为 10^{21}Pa·s，并随深度增加而增大。

黏性变形是取决于时间的永久变形；应变非瞬时，时间按某一速度累计［图 3.1（d）～（f）］。应变速率是岩体长度或形态变化速度的度量。由于应变无量纲，应变速率的单位为伸长度 / 每秒（s^{-1}）。

$$\dot{e} = \frac{e}{t} = \frac{l_1 - l_0}{t \cdot l_0} \text{或} \dot{e} = \frac{\mathrm{d}e}{\mathrm{d}t} \tag{3.20}$$

应变速率也可称为伸长或缩短速率，与实验中以何种速度对试件挤压密切相关。对于轴向挤压 2 小时，试件缩短 10% 的伸长度速率为 $\dot{e} = \frac{-0.1}{7200\mathrm{s}} = -1.39 \cdot 10^{-5}\mathrm{s}^{-1}$。

在一些地质背景下用剪应变速率更为方便，这时考虑剪应变随时间的变化，符号记为$\dot{\gamma}$。单位 s^{-1} 与伸长度速率相同。剪切变形与伸长密切相关，然而并非线性相关，应注意其间的区别。

典型天然地质应变速率是 10^{-14} ～ $10^{-15}\mathrm{s}^{-1}$，表明需经过百万年到千万年才能获得约 10% 的应变。迄今能实现的岩石变形实验最长可延续 10 余天，相应的应变速率为 $10^{-7}\mathrm{s}^{-1}$，比典型地质应变速率快 7 ～ 8 个数量级。这是对实验结果用于天然变形岩石的巨大挑战。人们不得不通过加温以“加速”塑性变形，用温度弥补应变速率。根据实验数据合理外推，与天然岩石变形对比，这就是时－温叠加原理［详见第 4 章图 4.2（b）］。牛顿流体为纯黏性材料，应力与应变速率成正比，即无弹性变形组分。当外力拆除后不能恢复原始形态。因此，黏性变形是不可逆的永久应变。

充油阻尼或缓冲器与完全的黏性材料相似［图 3.1（d）～（f）］。当拉动活塞时，活塞以与应力成正比的恒定速度通过油缸。去除应力后，活塞停在原位。如果用更黏的流体替代油（如糖浆或沥青），要保持应变速率就必须加力。否则活塞的运动速度会变慢。如果对油加热，黏度减小，要保持活塞速度就要降低拉力。因此考虑黏度时，温度是重要的因素。

层状岩石中，相对黏度也很重要，因为黏度大的岩层，顺层拉伸时往往形成布丁或断裂，顺层缩短时，形成纵弯褶曲。相对黏度与强硬性有关。强（硬）岩层的黏度相对大于周边层。强硬层是指岩石具有较强抗流动能力，强硬层为定性术语，相对邻近软弱层或基质而言的。

其实，唯有线性牛顿流体是纯黏性材料，而一切非牛顿流体均属弹黏性体，具有弹性和黏性双重性，地质上只有岩浆和盐可作为真正的黏性介质予以模拟。然而黏度在研究塑性变形时是很有用的度量。热岩石变形实验记录的非线性黏性行为，或许比线性黏性更适于岩石变形。简言之，一切非牛顿流体属弹黏性材料，黏度随应变速率而变（图 3.2）。

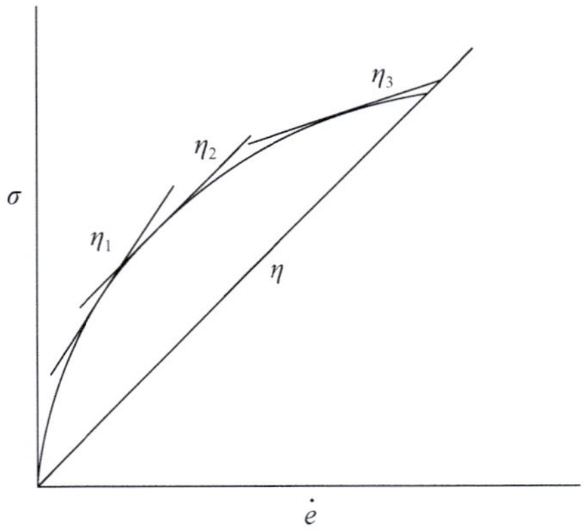

图 3.2　应力－应变速率空间中的线性与非线性黏度流变

3.1.3　塑性（变形）行为——固体岩石的流动

塑性变形可笼统称为永久变形或不可恢复变形，包括应力 / 应变曲线的理想塑性和黏性变形，无论其变形机制如何。塑性和黏性变形都属于永久变形，其间的区别在于塑性变形一般不考虑或无法考虑多长的时间段内所发生的变形，黏性则需与时间相关联。黏性与塑性变形都是超过弹性限度或屈服应力后的永久变形。对于岩石和其他固体而言，应变为几个百分数时发生弹性变形。超过弹性限度或屈服应力后，弹性应变便加上塑性永久应变。当弹塑性变形后拆除应力，弹性变形恢复，仅留下塑性变形；应力超过岩石强度则发生断裂（图 3.3）。塑性变形的特征是材料保持其连续性或黏结性，在观察尺度上未发生断裂。因此，塑性变形是物体在应力作用下超出材料弹性限度（屈服点）而未断裂时的形态或大小的永久变化。

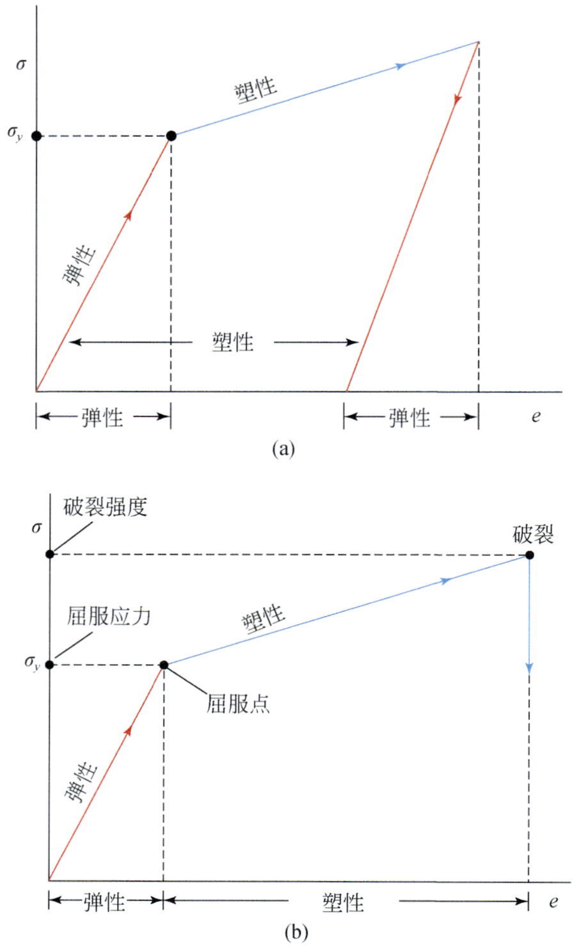

图 3.3　弹性、塑性变形的应力－应变曲线

（a）当达到屈服应力时弹性变形转变为塑性变形，当应力移除弹性变形恢复，仅留下塑性变形；（b）当应力增加到岩石强度则发生断裂

1. 晶体塑性变形——位错蠕变型与扩散蠕变型

20 世纪 30 年代确立的晶格位错理论，可用以解释塑性变形，即塑性始于矿物晶格缺陷，通过位错运动而变形。因此，塑性应变常与微观变形机制（位错运动、扩散或双晶作用）相关联。然而，许多不同机制涉及原子尺度，塑性流动，不像弹性或黏性变形，并非简单的物理参数。不同的塑性流变机制有不同的本构公式或流变律，然而幂律一般形式上为

$$\dot{e} = A\sigma^n \exp\left(-\frac{Q}{RT}\right) \tag{3.21}$$

式中，A 为常数；R 为气体常数；T 为绝对温度；Q 为激活能。当 n=1 时，材料为线性黏性流，大致近于高温岩石的变形行为。通常通过实验确定有关参数，本构公式可化简为

$$\dot{e} = C \cdot \sigma^n \tag{3.22}$$

式中，C 为与温度有关的材料常数；n 为应力指数。

塑性或晶体塑性变形是指在原子尺度上未打断原子键，通过位错迁移、扩散和压溶作用而实现。这是广义的塑性。一些人主张将变形机制严格限制在位错迁移一类的位错蠕变，然而，扩散和压溶机制显然不属于脆性或摩擦机制而属于塑性范畴。虽然同属塑性领域，但与应力的关系有显著差异，所形成的组构反映不同的应力状态。固体与流体的本质区别在于能否承受剪应力，固体可以承受剪应力，而流体却不行。所以有必要将塑性变形分两类：位错蠕变型与扩散蠕变型，分别与剪应力和正应力作用有关。前者与变形局部化相关称为黏弹性变形，后者为均匀变形是理想的黏性变形。

2. 全塑性材料或 Saint Venant 材料

达到屈服应力后应力保持不变，应变持续积累的材料称为全塑性材料。材料的强度对应变速率不敏感，即无论以何种速度加力，材料的应力 - 应变曲线不因应变速率而变。全塑性材料是不可压缩的。如果附加有弹性组分，则称为弹 - 塑性材料。

理想塑性变形的力学相似物是将刚体置于一摩擦表面上，拖动刚体前拖力一直在增大，但不发生任何变形。一旦拖力大至能克服刚体与摩擦表面间的摩擦阻力，刚体便在此拖力下持续向前运动［图 3.1（g）～（i）］。除加速度期间外，无论速度大小，拖力不再增加。

3. 应变硬化与应变软化

塑性变形时，实际岩石的行为一般不是理想塑性。应变速率可能有影响、应力也可能发生变化。如果屈服应力后必须提高应力，应变才能持续积累，材料科学称为工作硬化或应变硬化（strain hardening）。应变硬化是指由于材料在变形时变强，必须增加应力变形才能持续（图 3.4）。

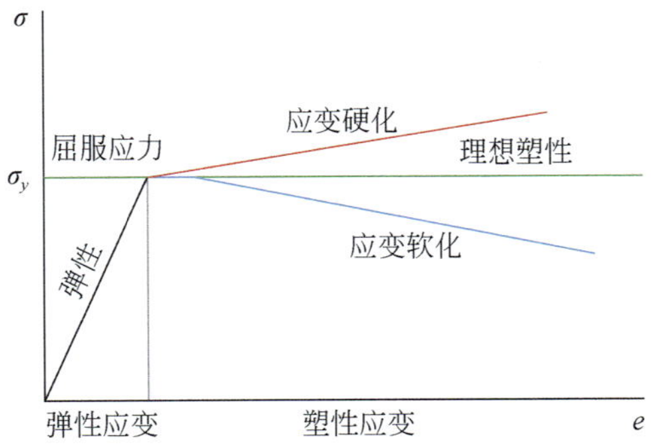

图 3.4　理想塑性、应变硬化与软化

应变硬化在金属变形中特别显著，如先弯曲一金属丝，然后，试向相反的方向弯曲使之复原。这一点难以实现，结果往往是在原弯曲处旁产生一反向新弯曲，原因是弯曲部分业已变硬；使之复原所需应力大于未变形区弯曲所需应力。如果有人执意不断将金属丝来回弯曲，金属丝将越来越硬，直到最终折断。表明如果提升应力，应变硬化能导致塑性向脆性变形转化。地质学中，应变硬化可解释应变积累时许多剪切带可以加宽。

塑性变形期间的应变硬化与原子尺度的变形有关。变形期间，形成原子规模位错和运动。这些位错相互缠结，应变难以聚集。因此，需要更大的应力驱动变形，这就产生应变硬化。升温有利于位错运动，因此缓解应变硬化效应。换言之，加热金属丝弯曲部便易于使之复原。

如果没有应变硬化，材料持续变形，施加力或应力不增，该过程则称为蠕变。加之，如果应变速率不变，则构成稳态流。稳态流表明，应力不变，位错运动的速度足以形成一恒定速率的应变积累。位错在晶体中的运动速度取决于差应力、温度和打断原子键的激活能。因此，位错相关的应变与这些变量间的关系可表达为流变律［式（3.21）］。

工作软化与应变软化是指屈服应力后，应力下降但应变仍旧持续的过程（图 3.4）。地质中的一例是塑性变形（糜棱岩化）过程中粒度减小的效应。颗粒表面积的增大，粒径减小使颗粒边界滑动等变形机制更为有效。导致应变软化的另外一些因素是重结晶为新的较软的矿物、晶格软弱面择优取向排列、流体的介入和温度的升高等。

3.2 幂律失效与变形局部化

岩石变形的实验与理论研究业已证明，幂律流，即位错蠕变（$n=\sim 3.5$）与低温、高应力的实验蠕变数据不一致，即“幂律失效”（power-law breakdown）。就大多数岩石而言，幂律失效时的应力高达数百兆帕。低温–高应力的变形行为通常称为低温塑性，如硅酸盐类矿物特别是通过位错滑移而变形。低温塑性之所以导致“幂律失效”，是幂律的应用前提为均匀变形，而位错滑移通常导致变形局部化（图 3.5）。大陆岩石圈中的变形是

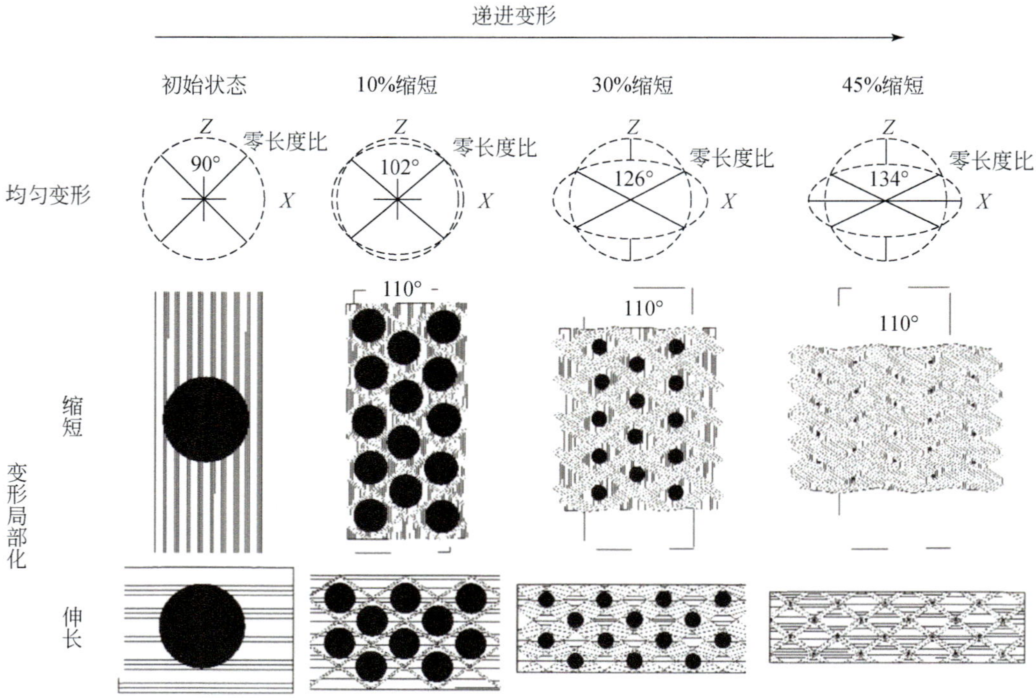

图 3.5 均匀变形与变形局部化

不均匀的，变形局部化问题正在引起世界地质学家的关注（Druguet *et al.*，2013）。日益增多的证据表明，大陆变形高度集中在不同尺度的高应变带内，而其间的变形似乎并不重要。

均匀和连续介质流动可用一本构公式［式（3.21）］予以描述。然而，总体有限应变不是均匀分布，而是集中在变形体中的剪切带内。

正如 Peltzer 和 Tapponnier（1988）所描述的，大多数变形集中在高应变的剪切带中；最终阶段的总应变是小量均匀应变与大量带有断层位移的非均匀应变之和。因此，导致局部应力增大的剪切带几何特征控制大的有限应变。应力足以导致黏性流动和局部塑形屈服局限在剪切带内，以致材料的总体行为表现为弹 - 塑性（图 3.5）。许多岩石对于最初的小应变显示应变硬化，而后，随着应变的增大，一些如粒径变小、选择晶体薄弱面定向等过程可导致应变软化。应变软化使变形带比尚未变形部分更易于变形，结果导致变形局部化形成宏观剪切条带。这种应变软化（因构造失稳所致而有时称为构造软化）也可发生在线性黏性材料中。如图 3.6 所示，变形局部化引起的应变软化可揭示同一材料实验条件下所观察到的幂律蠕变。

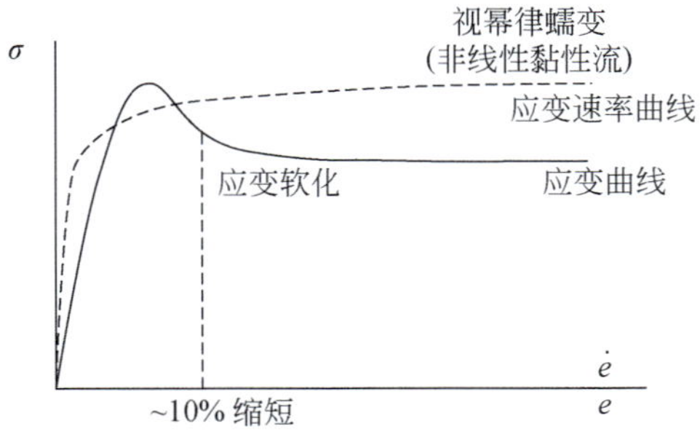

图 3.6　应力 - 应变与应力 - 应变速率曲线关联的塑性变形局部化

前者在缩短量约 10% 时有一应力降和形成可见的剪断裂；后者显示视幂律蠕变（非线性黏性行为）

需要指出的是，位错蠕变涉及位错滑移和位错攀移两种变形机制。虽然位错滑移和位错攀移在塑性变形中均起作用，但晶格的旋转和择优定向仅与位错滑移有关，而位错攀移本身为一非旋转过程，只能引起位错法线方向的张开或压实而不会导致晶格旋转。因此，唯有位错滑移与剪应力及其力矩有关，必须克服晶格的阻力、激活长条形的剪切带。与之相反，与正应力相关的变形带，扩散作用出现在一定的应变速率范围内，结果在一面状域内形成近均匀的透入性片理、板劈理和间隔性缝合面。

由于位错滑移受方向的控制，唯有那些取向与最大主压应力 σ_1 成 55° 交角的薄弱面（详见第 2 章 2.3 节），如石英的底面滑移系、方解石的［$10\bar{1}2$］等才可能被激活。韧性剪切带不是均匀变形，是变形局部化的产物。变形局部化，正如 Hubert-Ferrari（2003）和 Gómez-Rivas（2008）提出的，可视为加载速率与材料黏性卸载速率间的竞争过程。如果前者高于后者，差应力将不断增大到屈服应力，韧性剪切带成核并扩展。当两组共轭系同时或交替发育时便形成菱网状韧性剪切带。反之，黏性卸载速率能够松弛加载的应力，则不形成韧性剪切带，变形将均匀或近均匀分布在变形材料内。因此，前者与后者间的界线构成变形局部化与均匀变形间的过渡。这一点是区分均匀变形与变形局部化、韧性变形与塑性变形和识别大陆岩石圈岩石变形行为的关键。

上述分析表明：快速瞬时应变变形形成脆性断裂；加载速率大于卸载（松弛）速率导致变形局部化，形成韧性剪切带或造山带；加载速率小于或等于卸载（松弛）速率导致近均匀变形，形成基底区域变质岩和地球的层圈构造。因此加载与卸载 / 松弛速率可直接根据变形特征予以判断。

事实上，韧性与脆性断裂超出连续介质力学的范畴，却是构造地质学两个最常用的术语。脆韧性是描述断裂性质的术语，脆性断裂是指断裂（材料的破裂强度或屈服强度）前岩石能承受的应变小于 3% ～ 5%。韧性断裂是指断裂前岩石所积累的应变大于 5% ～ 10%。而韧性剪切带为高应变的集中带却无宏观可见的断裂。对于长英质岩石，脆性断层、韧性断层和韧性剪切带分别通常出现在上地壳、中地壳韧脆性过渡带和下地壳中。然而韧性断层或韧性剪切带可出现在上地壳或表壳岩中，取决于所涉及的岩性和应变速率。冰川中的韧性剪切带和韧性断层是人们常见的例子。欧洲侏罗山区滑脱褶皱底部与古生界基底间上 - 中三叠统膏盐层滑脱层为著名一例。我国吐鲁番盆地侏罗系煤系构成博格达山南侧吐鲁番盆地断层相关褶皱的底部拆离断层，煤层在“上部向南”的顺层剪切作用下形成具有 S-C 组构的煤糜棱岩（图 3.7）。我国浙江天目山一带寒武系灰岩、志留系页岩和花岗岩中的煤脉，均处于长英质岩石的脆性变形中。之所以出现这些反常现象，是因为不同材料有不同的德波拉数（见 3.4 节），韧脆性转化条件不一。另外，发育于寒武系、志留系以及花岗岩的剪切带中为什么会出现煤脉也是备受关注而没有解决的问题。

图 3.7　吐鲁番盆地底部拆离断层的侏罗系煤系在顺层韧性剪切作用下形成煤糜棱岩（郑亚东摄）
笔记本上方煤层中的同向伸展褶劈理和下方的 S-C 组构，均指示上部向右（南）的剪切指向

3.3　变形行为的组合流变模型

岩石与其他天然材料是流变学中的复合体，其行为不是理想的纯弹性、纯黏性或纯

塑性。因此为了描述天然岩石变形，可用三种基本变形类型的组合模型。通常用弹簧（弹性）、阻尼（充填流体汽缸中有一带孔活塞）（黏性）和一刚体（达到临界应力才滑动）来说明其间的不同组合。

弹性与塑性变形组合的特征是屈服应力前应力与弹性应变增加。屈服应力后塑性变形，应力不变、应变匀速持续。这种材料称为弹－塑性（Prandtl）材料［图3.8（a）］。典型的力学相似物为弹簧连接一置于摩擦面上的刚体。该模型一般用于整个地壳和地幔的大尺度变形。

黏塑性（Bingham）材料是屈服应力前不变形，屈服应力后才显示纯黏性行为：应力与应变速率成正比［图3.8（d）］。熔岩的流变学实验和真正熔岩流的研究表明，超过一定温度区间后，液体硅酸熔岩的行为像黏塑性流体。由于其中含有晶体组分，熔岩有一屈服应力。油漆是有黏塑性行为更普通的流体，需在一屈服应力后流动，这样可防止油漆薄层从墙壁上流淌。经典的力学相似物是阻尼和置于摩擦面上的刚体。

黏弹性（Kelvin）行为是黏性与弹性行为的组合。Kelvin黏弹性行为在变形过程中可逆，但应变的积累和复原均会延迟。黏弹性材料可视为流体与固体间的中间状态，液体的流动性与固体的弹性共存。Kelvin黏弹性材料的物理模型为弹簧并联－阻尼［图3.8（g）］。弹簧与阻尼在应力作用下同时运动，但阻尼延缓弹簧的伸展。当应力释放时，弹簧将恢复原位，但阻尼拖延这一运动。因此这种变形称为与时间相关的变形。Kelvin黏弹性行为的本构公式体现了弹性与黏性的结合：

$$\sigma = Ee + \eta \dot{e} \tag{3.23}$$

Maxwell模型为另一黏弹性相关的模型。从应力作用开始，Maxwell黏弹性材料便积累应变，首先是瞬时弹性应变，以后是时间相关的黏性应变。换言之，瞬时对应力的响应为弹性，而长期响应为黏性，应变变成永久应变。该模型适于地幔变形：地震波传播时为弹性变形，地幔对流或岩石圈加载，以及如冰川加载有关的流动为黏性变形。力学相似物为一弹簧串联一阻尼［图3.8（j）］。举一人们熟悉的例子，搅生面团：轻推一下，弹性变形；用力搅动产生永久变形。停止搅动时，面团稍许反向旋转（释放弹性组分）后逐渐静止。Maxwell黏弹性变形的本构关系为

$$\dot{e} = \frac{\sigma}{E} + \frac{\sigma}{\eta} \tag{3.24}$$

黏弹性模型用于大尺度模拟地壳变形：短期对应力的响应为弹性，长期反应为流动。

一般线性行为模型更贴近天然岩石对应力响应。其力学相似物是Kelvin模型与Maxwell模型的组合［图3.8（l）］。应力开始作用时，Maxwell模型的弹性应变积累。以后为模型的其余部分调节应力。应力拆除时，弹性应变首先恢复，随后是黏弹性组分。然而Maxwell模型中的一些应变是永久性的。

虽然这些理想化的模型的组合多数预测应力－应变为线性关系，但天然变形并不遵循这些简单模式。实验结果表明应力－应变关系并非线性，而是幂律关系，即式（3.21）中的n>1。这种关系说明天然变形具有非线性材料行为特征。然而，理想化模型仍很有参考价值。

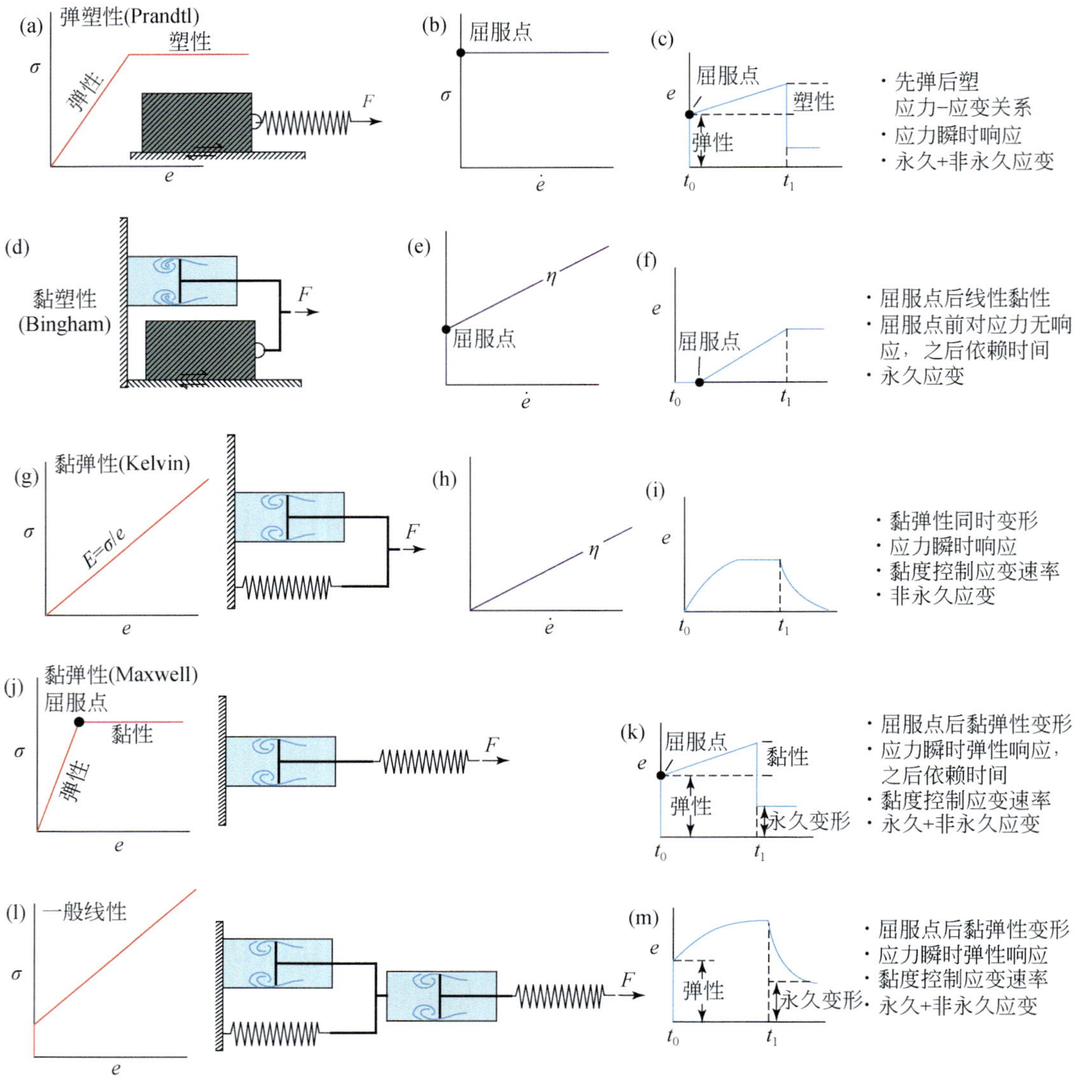

图 3.8 流变模型及其主要特征（据 Fossen，2010，2016）

弹簧、阻尼与刚性方块底部摩擦分别代表纯弹性、纯黏性和纯塑性

3.4 蠕变－松弛实验与德波拉值（Deborah number）

实验是认识岩石流变的重要基础。实验中，可选取介质、控制如温度、压力、应力条件和应变速率等物理变量。由于实验目的和事件的物理条件不同，目前有多种不同的实验装置。最常见的是一种三轴变形装置，其中圆柱状试件受到围压（P_c）和轴向主应力（$\sigma_\alpha=\sigma_1$）的作用（图 3.9）。所有应力均为挤压应力，当围压小于轴向应力时，试件轴

向缩短［图 3.9（a）］。如果围压大于轴向应力，试件轴向伸长［图 3.9（b）］。

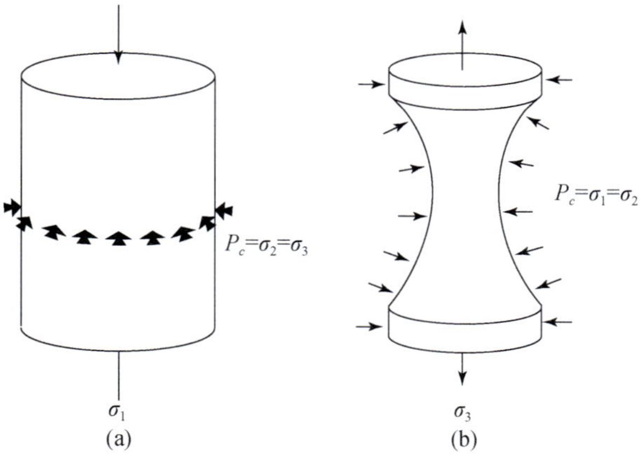

图 3.9　三轴挤压实验试件受力状态

轴向挤压力 F，试件顶或底面积 A，轴向应力 $\sigma_1=F/A$；围压（P_c）条件下：（a）常规试件（挤压实验）；（b）狗骨状试件（伸展实验）

该设置中，应力来自两方面：轴向压应力 σ_α（$\sigma_\alpha=F/A$）和围压（P_c）。围压一般小于 1GPa，温度可高达 1400℃，应变速率 $10^{-3}\sim10^{-8}s^{-1}$。大多数试件是单矿物试件（石英、方解石、橄榄石等）。经常假定石英（上地壳）、长石（下地壳）、橄榄石（地幔）控制岩石圈不同部分的流变学特征。因此，需要更多的多晶体试件变形数据。

实验材料的流变性质一般可根据单轴压缩－松弛实验予以确定。首先将试件在固定加载速率下加压轴向缩短 25% 以上，然后将应变速率下降到零以获得该材料的松弛曲线。材料加载－松弛实验的理想行为可将其应力－应变曲线分阶段予以描述。首先应力急剧上升到屈服强度（初始蠕变），而后曲线记录一稳定态（稳态蠕变），最后，当应变速率设定为零，应力迅速下降，直到应力曲线达到稳定（图 3.10）。

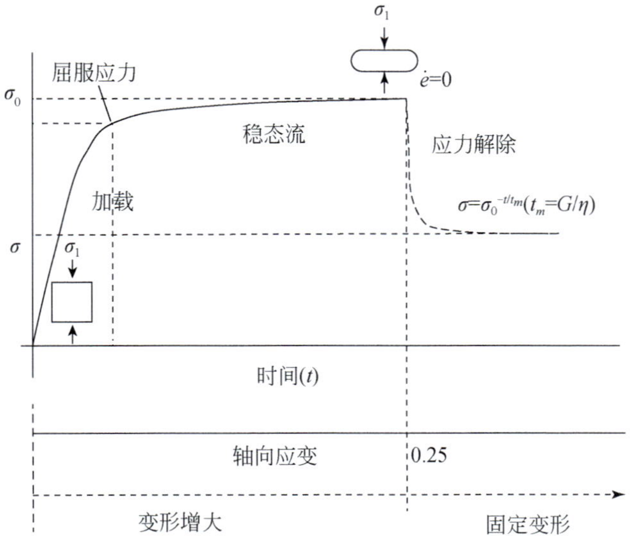

图 3.10　理想的蠕变－松弛实验曲线（Gómez-Rivas，2008）

3.4.1 岩石蠕变实验

蠕变是用于低应变速率变形的术语，一般是材料在高温均一温度下，持续不变的应力所导致的塑性变形。蠕变实验是实验过程中固定应力不变的实验。

均一温度（T_H）是材料的绝对温度（Kelvin，T）与其熔点的绝对温度（T_m）之比：

$$T_H = \frac{T}{T_m} \tag{3.25}$$

对水而言，熔点（T_m）为 0℃ =273K，0K 时的均一温度等于 0/273=0。冰点 0℃（273K）时均一温度等于 273/273=1。-110℃（137K）时水的均一温度等于 137/273=0.5。蠕变涉及的均一温度大于 0.5。当 T_H 接近 1 时蠕变过程较活跃。这就是为什么冰川会流动。通过均一温度可进行不同均一温度的固体间的对比。例如，冰和橄榄石在均一温度为 0.95 时（-14℃的冰和 1744℃的橄榄石）很相似。

图 3.11 为蠕变实验的一般化应变 / 时间曲线。实验开始时弹性变形，应力瞬时上升到一定值。而后进入蠕变阶段，应变速率下降。蠕变的第一阶段称为初始蠕变，该阶段的特征为应变速率逐渐变小。蠕变的第二阶段称为稳态蠕变，应变累积的速率稳定。蠕变的第三阶段称为加速蠕变，试件的显微断裂或重结晶作用导致应变速率加速，最终以宏观断裂而告终。

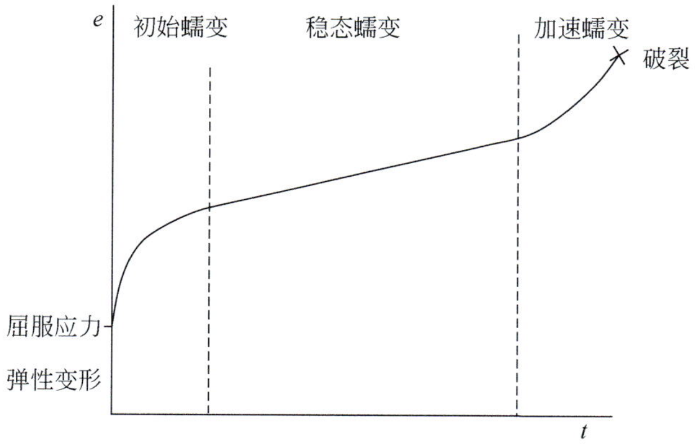

图 3.11 蠕变实验的一般化应变 / 时间曲线

构造地质学家最关心稳态蠕变，因为岩石在一段较长的时间段内大致稳定地变形。稳态蠕变的本构关系为幂次律式（3.21）。

实验条件下，塑性泥为一理想的非线性黏性材料。给定一温度，可用式（3.21）流变律描述材料应变速率（$\dot{e}$）与施加应力间关系。因是单轴变形，所研究的参数用线应变和线应变速率表示。两者均沿轴向缩短方向度量。根据变形装置记录的力和试件的横截面计算应力。因此轴向长度比和伸长度可定义为

$$S = e^{\dot{e}t} \tag{3.26}$$

$$e=\frac{\ln(1/S)^2}{2} \tag{3.27}$$

式中，$\dot{e}$为应变速率；t 为时间。

根据应变速率－应力的对数图，可拟合回归直线，该直线的斜率等于应力指数 n。轴向长度比等于 10% 时计算有效动力学黏度（η^*），材料常数（C）和应力指数（n）。

材料常数 C 根据 Weijermars 和 Schmeling（1986）提出的公式获得：

$$C=10^{\frac{1}{n}\log e-\log\sigma} \tag{3.28}$$

假定材料为线性黏性行为，动力学有效黏度 η^* 可据 Zulauf 和 Zulauf（2004）提出的公式获得：

$$\eta^*=\frac{\sigma}{2\dot{e}} \tag{3.29}$$

Gómez-Rivas（2008）对几种层状塑性泥在室温和应变速率为 $10^{-4}\sim10^{-5}\text{s}^{-1}$ 量级下（相当于片岩 500 ～ 700℃和 10^{-14}s^{-1} 应变速率）进行垂直层面的挤压缩短实验，获得的应力－应变曲线如图 3.12 所示。

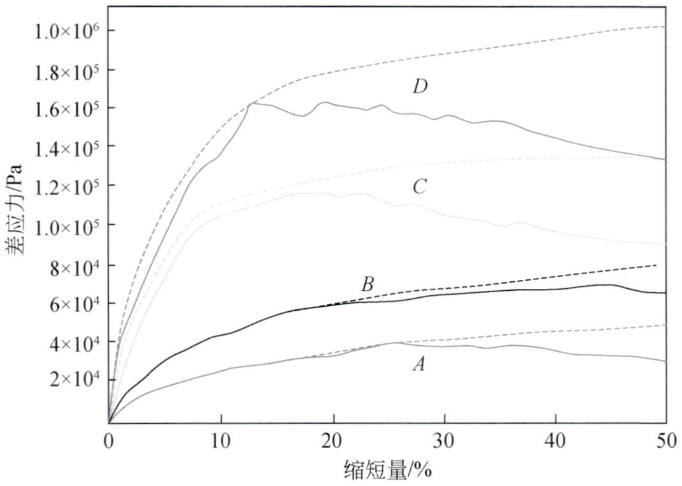

图 3.12　四种层状塑性泥蠕变实验的应力－应变曲线（据 Gómez-Rivas，2008）

虚线为根据实验数据假定均匀变形流变律计算的理论曲线；实线为应变局部化的实际观测曲线。两者间的差别给出应变局部化所节省的能量

3.4.2　岩石松弛实验

蠕变实验达到稳态蠕变阶段时，将应变速率设定为零。记录应力随时间的变化给出应力松弛曲线（图 3.10）。对于理想的 Maxwell 黏弹性材料，应力拆除后只恢复弹性应变。应变速率等于零时的应力为

$$\sigma=\sigma_0^{-t/t_m} \tag{3.30}$$

式中，σ_0 为初始应力；t_m 为 Maxwell 松弛时间，即 Maxwell 刚性与黏性之比（μ_m/η_m）。当施加应变速率恒定为零时，弹性应变瞬时恢复后是与时间有关的短暂的蠕变应变恢复。剩下的是不可恢复的黏性变形。

如果是 Maxwell 材料，则可用式（3.30）获得应变速率为零时的应力。简单的 Maxwell 体可由弹簧和一阻尼组成［图 3.13（a）］，而并列的多个 Maxwell 体再并列一弹簧构成综合的 Maxwell 体［图 3.13（b）］。综合的 Maxwell 体的松弛模量 K 可据式（3.31）求出：

$$K(t)=E_0+\sum_{i=1}^{n}E_i\bullet e^{-\frac{E_i}{\eta_i}t} \tag{3.31}$$

式中，E_0 和 E_i 分别为主弹簧和附属 i 弹簧的弹性模量；η_i 为阻尼的黏度，t 为时间，e 为伸长度。

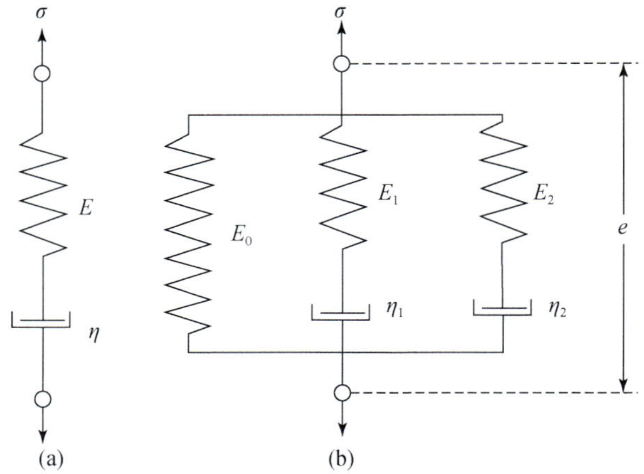

图 3.13　简单 Maxwell 流变模型（a）和复式 Maxwell 流变模型（b）（据 Gómez-Rivas，2008）

应力松弛实验旨在确定实验材料弹性和黏性响应时间之比率。通过调节式（3.31）中的黏弹性模量以便与实验数据一致。有些作者（Schöpfer 和 Zulauf，2002）假定单一 Maxwell 体便可计算应力松弛参量，然而一般情况下，因相关系数（R^2）低，单一 Maxwell 体难以准确描述材料的黏弹性行为。采用复式 Maxwell 模型［图 3.13（b）］所获得的相关系数远高于单体 Maxwell 模型。

3.4.3　德波拉数

前已指出，除牛顿流体为纯流体外，一切非牛顿体均为弹黏性体，具有固体和流体双重性。古希腊女预言家德波拉（Deborah）有句歌词“上帝面前山会流”，这是对 Heraclitus“万物皆会流”的重要补充。在她心目中上帝是永恒的，因此万物皆会流，在人类的心目中，由于生命短暂，未必能觉察山的流动。这句很有哲理，只要时间足够长一切材料都会流。Reiner（1964）据其意将松弛时间与观察时间之比定义为德波拉数（De-number）。这一无量纲参数是流变学的基本参数之一，该术语将固体和流体融入一般化概念中，借以度量某一条件下材料的黏弹性。“观察时间”的理念至关重要，同一材料，观察的时间尺度不同，德波拉数不同。以弹跳泥（bouncing or silly putty）为例，若将其搓成球，并任其自由下落在地板上，将表现为弹性跳动。若用铁锤击之，将导致脆性破裂。若将其静置于桌面上，则在重力作用下塑性变形，一小时左右将成烙饼状，厚度随时间的延续递进变薄。还有一种方式是用橡皮锤击之，在短暂几秒的时间段内，球面瞬时出现韧性共轭变形纹，面对击打方向的共轭角约 110° 。随后变形纹便很快消失在重力作用下的塑性变形中。上述弹性泥球的弹脆性、黏弹性和黏性行为显然都发生在同一温度和围压条件下，分别具有高、中和低德波拉数，对应快速、中速和慢速应变速率变形所显示的固体、固流体和流体行为。正如 Hubert-Ferrari 等（2003）所指出的，难以使弹跳泥同时破裂和流动。因此，观察的时间尺度取决于研究的目的。对于工程设计，观察时间可改为服务期限。例如，设计一钢桥首先要确定桥的使用期限。然后将这段时间与钢材的松弛时间对比。德波拉数越大越固体，越小越流体；德波拉数越大越弹性，越小越黏性。Poliakov 等（1993）还将其定义为一黏弹材料的 Maxwell 松弛时间（t_r）与黏性流特征时间（t_{visc}）之比：

$$De = \frac{t_r}{t_{visc}} = \frac{\sigma}{G} = \frac{\eta^*}{G} \bullet \dot{e} \tag{3.32}$$

式中，η^* 为动力学有效黏度［给定温度 - 围压和应变速率下材料显示的黏度，据式（3.29）计算］；G 为 Maxwell 体刚性或剪切模量；$\dot{e}$ 为应变速率；De 为德波拉数。

典型黏性材料的德波拉数为 10^{-3} ～ 10^{-4}，黏弹性材料为 10^{-2}（Poliakov *et al.*，1993）。实验条件下可根据蠕变 - 松弛实验曲线确定加载速率与卸载速率的相对大小。表 3.2 列出 Gómez-Rivas（2008）对几种层状塑性泥在室温和应变速率 10^{-4} ～ $10^{-5}s^{-1}$ 量级下（相当于片岩 500 ～ 700℃和 $10^{-14}s^{-1}$ 应变速率）黏弹性变形（变形局部化）所取得的变形参数和德波拉数。实验结果显示以下规律（图 3.14）：①除一数据进入黏性域外，全部实验数据位于典型的黏弹性变形域，与应力 - 应变曲线缺乏明确屈服强度的实验结果（图 3.12）一致；②德波拉比随应变速率增大而增大。

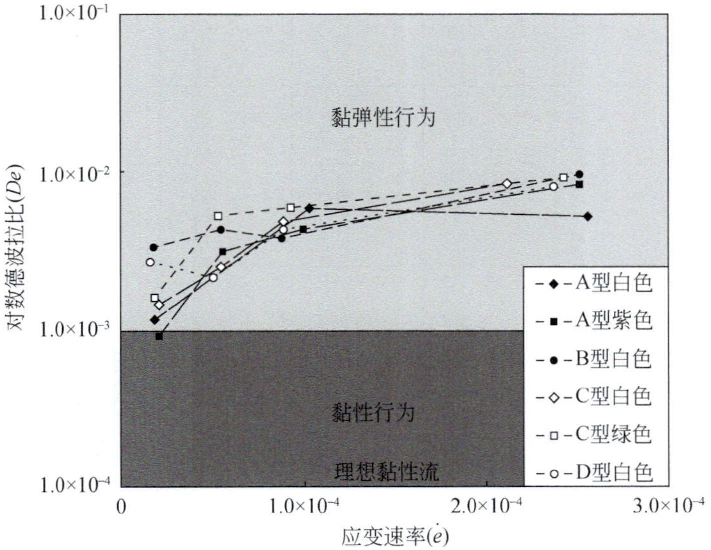

图 3.14　应变速率 - 德波拉比空间示黏弹性（变形局部化）与黏性（均匀化）变形的界线（据 Gómez-Rivas，2008）

表 3.2 用于模拟岩石各种塑性泥混合物挤压和松弛实验计算的参量（据 Gómez-Rivas，2008）

混合物类型	成分	应变速率（$\dot{e}$）/s^{-1}	轴向应力（σ）/Pa	有效黏度（η）/Pa	应力指数（n）	材料常数（C）/（$Pa^{-n}\cdot s^{-1}$）	弹性剪切模量（G）/Pa	德波拉数（De）
A 型白色	Oclu-Plast 白色塑料泥	1.8×10^{-5} 5.5×10^{-5} 1.0×10^{-4} 2.6×10^{-4}	2.4×10^{4} 3.6×10^{4} 3.2×10^{4} 4.8×10^{4}	6.1×10^{8} 3.0×10^{8} 1.6×10^{8} 4.8×10^{7}	3.9	1.7×10^{9} 3.3×10^{9} 3.5×10^{9} 6.5×10^{9}	9.4×10^{6} 6.3×10^{6} 3.3×10^{6} 2.2×10^{6}	1.2×10^{-3} 2.6×10^{-3} 6.0×10^{-3} 5.3×10^{-3}
A 型紫色	Oclu-Plast 紫色塑料泥	1.9×10^{-5} 5.5×10^{-5} 1.0×10^{-4} 2.5×10^{-4}	2.3×10^{4} 2.6×10^{4} 3.8×10^{4} 3.3×10^{4}	5.8×10^{8} 2.1×10^{8} 1.9×10^{8} 3.3×10^{7}	4.1	1.3×10^{9} 1.9×10^{9} 3.2×10^{9} 3.6×10^{9}	1.3×10^{7} 3.7×10^{6} 4.5×10^{6} 9.4×10^{5}	8.9×10^{-3} 3.2×10^{-3} 4.5×10^{-3} 8.5×10^{-3}
B 型白色	Oclu-Plast 白色塑料泥 +10% 婚礼纸片	1.8×10^{-5} 5.4×10^{-5} 8.8×10^{-5} 2.5×10^{-4}	4.5×10^{4} 3.6×10^{4} 4.6×10^{4} 4.4×10^{4}	1.1×10^{9} 3.0×10^{8} 2.3×10^{8} 4.4×10^{7}	8.2	1.1×10^{10} 1.1×10^{10} 1.4×10^{10} 1.5×10^{10}	5.9×10^{6} 4.3×10^{6} 5.3×10^{6} 1.2×10^{6}	3.4×10^{-3} 4.4×10^{-3} 3.9×10^{-3} 9.8×10^{-3}
C 型白色	JOVL 白色塑料泥	1.9×10^{-5} 5.5×10^{-5} 8.9×10^{-5} 2.1×10^{-4}	6.9×10^{4} 1.0×10^{4} 1.0×10^{4} 9.3×10^{4}	1.7×10^{9} 8.4×10^{8} 5.2×10^{8} 9.3×10^{7}	3.3	1.2×10^{9} 2.5×10^{9} 3.1×10^{9} 3.9×10^{9}	3.0×10^{7} 1.7×10^{7} 1.0×10^{7} 2.0×10^{6}	1.4×10^{-3} 2.6×10^{-3} 4.9×10^{-3} 8.5×10^{-3}
C 型绿色	JOVL 绿色塑料泥 +10% 婚礼纸片	1.8×10^{-5} 5.3×10^{-5} 9.2×10^{-5} 2.4×10^{-4}	9.9×10^{4} 7.5×10^{4} 8.1×10^{4} 1.1×10^{4}	2.5×10^{9} 6.2×10^{8} 4.0×10^{8} 1.1×10^{8}	3.9	2.6×10^{9} 2.8×10^{9} 3.7×10^{9} 6.7×10^{9}	2.4×10^{7} 6.0×10^{6} 7.0×10^{6} 2.4×10^{6}	1.6×10^{-3} 5.4×10^{-3} 5.9×10^{-3} 9.4×10^{-3}
D 型白色	JOVL 白色塑料泥 +10% 婚礼纸片	1.6×10^{-5} 5.0×10^{-5} 8.9×10^{-5} 2.4×10^{-4}	1.4×10^{4} 8.3×10^{4} 1.2×10^{4} 1.2×10^{4}	3.4×10^{9} 6.9×10^{8} 5.8×10^{8} 1.2×10^{7}	11.7	1.2×10^{10} 9.4×10^{10} 1.5×10^{10} 1.9×10^{9}	1.7×10^{7} 1.7×10^{7} 1.3×10^{7} 2.9×10^{6}	2.7×10^{-3} 2.2×10^{-3} 4.4×10^{-3} 8.2×10^{-3}

3.5 脆性变形、韧性变形和塑性变形的比较

脆性和韧性是构造地质学中使用最为广泛的两个术语，然而，不同的地质学家在不同背景下赋予其不同的含义。

在流变学和岩石力学领域，韧性材料是指在超过材料极限强度之前，能够积累一定量的永久应变而没有宏观可见的破裂的材料；相比之下，脆性材料是在应力超过屈服点后而破裂变形的材料。对于以岩石力学为主导的地质学家来说，韧性材料表现出经典的应力（σ）- 应变（e）曲线（图 3.3）。

韧性构造在变质岩即中下地壳变形的岩石中得以很好表现。同样，韧性变形也发生在土壤和松散的、未很好固结的沉积物中，其变形机制不同而已。如图 3.15 所示，韧性变形是一种尺度依赖性的构造类型，与显微尺度的变形过程无关。总之，韧性变形是一种由不同变形机制形成的宏观上（肉眼观察）保持了原有结构和层的连续性的一种变形。因此，在地震线或露头尺度上的韧性变形，在次地震或微观尺度上则可能是脆性变形（图 3.15）。

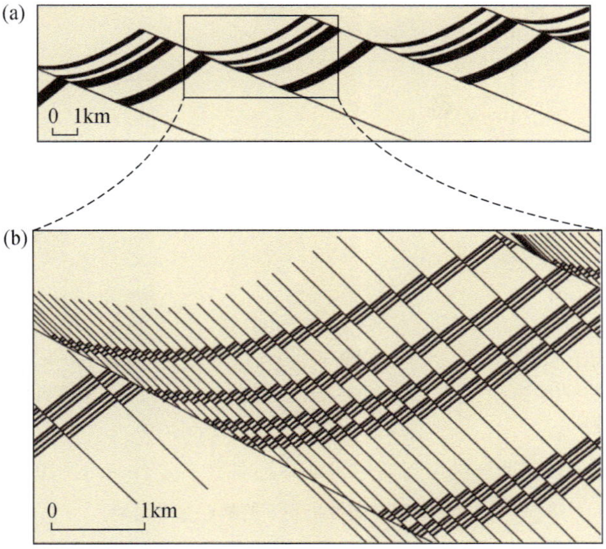

图 3.15 韧性变形的尺度依赖性（据 Fossen，2016）

（a）大尺度上连续的，表现为韧性变形的标志层；（b）在小尺度上则为一系列复杂的小断层，为脆性变形

在寻求可以专门用于中地壳和下地壳的韧性变形的术语时，地质学家倾向于“塑性”一词。“塑性变形”一词在传统物理学上通常被定义如下：在超过材料的弹性极限的持续应力作用下，由位错运动引起的物体形状或大小的永久性变化，而不发生断裂（图 3.3）。20 世纪 30 年代就发现，塑性可以用位错理论来解释。该理论认为，矿物通过位错运动的启动而开始发生塑性变形，一般在 10 ～ 15km 深度。有时用“晶体塑性”或“晶体塑性变形”

术语来区分土壤力学中关于富水土壤的可塑性。构造地质学中，一般将塑性变形限定在晶内的变形机制，而不包括晶粒间的脆性断裂、滚动和摩擦滑动。

后者在微观尺度上的变形机制被称为脆性变形机制，说明“脆性”一词既包含变形方式，也包括微观尺度变形机制的双重含义。因此，我们所谓的脆性变形机制，即意味着微观尺度上的摩擦变形，以及脆性机制占主导地位的脆性状态。如果我们要使用一个不涉及变形方式的表达，可以使用摩擦变形或摩擦状态这样的术语。

塑性或晶体 - 塑性机制发生在原子尺度上，通过位错迁移等蠕变过程，使原子键依次发生断裂。严格来讲，这一机制与也为非脆性(非摩擦)机制的扩散和溶解机制并不相同。所以，具体地说，一个是脆性或摩擦变形机制；另一个是塑性、扩散和溶解机制。

韧性一词是指变形方式，指有一定的变形而未断裂；而脆性一词既可以指变形方式，也可以指微观尺度的变形机制；塑性变形和摩擦变形是指微观尺度变形机制的术语(图 3.16)。一般“韧性”与“脆性”相对应，“塑性”与“弹性”相对应。

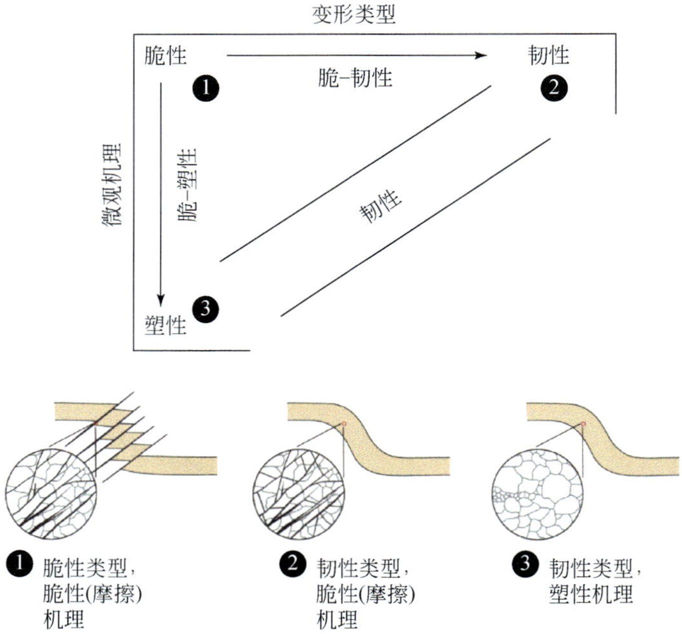

图 3.16 变形类型与变形机理关系图示(据 Fossen，2016)

注意：不存在塑性机制下的脆性变形类型

思 考 题

1. 岩石流变学与岩石力学有何区别?
2. 岩石的弹性、塑性和黏性行为及其本构公式。
3. 何为幂律失效?
4. 如何理解应变软化与应变硬化?
5. 德波拉数及其含义。

6. 脆性变形、韧性变形、塑性变形的含义有何异同？

参考文献

Druguet E, Czeck D M, Alsop G I, *et al*. 2013. Preface: Deformation localization. Journal of Structural Geology, 50: 1 ～ 4

Fossen H. 2010. Structural Geology. New York: Cambridge University Press. 21 ～ 239

Fossen H. 2016. Structural Geology (Second Edition) . New York: Cambridge University Press. 25 ～ 254

Gómez-Rivas E. 2008. Localización de deformación en mediosdúctiles y anisótropos: Studio de campo, experimental y numérico. Tesis doctoral, UniversitatAutònoma de Barceloma. 1 ～ 65

Hobbs B E, Mclaren A C, Paterson M S. 1972. Plasticity of single crystals of synthetic quartz. American Geophysical Union. 29 ～ 53

Hubert-Ferrari A, King G, Manighetti I, *et al*. 2003. Long-term elasticity in the continental lithosphere: modeling the Aden Ridge propagation and the Anatolian extrusion process. Geophysical Journal International, 153 (1) : 111 ～ 132

Peltzer G, Tapponnier P. 1988. Formation and evolution of strike-slip faults, rifts, and basins during the India-Asia Collision: An experimental approach. Journal of Geophysical Research Solid Earth, 93(B12): 15085 ～ 15117

Poliakov A N B, Cundall P A, Podladchikov Y Y, *et al.* 1993. An explicit inertial method for the simulation of viscoelastic flow: An evolution of elastic effects on diapiric flow in two and tree-layers models. In: Stone D B, Runcorn S K (eds.) . In flow and creep in the solar system: Observations, Modeling and Theory. Berlin: Springer Netherlands. 175 ～ 195

Reiner M. 1964. The Deborah number. Physics Today, 17 (1) : 2

Weijermars R, Schmeling H. 1986. Scaling of Newtonian and non-Newtonian fluid dynamics without inertia for quantitative modeling of rock flow due to gravity (including the concept of rheological similarity) . Physics of the Earth and Planetary Interiors, 43 (4) : 316 ～ 330

Zulauf J, Zulauf G. 2004. Rheology of plasticine used as rock analogue: the impact of temperature, composition and strain. Journal of Structural Geology, 26 (4) : 725 ～ 737

第 4 章　岩石变形行为的主控因素与构造层次

各种岩石力学与变形实验证明，第 3 章所述的岩石流变方式与变形机制和岩石本身的性质及变形时的温度、围压、应变速率等环境因素密切相关，这是控制岩石变形方式与变形机制的主要因素。

4.1 温　　度

其他变形的环境因素固定时，低温时岩石具有高强度、变形通常为弹性，升高温度则岩石的屈服应力降低，变形常为黏性或塑性。图 4.1（a）、（b）两例中温度升高激活微观晶格塑性过程（如位错运动和扩散作用），同时还降低岩石的最终强度（岩石破裂时的差应力 Δσ）。温度增高时，岩石质点（分子）的热运动增强，从而减弱它们之间的联系能力，使物质质点更容易位移，强度降低，韧性增加。所以温度越高，岩石的强度越低，能承受的应变量越大。

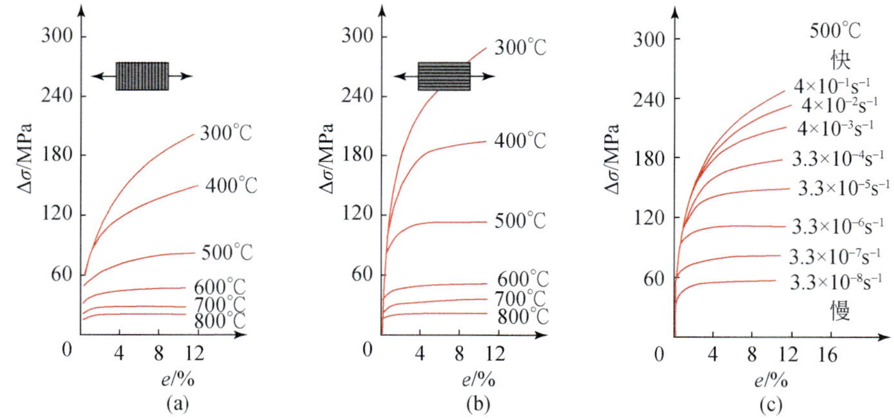

图 4.1　Yule 大理岩垂直面理（a）和平行面理（b）拉伸的应力 - 应变曲线（据 Heard and Raleigh，1972）及 500℃不同应变速率（c）的应力 - 应变曲线（据 Heard，1963）

显示温度越高或应变速率越低，岩石的屈服强度越低，塑性变形特征越显著

4.2　应变速率

应变速率是控制岩石变形行为的另一主要因素。岩石变形实验表明，高应变速率下岩石一般表现为脆性破裂。慢应变速率下，岩石表现的塑性变形具有一显著的屈服强度；应变速率越小屈服强度越小［图 4.1（c）中的 3.3×10^{-5} ～ $3.3\times10^{-8}s^{-1}$］。中慢速应变速率下，岩石显示应变硬化，屈服强度不明显［图 4.1（c）中的 4×10^{-1} ～ $4\times10^{-3}s^{-1}$］。

第 3 章所述的弹跳泥的三种行为充分说明了应变速率对变形的控制。由于实验条件的限制，实验延续的时间最长为十余天［图 4.2（a）］，相当于应变速率为 $10^{-7}s^{-1}$，比估计的地质应变速率高 5 ～ 7 个数量级。为获得地质应变速率下的岩石屈服强度，唯有根据系统实验的结果合理外推［图 4.2（b）］。推测典型地质应变速率下，地壳中部岩石的屈服强度为 0.35×10^8 ～ 0.4×10^8Pa（35 ～ 40MPa），仅是一般花岗岩的平均抗压强度（147MPa）的 1/4 左右。

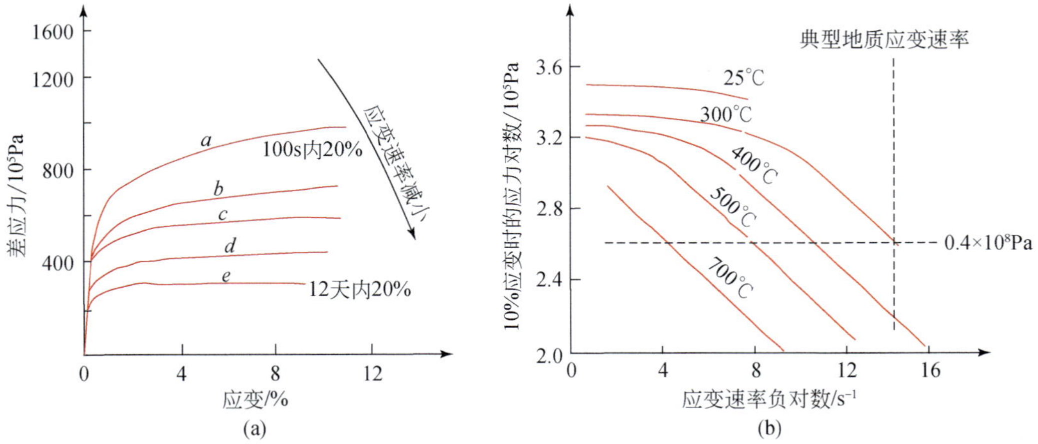

图 4.2　不同应变速率下的应力 - 应变曲线（a）和时温叠加原理推断典型地质应变速率（b）（据 Heard，1963）

从图 4.1（c）和图 4.2 可清楚看出，应变速率加快意味着增大差应力。大多数情况下实验应变速率必须大大快于天然应变速率，这就必须提高差应力使岩石变形。从图 4.1（a）、（b）和图 4.2 得知，升温会弱化岩石，因而升温会提高应力的效应，从而获得相当于降低应变速率的效应。提高应变速率，岩石会提前破裂，塑性应变积累会减小。试想冰川由缓慢流动的冰组成，在铁锤的快速打击下会粉碎。由于低应变速率，地球的一些部分显示黏性行为。提升应变速率，质点来不及重新排列就发生破裂，表现为脆性，还使岩石变强。相反，低应变速率下，晶体塑性过程易于跟上施加的应力，质点有充分时间通过移动而重新定向，岩石变软，塑性增强。

4.3 围压－孔隙流体压力

岩石变形实验证明，围限压力是控制岩石变形方式的另一主要因素。其他变形的环境因素相同时，低压时岩石强度低、变形通常为脆性，高压时岩石强度增大（图 4.3）。因为高围压下，晶体凝聚力增大，质点彼此接近，晶格不易破坏，难以产生扩容性断裂，因而会提高岩石的最终强度，导致破裂前有更多的有限应变积累，因此有利于晶体塑性变形机制。

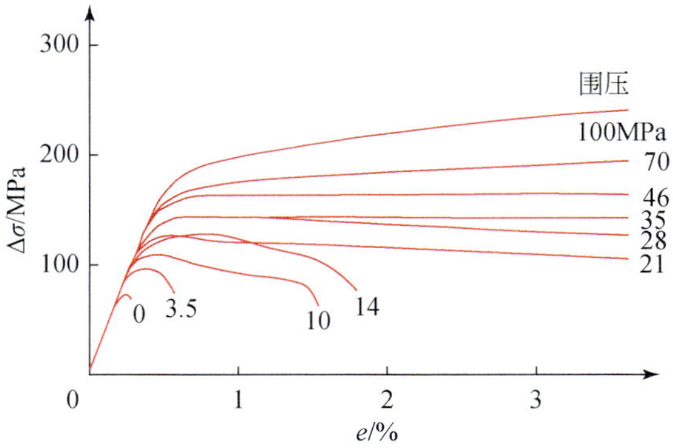

图 4.3 Wombeyan 大理岩不同围压下的应力－应变曲线（据 Paterson，1958）

孔隙压力与围压效应相反，抵消围压，降低有效正应力。晶格流体（水）的存在会显著软化岩石、大大降低岩石的强度或屈服应力、强化晶体塑性变形。流体的组成也影响岩石的流变性质。增加围压会提高水对许多硅酸盐的溶解度，但其效应取决于压力。

此外还必须随时考虑到各向异性构造，如先存面理的存在对岩石变形行为的影响。图 4.1（a）、（b）表明大理岩中的面理薄弱面导致平行面理拉伸所需的差应力显著高于垂直面理的拉伸。然而应当注意，该效应随温度的增高而降低。即使为单矿物组成的岩石，粒径和晶格组构（矿物的晶格优选取向）将导致岩石对应力的不同响应，这取决于施加力的方向。橄榄石晶体的各向异性对应力的响应取决于施加力相对橄榄石主要滑移系的方向。地幔中可能存在透入性晶组，导致地幔可能有重要的各向异性，从而控制裂谷、走滑断层和造山带的位置。

4.4 粒　　径

粒径的效应取决于变形期间的微观变形机制，在塑性体制下发生位错蠕变时，细粒化会造成颗粒表面积减小，从而使颗粒边界滑动等机制更加有效。因此粒径变小往往意味着应变软化。此外，晶内塑性变形和动态重结晶作用造成的粒径减小会破坏孔隙结构并使断裂发生愈合，封闭条件下孔隙体积越来越小，因而局部流体压力能够逐渐累积并达到静岩至超静岩状态（即高压流体）（Kolb，2008）。这种局部高压流体的存在一方面会降低岩石强度，另一方面使局部应变速率加快，从而在韧性域中产生脆性微破裂。

总之，增温、流体加入、应变速率降低以及塑性变形岩石中的粒径减小，都趋于导致应变软化从而降低岩石强度。

4.5　构造层次——岩石圈流变学特征

决定岩石变形行为的首要因素是内因——岩石本身的性质。岩石圈有三种最常见矿物：石英、长石和橄榄石。地壳的主要矿物成分是石英和长石，橄榄石控制上地幔的流变学特征。

影响岩石流变性的外部因素主要是应变速率、温度与围压。后两者关系紧密、共同随深度增加而增加，共同提升岩石破裂前的有限应变积累，从而总体提高岩石的韧性。地壳的组成主要是长石和石英，在上地壳条件下，石英和长石对应力的响应是断裂。大陆克拉通区、伸展区和造山带的地热梯度一般为每千米 16℃、22℃和 20℃，中地壳的温度估计为 350℃左右。温度为 300 ～ 350℃时，对于典型的大陆地温梯度，相当于 10 ～ 12km 深处，石英以晶体塑性变形机制（蠕变机制）与扩散机制为主。解理发育的长石，易平行解理裂开、难以位错滑动和攀移（晶体塑性变形机制），到 500℃左右（相当深度为 20 ～ 30km）仍以脆性方式变形。尽管在此深度大陆地壳岩石的主要成分是长石，但只要百分之几的石英便能控制地壳的流变学性质。虽然长石在 15 ～ 20km 深处仍处于脆性，只要有足够的石英，地壳变形则主要表现为塑性。这恰似面团加芝麻，无论加多少芝麻，只要有面在，面团整体表现为塑性。

随着深度的增加，地壳内不同深处的变形特征和变形机制显示出分带性，构造层次的概念也由此而生。

4.5.1　西布森的断层双层次模式

现代构造层次的概念始于西布森（Sibson，1977）的断层双层次模式（图 4.4）。在典型地质应变速率下，根据地壳不同深度的逆断层形成的不同类型的断层岩，将地壳概括地一分为二，上半部为弹性变形域，脆性断裂发育，机械破碎形成碎裂岩和角砾岩。其浅层（约 4km 内），因围压小、水分充足，碎裂物质为尚未黏结的断层泥和角砾。下半部以塑性流动为主，韧性剪切形成糜棱岩类岩石。预期当某一深度温度激活的流变发挥重要作用时，有一脆韧性转化带，深度为 10 ～ 15km。

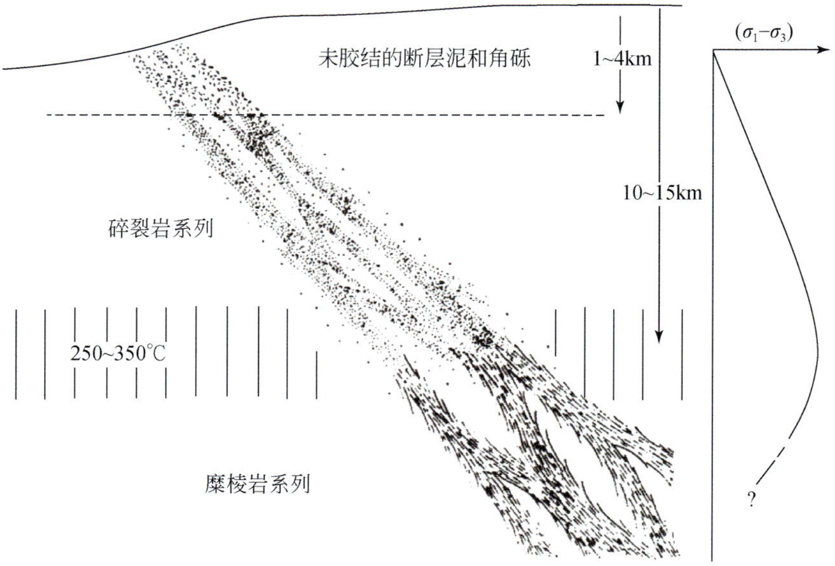

图 4.4 断层双层模式（据 Sibson，1977）

4.5.2 马托埃构造层次模型

马托埃（Mattauer，1980）根据造山带中岩石变形随深度变化的规律，提出一构造层次模型来简要概括从地表至深处的岩石变形行为。模型中将地壳分为表、浅、深三个构造层次（图 4.5）。表层次位于海平面以上，深度一般不超过 4km，为脆性断裂分布区。主要变形机制为脆性断裂作用；浅层次深度为 4km 左右到 12 ～ 15km。主要是弹塑性变形，主要构造的样式为无轴面面理的等厚褶皱，表明褶皱的形成主要是顺层的弯滑作用，岩石本身一般未经变形；深部构造层次深度为 12 ～ 15km 以下，主要为塑性变形区，主导变形机制为韧性剪切和压扁作用，构造样式为相似褶皱伴生轴面面理。面理从浅部的浅绿泥石相板劈理，随深度加大变为绿片岩相千枚理、低级角闪岩相片理直到高级角闪岩相、麻粒岩相的片理或片麻理。该层次的上界为扇形面理前锋，下界接近岩石熔融流动状态。

4.5.3 西布森断层层次综合模型

在原逆断层模型的基础上，认识到围压的大小影响脆韧性转化带深度，不同构造体制下形成的断层具有不同的脆韧（塑）性转化深度。平均应力［（$\sigma_1+\sigma_2+\sigma_3$）/3］可代表围压，一般走滑断层代表地壳既不伸展也不缩短，其脆韧性转化深度代表一般脆韧（塑）性转化深度。缩短构造背景的逆断层，其平均应力（围压）高于走滑断层。前已述及，高围压下，难以产生扩容性断裂，破裂前可容纳更多的有限应变积累，因而其脆韧性转化深度浅于走滑断层。正断层相反，伸展构造背景下的平均应力（围压）低于走滑断层，其脆韧性转化深度则深于走滑断层。这样安德森三类断层或构造背景具有不同的脆韧性转化深度（图 4.6）。这些曲线还受孔隙压力的影响，孔隙压力将降低围压和断层面的摩

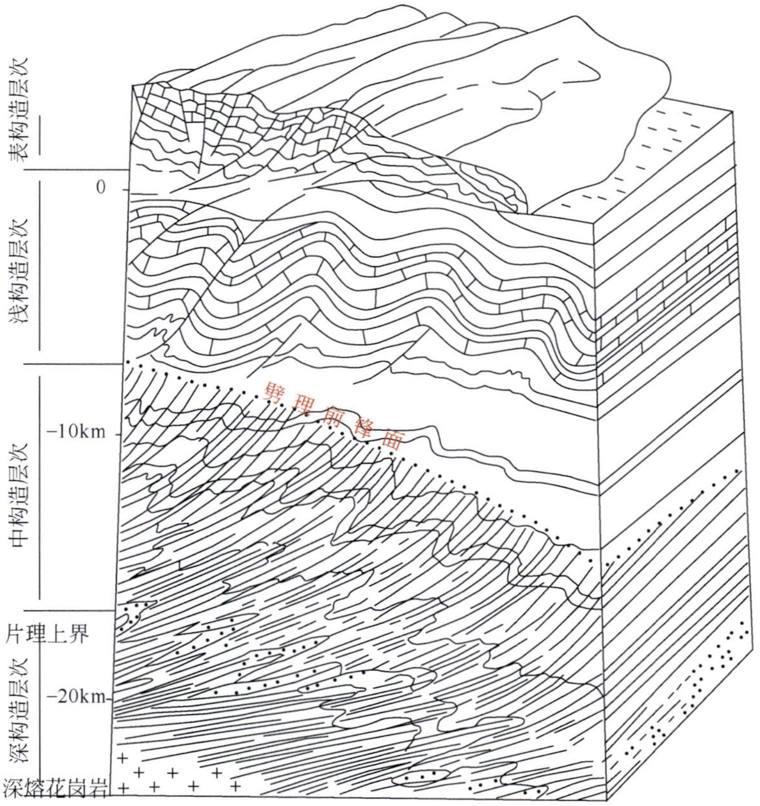

图 4.5　马托埃构造层次模型（据 Mattauer，1980）

擦力，导致脆韧性转化深度增加。另外，不同应变速率构成不同的德波拉数，导致脆韧性过渡带的垂向迁移（图 4.6）。

4.5.4　岩石圈流变分层

强度更大的橄榄石则统治着地幔，橄榄石的脆性行为可延伸到 50km 的深处。石英和长石的脆韧性转化分别定义了下地壳和上地幔与脆性强度曲线的截点（图 4.7）。岩石圈矿物组成的变化导致若干脆韧（塑）性分层，称为流变学分层（rheologic stratification）。Stone 和 Runcorn（1993）建立的上地壳和上地幔岩石的德波拉数分别为 $10^{-3} \sim 10^{-4}$ 和 $10^{-3} \sim 10^{-2}$。

大陆地壳中的脆韧性转化一般是渐变过渡或在一宽带中反复再现。这一过渡还受流体存在的影响，晶格流体（水）的存在将显著软化岩石。无水的“干”岩石，比含水的“湿”岩石强度大（图 4.7）。

4.5.5　应变速率变化的构造层次模型

西布森和马托埃的层次理念均将浅层作为长英质岩石的脆性变形域，而深层次作为韧性变形域。然而，应变速率不是固定不变的，所谓典型地质应变速率 $10^{-14}s^{-1}$ 的说法并

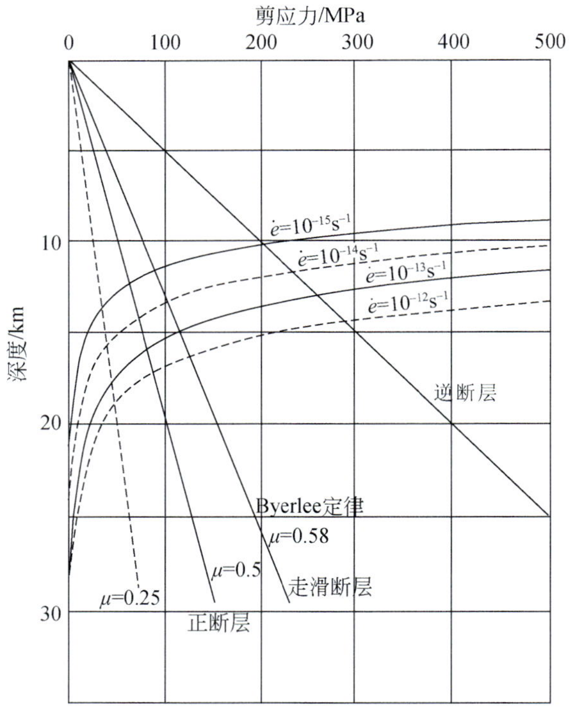

图 4.6 长英质地壳中的脆韧性转化带：逆断层、走滑断层、正断层依次加深

下地壳强度曲线是依据石英的变形实验（据 Gleason and Tullis，1995）得出，上地壳则遵循摩擦滑动实验建立的 Byerlee 定律（Byerlee，1978）。μ 为摩擦系数

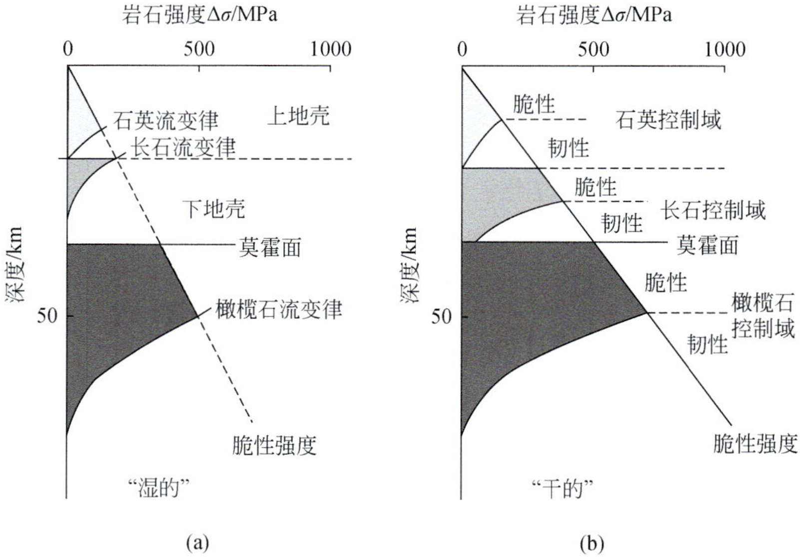

图 4.7 大陆岩石圈流变学分层模型

（a）含水岩石分层模型；（b）不含水岩石分层模型

不科学，实际也有若干量级的变化（图 4.8），何况脉冲式的地震事件证明地质应变速率的复杂多变。快速应变绝非仅影响浅层，慢速应变也绝非仅限于深层。正如前述弹跳泥所带来的启示，浅层次因应变速率的变化而显示弹性、黏弹性和黏性行为，中、深层次的岩石势必对不同地质应变速率做出不同的响应。根据现有的野外和实验观察结果可概括总结不同层次的岩石在不同应变速率下形成的三重构造样式（图 4.8）。

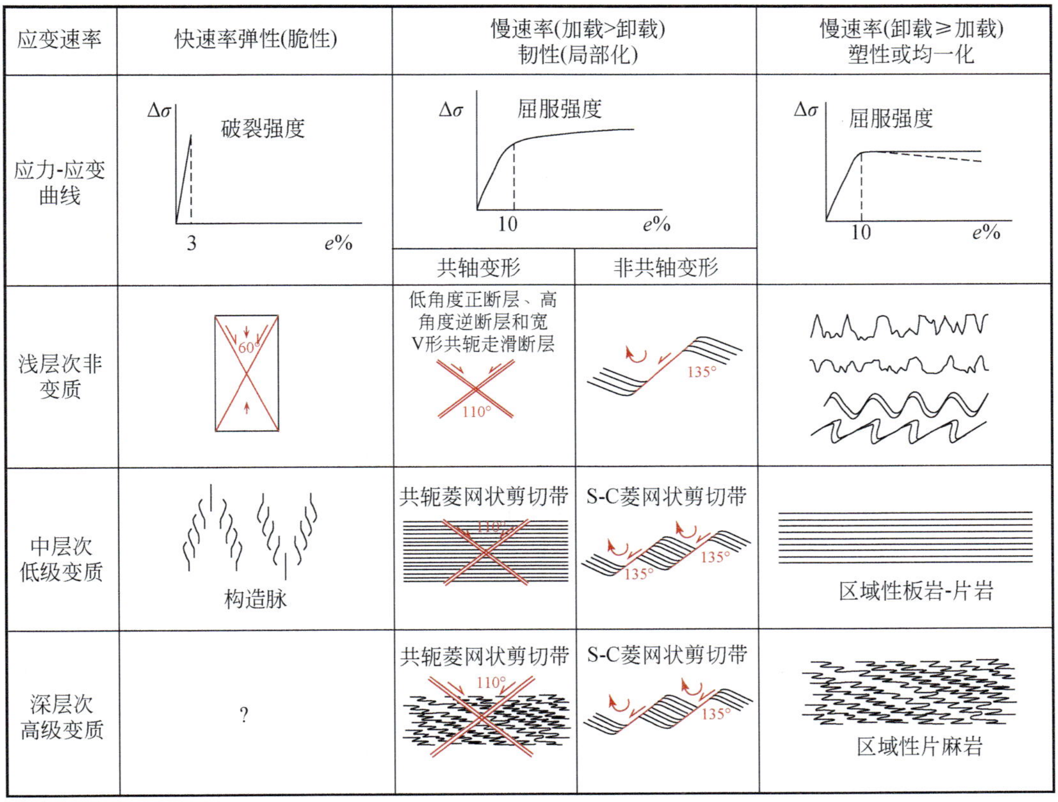

图 4.8　构造层次、变形速率与岩石变形行为

共轭脆性断裂服从库仑准则；共轭韧性剪切带服从最大有效力矩准则（论证详见第 2 章 2.3 节）

由于应变速率的变化，同层次岩石具有不同的变形行为，现已查实的案例如下。

1. 韧性剪切带与张性脉共存问题

最著名的实例是加拿大魁北克卡迪拉克（Cadillac）构造带北侧的西格玛等著名剪切带型金矿（Boullier and Robert，1992）。近水平含金电气石石英脉主要赋存在高角度逆冲型韧性剪切带中及旁侧（图 4.9）。脉纤维近直立与脉壁垂直，表明为张性脉。韧性剪切带与张性脉体现的应力状态相同而岩石的变形行为却迥然各异，张性脉属快速脆性变形的产物，而韧性剪切带却与慢速变形相关。这里体现的脆韧性转化，显然不是构造层次的变化，而是孔隙流体压力和应变速率的变化所致。

2. 膝褶带与雁列脉共存问题

图 4.10 所示的膝褶带内发育雁列脉，表明先有膝褶带后有雁列脉。膝褶带是慢应变速率下加载速率大于卸载速率条件下变形局部化的产物，方向受控于最大有效力矩准则，

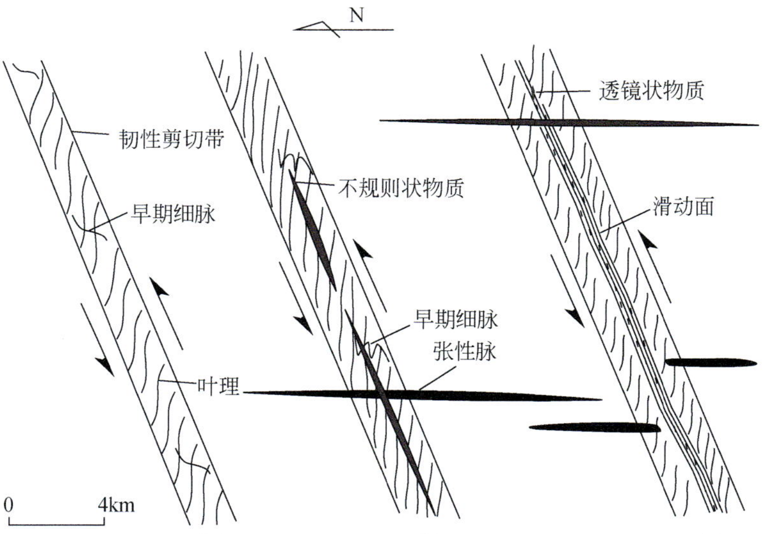

图 4.9 高角度逆冲韧性剪切带与水平张性脉共存（据高坪仙，1994）

其边界与最大主压应力 σ_1 成 55°（详见第 2 章 2.3 节）。而雁列脉是高流体压力和快应变速率下脆性断裂的产物。雁列脉主体部分的矿物纤维垂直脉壁，无疑为张裂脉，脉主体方向平行最大主压应力 σ_1 的方向。雁列脉尾端的矿物纤维与脉壁斜交，表明为张剪混合性脉，方向与最大主压应力 σ_1 斜交。脉主体与脉尾方向的变化存在两种解释。最流行的解释是脉始终平行最大主压应力 σ_1 方向，脉体形成过程中发生顺时针方向递进旋转，脉尾端的方向代表最晚期的 σ_1 方向，与早期 σ_1 方向差约 45°。然而，早期膝褶和后期脉主体所指示的 σ_1 方向一致，表明 σ_1 方向未变。而且最晚期的脉尾纤维与脉壁斜交，并不代表 σ_1 方向。脉主体与尾部方向的 S 形转折，可用脉形成过程中孔隙流体压力的变化来解释。膝褶带形成后期带内面理的旋转越过膝褶带法线，进入体积缩小阶段。压溶造成高孔隙流体压力，降低有效围压，导致张裂脉的形成。张裂脉的形成将导致孔隙流体压力减小，有效围压回升，造成张裂脉转化为张剪脉。该例表明，同一层次由于应变速率和孔隙压力的变化，岩石变形方式出现脆韧性转化。Sintubin 等（2012）对此照片给予了另外的解释。

其实，许多韧性剪切带中的脉型矿可能是韧性域中的脆性破裂所致，即由于流体压力应变速率的变化引起脆韧性变形的转换，如湘东钨矿即发育于韧性剪切带中的石英脉型矿（宋超等，2016）。

3. 糜棱岩与假熔岩共生，交替活动

许多大断层都有糜棱岩－假熔岩组合，如 Outer Hebrides 断层带（Sibson *et al.*，1988），澳大利亚中部的 Redbank 剪切带（Hobbs *et al.*，1986）和 Woodraffe 逆冲断层（Glikson and Mernagh，1990），东阿尔卑斯 Silvretta 推覆体（Koch and Masch，1992）。糜棱岩与假熔岩一般像似同运动期（White，1996）。令人不解的是：糜棱岩形成于韧性环境，而假熔岩是构造摩擦的熔融体，虽不全是，但通常形成于脆性域。迄今已有若干模式解释这一组合：①在脆韧性过渡带附近，韧性剪切带中的糜棱岩上隆进入脆性域，因此动力学上叠加假熔岩（Passchier，1982；Koch and Masch，1992）；②因剪切带糜棱岩中的

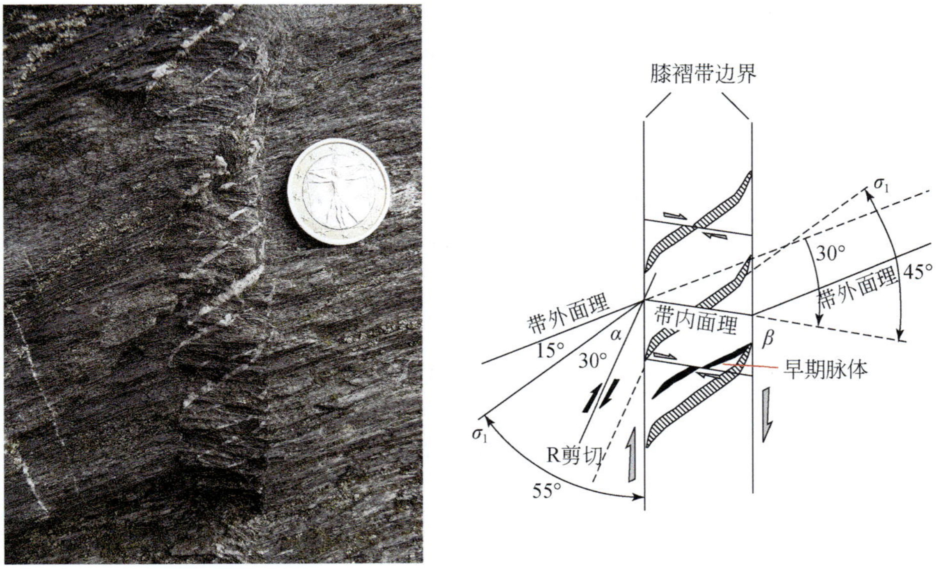

图 4.10　膝褶带与雁列脉共存反映同一应力状态（α、β 定义见第 6 章 6.1 节；左图据 Ramsay and Hubert，1987）

假熔岩后经糜棱岩化，推测地震带断裂向下扩展，在缺水的中地壳韧性域中形成脆性假熔岩（Sibson *et al.*，1988；Glikson and Mernagh，1990）；③因剪切带糜棱岩中的假熔岩后经糜棱岩化如澳大利亚 Redbank 剪切带和 Woodraffe 逆冲断层（图 4.11），研究者用韧性域中的塑性失稳，产生温度突然上升导致熔融来解释糜棱岩–假熔岩的交替活动（Sibson *et al.*，1988；Hobbs *et al.*，1986；White，1996）。第一种解释是因构造层次的变浅，晚期快速地震形成的假熔岩叠加在早期原韧性域中形成的糜棱岩上，强调层次的变化。第二、第三种观点是构造层次不变，不同原因导致应变速率的变化形成假熔岩叠置在糜棱岩上或两者交替形成，归因于应变速率的变化。

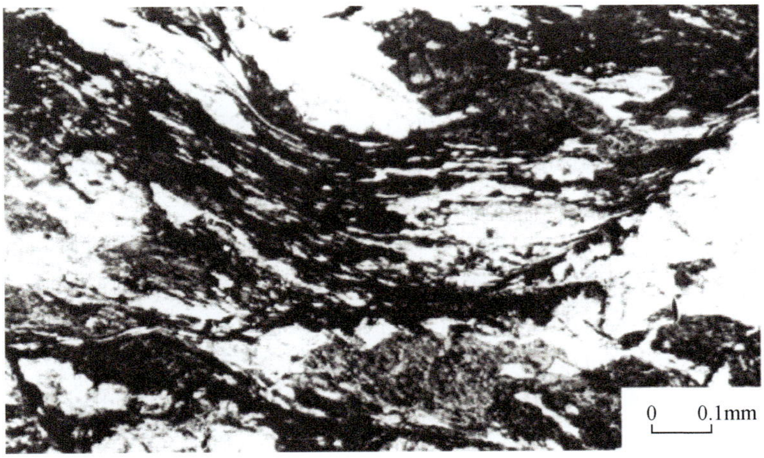

图 4.11　澳大利亚中部 Woodroffe 逆冲断层上盘的辉长糜棱状岩石中的糜棱化假熔岩（据 Glikson and Mernagh，1990）

此外，区域变质形成的片麻岩区中的韧性剪切带既可是构造层次变化所致，也可是应变速率加快的产物，取决于剪切带中矿物组合与围岩矿物组合是否处于同一层次的温度压力条件。有关糜棱岩和假熔岩的讨论可参阅第三卷有关部分。

思 考 题

1. 影响岩石变行行为的主控因素及控制机理。
2. 如何理解岩石圈流变分层？
3. 应变速率变化对构造层次的影响。
4. 如何认识脆、韧性变形行为的互相转换问题？

参 考 文 献

高坪仙 . 1994. 剪切带与金矿床——构造控矿问题 . 国外前寒武纪地质 , 3: 46 ～ 56

马托埃 M. 1980. 地壳变形 . 孙坦 , 张道安译 . 北京 : 地质出版社

宋超 , 卫巍 , 侯泉林等 . 2016. 湘东茶陵地区老山坳剪切带特征及其与湘东钨矿的关系 . 岩石学报 , 32 (5) : 1571 ～ 1580

Boullier A M, Robert F. 1992. Palaeoseismic events recorded in Archaean gold-quartz vein networks, Val d’Or, Abitibi, Quebec, Canada. Journal of Structural Geology, 14 (2) : 161 ～ 180

Byerlee J. 1978. Friction of rocks. Pure & Applied Geophysics, 116 (4-5) : 615 ～ 626

Gleason G C,Tullis J. 1995. A flow law for dislocation creep of quartz aggregates determined with the molten salt cell. Tectonophysics, 247: 1 ～ 23.

Heard H C. 1963. Effect of Large Changes in Strain Rate in the Experimental Deformation of Yule Marble. Journal of Geology, 71 (2) : 162 ～ 195

Heard H C, Raleigh C B. 1972. Steady-State Flow in Marble at 500° to 800℃ . Geological Society of America Bulletin, 83 (4) : 935 ～ 956

Hobbs B E, Ord A, Teyssier C. 1986. Earthquakes in the ductile regime? Pure and Applied Geophysics, 124 (1-2) : 309 ～ 336

Koch N, Masch L. 1992. Formation of Alpine mylonites and pseudotachylytes at the base of the Silvretta nappe, Eastern Alps. Tectonophysics, 204(92): 289 ～ 306

Kolb J. 2008. The role of fluids in partitioning brittle deformation and ductile creep in auriferous shear zones between 500 and 700℃ . Tectonophysics, 446 (1) : 1 ～ 15

Mattauer M. 1980. Reflexion sur la geometrie de la fracturation des zones d'accretion. Bulletin De La Societe Geologique De France, S7-XXII(6): 975 ～ 979

Passchier C W. 1982. Pseudotachylyte and the development of ultramylonite bands in the Saint-Barthelemy Massif, French Pyrenees. Journal of Structural Geology, 4 (1) : 69 ～ 78

Paterson M S. 1958. Experimental Deformation and Faulting in Wombeyan Marble. Geological Society of America Bulletin, 69 (4) : 465

Ramsay J G, Huber M I. 1987. The techniques of modern structural geology. Vol. 2: Folds and fractures. London: Academic Press. 1 ～ 309

Sibson R H. 1977. Fault rocks and fault mechanisms. Journal of the Geological Society, 133 (3) : 191 ～ 213

Sibson R H, Robert F, Poulsen K H. 1988. High-angle reverse faults, fluid-pressure cycling, and mesothermal gold-quartz deposits. Geology, 16 (6) : 551 ～ 555

Sintubin M, Debacker T N, Van Baelen H. 2012. Kink band and associated en-echelon extensional vein array. Journal of Structural Geology, 35: 1

Stone D B, Runcorn S K. 1993. Flow and Creep in the Solar System: Observations, Modeling and Theory. Berlin: Springer Netherlands. 391 (2) : 97 ～ 111

第 5 章　最大有效力矩准则的实践

第 2 章 2.3 节介绍了最大有效力矩准则的基本理论，本章重点介绍符合该准则的实际例证。

5.1　天然共轭韧性剪切带

大量天然韧性剪切带的观察显示，共轭角变化于 90° ～ 120°（Zheng *et al.*，2004）。实例不胜枚举，仅按规模与性质分为露头尺度、微观尺度、浅层次和区域统计研究的例证分述如下。

露头尺度的例证直观、便于测量。图 5.1 中 4 例均为变质岩中的共轭韧性剪切带。

中蒙边界区亚干变质核杂岩糜棱状花岗岩的糜棱面理产状近水平，剪切方式为上部指向南南东［图 5.1（a）］。其中发育两组间隔性剪切条带，切割或扭转近水平的透入性糜棱面理。同向一组与糜棱面理交角较小，反向一组交角较大，其间钝夹角为～ 118°［图 5.1（a）］。糜棱面理接近剪切条带时发生弯曲，根据弯曲的方式，可知两组共轭，面对近直立缩短方向。

湖北武当山中元古界武当群片岩中共轭膝褶带发育。膝褶带宽 5 ～ 6cm，长 30 ～ 50cm。共轭锐角 65° ～ 70° 面向最小主压应力 σ_3 方向，即钝角 110° ～ 115° 面对缩短方向。带外片理与膝褶带夹角（～ 55°）等于共轭钝角之半，指示膝褶带形成时缩短方向大致平行片理［图 5.1（b）］。

怒江右行走滑韧性断层带中，两组小型走滑断层切割、扭转千枚岩面理［图 5.1（c）］。北北东向一组右行，北北西向一组左行，共轭钝角约 115°，面对缩短方向。两组交会处，钝角尖压扁成弧形，锐角尖向侧向挤出。

辽宁大长山岛东西向公路路堑南壁揭示大片中元古界千枚状板岩中的共轭韧性剪切带，形成菱形网格构造［图 5.1（d）］。菱形网钝角约 112°，钝角域见有张性石英脉，脉体与钝角等分线近平行［图 5.1（d）插图］。

微观定向薄片中可获得准确的角度关系，图 5.2（a）～（c）分别为石英、堇青石和白云母单矿物中的共轭剪切带。这些例证所提供的共轭钝角数据不是 109° 就是 110°，其构造内涵如下：① 110° 不因材料而变；② 110° 为初始角；③ 110° 不因应变而变。因而堪

(a)　(b)　(c)　(d)

图 5.1　天然露头规模共轭韧性剪切带（郑亚东提供）

（a）中蒙边界亚干变质核杂岩糜棱状花岗岩中的共轭伸展褶劈理；（b）湖北武当山中元古界武当群片岩中的共轭膝褶带（蔡学林摄）；（c）怒江韧性剪切带中共轭伸展褶劈理；（d）辽宁大长山岛中元古界千枚状板岩中的共轭剪切带

称是对最大有效力矩准则最有力的支持，因为准则预测无论何种材料，韧性剪切带与最大主压应力方向的夹角为 54.7°。如果五入，共轭角加倍为 110°。如果先加倍成 109.4°，后四舍的共轭角则是 109°。这些例证也是对压扁悖论的最有力批判，因为其理论前提是假定共轭剪切带初始夹角为 90°，以后随递进压扁而增大。然而，这些例证显然证明共轭剪切带所在晶格并未压扁。

山东海源活动断层的断层泥发育间隔性共轭剪切带［图 5.2（d）］。其中微球粒群显示总体均匀变形，应变椭球轴比（R_s）为 1.73，对应的缩短量为 26.7%。变形局部化形成的间隔性共轭剪切带叠加在均匀变形上，共轭角为 108°。共轭钝角与微球粒所显示的缩短方向一致。表明最大有效力矩准则适用于纳米级尺度构造。

图 5.3 为一组浅层次共轭韧性剪切带。内蒙古石拐子区倾斜的侏罗系煤系岩层中的小型共轭断层，两组断层相互切割，断距 20 ～ 30cm［图 5.3（a）］。右行一组截层角小（～ 30°），左行一组截层角较大（～ 40°）。断层面见有斜向擦痕，擦痕垂直于共轭断层交线和岩层倾向线，表明断层是岩层倾斜前形成的。将岩层恢复水平后，两组断层为低角度断层，共轭钝角～ 109°，等分线近直立，表明形成于伸展环境。

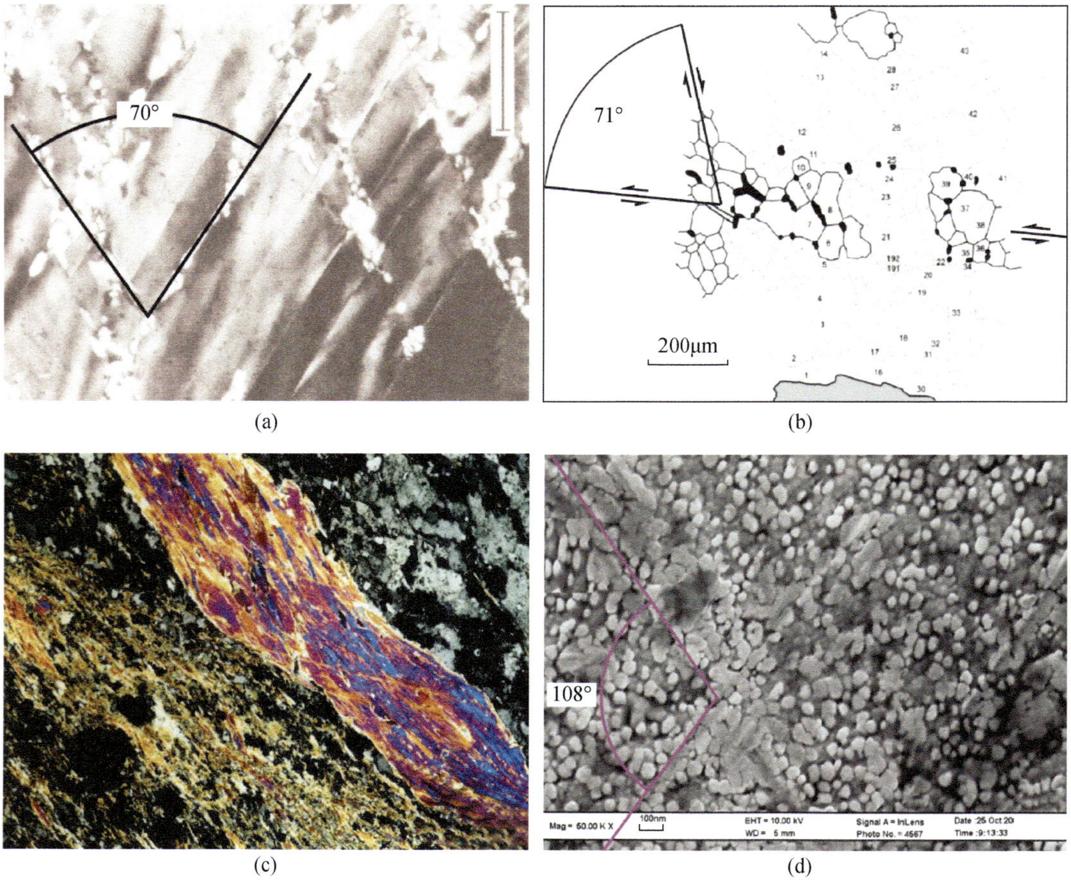

图 5.2　微观尺度中的共轭韧性剪切带

（a）天然石英中的共轭变形纹；（b）堇青石中的共轭剪切带；（c）糜棱岩云母中的共轭剪切带（内蒙古呼和浩特变质核杂岩）（郑亚东提供）；（d）山东海源断层泥中的纳米尺度共轭剪切带（孙岩提供）

三峡倾斜冰碛岩中的共轭断层的构造特征与上例相似，以正断层方式切割和扭曲冰碛岩中的层理。共轭钝角～109° 面对缩短方向［图 5.3（b）］。由于共轭断层大致同时活动，断层交会处钝角区形成高应变区，钝角尖端压扁成圆弧状，擦痕与断层交线平行。线理或擦痕垂直于 *XZ* 面表明物质从该面侧向挤出，共轭剪切带同时活动所引起的相容性问题（Ramsay and Huber，1987）可因此而解决。

内蒙古赤峰篓子店低角度正断层的断层泥中小型共轭剪切条带，以互为相反的方式切割或扭曲紫红与灰红的断层泥条带，断距 2～3cm［图 5.3（c）］。共轭钝角 109°，错断方式表明钝角一侧为缩短方向。

Watterson（1999）报道的英格兰克莱福兰波尔比钾盐矿地下约 1km 深处页状钾盐岩支撑柱中的共轭“屈服带”［图 5.3（d）］。这里两条长约 2m 的近平面状屈服带相互切割，并将柱面留下的垂向采矿铲抓痕正断式错开，构成共轭系。其上下共轭夹角分别为 110° 和 109°。该矿柱承受了来自上方厚约 1km 的岩石重量。由于周边已采空，围限压力仅为一大气压，可忽略不计。设岩石的平均比重 ρ 为 2.5g/cm^3，则矿柱所处的应力状态为

$$\sigma_1 = \rho gh = 250\text{kg/cm}^2$$

$$\sigma_2 = \sigma_3 = 0$$

表明钾盐矿柱在上覆 1km 岩石负荷的垂向压力下，在采矿的过程中形成钝角面对缩短或最大压应力方向的共轭变形带。其间的角度，如果考虑到罗盘的测角精度为 1°，则完全符合最大有效准则所预测的 109.4°。虽然不知准确的应变速率，但按一般的采矿史为几十年推算，相关的应变速率大约为 10^{-8}s^{-1} 数量级，表明钾盐在常温和这一应变速率下的屈服强度大约为 250kg/cm^2。迄今，无人能进行如此缓慢的岩石变形实验，因而该例为最大有效力矩准则提供了最接近真实的人工加天然的变形实例。

未固结的断层泥的形成深度一般小于 4km，未变质的煤系砂岩、页岩和冰碛岩变形环境，一般归结为脆性域。然而共轭钝角面对缩短方向是韧性变形局部化的特征，表明变形时应变速率慢、加载速率大于相关岩石的卸载速率。

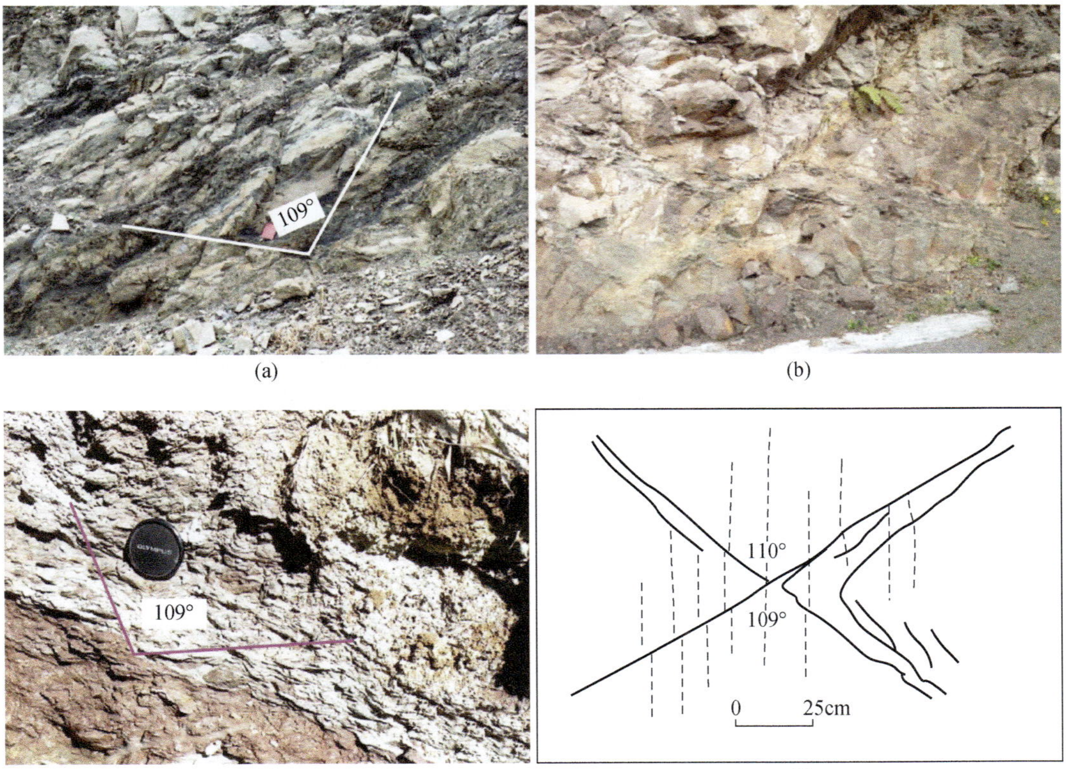

(a)　(b)　(c)　(d)

图 5.3　浅层次中的共轭韧性断层

(a) 内蒙古石拐子区侏罗系煤系中的共轭伸展断层；(b) 三峡冰碛岩中的共轭伸展断层；(c) 内蒙古赤峰篓子店断层泥中的共轭伸展断层（郑亚东提供）；(d) 英格兰克莱福兰波尔比钾盐矿柱中的共轭伸展断层（据 Watterson，1999）

新西兰阿尔派恩断层走滑断层的糜棱岩带外带中发育的共轭伸展剪切条带，同向一组与剪切带边界的夹角稳定 30° ±1°；反向一组，波动范围较大，与剪切带边界交角为 139° ±18° [图 5.4（a）]。共轭剪切条带间的钝夹角为 109° ±18°，正好位于最大有效力矩准则的预测范围内（图 2.14）。

加拿大苏必利尔省西部新太古界花岗绿岩区发育两组近直立的韧性剪切带，围岩被分割成菱形块体。一组走向北东东，左行，另一组北西西，右行，构成共轭系。两组近南北缩短方向的统计夹角为 110°［图 5.4（b）］。

图 5.4（c）显示加拿大不列颠哥伦比亚 Porchland 岛亚历山大地体中的共轭剪切条带（Angen *et al.*，2011）。亚历山大地体包括奥陶系岛弧状火山岩及相关沉积岩系、泥盆系硅质碎屑岩以及二叠系长英质到基性火山岩、泥质片岩及薄层大理岩。北西走向的左行 Lampost 剪切带与南北走向右行 Telegram Passage 剪切带组成部分为同期共轭系。交会的三角带（锐角～64°）的重要构造特征是与区域大型剪切带平行的小型共轭剪切条带，统计共轭角为 117°。

日本的东南侧，菲律宾板块以每年 4cm 的速率向下俯冲（Seno，1977），形成南海道增生楔。增生楔前缘近水平的第四系松散泥质沉积物中发育两组陡倾的变形带。一组南东倾，一组倾向北西［图 5.4（d）］。两组变形带中的层理和片状矿物均近直立产出，指示变形带两侧的逆冲剪切作用，构成共轭变形带。共轭变形带水平方向一侧的平均夹

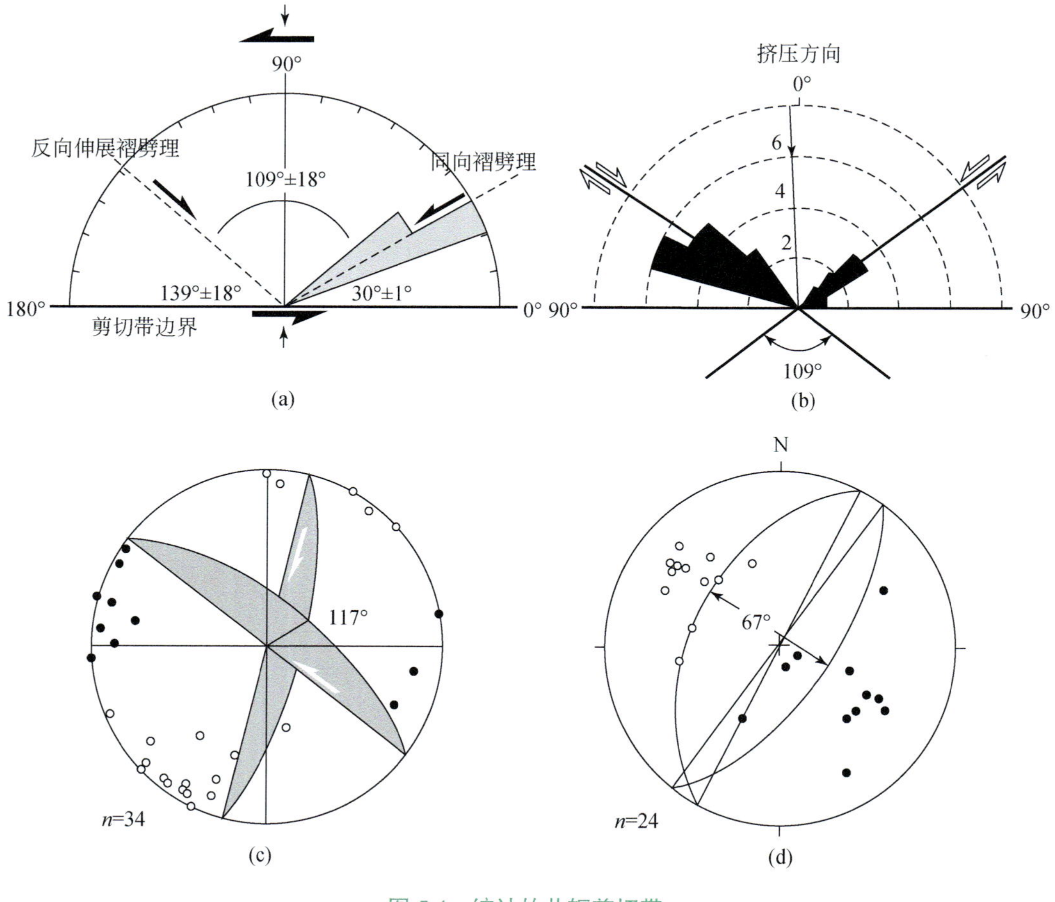

图 5.4 统计的共轭剪切带

（a）新西兰阿尔派恩断层中的共轭伸展剪切条带（Gillam *et al.*，2013）；（b）加拿大苏必利尔省西部新太古界花岗绿岩区共轭走滑断层带（Park，1981）；（c）加拿大不列颠哥伦比亚 Porchland 岛亚历山大地体中的共轭剪切条带（Angen *et al.*，2014）；（d）日本南海道第四系海底松散沉积层中的共轭高角度韧性剪切带（郑亚东提供）

角为 113°，表明这些逆冲变形带是板块汇聚导致水平缩短的产物。研究者（Ujiie *et al.*，2004）用多孔岩石的理论和实验形成的压实剪切带与 σ_1 的夹角大于 45° 及 Ramsay（1980）提出的压实的脆韧性剪切带可与 σ_1 的夹角大于 45° 的压扁假说来解释这些高角度逆冲变形带。然而，压实理论不能解释共轭变形带 110° 这一相当稳定的夹角，而最大有效力矩准则的预测值与日本南海道报道的 113° 几乎完全一致。

柴达木盆地发育两组走滑断层［图 5.5（b）］。这些间隔分离的断层容易作为脆性断裂。然而，近东西向左行一组和近南北向右行一组分别以反 S 形和 S 形扭曲或切割北西西向大型膝褶带上新统近直立的地层。这些扭曲表明岩层断裂前经历了相当大的应变，因而属于韧性断层。

值得特别注意的是露头规模也保持其间的角度关系［图 5.5（a）］，两组 110° 的小型共轭剪切带出现在一种特殊“片岩”中。这一片岩之所以特殊，是因其未经变质，实际上为一含有长达 20cm 石膏巨大筛晶的上新世粉砂岩。石膏中含大量粉砂碎屑，表明膝褶过程中一度充满了石膏饱和溶液，最终在近垂直层面的压力下定向结晶而成。该片状岩石位于一大型膝褶带（油泉子构造）的北部直立翼上［图 5.5（b）星号处］。直立的层理与石膏晶体定向排列构成的片理组成 S-C 组构，其间的锐夹角～ 12° 指示左行的顺层走滑剪切作用。长 40 ～ 60cm 的共轭伸展褶劈理扭曲、切割 S 片理。如通常情况，同向一组较发育（White，1979；White *et al.*，1980）。石膏糜棱岩显然表明其形成深度甚浅、应变速率很低。

上述天然韧性剪切带所涉及的矿物和岩石极其复杂多变，110° 共轭角却出现在各种材料中，从松软的材料，如泥质沉积、蒸发岩和断层泥到各种岩石的组合，在涉及结晶物质中，似乎不顾晶格的取向，因此该角称为材料不变量。此外，所观察的尺度为 10^{-7} ～ 10^{6}m，该角很可能在很大一尺度区间不变。

最大有效力矩准则可广泛用于材料的韧性变形局部化，而这种局部化，正如 Hubert-Ferrari 等（2003）提出的，是一种加载速率与材料黏性松弛速率间的竞争过程。如果加载速率高于松弛速率，差应力将增大直到材料屈服。而后，韧性剪切带将形成与扩展，形成一菱网状构造。相反，如果黏性松弛速率能化解外施力的作用，便不能形成韧性剪切带，变形将大致均匀分布在材料中，形成片理或片麻理（见附录 3）。Gómez-Rivas（2008）指出其间转化的界限是认识大陆岩石圈岩石变形行为的关键。

深度 10 ～ 15km 通常作为长英质岩石的韧脆性过渡带，经历一定程度变质作用的糜棱岩一般作为韧性变形的标志。然而上述大量与韧性变形密切相关的～ 110° 共轭角，如图 5.2（d），图 5.3（a）～（d）、图 5.4（d）和图 5.5（a）、（b）等诸例所示，显然出现在未经变质作用的浅层次中。表明韧性变形不限于深层次，只要加载速率高于相关材料的松弛速率，韧性变形局部化也可出现在浅层次中。因此，不同层次韧性局部化的共同可靠标志是面对缩短方向的共轭角为～ 110°。此外，由于韧性局部化与剪切作用有关，属大变形范畴，断裂前有相当的应变积累。公认的准则是，小于 3% ～ 5% 为脆性断裂，大于 5% ～ 10% 为韧性断裂。由于 5% ～ 10% 通常可直观看出，因而，变形带有一定的宽度，旁侧伴随可觉察“剪切拖曳”褶皱，可作为韧性变形的判断标志。虽然断层泥一般作为浅层脆性断层的产物（Sibson，1977），然而，断层泥中的 S-C 组构表明断层泥本身的流变行为与糜棱岩相似，可作为韧性变形带标志。

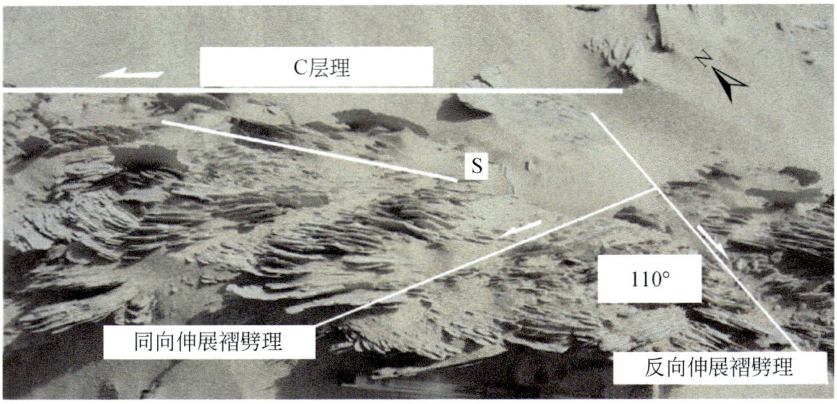

(a)

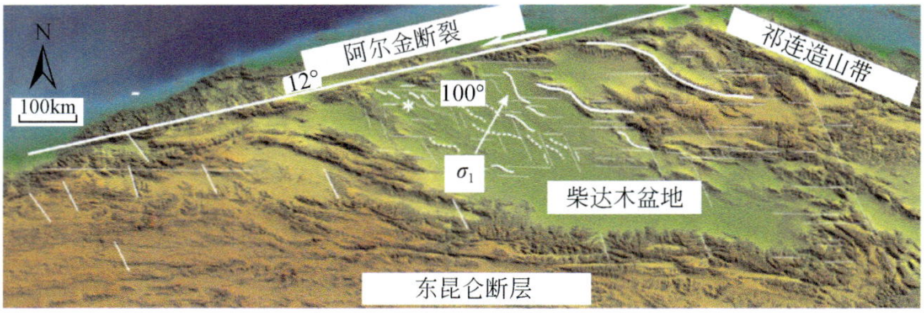

(b)

图 5.5 柴达木盆地中的共轭伸展褶劈理与共轭走滑断层系（郑亚东提供）

（a）切割直立的柴达木盆地油泉子大型膝褶带北翼上新世粉砂岩定向排列石膏片理（S）的间隔性共轭伸展褶劈理，劈理间距约 30cm，共轭角 110°。层理与片理所交锐角（～ 9°）指示左行顺层走滑剪切作用，同向一组褶劈理发育优于反向一组，露头位置见图（b）星号处。（b）柴达木盆地中扭曲、切割北西西向大型膝褶带的共轭走滑断层系。注意：两组走滑分别以相反的方式将膝褶带扭曲成 S 形和反 S 形；与图（a）露头相似，共轭角～ 110°

5.2 共轭韧性剪切带的实验研究

5.2.1 膝褶带的实验研究

Paterson 和 Weiss（1966）在室温和 4×10^{-4} ～ $8\times10^{-4}s^{-1}$ 的应变速率下，对千枚岩试件的面理与压机轴成各种角度的挤压缩短进行系统研究。实验结果表明，平行面理施压时，缩短量～ 5% 时开始出现共轭膝褶带，共轭钝角～ 110° 面对缩短方向，共轭带交会处形成尖棱褶皱，轴面与压机轴垂直。随着缩短量的递进增大，膝褶带的数量和宽度不断增加，然而共轭角却保持不变，表明调节试件的变形为非均匀变形，变形局部化，通过增加膝褶带的数量和面积调节试件的缩短。缩短量达到 50% 时，膝褶带布满全区，试件全部由轴面垂直缩短轴的尖棱褶皱组成，两翼夹角～70°，大致等于共轭角的补角（图 5.6）。

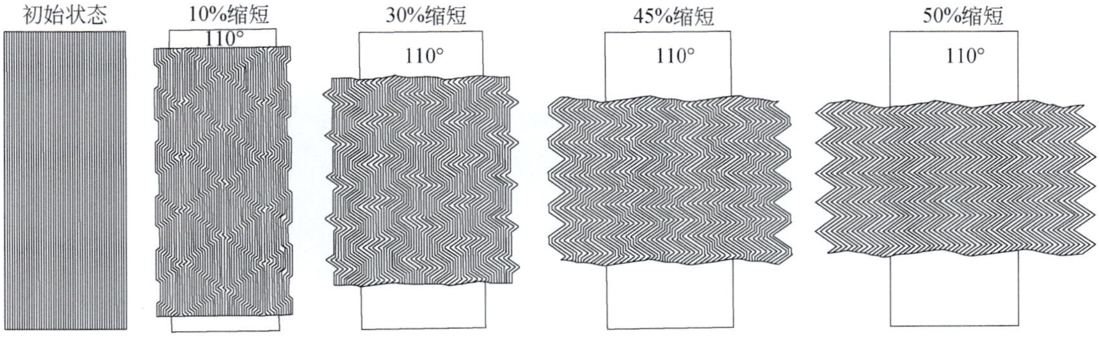

图 5.6　千枚岩面理平行压机轴的缩短实验示膝褶带的发展过程（据 Paterson and Weiss，1966）

试件面理与压机轴成小于 30° 的实验，先形成反面理倾向宽度较大的膝褶带，而后形成同面理倾向宽度较小的膝褶带，然而共轭钝角仍为～110°，等分线平行压机缩短轴（图 5.7）。

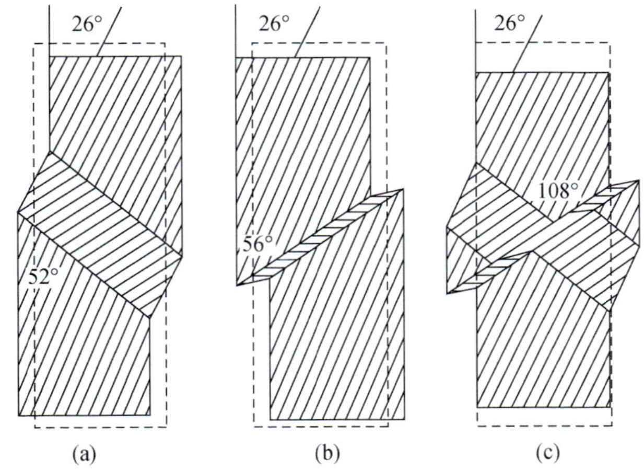

图 5.7　千枚岩面理与压机轴成小于 30° 的实验（据 Paterson and Weiss，1966）

（a）先形成反面理倾向宽度较大的膝褶带；（b）形成同面理倾向宽度较小的膝褶带；（c）共轭钝角仍为～110°，等分线平行压机缩短轴

大多数实验的围压为 5kbar（相当于地下 16 ～ 17km 深度的压力，1bar ＝ 10^5Pa），不同低围压下的应力－应变曲线显示，岩石的屈服强度随围压增加而增大，1kbar 围压的屈服强度大约仅是 5kbar 围压的一半。1 ～ 2.5kbar 围压下铜套管中千枚岩试件也形成膝褶带，证明即使在室温条件，应变速率比标准地质应变速率 $10^{-14}s^{-1}$（Twiss and Moores，2007）高 10 个数量级，天然千枚岩仍可发生韧性变形。

5.2.2　石英单晶的实验研究

Vernooij 等（2006）发表了石英单晶韧性变形的实验成果。实验在围压 1.2GPa、温度 800℃和平均应变速率为 $1.1\times10^{-6}s^{-1}$ 的条件下对石英单晶沿 *c* 轴方向进行压缩。石英在峰值差应力 410MPa 下缩短量 2% 屈服。而后至 10% 缩短有一应变软化阶段。接着是非线性应变硬化阶段直到～470MPa 一恒定流应力，总体应变超出 22%。结果显示，显微、超微尺度的共轭韧性剪切带在缩短一侧的夹角分别为 115° 和 110°（图 5.8）。

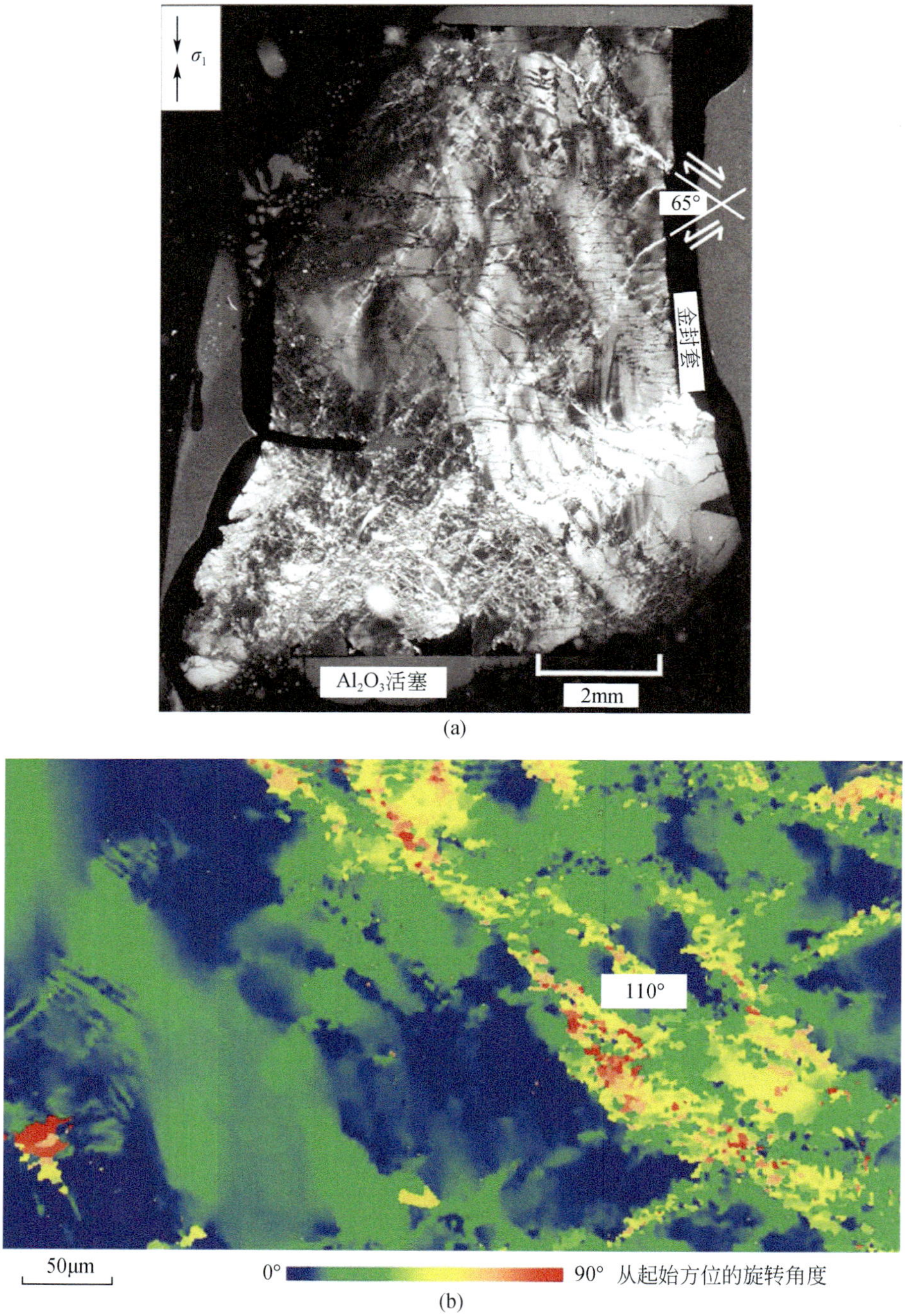

图 5.8 石英单晶轴向缩短变形的正交偏光显微照片（a）与电子背散射衍射（EBSD）图像（b）（郑亚东提供）

显然，上述实验研究是对最大有效力矩准则强有力的支持。证明：①变形局部化、非均匀变形，剪切带间的菱形块变形甚微；②最大有效力矩准则控制变形局部化的方向。然而，Vernooij 等（2006）却犹豫地假定，剪切带似乎平行于石英晶体的菱面方向。如果这一假定正确，石英光轴与剪切带的夹角应是 38° 13″ 而不是观测到的 55°。实际上，石英单晶中不存在平行 55° 方向的晶面。无独有偶，天然云母和堇青石中的共轭剪切带，共轭角 109° 面对缩短方向［图 5.2（b）、（c）］。云母、堇青石分别属六方和斜方晶系，晶体中无晶面方向与图 5.2（b）、（c）中的共轭剪切带平行。因而天然韧性剪切带很可能不受晶格方向的限制。是否如此，尚需实验和天然观察的更多积累。

5.2.3　人工塑性泥实验

标准的 Harbutt 塑性泥是冶金学和地质学中广泛使用的模拟塑性变形的材料。Peltzer 和 Tapponnier（1988）用以模拟韧性剪切带的形成。其双边限制的平面实验结果表明，当垂直塑性层理缩短时，形成非均质流，特征是形成狭窄的共轭韧性剪切带，～110° 面对缩短方向。塑性泥中韧性剪切带形成于缩短量 6% ～ 10% 时，对应于应力应变曲线中一清晰的应力降，说明某种形式的应变软化［图 5.9（a）、（c）］。缩短量大于 12% 大部分集中在剪切带或韧性断层中。当缩短平行塑性层理时，出现共轭膝褶型褶皱，变形相对均匀，未出现应变软化和应力降［图 5.9（b）、（d）］。

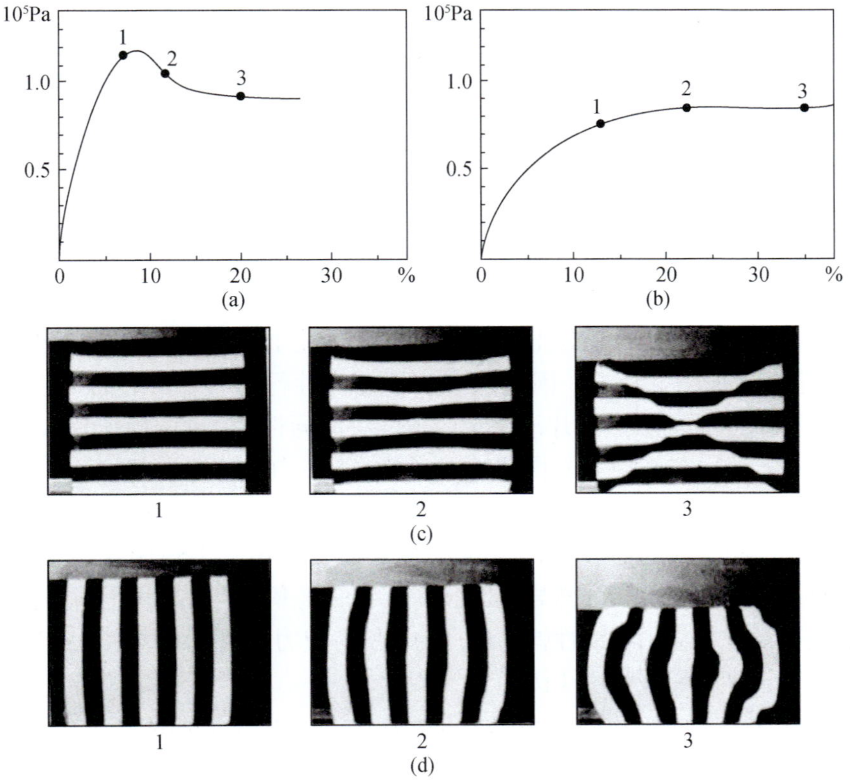

图 5.9　单轴缩短塑性泥平面变形中的共轭韧性剪切带（据 Peltzer and Tapponnier，1988）
（a）、（c）垂直层理缩短；（b）、（d）平行层理缩短。试件尺寸 5cm × 5cm × 5cm；T=21℃；应力 - 应变曲线上的数字与照片对应

上述垂直和平行于层理缩短塑性泥实验结果的显著不同并非出人预料，因为天然材料实验形成的剪切条带总伴随应变软化过程（Cobbold，1977；Poirier，1980；Kirby，1985），前述的千枚岩膝褶带实验的应力－应变曲线均显示清晰的应力降（Paterson and Weiss，1966）。塑性泥显示的不同很可能与材料的各向异性有关。塑性泥中的膝褶型褶皱（图 5.9）不同于典型膝褶带（图 5.1、图 5.9），表明厚层状塑性泥的各向异性不足以形成典型的膝褶带。

Gómez-Rivas（2008）采用分层塑性泥进行系统的物理实验，考察不同面理取向是否影响韧性剪切带的形成。实验采用的变形装置如图 5.10 所示，温度与变形速率可控，边界条件从简单剪切到纯剪切。

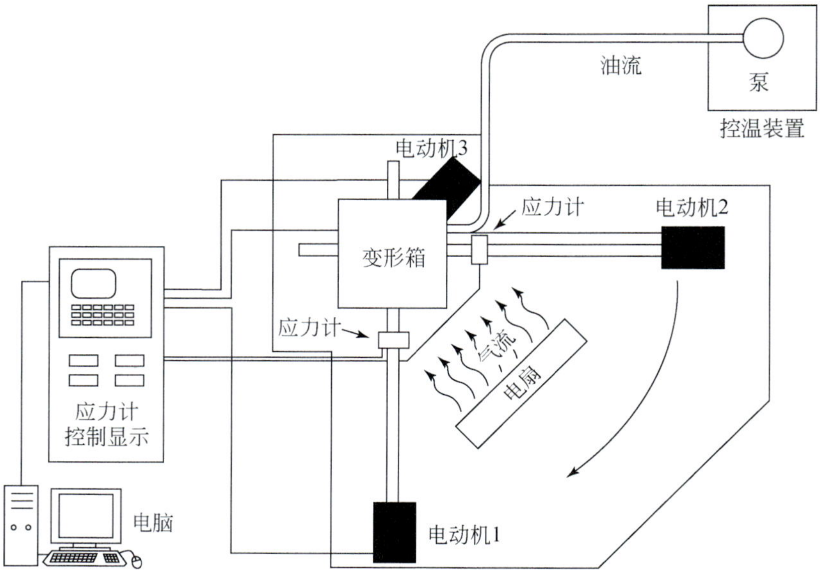

图 5.10　实验装置平面设计图（据 Gómez-Rivas and Griera，2012）

面理化岩石的力学性质用塑性泥、凡士林和婚礼纸片混合物模拟。变形时，试件以韧性方式流动同时产生断裂，因此适于模拟韧脆性行为共存的岩石。模型由带色的 4～5mm 厚塑性泥叠置而成。纸片沿层定向增强各向异性，以试图模拟片状矿物的作用。实验采用三类混合物：纯塑性泥；白塑性泥和凡士林；白色塑性泥、凡士林和纸片［80% 的塑料泥、8%（重量）的凡士林和 12% 的纸片］。长宽厚 30cm×15cm×10cm 的矩形试件在室温 26℃和四种应变速率（2×10^{-5}，6×10^{-5}，5×10^{-4}，$2.5\times10^{-4}s^{-1}$）下，至少缩短 20%（图 5.11）。实验材料与天然岩石间黏度、变形速率与变形时间比例见表 5.1。

实验表明，混合物显示非线性弹黏性行为。所有应力－应变曲线均表现为应变硬化，但仅有少数具有清晰的屈服强度（图 5.12）。

实验数据概括见表 5.2（Gómez-Rivas and Griera，2012；Zheng *et al.*，2004），表中符号定义如图 5.13 所示。

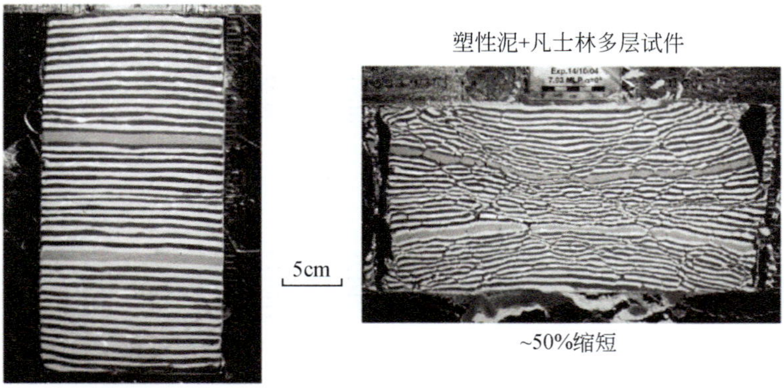

图 5.11　变形前与缩短 50% 后的暗白相间多层纯塑性泥 + 凡士林试件（郑亚东提供）

表 5.1　模拟材料与天然岩石间黏度、应变速率和变形时间的对比

材 料	应变速率	变形时间	有效黏度（$\eta^*=\sigma/2\dot{e}$）
中地壳岩石	$10^{-14}s^{-1}$	$8.25\times10^{11}s$（～2.6Ma）	10^{18}～$10^{19}Pa\cdot s$（500～700℃片岩）
纯塑性泥	$2\times10^{-5}s^{-1}$	$3.4\times10^{4}s$（～9.4 小时）	$6\times10^{8}Pa\cdot s$
塑性泥 + 凡士林	$10\times10^{-4}s^{-1}$	$6.2\times10^{3}s$（～1.7 小时）	$2\times10^{8}Pa\cdot s$
塑性泥 + 凡士林 + 纸片	$2\times10^{-4}s^{-1}$	$3.4\times10^{4}s$（～9.4 小时）	$3\times10^{9}Pa\cdot s$

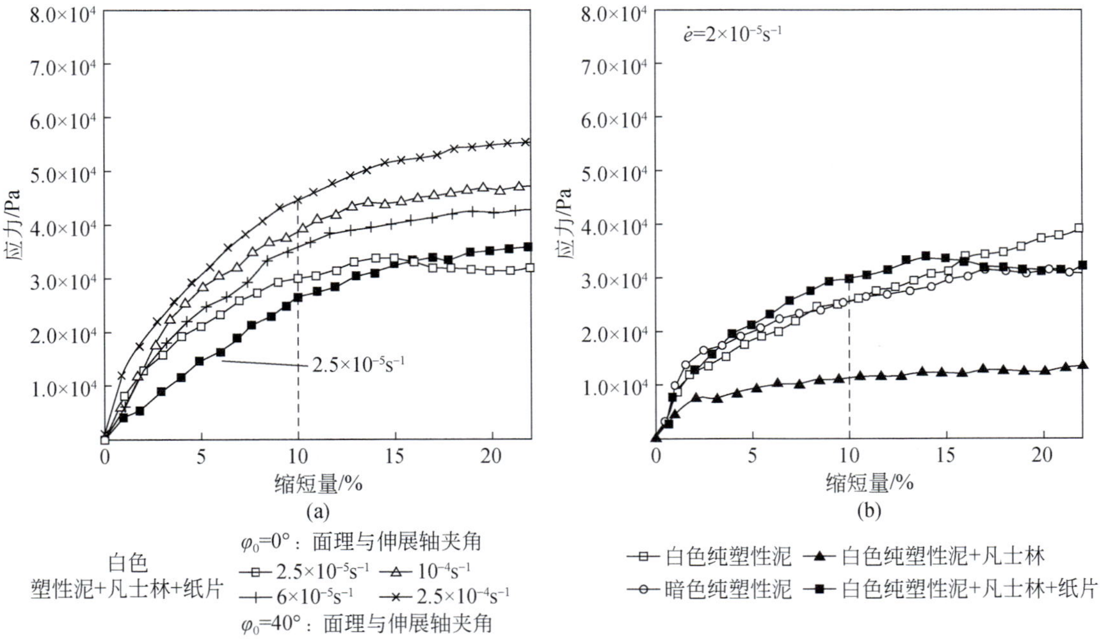

图 5.12　塑性泥实验应力 - 应变曲线示弹黏性与应变硬化行为（据 Gómez-Rivas and Griera，2012）

（a）不同应变速率下的应力 - 应变曲线；（b）同一应变速率下不同试件的应力 - 应变曲线。
虚线作为对比不同材料的参照应变

表 5.2 Gómez-Rivas 和 Griera（2012）实验数据表

初始 φ_0	缩短量 /%	变形后 φ_e	δ_s/（°）左行组			δ_d/（°）右行组			共轭角 /（°）（$\delta_s+\delta_d$）（平均 / 新生断裂）	共轭半角 /（°），θ=（$\delta_s+\delta_d$）/2（平均/新生断裂）
			实际值（平均 / 新生断裂）	预测值（平均 / 新生断裂）	预测偏差（平均 / 新生断裂）	实际值（平均 / 新生断裂）	预测值（平均 / 新生断裂）	预测偏差（平均 / 新生断裂）		
0	20	0	−57/−57	−55/−55	2/2	53/53	55/55	2/2	110/110	55/55
	30	0	−59/−58	−55/−55	4/3	56/51	55/55	1/4	114/109	57/55
	40	0	−61/−59	−55/−55	6/4	56/52	55/55	1/3	116/111	58/56
	50	0	−58/−53	−55/−55	3/2	57/56	55/55	2/1	115/109	58/55
10	20	5	−49/−49	−53/−53	4/4	54/54	58/58	4/4	103/103	52/52
	30	3	−54/−54	−54/−54	0/0	56/55	57/57	1/2	110/109	55/55
	40	1	−58/−58	−54/−54	4/4	58/57	56/56	2/1	116/115	58/58
	50	0	−61/−60	−55/−55	6/5	60/56	56/56	4/0	121/116	61/58
20	20	13	−48/−48	−49/−49	1/1	70/70	62/68	8/8	118/118	59/59
	30	10	−53/−52	−50/−50	3/2	68/69	60/60	8/9	121/121	61/61
	40	6	−55/−54	−52/−52	3/2	65/65	58/58	7/7	120/119	60/60
	50	4	−59/−58	−53/−53	6/5	57/52	57/57	0/5	116/110	58/55
30	20	23	−39/−39	−44/−44	5/5	76/76	67/67	9/9	115/115	58/58
	30	20	−44/−44	−45/−44	1/0	73/70	65/65	8/5	117/114	59/57
	40	15	−49/−50	−48/−48	1/2	68/67	63/63	5/4	117/117	59/59
	50	9	−53/−51	−51/−51	2/0	64/62	60/60	4/2	117/113	59/57
40	20	35	−36/−36	−38/−38	2/2	78/78	73/73	5/5	114/114	57/57
	30	30	−40/−41	−40/−40	0/1	75/75	70/70	5/5	115/116	58/58
	40	26	−47/−48	−42/−42	5/6	72/70	68/68	4/2	119/118	60/59
	50	21	−50/−48	−45/−45	5/3	70/72	66/66	4/6	120/120	60/60

注：符号说明如图 5.13 所示

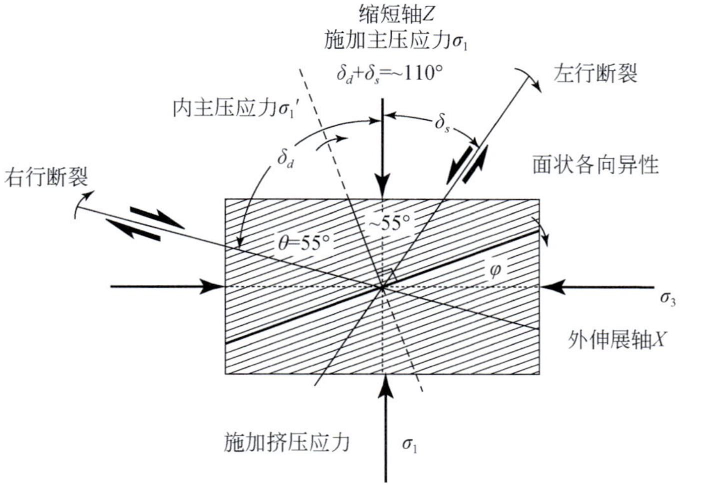

图 5.13　表 5.2 中的符号定义

δ_d、δ_s 分别为右行和左行断裂与施加主压应力 σ_1 的夹角，以 σ_1 为逆时针测角为正，顺时针测角为负；φ 为各向异性面（面理）与外伸展方向的夹角。当 φ=0° 时，绝对值 $\delta_d=\delta_s$

实验数据表明如下主要特征：

（1）施加应力与面状各向异性（面理）垂直（φ=0°）和斜交（φ_0>0°）时均形成共轭剪切带，共轭角为 110°～120°，峰值为 116°（图 5.14）。前者角平分线与施加主压应力平行，左行组和右行组与施加主压应力间的角度相等；后者角平分线偏离施加主压应力方向，与面理法线 / 内主压应力方向一致，左行组和右行组与施加主压应力间的角度不等。当 φ 为正值时，右行组夹角较大（δ_d>δ_s），负值则反之。

（2）当 φ_0>0° 时，递进变形过程中共轭的两组断裂与面理同步（jointly）转向伸展轴 X 或施加最小主压应力方向（σ_3）（图 5.13）。这一点使实验者特感意外，因按现今的统治理念，大多数研究者期待压缩变形过程中的两组转动方式相反或一组转动较慢导致共轭角压扁增大。

对于这一意外的实验结果，因无经典断裂准则可说明共轭钝角面对缩短方向，相关的实验者 Gómez-Rivas 和 Griera（2012）基于经典的破裂准则（Twiss and Moores，1992；Pollard and Fletcher，2005）提出，剪切带与缩短轴的初始夹角（δ）是内摩擦角（ϕ）、扩容角（ψ）与各向异性方向（φ）的函数，见式（5.1）：

$$\delta \sim f(\phi, \psi, \varphi) \tag{5.1}$$

给定内摩擦角 $\phi = 0°$，式（5.1）可写为一线性函数式：

$$\delta = \pm 45° \mp \frac{\psi}{2} + \frac{\varphi(e)}{2} \tag{5.2}$$

实验中材料体积损失约为 6%，相应的扩容角为 −20°（体积增大为正，体积损失为负），据式（5.2）所预测的剪切带方向和共轭角见表 5.2。

针对该实验共轭钝角始终位于面理的法线方向这一特征，最大有效力矩准则的相应形式可描述为

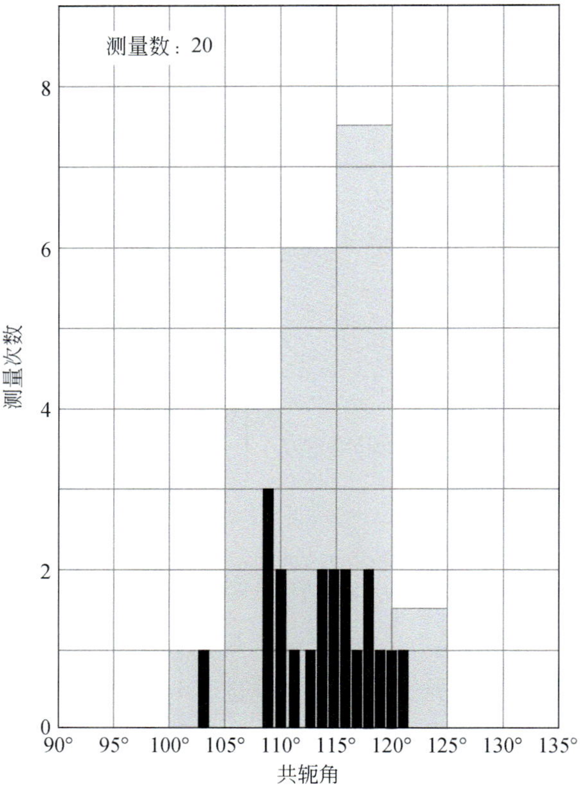

图 5.14 共轭剪切带缩短一方夹角直方图（据 Gómez-Rivas and Griera，2012）

$$\delta_s,\delta_d = \pm 55° - \frac{\varphi_e}{2} \tag{5.3}$$

据式（5.3）的预测与 Gómez-Rivas 和 Griera（2012）提出的式（5.2）完全相同。虽然上述两不同途径所预测的剪切带方向完全相同，但式（5.3）与式（5.2）的内涵本质不同，结果纯属巧合。式（5.2）含有摩擦角（ϕ）和扩容角（ψ）两项与材料有关因素，预期共轭角自然随材料而变。为获得 δ=55° 须假定内摩擦角 ϕ=0° 和扩容角 ψ=−20°，这显然是一种想象的特殊情况。且不说假设摩擦角等于零纯属天方夜谭，且与该实验材料的弹黏性行为相悖，扩容角为负值表明材料被压实，压实程度不同，扩容角大小势必随之而变。不言而喻，压实程度开始时等于零，以后将随实验而递进增大。这一预测与表中的实验结果不符（表 5.2、图 5.15），垂直面理缩短时（φ=0°），缩短量 20% 与 50% 的共轭角相等；斜交面理缩短时，夹角也不显示随缩短量而递增。再者，如果变形过程中体积增大，如膝褶作用初期扩容角 ψ 为正值（Ramsay，1984；Anderson.1964；Ramsay and Huber，1987），若据式（5.1），计算的共轭角应小于 90°，然而，天然和实验共轭膝褶带的夹角总大于 90°（图 5.6、图 5.7）。

与此相反，式（5.3）中无内摩擦角（ϕ）和扩容角（ψ）两项，表明共轭角与材料无关，为一材料不变量。对于各向异性材料，当缩短方向与面理垂直时（φ=0°），预测 δ_d=δ_s=55°，共轭角 2θ（δ_d+δ_s）等于 110°；当缩短方向与面理斜交（$\varphi \neq 0°$），预测 δ_s 与 δ_d 不等，但两者之和（共轭角）仍为 110° 左右。这些预测与表 5.2 中的数据或

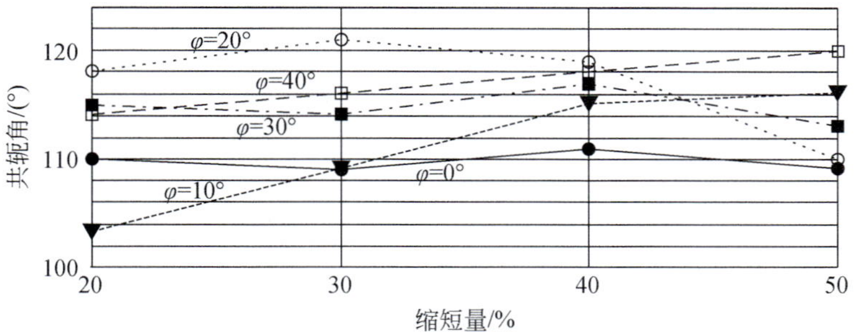

图 5.15　共轭角与缩短量的关系（根据表 5.2 编制）

仅 φ=40° 时，共轭角随递进缩短呈增大趋势；垂直面理缩短（φ=0°）时共轭角稳定在 109° ～ 111°

等同或相近，预测误差一般不超过 4° ～ 5°，最大不超过 11°。由于式（5.3）的无材料前提的限制，只要差应力达到相关材料的屈服强度，较之式（5.1），具有广泛的普适性。

综上所述，最大有效力矩准则来自实践，具有大量坚实的野外观察基础，并得到各种真实和模拟材料的物理实验和数字模拟的支持。来自各种材料（均质或非均质、各向同性或各向异性）和不同尺度的天然与实验的观察结果均证明最大有效力矩准则的有效性：共轭韧性剪切带缩短一方的夹角为钝角，典型情况下为 109° 或 110°。这一准不变量，不受构造层次的限制，即可出现在长英质浅层脆性变形环境中，适用于 10^{-7} ～ 10^{6}m 尺度范围。因此，可广泛地应用于任何材料的韧性变形局部化。这种局部化，正如 Hubert-Ferrari 等（2003）和 Gómez-Rivas（2008）提出的，可视为加载速率与黏性松弛速率间的竞争过程。如果加载速率大于黏性松弛速率，差应力将不断增大至相关材料的屈服强度，而后韧性剪切带新生与扩展，形成菱网状剪切带。反之，如果材料的黏性松弛速率高于加载速率，则不形成韧性剪切带，变形将均匀或非均匀地散布在材料中，原有的和新生的片状矿物将转向或优选沿 *XY* 面取向形成面理化带。Gómez-Rivas 和 Griera（2012）实验的应力 - 应变曲线无一例外显示的应变硬化（图 5.12），证明加载速率高于材料的黏性松弛速率。

5.3　有限元数值模拟

Schmalholz 和 Maeder（2012）对夹在软黏性基质的强黏塑性层进行了二维有限元相似模拟。黏塑性层和基质均显示幂次律流变，黏塑性层还附加一范 • 米塞斯屈服强度（图 5.16）。幂次流变律用于扩散与位错蠕变体制的岩石变形，屈服强度塑性变形则用于低温 - 高应力塑性体制（如位错滑动）。

相似模拟结果表明，低黏度比（10 ～ 20）与典型的幂律应力指数（2 ～ 5）时，具有随机分布扰动的黏塑性层中不断形成胀缩构造。多层模型中，发育单层尺度和多层规模的颈缩构造。颈缩构造的斜向穿层连接形成韧性剪切带。剪切带位置稳定，形成位移可观的具有拖曳弯曲的低角度韧性正断层（图 5.17）。

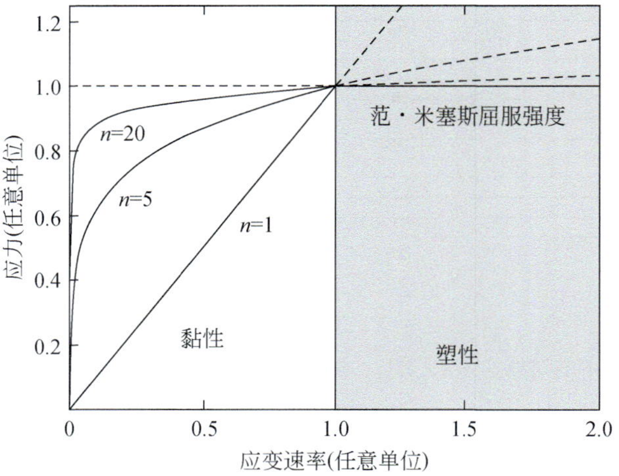

图 5.16　具范・米塞斯屈服强度的幂律流变的施加应力－应变速率曲线示意图（郑亚东提供）

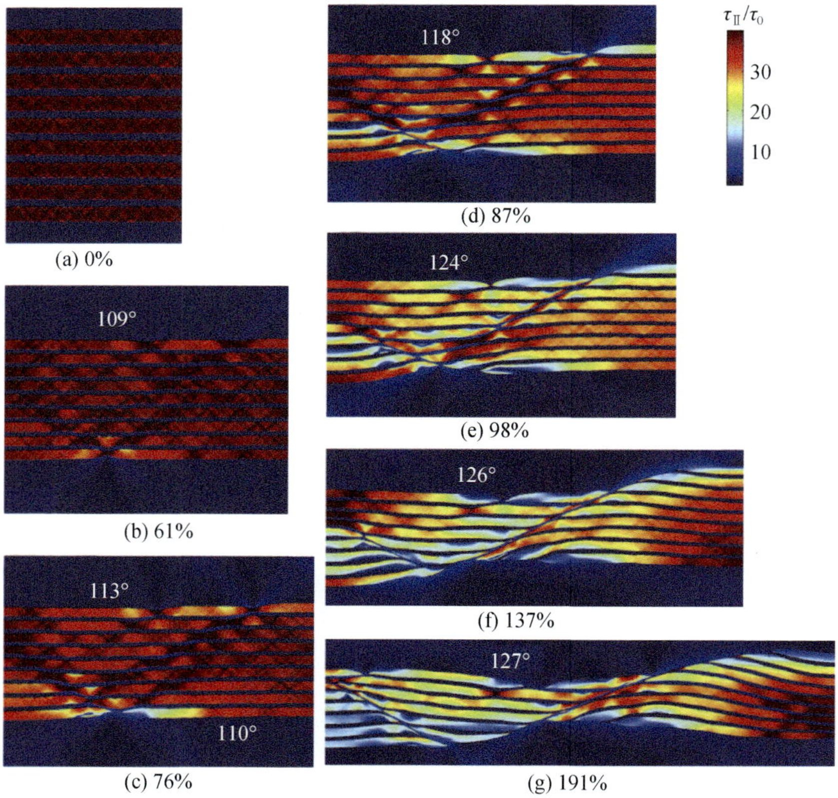

图 5.17　黏性基质中多层黏塑性材料的伸展数值模拟示意图（郑亚东提供）

共轭低角度正断层韧性剪切带的形成初始共轭角 109°，伸展量超出 100% 后略有增大。层 / 基质黏度比为 20，层与基质应力指数分别是 n_l=5 和 n_m=3。百分数表示伸长度。颜色表示应力相对值，无量纲屈服应力为 40.25

另一相关的数值模拟是基于应变软化理论，按照相关的实验规范、标准规定试件形状、尺寸和应力加载速率，运用美国 ITASCA 公司开发 FLAC^{3d} 软件（Fast Lagrangian Analysis Code；三维快速拉格朗日分析代码）对圆柱形岩石试件在轴向对称压缩条件下的应变局部化进行数值模拟（申发龙和张进江，2013）。该软件可通过离散元的动态松弛实现应变软化本构模型。结果如图 5.18 所示，应变软化后获得共轭剪切带，面对缩短方向的共轭角为 107.7°，与最大有效力矩准则预测值几乎相等。

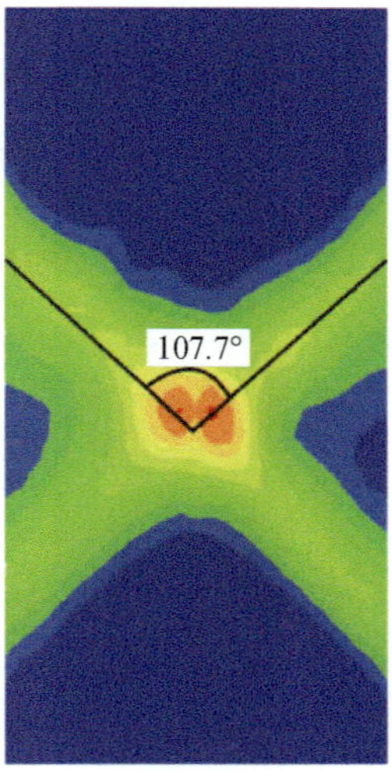

图 5.18　40000 时步的剪应变等值线图（据申发龙和张进江，2013）

5.4　硅钢中的剪切条带

硅钢为一低碳的铁硅合金，立方体晶形。N.P. 戈斯（1934）采用冷轧方法制成的硅钢片。冷轧过程是通过一对或数对反向旋转的轧辊将材料压扁［图 5.19（a）］。冷轧后的硅钢具有（110）［001］定向组构，晶体的棱边平行压制方向，形成高磁化率，称为戈斯组构［图 5.19（b）］。具有戈斯组构的多晶体硅钢几乎和单晶一样完美，是广泛用于变压器芯片的高级金属技术产品。

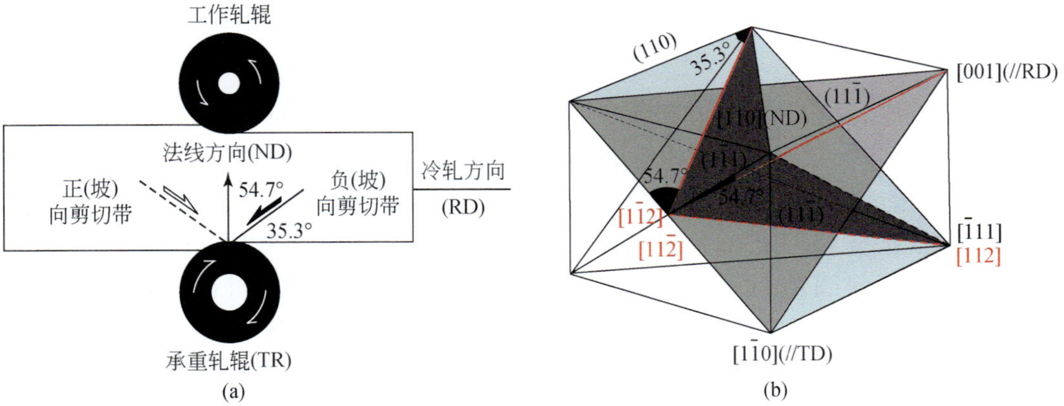

图 5.19　冷轧与戈斯组构的形成过程（据 Haratani *et al.*，1984）

（a）冷轧过程与术语代号；（b）戈斯组构与（111）［$11\bar{2}$］组构立体图；ND、TD 和 RD 分别为材料的缩短方向、横向伸展方向和纵向伸展方向

Haratani 等（1984）对多晶和单晶硅钢进行一系列冷轧和退火实验。实验表明，冷轧前钢板表面带的显微构造是形成戈斯组构的关键。粗粒的表面带有利于剪切条带在冷轧过程中的形成。剪切条带是初始重结晶作用成核的优选带。退火二次晶体成核也发生在表面带，而且取决于先存的剪切条带构造。

单晶研究表明，初始定向不同的晶粒在重结晶过程中可形成戈斯组构。特别是（111）［112］的取向，总是构成多晶冷轧硅钢重要组分。实验研究和理论分析已知，均匀冷轧变形过程中这一组构很稳定［图 5.20（a）、（b）］。

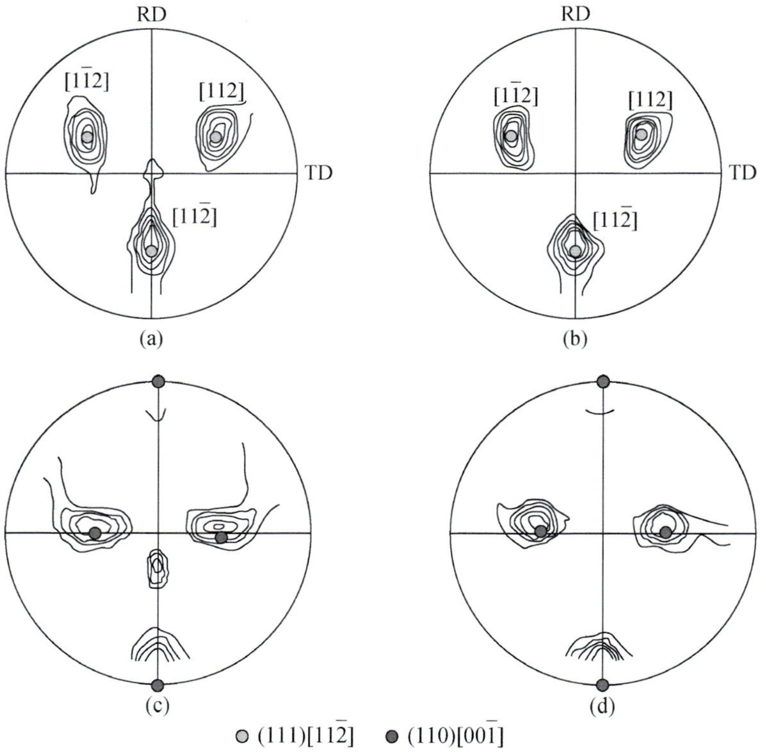

图 5.20 单晶体的冷轧极点图（据 Haratani *et al.*，1984）

（a）、（b）A，B 两单晶冷轧优先平行（111）［11$\bar{2}$］滑系形成剪切带（与缩短轴交角 54.7°）；（c）、（d）重结晶转化为戈斯组构

单晶体的冷轧极点图［图 5.20（c）］表明，晶体大部分取向未变，与以前的观察和理论分析一致，非常接近冷轧组构的稳定端，然而因冷轧变形的非均质性，取向有些分散。A 晶体最明显的是戈斯组分和原始晶体方向共有一横向［1$\bar{1}$0］或 TD 旋转轴，围绕该轴逆时针旋转，扩张至（001）［110］和顺时针超出（110）［00$\bar{1}$］［图 5.20（a）］。B 晶体旋转量较小，围绕［1$\bar{1}$0］或 TD 旋转轴转至（110）［00$\bar{1}$］［图 5.20（b）］。重结晶后两晶体都具有极强的戈斯组构，偏离真正的戈斯组构仅差 5° 左右［图 5.20（c）、（d）］。

冷轧后的两晶体具有微观条纹，相关的位移（如双晶）证明是高度局部化的剪切条带。图 5.21 表示冷轧后 A 晶体的显微构造，左上右下倾斜的为负（坡）型（negative slope type）剪切带，与之共轭的是右上左下倾斜的正（坡）型（positive slope type）剪切带。B 晶体中的剪切带密度较小，剪切条带全部为负坡型。

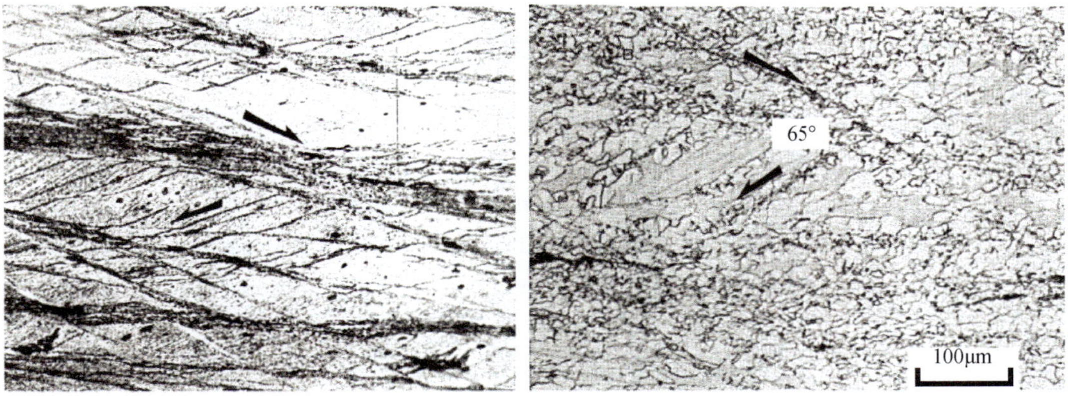

(a)　　　　　　　　　　　　　　　　(b)

图 5.21　冷轧后硅钢 A 晶体中部分重结晶前（a）与后（b）的共轭剪切条带（据 Haratani *et al.*，1984）

图面垂直 TR，左侧为冷轧方向（RD）

该过程表明取向为（111）[$11\bar{2}$]的晶粒在冷轧过程中优先形成剪切条带[图 5.20（a）、（b）]，随后的退火过程中，剪切条带首先重结晶，形成的新晶粒具有戈斯定向[图 5.20（c）、（d）]。完全重结晶的组构与剪切条带核部的组构一样。

由于戈斯组构只有通过二次重结晶才可形成，二次重结晶是上述物理过程的本质特征，特别是取向选择方面而言，相关研究者提出一递进剪切变形模型解释戈斯组构的形成。然而图 5.20 表明，冷轧的（111）[$11\bar{2}$]组构与戈斯组构为一突变过程。应当特别注意的是两者的夹角为 35.3°（Beck and Hu，1965）。该几何关系表明，戈斯组构与主缩短方向（NR）垂直为非旋转变形的有限压扁面（*XY*）平行；而（111）[$11\bar{2}$]与主缩短轴方向的夹角为 54.7°（90° −35.3°），位于最大力矩方向，故优先形成剪切带。剪切带优先形成，表明形成初期冷轧阶段变形高度局部化，戈斯组构主要形成于退火再次重结晶阶段，变形趋于均匀化。图 5.19 中的几何关系还很好的说明，负（坡）向剪切带的发育为何远远超过正坡向剪切带。因为 {111}<112> 组构中的三组分中，只有负（坡）向的（111）[$11\bar{2}$]组构位于冷轧方向与法线缩短轴成 54.7°。（$1\bar{1}1$）[$11\bar{2}$]和（$11\bar{1}$）[112] 属正（坡）向，虽与法线缩短轴成 54.7°，却偏离冷轧方向 60°。冷轧过程中除沿冷轧方向主伸长外，沿轧辊轴方向有一定的横向伸长。三维变形下，不在主方向的最大力矩方向一般不构成有效力矩，因而正（坡）向剪切带发育程度远不及负（坡）向剪切带（图 5.19）。图 5.21 图面垂直[$1\bar{1}0$]或 TD 轴，表示左上右下（负坡型）和少量与之共轭的正向（正坡型）剪切带。这与天然剪切带正好相反，天然剪切带中同向剪切条带（正坡型）条带发育程度远超过反向（负坡型）条带。原因在于冷轧过程的实质为共轴变形，而天然剪切带为非共轴的一般剪切变形。

思　考　题

1. 你见到的共轭韧性剪切带的夹角是多少度？最大主压应力方向对哪个角？
2. 自己进行泥巴实验，观察共轭韧性剪切带的发育。
3. 通过数值模拟计算验证最大有效力矩准则。

参考文献

申发龙，张进江．2013. 单轴压缩剪应变局部化带分布的数值模拟及其对最大有效力矩准则的验证．北京大学学报（自然科学版），49 (5)：873 ～ 879

Anderson T B. 1964. Kink-band and related geological structures. Nature, 202: 272 ～ 274

Angen J J, van Staal C, Lin S, *et al*. 2014. Kinematics and timing of shear zone deformation in the western Coast Belt: Evidence for mid-Cretaceous orogen-parallel extension. Journal of Structural Geology, 68 (Part B) : 273 ～ 299

Beck R P, Hsu N. 1965. Pregnancy, childbirth, and the menopause related to the development of stress incontinence. American Journal of Obstetrics & Gynecology, 91(91): 820

Cobbold P R. 1977. Description and origin of banded deformation structures. I Regional strain, local perturbations and deformation bands； II Rheology and the growth of banded perturbations. Canadian Journal of Earth Sciences, 14: 1721 ～ 1731

Gillam B G, Little T A, Smith E, *et al*. 2013. Reprint of extensional shear band development on the outer margin of the Alpine mylonite zone, Tatare Stream, Southern Alps, New Zealand. Journal of Structural Geology, 34: 1 ～ 20

Gómez-Rivas E. 2008. Localización de deformación en mediosdúctiles y anisótropos: Studio de campo, experimental y numérico. Tesis doctoral, UniversitatAutònoma de Barceloma. 1 ～ 65

Gómez-Rivas E, Griera A. 2012. Shear fractures in anisotropic ductile materials: An experimental approach. Journal of Structural Geology, 34 (1) : 61 ～ 76

Haratani T, Hutchinson W B, Dillamore I L, *et al*. 1984. Contribution of shear banding to origin of Goss texture in silicon iron. Metal Science, 18 (2) : 57 ～ 65

Hubert-Ferrari A, King G, Manighetti I, *et al*. 2003. Long-term elasticity in the continental lithosphere: Modeling the Aden Ridge propagation and the Anatolian extrusion process. Geophysical Journal International, 153 (1) : 111 ～ 132

Kirby S H. 1985. Dock observations pertinent to the rheology of the continental lithosphere and the localization of strain along shear zones. Tectonophysics, 119 (1-4) : 1 ～ 29

Park R G. 1981. Shear-zone deformation and bulk strain in granite-greenstone terrain of the Western Superior Provinces, Canada. Precambrian Research, 14: 31 ～ 47

Paterson M S, Weiss L E. 1966. Experimental Deformation and Folding in Phyllite. Geological Society of America Bulletin, 77 (4) : 343 ～ 374

Peltzer G, Tapponnier P. 1988. Formation and evolution of strike-slip faults, rifts, and basins during India-Asia collision: An experimental approach. Journal of Geophysical Research, 93: 85 ～ 117

Poirier J P. 1980. Shear localization and shear instability in materials in the ductile field. Journal of Structural Geology, 2 (1-2) : 135 ～ 142

Pollard D D, Fletcher R C. 2005. Fundamentals of structural geology. Oxford: Cambridge University Press. 1 ～ 512

Ramsay J G. 1980. Shear zone geometry: A review. Journal of Structural Geology, 2: 83 ～ 99

Ramsay J G. 1984. The ambiguity of improvement. Urban Education, 18 (4) : 400 ～ 412

Ramsay J G, Huber M I. 1987. The techniques of modern structural geology. Vol. 2: Folds and fractures. London: Academic Press. 1 ～ 309

Schmalholz S M, Maeder X. 2012. Pinch-and-swell structure and shear zones in viscoplastic layers. Journal of Structural Geology, 37: 75 ～ 88

Seno T. 1977. The instantaneous rotation vector of the Philippine sea plate relative to the Eurasian plate. Tectonophysics, 42(2): 209 ～ 226

Sibson R H. 1977. Fault rocks and fault mechanisms. Journal of the Geological Society, 133 (3) : 191 ～ 213

Twiss R J, Moores E M. 1992. Structural Geology. New York: W. H. Freeman and Company. 1 ～ 532

Twiss R J, Moores E M. 2007. Structural Geology. New York: W. H. Freeman and Company. 1 ～ 736

Ujiie K, Malman A J, Sanchez-Gomez M. 2004. Origin of deformation bands in argillaceous sediments at the toe of the Nankai accretionary prism, southwest Japan. Journal of Structural Geology, 26 (2) : 221 ～ 321

Vernooij M G C, Kunze K, den Brok B. 2006. 'Brittle' shear zones in experimentally deformed quartz single crystals. Journal of Structural Geology, 28: 1292 ～ 1306

Watterson J. 1999. The future of failure: Stress or strain? Journal of Structural Geology, 21 (8-9) : 939 ～ 948

White S H. 1979. Large strain deformation: Report on a tectonic studied group discussion meeting held at Imperial College, London on 14 November 1979. Journal of Structural Geology, 1 (4) : 333 ～ 339

White S H, Burrows S E, Carreras J, *et al*. 1980. On mylonites in ductile shear zones. Journal of Structural Geology, 2 (1-2) : 175 ～ 187

Zheng Y D, Wang T, Ma M B, *et al*. 2004. Maximum effective moment criterion and the origin of low-angle normal faults. Journal of Structural Geology, 26 (2) : 271 ～ 285

第 6 章　最大有效力矩准则在构造分析中的应用

迄今已知和可能的与最大有效力矩准则相关的构造包括：膝褶带与伸展褶劈理，大型低角度正断层和高角度逆冲断层，变质结晶基底的菱网状韧性剪切带，地震反射剖面中的鳄鱼嘴构造等。本章主要运用最大有效力矩准则来分析不同类型的构造。

6.1 膝 褶 带

膝褶带或扭折带属连续性变形范畴，其几何特征是一对具有平直两翼构成的不对称膝状褶皱，平缓翼长、陡倾翼短，具有尖棱狭窄的转折端。膝褶带常出现在均质、强各向异性的矿物和岩石中，如云母、板岩、千枚岩、片岩和层状岩石中，其规模与层状构造的发育程度有关，云母中的膝褶带出现在显微尺度下，板岩、千枚岩和片岩中膝褶带常见于岩石露头中［图 5.1（b）］，而沉积岩中的膝褶带一般需通过填图或地震反射剖面予以查明（图 6.1）。

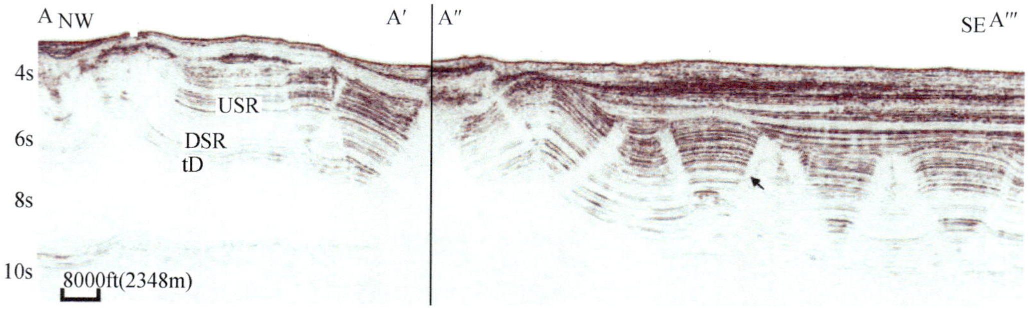

图 6.1　墨西哥湾深水区地震剖面中的膝褶带（据 Camerlo and Benson，2006）

膝褶带是在缩短方向与岩石面理或层理近似平行时形成的变形带。平缓的长翼一般代表面理或层理的变形前的产状，陡倾的短翼表明面理或层理在膝褶带内发生了旋转。其构造要素包括转折端或枢纽构成膝褶边界，长翼与膝褶边界的夹角为外侧角（α），短翼与膝褶边界的夹角为内侧角（β），膝褶带旋转角 φ=180° －（$\alpha+\beta$）（图 6.2）。

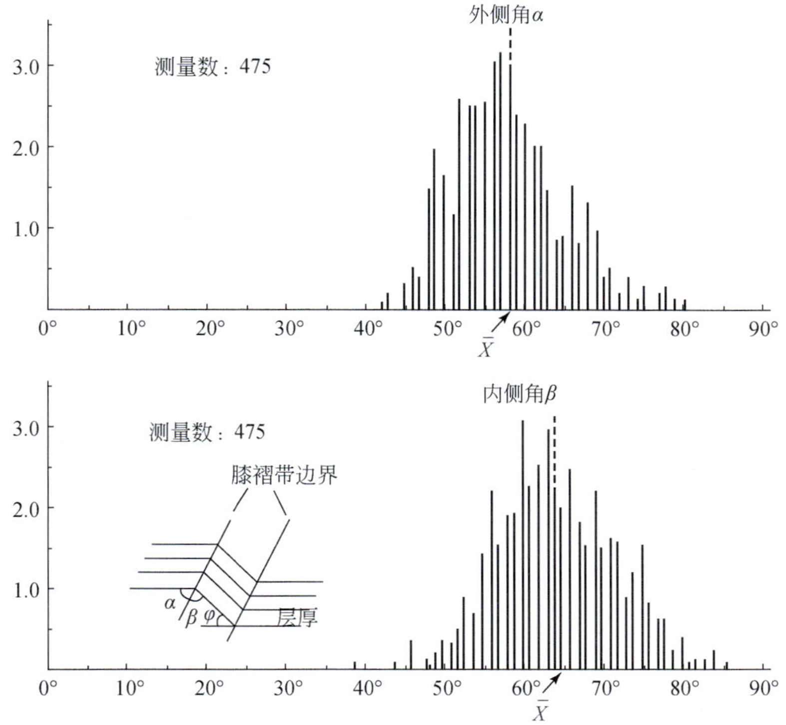

图 6.2　平行面理缩短时膝褶带的外侧角（α）与内侧角（β）（据 Paterson and Weiss，1966）

当变形时的缩短方向与面理或层理近于平行，膝褶带趋于共轭出现。如果缩短方向不完全与面理或层理一致，缩短方向与面理或层理斜交 10° 左右形成不对称共轭膝褶带，一组陡倾，一组倾角较缓。缩短方向与面理或层理交角 30° 左右，膝褶带一般只发育单组（Johnson，1977）。

天然和实验形成的共轭膝褶带，其面对缩短或挤压一侧的夹角一般为 110° ～ 120°，即钝角对着挤压方向。Anderson（1964）为解释这一钝角，根据野外观测膝褶带的外侧角（α）一般小于内侧角（β）。因后者大致等于 90°，沿面理 / 层理的脉体，作为张剪性脆性断裂的充填物，与主压应力轴（σ_1）的夹角（90° $-\beta$）势必小于 45°，满足库仑准则的要求。这种解释的问题在于：①将膝褶带所控制的次级断裂取向作为控制膝褶带本身取向的依据；②这些次级断裂与主压应力方向的初始夹角近于 0°，而不是 30° 左右；③共轭角 60° 左右的库仑断裂为剪裂隙，而不是张剪性裂隙。

Paterson 和 Weiss（1966）对千枚岩实验研究证明，大约缩短量 5% 时开始出现共轭膝褶带，初始夹角 110° ～ 120°。该夹角在缩短量 50% 前不随缩短量增加而增大。最大有效力矩准则对这一相当稳定的夹角给出了合理的定量解释。

膝褶带内有时见有纤维状石英脉，表明膝褶带形成过程中伴随压溶作用，超高流体压力导致最小压应力 σ_3 变成负值，形成 I 型张裂隙（图 4.10）。石英 S 形或反 S 形脉通常解释为递进旋转变形的产物，石英脉末端代表最后一次增量应变状态。然而图 4.10 中 S 形脉末端与脉主体不同，纤维与脉壁斜交。表明脉末端为一张剪性混合脉，可能是流体压力减小所致。主压应力 σ_1 方向应垂直脉纤维的方向。由此推断的主压应力 σ_1 与膝褶带边界夹角为 55°，与最大有效力矩准则的预测方向完全一致。该例表明韧脆性构造共生，体现出同一应力状态。这种韧脆性变形的转化表明变形过程中应变速率的变化。

现今流行两种膝褶带的形成机制。一是膝褶带边界迁移模式或活动枢纽模式，膝褶带起源于点或线，然后膝褶带边界由此向外迁移（膝褶带加宽作用），与此同时，面理与膝褶边界的内侧角保持不变。二是旋转模式或枢纽固定模式，膝褶带的形成是通过两固定枢纽间递增的刚体旋转调节缩短量。这要求膝褶带发育初期，刚体旋转量小。$\beta>\alpha$，带内扩容，面理间距增大或张开。当旋转量递增到 $\beta=\alpha$ 时，带内停止旋转，膝褶带停止发展（闭锁）。进一步缩短，$\beta<\alpha$ 要求膝褶带内体积损失，面理间距缩薄（图 6.3）。

其实，膝褶带的形成是刚体旋转和边界迁移两种机制的组合，取决于形成时的温度、围压和所需调节的应变量。Anderson（1974）的实验表明，两种模式均起作用：膝褶带边界侧向迁移适于高围压环境，旋转模式或枢纽固定模式适于低围压条件。两种模式都可产生完全可对比的膝褶带几何特征。

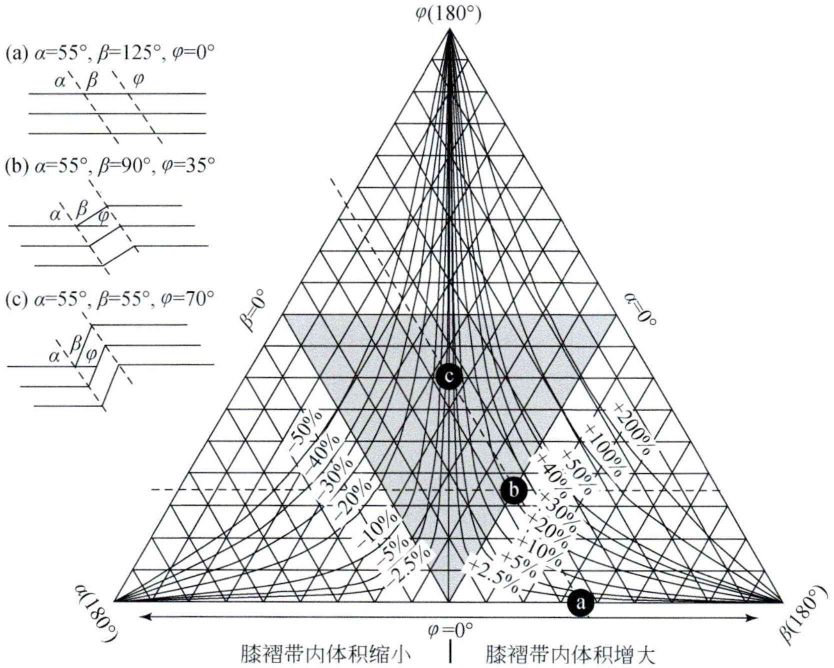

图 6.3 膝褶带三角图解（底图据 Srivastava *et al.*，1998）

（a）膝褶带起始点；（b）膝褶带扩容峰值点；（c）膝褶带体积缩小至初始点

6.2 伸展褶劈理

伸展褶劈理即剪切条带（shear bands），是韧性剪切带中常见小型构造，研究已超过 40 年。White（1979）最先认出糜棱岩中的共轭剪切条带，大致以 35° 对称切割糜棱岩面理，即面对缩短方向共轭夹角为 110° 左右，但反向一组发育程度远不及同向组。同向剪切条带常称为 C′剪切条带。典型情况下 C′剪切带为毫米至厘米级尺度的韧性剪切带，斜向正断式切割、错断与之共生的剪切带内面理（S_m 或 S）（Berthe *et al.*，1979；White，1979）（图 6.4，图 6.5）。C′剪切带的形成与主剪切带的伸展相关，故又称为伸展褶劈理（ecc 或 ECCs）（Platt，1979；Platt and Vissers，1980）。地质出版社出版的《地质科学大辞典》（2006 年版）对伸展褶劈理（extensional crenulation cleavage，ecc，C′）做出了这样的定义：褶劈理的一种，韧性剪切带内发育的近平行的间隔性剪切条带（褶劈理），与糜棱面理（C 面）成小角度（≤35°）相交，因其运动方向反映其伸展作用而得名。与糜棱面理夹角的锐角（β）指示本盘的剪切方向（图 6.4）。文献中曾描述这类构造的其他术语还有正膝褶带（normal kink-bands）（Price and Cosgrove，1990）、正滑褶劈理（normal-slip crenulation）（Dennis and Secor，1987）。C′的共轭组具有相反的剪切指向，随着与之共轭一组报道的增多（Zheng *et al.*，2004；Law *et al.*，2004；Cottle and John，2007；Little *et al.*，2011；Gillam *et al.*，2013），反向一组被称为反向 C′剪切条带（C′-antithetic）或 C″剪切条带（图 6.5）。剪切条带概念上可作为一种镶边构造（flank），即一种切割先存的层理或面理的继承性的面状薄弱构造，其剪切指向与剪切带的总体指向一致，以正断式牵引以适应伸展错位。

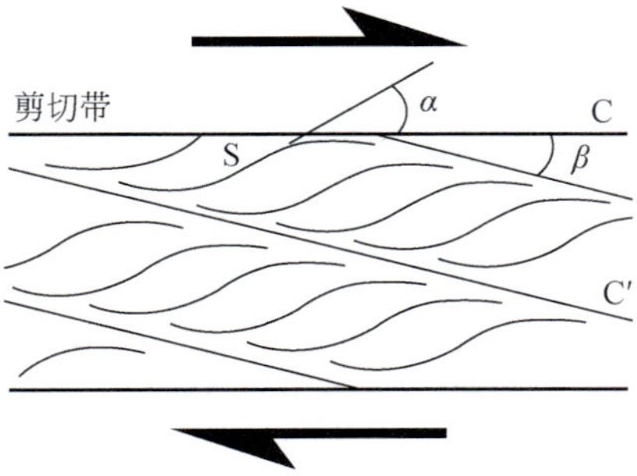

(a)

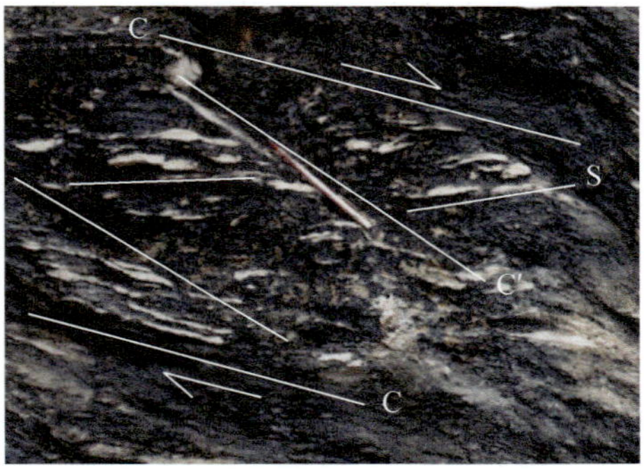

(b)

图 6.4　糜棱岩中的伸展褶劈理（C′）

（a）理想模式图：α 为剪切带内面理（S）与糜棱岩面理（C）的夹角，β 为伸展褶劈理（C′）与糜棱岩面理（C）的夹角。（b）野外照片（侯泉林摄于北京密云云蒙峡口）

图 6.5　糜棱岩中的共轭伸展褶劈理（郑亚东提供）

C′为同向伸展褶劈理（synthetic ecc）；C″为反向伸展褶劈理（antithetic ecc）

当周边的韧性介质递进变形时，位移累积并可能旋转（Passchier，2001；Grasemamn and Stüwe，2001；Grasemamn *et al.*，2003）。然而，有关其初始取向，何种流动场或扰动导致该取向，以及这些面状构造一旦形成，以后能否旋转等问题的认识很不完整。

具有 C′剪切的剪切带的总体流体运动学尚不能确定。运动学途径研究，C′剪切条带的形成主要看总体变形可分解为沿剪切条带的滑动、剪切条带转动和剪切条带之间块体的共轴伸长或减薄，以及沿糜棱面理的滑动或分散的变形（Platt，1984；Dennis and Secor，1987）。给定一糜棱面理沿同向剪切条带的伸展位移，一些研究者论证，一组分割背向旋转微条块的剪切条带势必将调节剪切带内的伸长和 / 或减薄。如果所有变形集中在剪切条带，剪切条带势必减薄 - 伸长，剪切条带与剪切带边界的夹角便会减小，剪切条带便以与剪切带总体的剪切指向相反的方式旋转。加之，如 Passchier（1991）所指出的，通过单组 C′剪切条带调节总体简单剪切变形的唯一方式是剪切条带向前旋转时，需增加厚度。如果 C′条带形成有先后，早期形成的 C′条带的向前旋转量大于新生的旋转量。

这种运动学模式的主要问题是总体简单剪切带的假设与主剪切带的显著的伸展相矛盾。如果总体为简单剪切，所有的物质线（包括 C′条带）都将以总体的剪切方式旋转，不可能以相反的方式旋转。

尽管自然界有大量的 C′剪切条带，其力学成因仍然存在惊人的分歧。主要流行观点包括：①将 C′剪切条带作为库仑破裂面与主应力轴的夹角小于 45°（Blenkinsop and Treoar，1995）。② C′剪切条带平行于次简单剪切流的斜向特征方向（Bobyarchick，1986；Simpsom and De Paor，1993；Pray *et al.*，1997）。③ C′剪切条带源于滑移线 - 最大剪应变速率方向（Hill，1950；Platt and Vissers，1980；Simpson and De Paor，1993；Wojtal，2001；Kurz and Northrup，2008）。④沿最大有限剪应变方向（Becker，1893；Ramsay and Lisle，2000）。⑤ C′剪切条带沿无限小应变椭球的零伸长度方向，平面应变共轭零伸长度平面的夹角为 90°，单轴轴向缩短的零伸长度轨迹为共轭对顶圆锥（顶角 109.4°）（Watterson，1999）。⑥作为非均匀流变，因颗粒级强度差异软弱相变形聚合导致剪切局部化（特别是在有效黏度反差显著、软弱相狭窄的情况下形成 C′剪切条带）（Berthe *et al.*，1979；Goodwin and Tikoff，2002；Ji *et al.*，2004；Holyoke and Tullis，2006；Jessell *et al.*，2009）。⑦将剪切条带作为边缘构造，即沿切割先存面理的薄弱面的继承性活动。当周边的韧性基质递进变形时，沿这些薄弱面累积并可能旋转（Grasemann and Stüwe，2001；Grasemann *et al.*，2003）。⑧将剪切条带作为强各向异性的糜棱岩继续变形的晚期增量变形构造（Platt and Vissers，1980；Platt 1984；Williams and Price，1990）。

第一种意见是混淆韧、脆性变形的界线。由于 C′剪切条带取向与脆性断裂的里德尔剪破裂（Riedel shear fracture）相似，而反向组罕见。因此剪切条带研究初期，常被误认为是里德尔剪破裂。随着反向 C′剪切条带报道的日益增多，特别是共轭 C′条带间的钝角不同于里德尔剪破裂的共轭锐角，现今支持这类观点者似乎不多。第二种意见遇到的最大挑战是，特征方向为非旋转方向，代表主缩短或主伸展方向，难以解释剪切条带两侧物质显著的剪切位移。特别是反向 C′条带与主剪切带边界不平行，证明 C′条带方向并非特征方向。当今最流行的是第三种观点，很可能是由于经典的应力和应变理论，对于平面应变，主应力或主应变轴成 45° 方向的剪应力或剪应变速率最大。然而，大量的野外观察证明，C′与反向 C′通常以 110° 相交，而前述实验证明该角度为一初始角，而不是 90° 递进变形的增大，证明最大剪应力或最大剪应变速率理论不能解释 C′条带的形成。第四种为连续介质理论分析的传统理念，预测平面有限应变椭球的共轭零伸长度平面的夹角起始于 90°，然后，随递进变形而逐步增大，最后趋近 180°。然而，该预测的 C′条带的共轭角起始为 110°，变形过程中并无增大的趋势。第五种观点是对 Becker 传统观念的修正，该有限应变为小应变。预测的平面共轭角为 90°，与实际不符；预测的轴向缩短共轭角为 109.4°，虽与实际一致，但预测为圆锥，而实际为平面。第六种意见虽突破均匀变形的理念，却未摆脱最大剪应力或最大剪应变速率的束缚。第七、第八种意见虽正确地将 C′剪切条带作为切割糜棱面理的后期构造，前者却重点研究后续变形中的剪切指向、位移积累和可能旋转，后者依旧采用滑移线或最大剪应变速率理论。

图 2.14 中的阴影区覆盖全部野外和实验数据，深色区覆盖代表 Gómez-Rivas（2008）系统实验数据。图 5.4（a）则表示新西兰阿尔派恩断层中的共轭伸展剪切条带的野外系统观测结果（Gillam *et al.*，2013）。55° ±5° 区间最有利于伸展褶劈理的形成，证明褶劈理的形成受控于最大有效力矩准则。所以对 C′（shear bands）的分析应运用最大有效力矩准则（详见第 2 章 2.3 节）。

6.3　低角度正断层

20 世纪 70 年代末、80 年代初美国西部科迪勒拉的盆岭区确立低角度正断层或伸展拆离断层（Crittenden *et al.*，1980；Wernicke，1981；Davis，1980）。过去 40 余年中，这类构造广泛地报道于世界各地。地质证据表明，断层深部与出露的产状相似，位于主压应力轨迹直立为特征的区域应力场内，调节了地壳的大量的伸展。断层总滑距大于 15 ～ 20km 的下盘一般有 0.1 ～ 3km 的韧性剪切带，当下盘沿断层面上升出露地表过程中下盘被揭去顶盖和冷却时，韧性剪切带演化为摩擦滑动面。这一演化一般在上盘岩石的底部保存以下顺序形成的岩石类型（Crittenden *et al.*，1980；Wernicke，1981；Davis，1980）：①面理和线理化糜棱岩，形成于简单剪切作用为主，韧性或半脆性、压力不敏感机制；②较薄的、构造层次较浅构造碎裂岩（一般富含绿泥石和绿帘石），形成于碎屑流体制；③薄层（0 ～ 0.3m）多世代的“微角砾岩”和少量假熔岩，表明多期高速变形和地震事件。该层顶部断层面，见有显著的倾向擦痕，有时发育为摩擦镜面。这些岩石类型在长英质下盘岩石中尤为常见。表明这类构造深部为韧性剪切带、浅部为脆性断层，当深部韧性剪切带上升越过长英质韧脆性转化带后变成脆性断层。

大多数拆离断层及其下盘糜棱岩面理构成一构造和地貌穹窿，出露直径 10 ～ 30km。上盘主要保存在穹窿的周边，少数以孤立的侵蚀残余保留在穹窿的顶部。穹窿的形成一般主要归因于沿断层的局部化伸展导致地壳显著减薄，缓倾的断层面在重力均衡作用下发生弯曲（Spencer，1984；Wernicke and Axen，1988）。

尽管尚有两种意见否定低角度正断层的存在：①认为低角度正断层初始为高角度有

根的正断层，滑动过程中和滑动后通过多米诺（Proffett，1977；Davis，1980）或滚卷方式变成低角度正断层（Buck，1988；Wernicke and Axen，1988）；②将低角度正断层解释为表层的无根的滑坡构造（Walker *et al.*，2007）。第一种观点无法解释低角度断层与相关糜棱岩面理间的角度总小于 45°（一般 <35°），该角度表明断层的初始角一般小于 <35°。第二种观点容易排除，因为大多数拆离断层的原始轨迹明显地切入地壳几千米，而无大规模滑坡必要的大型逆冲前沿逆冲至地面。地质证据业已不容置疑地证明低角度正断层的存在。

然而，其力学成因 40 余年来一直是人们关注的中心和热烈争论的课题，低角度正断层的成因构成构造地质学中的一大难题。争论的焦点是这些断层是否可作为“低角度正断层”而形成或滑动。

脆性断层的形成应符合剪切断裂的库仑准则（Anderson，1951）：$\tau=C+\mu(\sigma_n-P_f)$，式中，τ、σ_n 分别为断裂面上的剪应力和正应力分量，C 为内聚强度（也可写为 τ_0），μ 为内摩擦系数，P_f 为孔隙流体压力。岩石力学实验业已表明，各类岩石的内摩擦系数 μ 变化于 0.5 ～ 1.0（Jaeger and Cook，1979）。因此，脆性断裂与 σ_1 的夹角应为 22° ～ 32°（Sibson，1985），在 σ_1 直立的伸展环境中，正断层的初始倾角应为 58° ～ 68°（Anderson，1951；Sibson，1985）。

为探索低角度正断层与库仑准则的相容性，尹安（Yin，1989）提出一上地壳弹性模型。模型中除重力外，设侧边界作用水平挤压力和底部边界作用一剪引力（shear traction）。通过有限元的计算，获得各单元的主应力方向，根据库仑准则获得逆冲断层与低角度正断层共存的轨迹。这一成果似乎成功地模拟了喜马拉雅地区的主要构造特征。然而，Buck（1990）不久便指出，作用在该模型底部边界的剪引力不可能大于 100MPa，因而不能产生模型中的正断层和逆冲断层。为了解释低角度正断层的形成，Westaway（1999）探讨一些可能作用在脆性层底部的模拟应力场，发现只有当应力状态横过伸展构造区发生急剧变化的极端条件下，作用在脆性层底部的剪引力才有可能局部达到～ 100MPa。由于模型底面的切向牵引力不足以改变主应力轴 σ_1 近水平的区域应力状态，因而不能形成模型中预测的正断层，更难解释伸展构造区主压应力轴 σ_1 直立状态下广泛存在的低角度正断层。

由于低角度正断层与库仑准则不相容，人们大多转向诉诸先存断层或薄弱面的摩擦再活动。在有先存断层或薄弱面的情况下，沿滑动摩擦系数 μ、内聚强度小的断层的再活动则服从 Amonton 定律：$\tau=\mu(\sigma_n-P_f)$。当先存断层走向平行中间应力轴 σ_2 的二维情况下，该式可改写为有效主应力的形式（Sibson，1985）：$R=(\sigma_1-P_f)/(\sigma_3-P_f)=(1+\mu\cot\theta_r)/(1-\mu\cot\theta_r)$。该式及其图示（图 6.6）表明沿先存断层活动取决于活化角 θ_r 的大小。R 具有最小正值的先存断面将优先滑动，相当于 $\theta_r^*=0.5\tan^{-1}(1/\mu)$（图 6.6）。当 θ_r 增大或减小，断层活动所要求应力比 R 则增大。当 $\theta_r=2\theta_r^*=\tan^{-1}(1/\mu)$ 时，断层将闭锁（$R\rightarrow\infty$）。超过闭锁点，唯有孔隙流体压力达到超高压状态，即最小有效主应力（σ_3-P_f）<0 的条件下，先存断裂才可能活动。这一点如同气垫船，当高压气体将上盘托起，在重力的驱动下将作正断式活动，即使断面倾角近水平。然而 $P_f>\sigma_3$ 条件很难维持，因为：①当 $P_f=\sigma_3+T$（T 为岩石的抗张强度）时形成的水压断裂将驱散高压流体，使流体压力急剧下降至正常压力；②渗透率增加一般将减小有效应力（Paterson and Wong，2005）。因此力学上有利于新断裂的形成，而不利于启动摩擦闭锁状态的先存薄弱面（Sibson，1985）。

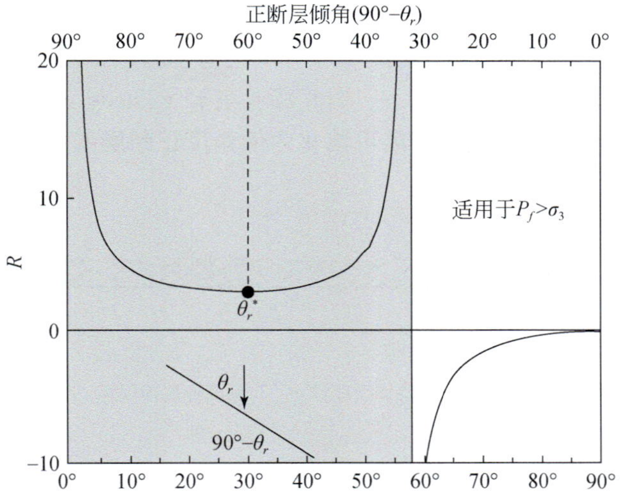

图 6.6　伸展构造体制下先存断层的活动性（据 Sibson，1985）

上述安德森 - 拜尔利先存断层摩擦活化理论（Anderson-Byerlee frictional fault reactivation theory）（Anderson，1942；Byerlee，1978），预测在主压应力轨迹直立、正断层摩擦系数 0.6 ～ 0.85 为特征的伸展地壳中，将形成倾角 60° 左右的新正断层，而不能导致倾角小于 30° 的先存断层再活动（Sibson，1985；Collettini and Sibson，2001）。**表明即便是有先存低角度薄弱面也不会沿之滑动形成低角度正断层**。该预测与地震记录中倾角小于 30° 的低角度正断层无中强震的记录一致。地震学证据表明，中 - 强震伸展地震与中陡倾正断层相关，峰值出现在倾角 45° 的断层中（Molnar and Chen，1983；Jackson and White，1989；Thatcher and Hill，1991；Collettini and Sibson，2001）。

Collettini（2011）考虑到断层带中常见的层状硅酸盐矿物，将断层岩的摩擦系数从一般的 0.6 ～ 0.8 降低至 0.4 左右。将初始断层的正断活动的下限 30° 进一步降低，再考虑超高压孔隙压力，初始薄弱面的正断活动的下限便趋于近水平。经过种种讨论，评述提出两个未解决的重要问题：①层状硅酸盐不是大多数出露的低角度正断层的一般特征，因此大多数利用先存断层的摩擦滑动，倾角不得小于 30°；②有些低角度正断层形成于主压应力轴直立的脆性地壳中，难以用严格的力学解释。结论是：**“地质、地震和力学的综合无法对低角度正断层力学之谜提供一简单的力学解”**。

这篇 2011 年以低角度正断层为题的评述文章没有阅读 7 年前发表的《最大有效力矩准则与低角度正断层的成因》（Zheng *et al.*，2004），可能是造成对正断层的研究现状做出如此判断的原因。

大型低角度正断层常出现在变质核杂岩区，下盘由糜棱状岩石组成。为查明低角度正断层的成因，根据绝大多数低角度正断层下盘存在糜棱岩和糜棱岩中普遍发育伸展褶劈理的事实，对中蒙边界区的亚干变质核杂岩下盘构造的系统研究表明，该区的主拆离断层并不平行下盘的糜棱面理，其间的角度为 8° ～ 12°。与之平行的是糜棱岩中的同向伸展褶劈理（C′）及其扩展而成的下盘正断层。劈理面上的线理、下盘不同规模的正断层的擦痕与拆离断层的擦痕统计上一致（图 6.7、图 6.8）。除常见的伸展褶劈理（C′）外，还见其共轭组 C″［图 5.1（a）］。两者近 110° 夹角表明前者不是许多研究所推断的里德尔剪破裂，而是同向伸展褶劈理，证明大型低角度正断层源于下盘同向伸展褶劈理，通过变形局部化和应变软化扩展而成，其中一些转化为正断层，规模最大者构成变质核杂岩的主拆离断层（Zheng *et al.*，2004）。据此郑亚东等（Zheng *et al.*，2004）提出**通过应变集中和应变软化，伸展褶劈理的扩展可演化为低角度正断层的成因模式。**

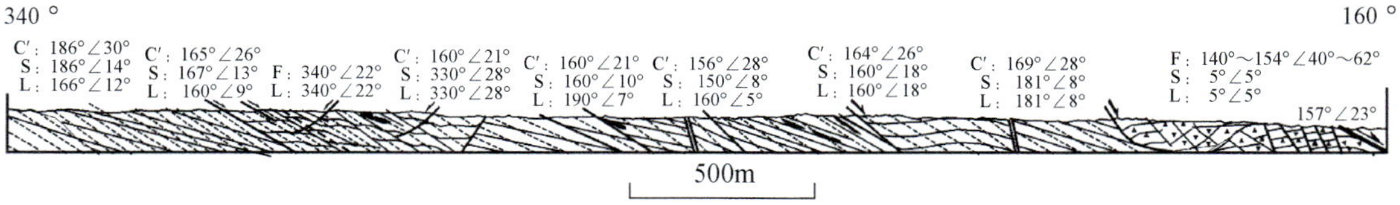

图 6.7 中蒙边界亚干变质核杂岩水泉沟剖面（据 Zheng *et al.*，2004）

注意：主拆离断层（右端）与下盘糜棱岩面理斜交，与同向伸展褶劈理（C′）和下盘正断层平行

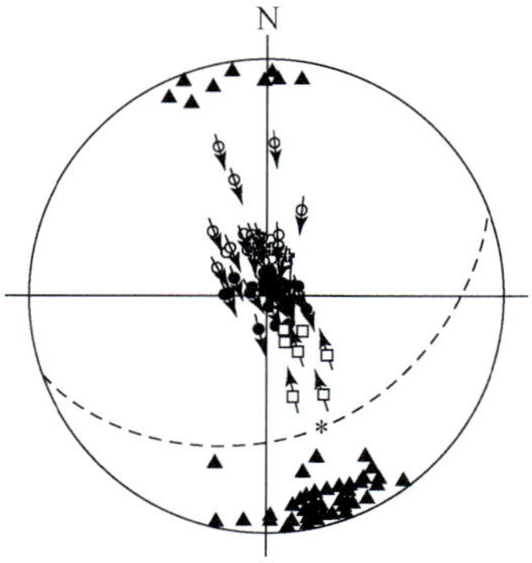

图 6.8 中蒙边界亚干变质核杂岩构造要素赤平投影图（吴氏网、下半球投影）（据 Zheng *et al.*，2004）

断线弧及星号表示主拆离断层及擦痕；实心圆表示糜棱面理、空心圆表示同向伸展褶劈理；方块表示反向伸展褶劈理；实三角表示线理

美国西部科迪勒拉区维普尔拆离断层与下盘糜棱岩前锋的夹角（Davis and Lister，1988）可解释为中地壳糜棱岩沿主要 C′ 剪切条带递进出露的表现。内蒙古大青山呼和浩特变质核杂岩区，呼和浩特拆离断层平行于糜棱岩 C′ 剪切条带。拆离断层与透入性糜棱岩面理的夹角为 25°～30°（Davis *et al.*，2002）。辽宁南部金州变质杂岩区，野外露头直观揭示主拆离断层切割下盘糜棱岩面理（S）、平行 C′ 剪切条带的关系（图 6.9）。

另外，还有一系统深入研究的例证来自西班牙的报道（Agard *et al.*，2011）。Betic 山脉中有一区域规模的 Filabres 拆离断层，下盘原为变泥质片岩。较晚的同向伸展褶劈理 C′ 切割糜棱片理，其产状与主拆离断层一致，密度是随近主断层呈指数型增大（图 6.10）。变形与时代的关系表明，这一令人瞩目的关系主要是递进变形局部化之故。

变质岩石学与原位激光榍石 $^{40}Ar/^{39}Ar$ 定年（生长的时间、成分和温压条件）有助于详细确定下盘岩石的 *P-T-d-t*（压力－温度－成分－时间）轨迹。资料显示，下盘原岩包括古生界—三叠系泥岩夹砂岩，经历高压低温变质作用，压力峰值年龄约为 30Ma。其后延至～18Ma 为一等温降压过程，变形大致均匀，形成透入性糜棱片岩，温度保持在 550～600℃，压力从～20kbar 急剧降到 3～5kbar，出露速率～2.8mm/a。～18Ma 变形开始局部化，形成间隔性伸展褶劈理。以后变形局部化递进增强，应变集中导致 Filabres 拆离断层的形成。

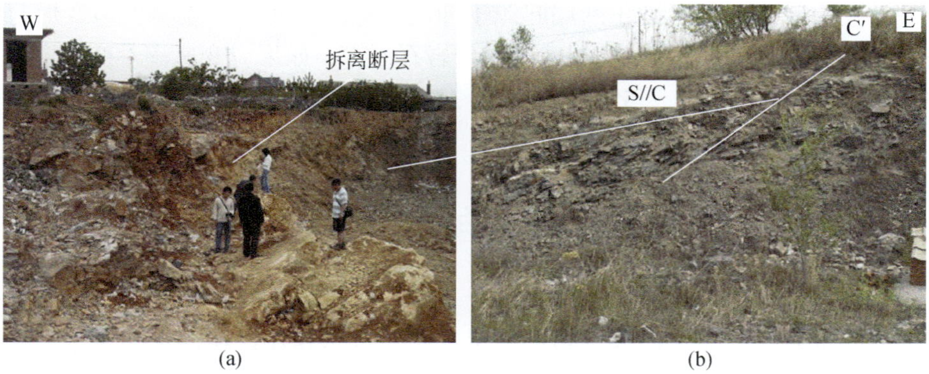

图 6.9　辽宁南部金州拆离断层［图（a）人聚集处］、下盘绿泥石化糜棱岩面理（S[①]，密集近水平）与 C′剪切条带（间隔性向西缓倾）（b）（照片由郑亚东提供）

图 6.10　西班牙 Filabres 拆离断层与下盘剪切条带（同向伸展褶劈理）的关系（据 Agard *et al.*，2011）

剪切条带 C′密度随近拆离断层呈指数型增长（Ⅰ、Ⅱ、Ⅲ、Ⅳ和Ⅴ）

① 《构造地质学》教科书（朱志澄，1999；朱志澄和宋鸿林，1990）中将 C 面理称为糜棱岩面理；S 面理称为剪切带内面理。本书沿用该定义。

该例不仅再次表明低角度正断层起源于伸展褶劈理，而且还表明均匀变形与变形局部化的温度 / 压力环境不同。对富层状硅酸盐岩石而言，如果应变速率不变，变形局部化发生的温度压力区间为 350 ～ 550℃、1.5 ～ 3kbar 或 150 ～ 300MPa。

6.4 高角度逆断层

根据库仑准则，逆断层应为低角度产出，然而自然界却存在许多高角度逆断层。高角度逆断层常出现在盆山耦合处（图 6.11）。根据 Ramsay（1980）对地壳缩短区所建立的模式，地壳盖层处于浅层次脆性变形域，地壳缩短所导致的断裂受控于库仑准则，形成低角度逆冲断层。因浅层表壳岩层理为主要的各向异性面，断层主要追踪软弱层形成断坪 - 断坡式逆冲断层带。基底所处的构造层次，一般位于长英质岩石韧 - 脆性转换带以下。有限最大剪应变面控制韧性剪切带的方向和指向，形成高角度逆冲式韧性剪切带。递进逆冲过程中，深部韧性剪切带向浅部扩展，先转化为韧性断层，后转化为高角度脆性断层。上盘深层次的基底和变质岩势必先沿高角度韧性剪切带、继而沿高角度脆 - 韧性断层、最后沿浅层脆性域的高角度断层升至地面，切断下盘先已形成的低角度逆冲断层，到浅部与下盘表壳岩在同一水平高度上并置。

该模式合理解释了构造层次对断层方式的控制。不足之处在于有限最大剪应变解释高角度逆断层，属均匀变形范畴，预测断层倾角变化于 45° ～ 90°；再者，有限最大剪应变面是由最初的瞬间最大剪应变面发展而来，该面实为与最大主压应力 σ_1 成 45° 的最大剪应力面，是按照水平直线型屈特加破裂准则做出的分析和判断，然而前已述及该准则在地质作用过程中是无法实现的（详见第 2 章 2.2 节、2.3 节）。最大有效力矩准则（见第 2 章 2.3 节）适合于变形局部化，可以解释高角度逆断层常态倾角～ 55°。

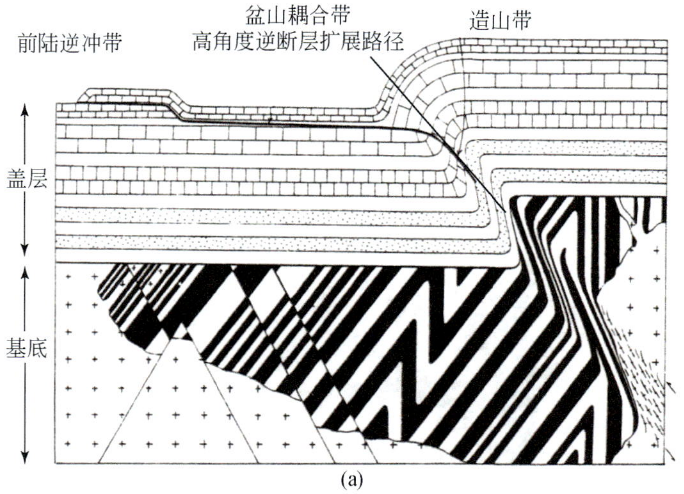

(a)

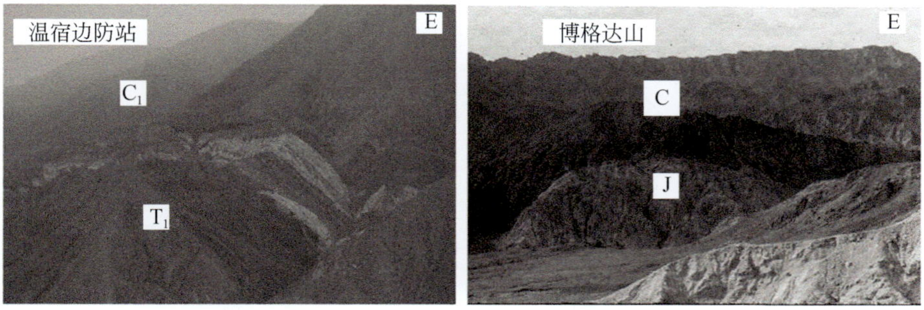

(b)　　(c)

图 6.11　盆山耦合带模式图（a）（据 Ramsay，1980）；新疆塔里木盆地西北缘（b）及吐鲁番盆地北缘高角度逆断层（c）（照片由郑亚东提供）

C. 石炭系变质岩；T. 三叠系表壳岩；J. 侏罗系表壳岩

控制加拿大魁北克区的中温含金石英脉系的是著称于世的高角度逆冲韧性剪切带（图 6.12）。剪切带的走向近东西，高角度南倾，倾角 50° ～ 80°。围岩主要由表壳火山岩和少量碎屑沉积岩组成，大多显示弱至中等近直立的面理，走向近东西，线理沿面理的倾向。剪切带岩石显示脆 - 韧性特征，具有明显的 S-L 组构，局部被剪切和张断裂切割，形成于绿片岩相变质环境中。与剪切带相关的组构取向和运动学标志无一例外地指示高角度逆冲剪切作用。例如，具有代表性的西格玛矿区，剪切带倾角～ 70°，几乎为纯逆冲运动，金矿脉垂向延伸超过 2km。石英 - 电气石脉主要分为两组：沿剪切带产出的陡倾脉和近水平脉。沿剪切带充填的陡倾脉，包括热液围岩的断层角砾，透镜状脉，边部或内部发育逆冲擦痕面。水平脉由纤维状石英 - 电气石组成，纤维与脉壁近垂直，故属张性脉，是周期性破裂 - 愈合的产物。剪切带与水平脉相互切割，不同时代形成的水平脉所显示的错距不等，从近于 0 至几百米。表明该含金石英脉系是在水平挤压体制下，水平脉与剪切脉周期性以相互交替的方式而形成。高角度逆冲剪切带具有很大的正应力分量，因此所产生的摩擦阻力不利于沿剪切带的逆冲滑动。为了克服这一摩擦阻力，Sibson 等（1988）论证水平脉代表高孔隙流体压力下形成的张裂隙，相关的高孔隙流体压力可大大降低沿高角度韧性剪切带的正应力分量，从而提出断层阀模式，即断层的逐渐愈合导致孔隙流体压力逐渐升高，水平脉的破裂代表孔隙流体压力达到峰值，垂直剪切带的正应力分量则降至最低而导致高角度断层的逆冲活动。断层活动伴生的断裂和地震导致扩容，扩容引起流体压力骤然下降，周边的高压流体在泵吸作用下进入断裂带。进入断裂的流体因压力的骤然下降，矿物质溶解度降低而沉淀并使断裂逐渐愈合，因而导致流体压力的逐渐回升。当流体压力升至一临界值便产生水压致裂和断层的重新活动。过程如此不断反复，形成破裂 - 愈合脉与断层、地震的交替周期性活动，这就是剪切带脉型矿床形成的力化学过程（宋超等，2016；程南南等，2018）。

断层阀模式合理地解释了沿高角度逆冲剪切带的断层活动、地震事件、流体压力、矿物沉淀之间的密切关系及其周期性的活动规律，却未说明高角度逆冲剪切带的成因。根据 Boullier 和 Robert（1992）提供的资料，西格玛矿区除高角度南倾北冲的一组主要剪切带外，还存在一组高角度北倾南冲的剪切带，构成共轭系（图 6.12）。两组剪切带在

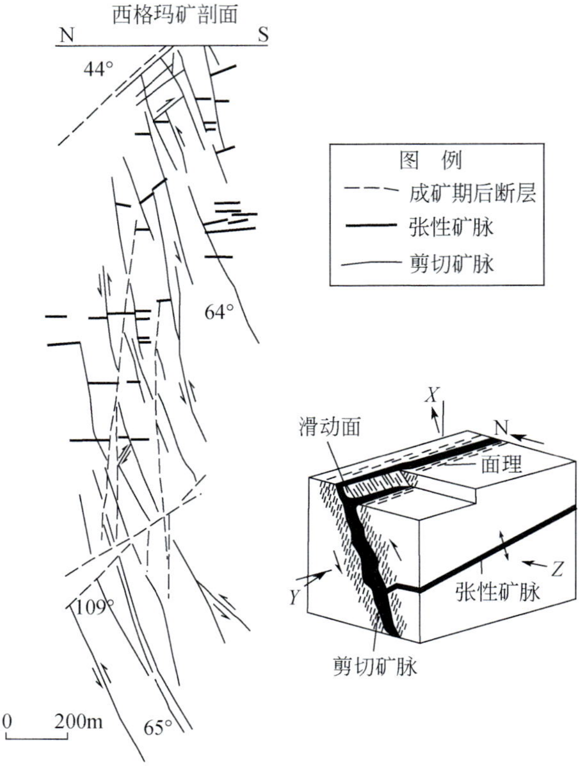

图 6.12 加拿大魁北克高角度逆冲韧性断层与含金石英脉（黑色）（据 Boullier and Robert，1992）

竖直方向的夹角为～110°，与最大有效力矩准则的预测值完全一致，表明加拿大魁北克高角度逆冲剪切断层带的形成受最大有效力矩准则（见第 2 章 2.3 节）的控制。

值得注意的是，地震事件代表瞬间应变速率，而矿物的沉淀与断裂愈合期间的韧性剪切则代表缓慢的应变积累，这种脆、韧性变形的交替活动是在同一构造层次上发生的，不可能用构造层次深浅来解释岩石的脆、韧性行为，唯有应变速率的变化可予以说明。而应变速率的变化则与孔隙流体压力的慢性积累和突然释放密切相关。

常见高角度逆断层与褶皱相关。著称于世的澳大利亚 Bendigo 金矿，金矿床产于直立紧闭背斜的转折端处［图 6.13（a）］。矿区发育两组高角度逆断层，相互切割，运动方式相反，表明其间的共轭性。共轭钝角为 112°～122°，相应背斜的平均顶角为 48°～58°。表明褶皱发育至倾角 55° 左右时，断层优选沿褶皱翼部岩层薄弱面初始形成，断层扩展穿越背斜转折端后切割另一翼岩层。在这种浅层次层理主要为各向异性面的情况下，断层优选沿倾角～55° 薄弱的层面形成。

构造层次较深的褶皱，岩石的应变导致劈理的形成。褶皱各部位非均匀应变往往形成扇状劈理。颗粒的形体和晶体定向取代层理成为主要的薄弱面。对于直立褶皱，位于～55° 倾角的劈理面优先形成高角度逆断层［图 6.13（b）］。

应当注意的是，当褶皱近于平卧时实测的低角度正断层实为高角度逆断层的假象。具扇状劈理的平卧褶皱无疑是原水平岩层的水平缩短的产物，由于轴面旋转近 90°，与之相关的劈理将随之同步旋转，实为高角度逆断层势必变成其假象——低角度正断层。另一可能性是早期的地壳水平缩短 / 垂向增厚导致后期的重力垮塌，早期缩短断层变成伸展断层。为鉴别真假，需查明断层面是否存在两期活动和区域构造背景。现场观察表明，图 6.13（c）中的三条平行劈理的断层面仅见一组擦痕[图 6.13（c）、（d）]。加之图 6.13（b）、（c）两露头相距不远，如果是晚造山垮塌所致，前者的断层产状更有利于转化为正断层。

褶皱相关高角度逆断层与膝褶带相对缩短方向角度关系的一致性说明其间具有相同的力学成因。

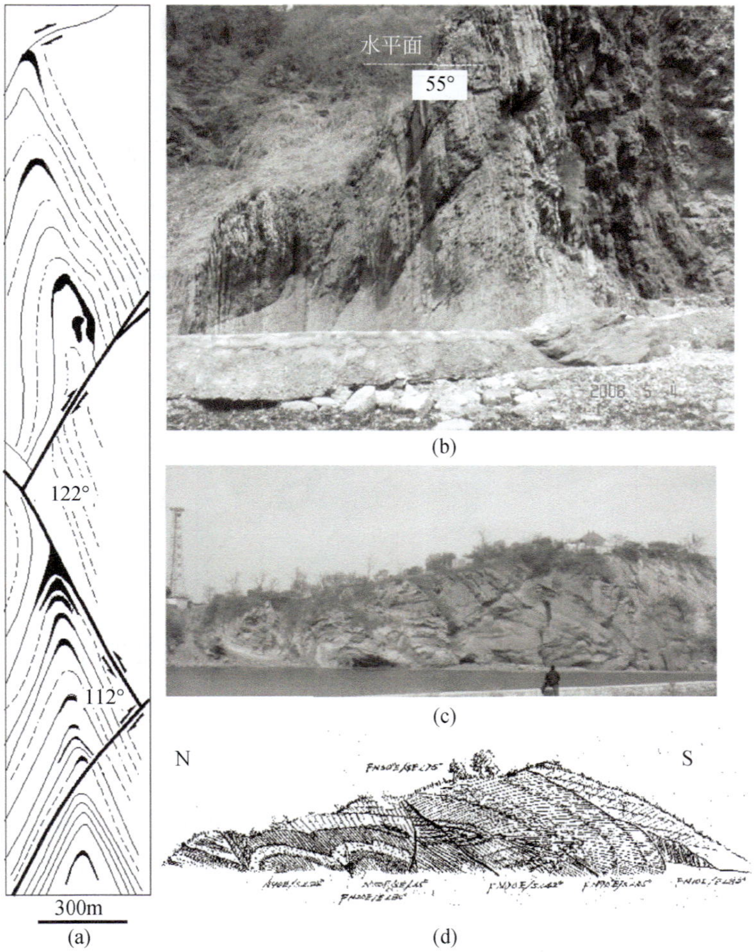

图 6.13　与褶皱相关的高角度逆断层

（a）澳大利亚 Bendigo 金矿区共轭高角度逆断层（据 Hills，1953）；（b）辽宁金州金石滩寒武系直立岩层中的扇状劈理与高角度逆断层；（c）辽宁金州龙王庙平卧向斜中的扇状劈理与视低角度正断层（郑亚东提供）；（d）图（c）的素描图

6.5　菱网状韧性剪切带及宽 V 形共轭韧性剪切 / 走滑断层系

菱网状构造是一种特殊的构造网络，由近直立的辫网韧性剪切带与其包围的未变

形或微变形菱形断块组成。菱网状构造在大陆地壳的结晶基底中特别发育（Ramsay and Huber，1987）。其基本特征是右行与左行走滑韧性剪切带构成共轭系、钝角面对缩短方向。Park（1981）在加拿大西苏必利尔省花岗－绿岩区的构造研究为菱网状韧性剪切带提供了上佳实例。该处6万余平方千米的广大面积内发育15条大型剪切带。北东－南西向左行剪切带与北西－南东向右行剪切构成的共轭剪切带，将区域分割成菱形断块，面向南北缩短方向的平均共轭夹角为109°（图6.14），角度波动范围与最大有效力矩准则所预测的范围一致（图2.14的阴影区）。

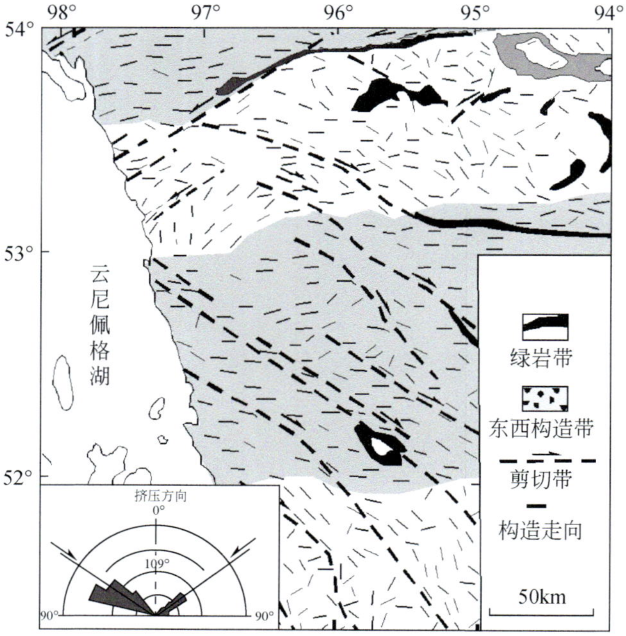

图6.14 加拿大西苏必利尔省云尼佩格湖区构造图及剪切带走向玫瑰花图（据Park，1981修改）

中阿尔卑斯Ar花岗岩中不同规模的菱网状韧性剪切带分割低应变的菱形块体为花岗岩中菱形构造的另一典型实例（Choukroune and Gapas，1983）。菱形块体的长轴平行于区域近东西向片理迹线，陡倾的左行与右行走滑剪切带的走向分别为北西西－南东东和北东－南西，构成共轭系。

菱形构造的钝角总是被总体缩短方向平分。Knill（1957，1960）和Ramsay（1980）假定该角初始小于90°，随后的压扁使之增大超过90°。然而，大量野外观察和实验结果表明这一假定并不正确，因为共轭剪切带的共轭夹角一开始就大于90°，一般为110°～120°。

Neves等（2005）用最大有效力矩准则解释泛非新元古代构造带中北北东向左行剪切带和北东东向右行剪切带构成菱网状韧性剪切带："根据共轭伸展褶劈理的分析（Zheng *et al.*，2004），推测缩短方向平分其间的钝角，即北西－南东向。"

菱网状构造是基底构造的主要形式，但并不限于基底。新生代共轭走滑断层广泛分布于中亚、中南半岛等地区。中亚菱形网状构造主要有塔里木、柴达木和准噶尔地块及周边走滑挤压断层带组成（图6.15）。阿尔金断层为代表的北东东向左行走滑挤压断层系和塔纳斯－费尔干纳为代表的北西向右行走滑挤压断层系构成复杂的走滑共轭系，总体钝夹角 110° 左右面对北偏东缩短方向。

阿尔金左行走滑断层系与塔纳斯－费尔干纳右行走滑断层系切割中亚地区的最新地层为上新统。然而，阿尔金断层的新生代活动较早于塔纳斯－费尔干纳右行走滑断层系，因而先控制该地区，在塔里木、柴达木等盆地内形成平行北西向右行走滑断层的褶皱或大型膝褶带。随后的塔纳斯－费尔干纳北西向右行走滑断层系的活动，将塔里木等盆地的西北边界改造为挤压带，相关的盆缘薄皮逆冲带（如塔里木西北边缘的库车－柯坪逆冲带）切割盆地中早期形成北西向褶皱（如长约 250km 的玛扎塔格巨型膝褶带）（图 6.15）。

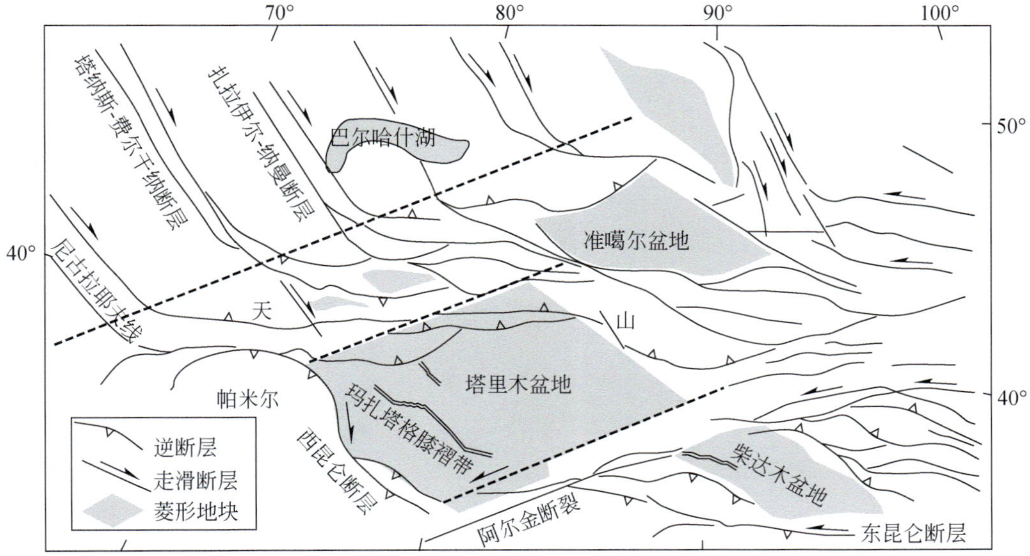

(a)

(b)

图 6.15　中亚地区的菱网状构造（据 Zheng *et al.*，2011b）

（a）构造纲要图；（b）卫星照片

与菱网状构造相似，尹安（Yin，2010）称为V形共轭走滑断层系，在东阿尔卑斯、中亚地区和东南亚地区均报道过这类构造，指出其共性之一是断层与最大主压应力轴的夹角为60°～75°。然而，根据Kapp等（2008）提供西藏地区断层统计，平均角为57.5°，小于上述尹安提供的数据（图6.16）。由于V形易误解为锐角面对缩短方向，故改称为宽V形共轭走滑系（wide-open V-shaped conjugate strike-slip fault system）（Zheng *et al.*，2011a，2011b）。

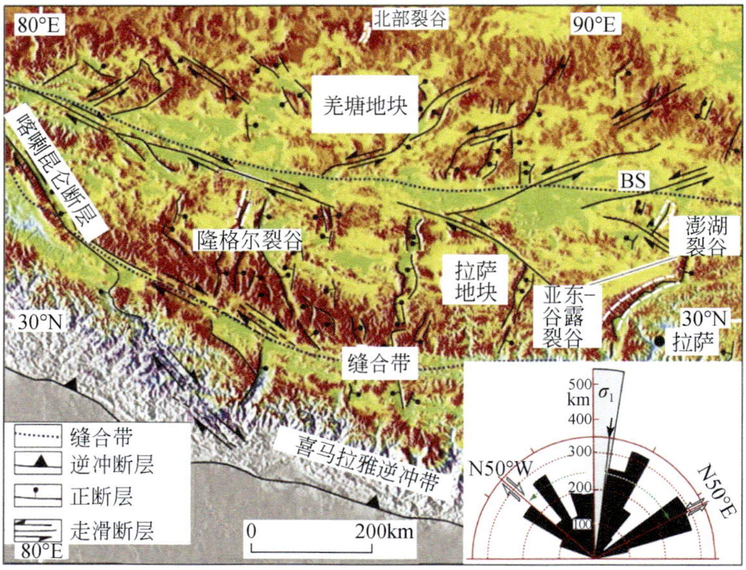

图6.16 西藏共轭走滑系及南北向裂谷系

底图据Kapp等（2008）；插图为断层走向玫瑰花图，共轭走滑断层共轭角115°，张性断裂平分该钝角（据Zheng *et al.*，2011a）

6.6 前陆盆地中的拆离褶皱

拆离褶皱，又称断滑褶皱（detachment folds）（Jamison，1987）或抬离褶皱（lift-off folds）（Mitra and Namson，1989），是发育在拆离断层之上的无根褶皱，岩层平行，通常具有箱状或尖棱的转折端形态（图6.17）。

这种褶皱的形成需要一韧性拆离层（如石盐、石膏、硬石膏、煤或黏土层）从闭合的褶皱核部流出和充填褶皱底部形成的空间。Faill（1969，1973）应用膝褶带的几何特征解释美国宾夕法尼亚州谷岭区的褶皱形态。Boyer（1986）将膝褶带与断层相关褶皱的模式结合分析爱达荷州逆冲断层带中的褶皱的构形。Suppe（1985）提出上地壳通常的褶皱作用机制，包括断弯褶皱、断展褶皱和断滑褶皱（拆离褶皱）作用。断弯褶皱是被动反映下伏断层的坪-坡几何形态，表明上盘向前平稳推进未受阻力。断展褶皱表明上盘运动在断坡上端受阻，褶皱前翼被迫变陡、缩短水平距离以缓冲水平挤压，直到直立或倒转，构成扩展褶皱的前翼。直立岩层的缩短需要更多的应力积累，最终克服阻力沿较浅的拆

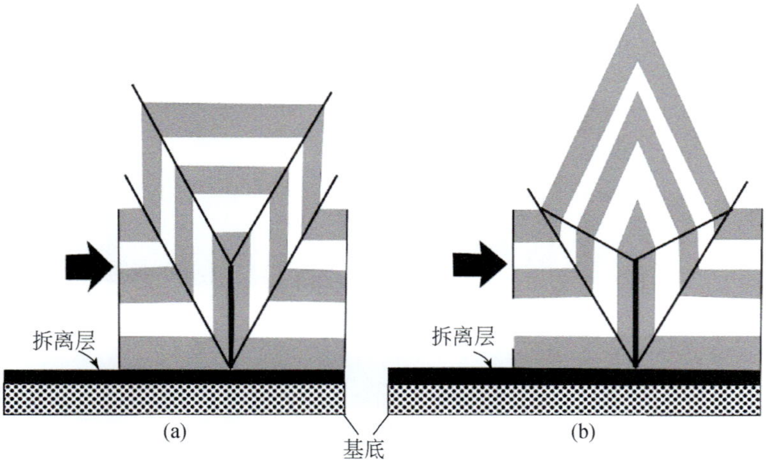

图 6.17　箱形拆离褶皱（a）与脊形拆离褶皱（b）

离层向前迁移。拆离褶皱（断滑褶皱）则与断坡无关，下伏近水平的拆离层厚度、岩性变化或局部突起等将导致上盘运动受阻，水平挤压力的积累迫使上盘岩层膝褶或纵弯褶皱。

膝褶与纵弯褶皱都是顺层缩短的产物，问题是什么情况下形成膝褶带，什么情况下形成纵弯褶皱。图 6.18 表明两者的层间滑动分布具明显差异：膝褶带层间滑动限制在膝褶带内，而弯滑褶皱的层间滑动沿层面分布在转折端到翼部拐点的全程范围内。正如 Johnson（1977）所指出的，膝褶带内顺层剪应力超过剪切强度时形成膝褶带，如果沿层到处可自由滑动则形成弯滑褶皱。多层砂箱水平挤压所产生的褶皱，往往介于上述两端元的中间状态——膝褶型纵弯褶皱（图 6.19），缩短一侧的共轭角为 110° ～ 117°，为膝褶与纵弯褶皱间的联系提供了有力的证据。

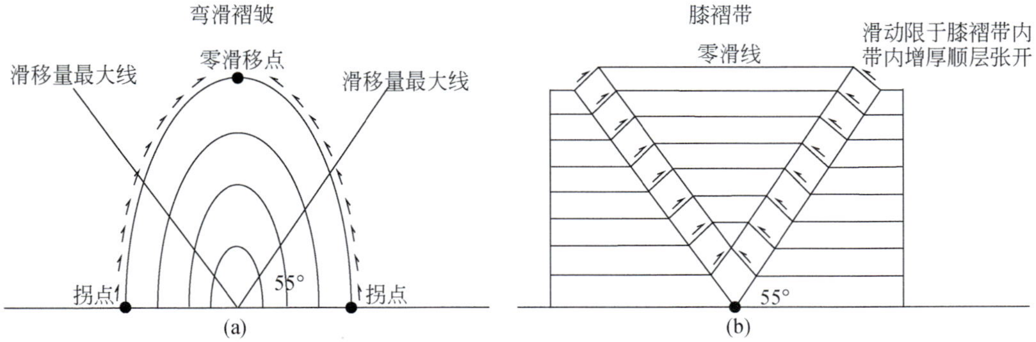

图 6.18　弯滑褶皱（纵弯褶皱的一种）与膝褶带层间滑动的分布

我国柴达木盆地半个多世纪的石油勘探实践，主要是通过地震反射剖面的解释，将储油构造的基本特征概括为“两断夹一隆”，其中的“两断”一般解释为高角度逆冲断层。野外实地考察证明，“两断夹一隆”大多是共轭膝褶带夹持的箱状背斜（图 6.20）。

鉴于最大有效力矩准则控制膝褶带的取向，因而可解释拆离褶皱的形成，并可据规模相当的共轭膝褶带的下交点预测相关拆离层的深度（图 6.17 ～图 6.19）。

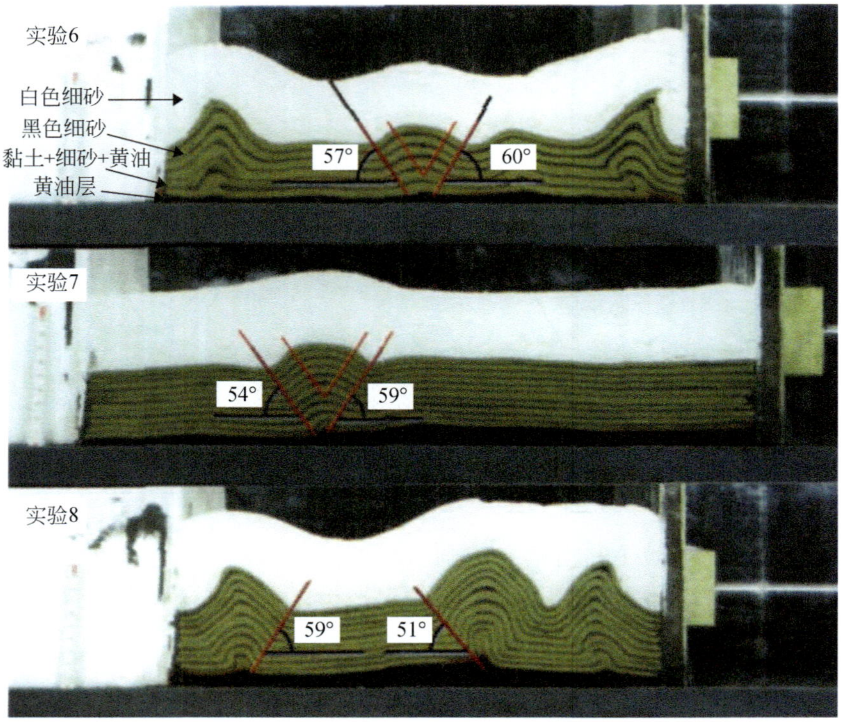

图 6.19 多层砂箱水平缩短实验形成的膝褶型纵弯褶皱（闫淑玉等，2011）

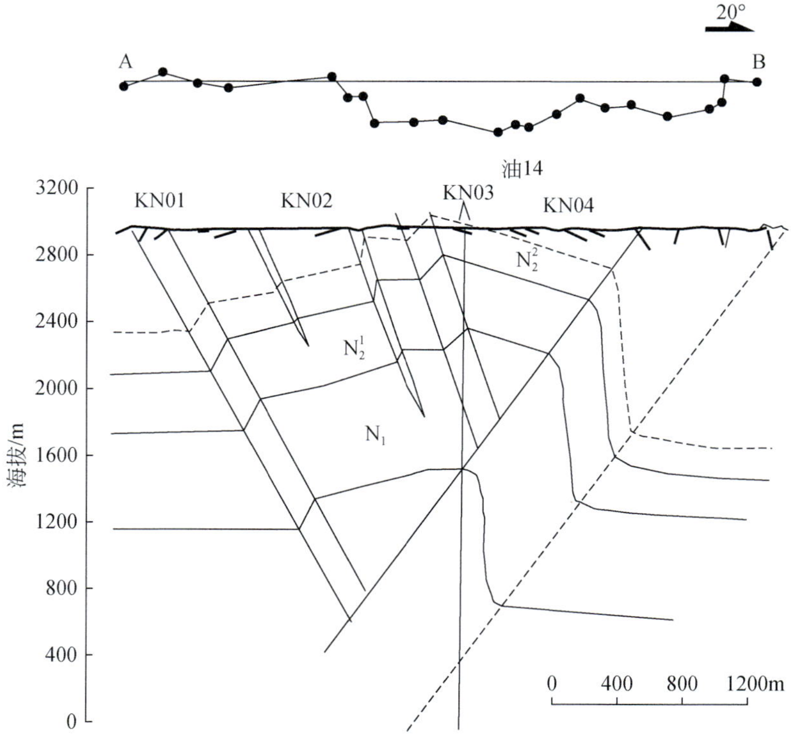

图 6.20 柴达木盆地油泉子构造剖面（郑亚东等，2007）

6.7　鳄鱼嘴和鱼骨构造

鳄鱼嘴和鱼骨构造（crocodiles and fishbones）是 20 世纪 80 年代大陆反射地震计划（DEKORP）研究组（R.Meissner，T.Wever 和 P.Sadowiak）将中下地壳的地震剖面中常出现反向缓倾的强反射面称为鳄鱼嘴构造（图 6.21），而鱼骨构造是由许多微型鳄鱼

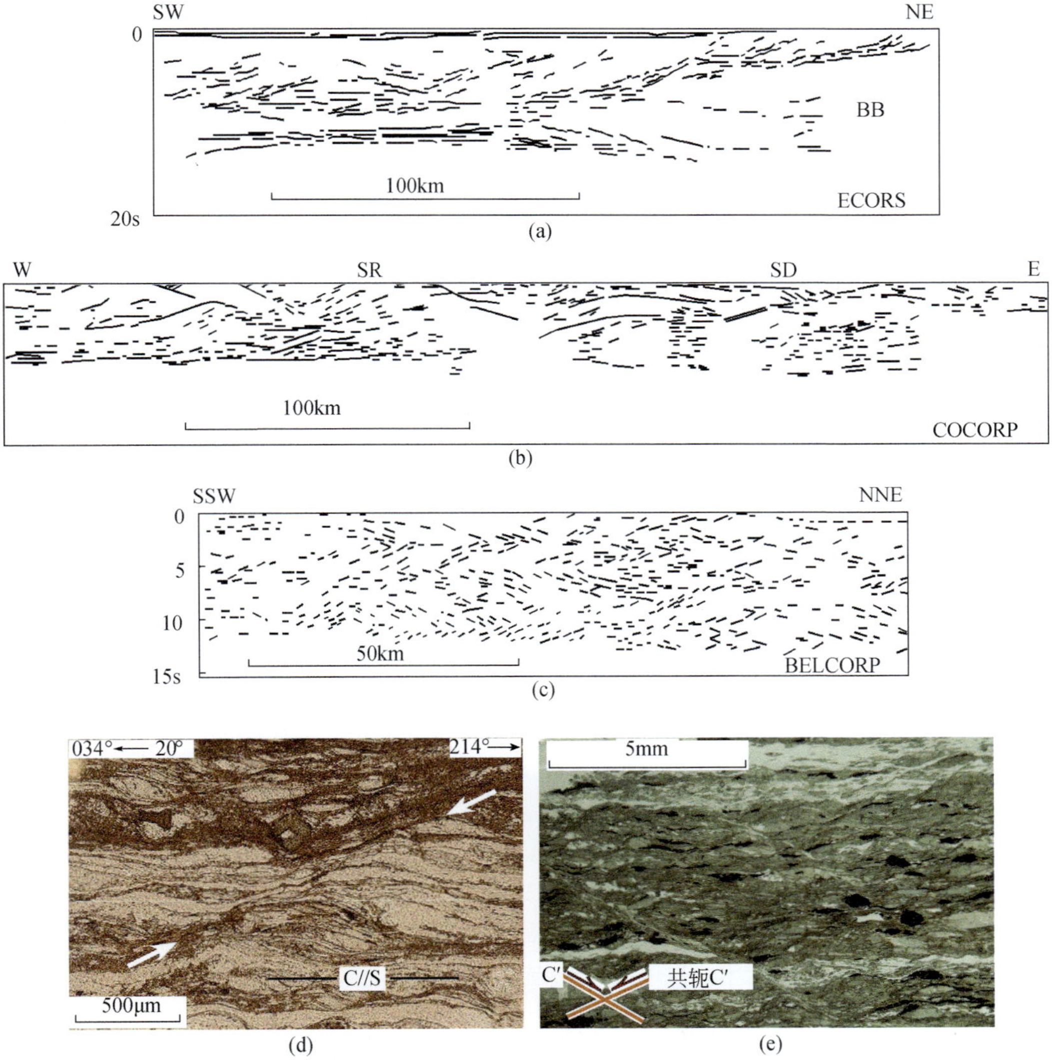

图 6.21　地震反射剖面中的鳄鱼嘴构造与糜棱岩中的三组面理

（a）法国北部地区地震反射剖面中的鳄鱼嘴构造，BB 代表布拉班地块。（b）美国盆岭东部区 COCORP 剖面中的鳄鱼嘴构造，SR 代表蛇岭变质核杂岩，SD 代表塞维尔荒漠，图（a）、（b）据 Malavieille（1993）。（c）比利时 BELCORP 剖面反射图中的鱼骨构造（据 Bouckaert *et al.*，1986）。（d）藏南拆离系中出露的三组面理：近水平的糜棱面理（C//S），缓倾的同向和反向伸展褶劈理（据 Cottle and John，2007）。（e）新西兰南阿尔卑斯断层阿尔派恩糜棱岩带中出露的三组面理：糜棱面理，同向和反向伸展褶劈理（据 Gillam *et al.*，2013）

嘴构造组成［图 6.21（c）］（Meissner，1989；Sadowiak *et al.*，1991）。所揭示的大部分鳄鱼嘴构造出现在地震剖面的 5 ～ 7.5s 深度区间，反向倾斜反射面的夹角变化于 25° ～ 45°，峰值为～ 35°。

由于地震剖面中缺乏明确的运动学标志，鳄鱼嘴构造的构造属性存在截然相反的解释。该术语的许多研究者 Meissner（1989）和 Sadowiak 等（1991）根据所处的构造环境与前造山 / 同造山带巧合，认为其似乎代表水平挤压构造和垂向挤出。由此，大多数研究者将鳄鱼嘴构造作为缩短构造的标志（Cook and Varsek，1994；Lin *et al.*，1994；Lin，1995；Xu *et al.*, 2002; TRANSALP working Group, 2002），一些作者将其作为楔状构造的同义词（Guzofski *et al*，2007；Wan，2012）。然而值得注意的是，许多典型伸展构造区地震剖面常出现缓倾共轭反射面切割近中下地壳近水平的反射面（图 6.22）（Texaco，1992）。

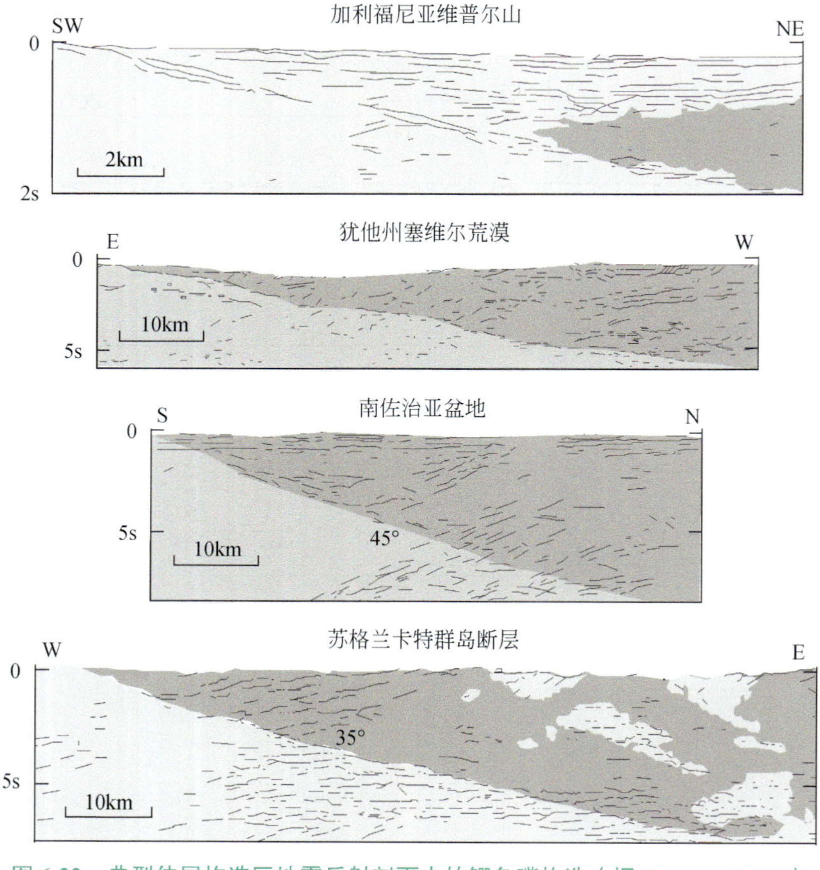

图 6.22　典型伸展构造区地震反射剖面中的鳄鱼嘴构造（据 Texaco，1992）

欧美地震反射图型与构造单元的系统对比表明，下地壳强反射是年轻的造山后伸展垮塌区的特征（Sadowiak *et al.*，1991）。伸展垮塌区切割下地壳强反射面的鳄鱼嘴构造显然应是造山后伸展垮塌期形成的构造。

由于上述地震剖面解释的多解性，剖面的解释应结合现今出露地面的中下地壳的构造特征。变质核杂岩的下盘糜棱岩代表中下地壳环境中形成的韧性变形岩石，其中一般发育三组面理：近水平的糜棱面理（C 面理），同向（C′）和反向（C″）伸展褶劈理（图 6.5）。这三组面状构造与伸展构造区的地震反射剖面中的三组反射面恰好一致［图 6.21（d）、（e）］。由于地震剖面一般并非与伸展方向严格一致，两组缓倾反射面的夹角通常偏离 110°，但其钝角等分线总是近于直立。这一般与伸展构造区的水平伸展和垂向缩短的应变和应力状态一致。因此，有理由推断伸展构造区中大部分的鳄鱼嘴构造代表共轭低角度正断层，它们起源于最大有效力矩准则控制的共轭伸展褶劈理，通过应变集中和软化扩展而成（Zheng *et al.*，2004）。

6.8　晶体塑性变形中的共轭变形带

6.8.1　石英〈*c*〉- 组构中的底面开角

Lister 和 Hobbs（1980）根据滑移系活化的 Taylor-Hill 模型，通过塑性变形数值模拟，最初建立应变与石英光轴〈*c*〉间几何关系（图 6.23）。以后 Schmid 和 Casey（1986）根据主导大多数天然变形石英岩的〈*a*〉- 滑移，推导出可能的〈*a*〉- 组构，并预测具 60° 开角〈*a*〉轴小圆，在收缩应变和平面应变变形过程中关于最大有限长度比 *X* 轴对称。虽然天然和实验变形的各种组构似乎支持 Lister 和 Hobbs（1980）、Schmid 和 Casey（1986）的预测，但所预测的开角与天然开角不尽一致，如基于 32 个标本约 2 万组数据编制的图 6.23 表明，石英〈*c*〉- 组构在基圆上构成近对称的两极密，围绕垂直剪切带法线的缩短方向的平均开角为 72°，而非 60°。两极密间的 72° 对应共轭底面滑移面共轭角 108°。这对极密所代表的石英底面滑移还大致平行于扭曲、切割主剪切带糜棱面理的共轭伸展褶劈理［图 6.21（d）、图 6.24（a）］。毫无疑问，底面滑移属变形局部化，方向受控于最大有效力矩准则。其实，按严格的数学观点，弗林图解适用于均匀变形，而不适于变形

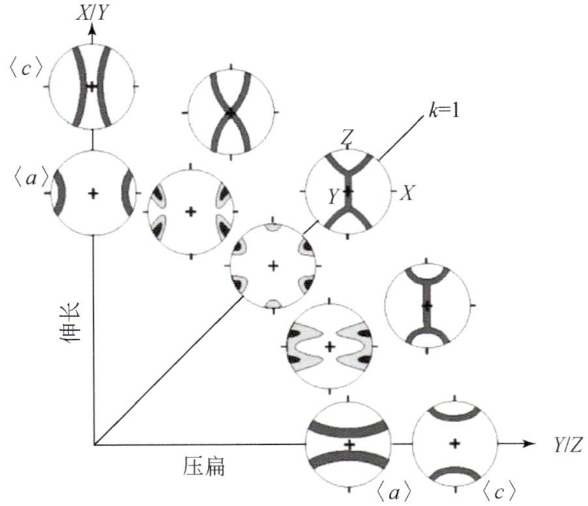

图 6.23　石英光轴〈*c*〉组构（据 Lister and Hobbs，1980）及对应的〈*a*〉组构（据 Schmid and Casey，1986）弗林图解

X，*Y*，*Z* 分别为有限应变椭球的长、中和短轴；*k*=1 代表平面应变（据 Sullivan and Beane，2010）

局部化。为此，我们不相信石英的底面滑移开角为一温度计（Kruhl，1998）及其支持与质疑（Law *et al.*，2013）。因为足够的证据说明石英的底面开角随温度和其他因素而变，而最大有效力矩准则论证该值为一不变量。

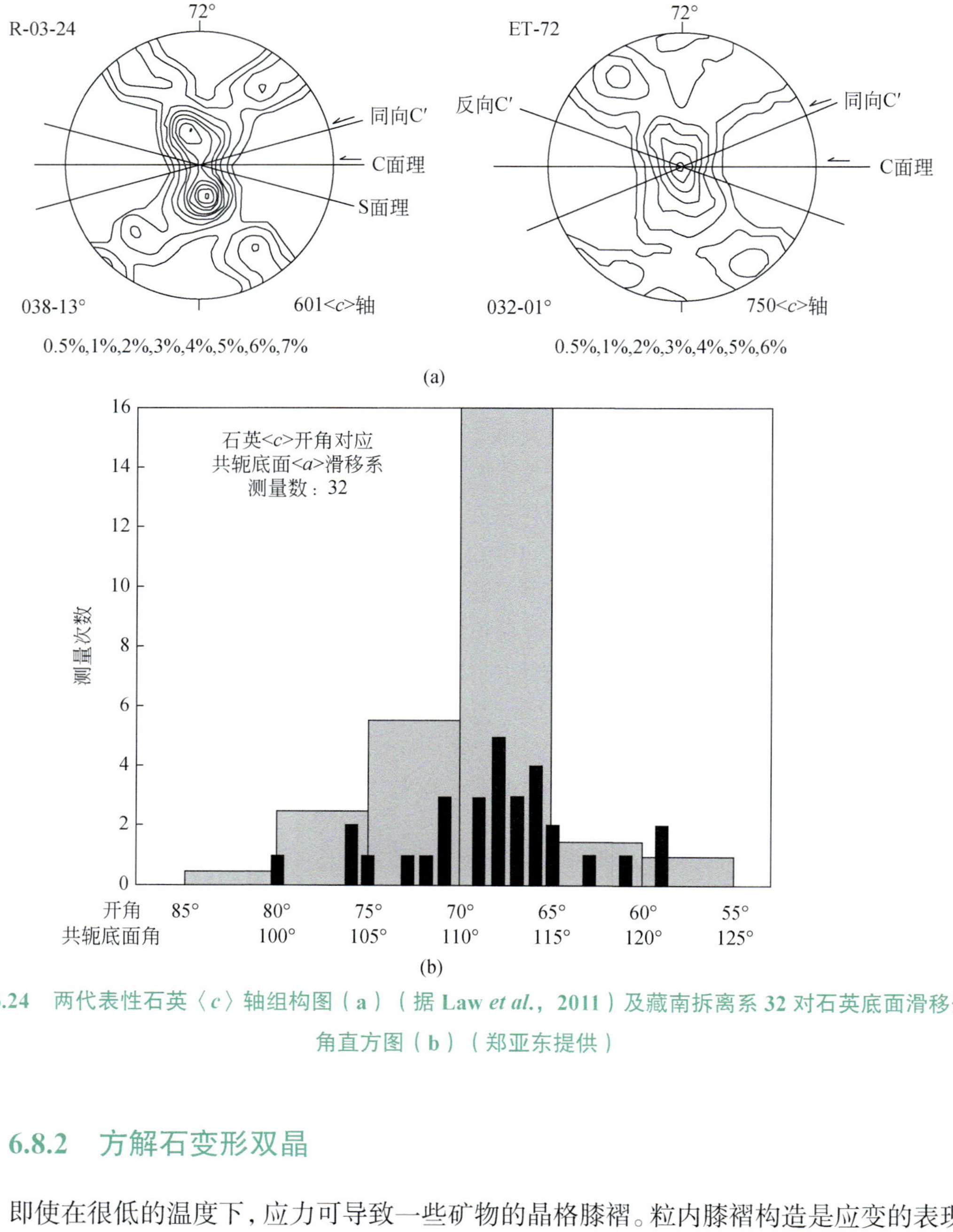

图 6.24　两代表性石英〈*c*〉轴组构图（a）（据 Law *et al.*，2011）及藏南拆离系 32 对石英底面滑移开角直方图（b）（郑亚东提供）

6.8.2　方解石变形双晶

即使在很低的温度下，应力可导致一些矿物的晶格膝褶。粒内膝褶构造是应变的表现，称为变形双晶。变形双晶只见于几个常见矿物中如斜长石和方解石。机械双晶作用不涉及晶格的断裂，因此，可作为一种塑性变形机制。

方解石常沿（$\bar{1}012$）膝褶形成 *e* 双晶［图 6.25（a）、（b）］，膝褶和未膝褶部分互为镜像［图 6.25（c）］。方解石机械双晶作用为一低应变、低温塑性变形机制，可给出变形时的应力状态。长期以来双晶作为简单剪切作用（主压应力轴 σ_1 与双晶面成 45°）的产物［图 6.25（c）中灰色长线］。然而，业已证明，膝褶的形成沿最大有效力矩方向。方解石剪切变形实验研究也表明，据双晶所记录主应力方向与实验设计的主压应力方向不一致，相差 8°～15°（图 6.26），证明双晶的形成并非沿最大剪应力方向，而是沿最大有效力矩方向。

如今业已证明，形成膝褶的最有利方向是与主应力轴 σ_1 成 54.7°［图 6.25（c）黑色箭头］。因此，如图 6.25 所示，应对传统据双晶推断古应力的方法修正 10°（9.7° 为理论值），即根据双晶面向母晶光轴方向读 54.7° 或据母晶光轴向双晶面方向读 62°（理论值 62.3°）为 σ_1 的方位。

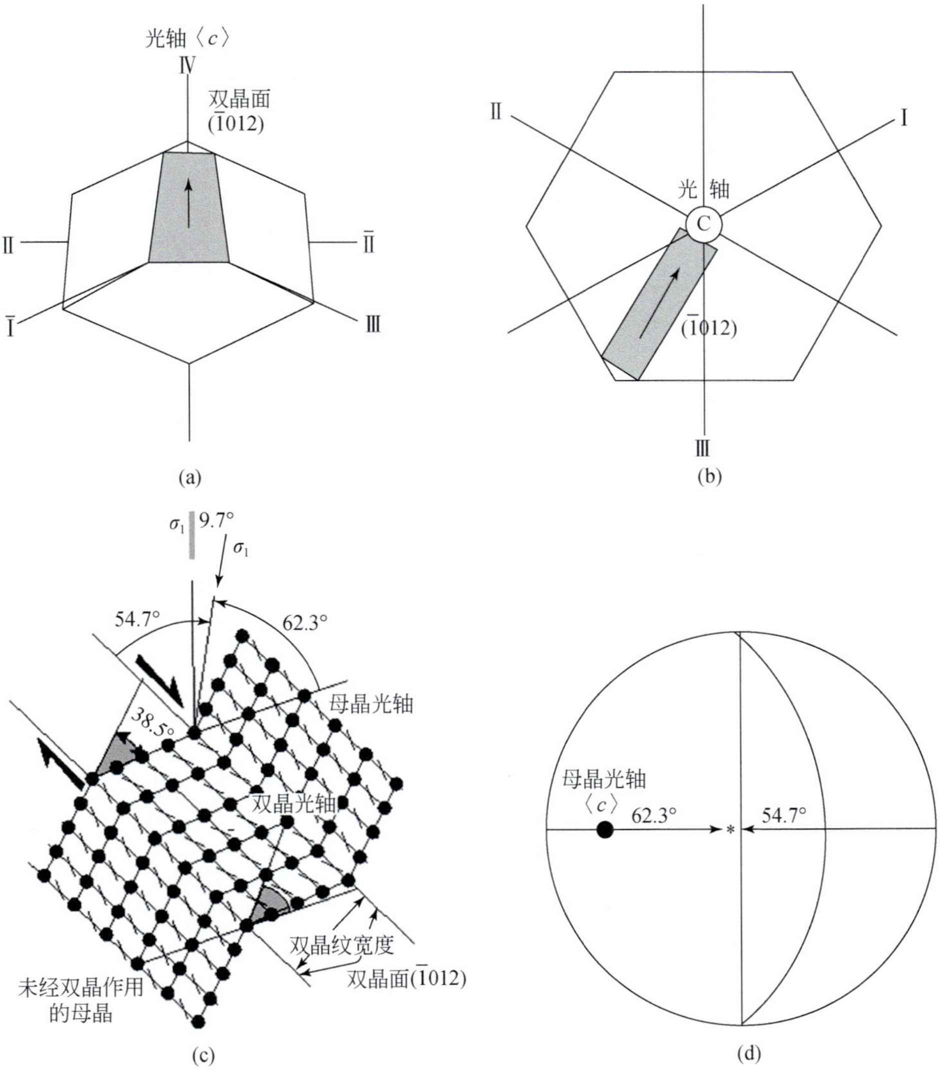

图 6.25　方解石变形双晶

（a）双晶立体图（箭头示上盘剪切方向）；（b）双晶顶视平面图；（c）晶格膝褶与最大主应力 σ_1 间的关系（灰色长线与黑色箭头分别为最大剪应力和最大有效力矩准则预测的 σ_1 方向）；（d）根据双晶面和母晶光轴确定 σ_1 的赤平投影法

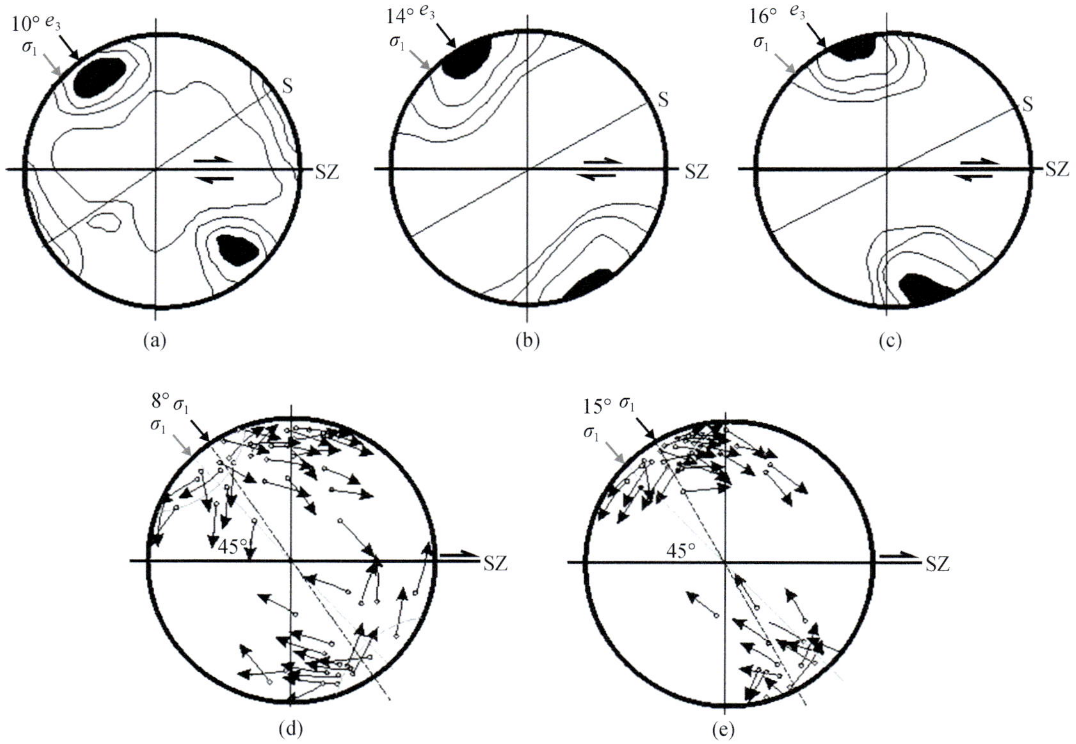

图 6.26 方解石的剪切变形实验（据周翊，1989）

e 双晶滑移线图指示的主应力 σ_1 或主应变 e_3（黑色箭头）与实验设计的 σ_1（灰色箭头）约差 10°；SZ 代表剪切带

6.9 应力与运动学涡度分析

6.9.1 古应力方向和大小的确定

21 世纪大陆构造的研究核心是大陆岩石圈的流变学特征，这已成为多数地质学家的共识，差应力的确定是岩石流变学研究的核心内容之一。脆性变形域中，古应力方向可应用不同取向的断层的位移方式或共轭断裂，根据库仑准则来确定（Angelier，1984；Price and Cosgrove，1990）。韧性变形域中，现今流行的古差应力的确定是根据位错密度、亚颗粒或动态重结晶粒度的大小，然而，所获得的精度有限，仅为半个数量级，不能满足实际的要求。最大有效力矩准则（见第 2 章 2.3 节）的提出，为确定古应力提供一新的途径，不仅可据以判断主应力轴的方向，而且可根据材料的屈服强度获得差应力的大小，主要依据最大有效力矩准则所预测的韧性变形带与 σ_1 成 55° 交角。最大有效力矩准则中的差应力代表相关岩石的屈服强度，其大小不仅取决于材料本身，而且与变形时的温度和应变速率有关（Zheng and Wang，2005；Zheng *et al.*，2015）。同一材料的屈服强度随围压的增大而增大，随温度的升高而减小，随应变速率的减小而减小。因此，查明材料的不同温度、压力和应变速率条件下的屈服强度是确定差应力大小的关键。具体计算实例见第 5 章 5.1 节中的英格兰波尔比钾盐矿。

自然界不同岩石中与最大有效力矩准则有关的变形带，形成于不同温度、压力和应变速率条件下，因此，查明不同岩石在不同温度、压力和应变速率条件下的屈服强度是确定古差应力的基础。由于实验条件的限制，特别是时间条件的限制，现有岩石力学实验实现的应变速率最慢为 $10^{-7}s^{-1}$ 量级，而典型的地质应变速率为 $10^{-14}s^{-1}$，其间相差 7 个量级。为了获得地质应变速率下岩石的屈服强度，通常是提高实验温度，根据不同温度和可行的应变速率条件下的岩石屈服强度外推地质应变速率时的屈服强度。迄今这类实验所涉及的岩石类型有限，主要是灰岩和大理岩等少数岩种。Paterson 和 Weiss（1966）对千枚岩系统的岩石力学实验，获得室温，围压 1 ～ 10kbar，应变速率 4×10^{-4} ～ $8\times10^{-4}s^{-1}$ 条件下屈服强度。但因缺少不同温度条件下千枚岩的应力－应变曲线，不能准确确定不同温度和应变速率下千枚岩的屈服强度。为了获得准确的差应力值，需对千枚岩进行不同温度和应变速率条件下系统的岩石力学实验。若要根据其他材料，如云母、石英和长石等常见造岩矿物的变形带确定古差应力值，则需针对不同材料进行系统的岩石力学实验。因此，要将最大有效力矩准则付诸更广泛的古应力实践，有待于大量系统的岩石力学实验（郑亚东和王涛，2005）。

6.9.2　确定运动学涡度（W_k）的 C′ 法

岩石流变学另一基本参数是运动学涡度（值）（W_k 或 W_n，平均值为 W_m；详细讨论见第 1 章 1.3 节），该值是二维运动学分析中定量描述天然剪切带中纯剪切与简单剪切组分的相对贡献。前已论述，纯剪切与简单剪切是天然一般剪切带中的两个端元组分。纯剪切或简单剪切特殊的边界条件自然界均难以满足。正如 Reston（1990）根据深地震剖面的研究指出：“下地壳伸展过程中既不那么纯剪，也不那么单剪”。如今，不少实例分析表明，天然剪切带确实是纯剪切与简单剪切的组合（Passchier，1987；Simpson and De Paor，1993；Wallis，1992，1995；Klepeis *et al.*，1999；Holcombe and Little，2001；Bailey and Eyster，2003；Jessup *et al.*，2006；Xypolias，2010）。

Bobyarchick（1986）定义的运动学涡度形式简单实用，即变形面内两特征向量（eigenvector；非旋转向量）或流脊夹角的余弦：$W_k=\cos\alpha$。根据该定义，纯剪切的运动学涡度为零，简单剪切为 1。一般剪切位于两者之间。

运动学涡度还可定义为 $W_k=\sin2\xi$（Weijermars，1991，1993，1998），式中 ξ 为主压应力（σ_1）与剪切带边界法线的夹角。纯剪切主压应力（σ_1）与剪切带边界垂直，ξ 和 W_k 等于零。简单剪切时 σ_1 与剪切带边界为 45°，W_k 等于 1，证明力学定义与运动学定义等效（详见第 1 章 1.3 节）。

一些研究者将剪切条带的共轭角用以测定一般剪切带的运动学涡度。其理论基础是假定初始的共轭剪切条带与最大角剪应变速率面平行（Platt and Vissers，1980；Platt，1984；Simpson and De Paor，1993；Kurz and Northrup，2008）。对于平面应变而言，两最大角剪应变速率方向相互垂直，并预测分别为流动的两特征向量（流脊）的锐角（*AB*）

和钝角（OB）分角线（图 6.27）（Platt and Vissers，1980；Platt，1984；Simpson and De Paor，1993；Kurz and Northrup，2008）。伸展特征向量（流脊）与剪切带边界平行，而走滑缩短的缩短特征向量（流脊）方向则关系到横过剪切带的相对汇聚程度，与流动的运动学涡度（W_k）有关（Simpson and De Paor，1993）。

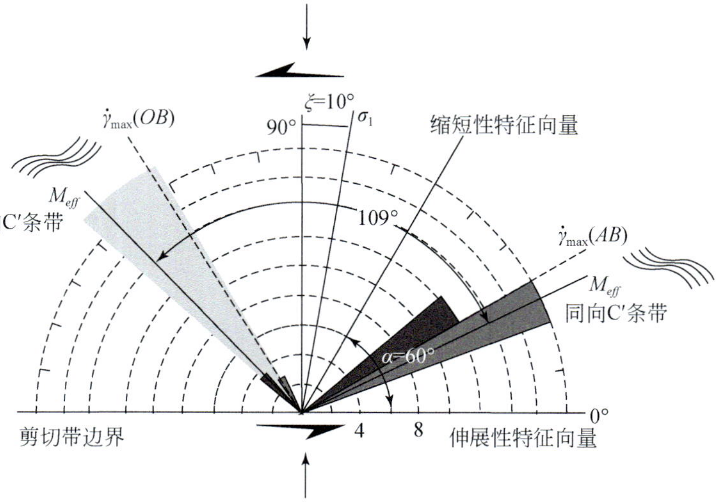

图 6.27 C′法估算运动学涡度 W_k（据 Gillam *et al.*，2013）

①若按 C′和反向 C′条带分别平分两特征向量的锐角（AB）和钝角（OB）获得两特性向量的锐夹角 60°（W_k=0.50），预测的反向 C′条带方向与实测差 18°；②若按力矩准则，根据 C′逆时针取 55° 获得主应力 σ_1 方向，据其主剪切带法线夹角 ξ=10°，$W_k=\sin2\xi$=0.34，预测的反向 C′条带方向与实测差 1°

然而实际观察同向和反向 C′剪切条带的取向以不同角度与糜棱面理相交，前者较小，变化于 15°～35°，后者较大，变化于 35°～55°，两者间的角度却稳定在～110°。因此可据以确定主应力轴的方向，根据上述 Weijermars（1991，1993，1998）公式可确定运动学涡度 W_k。由于剪切带中同向剪切条带或 C′发育程度远超反向一组，故称为确定运动学涡度的 C′法（参阅第 1 章 1.3 节）（郑亚东等，2008）。对应 C′法的运动学涡度为 0.00～0.64，属纯剪切为主的一般剪切作用。

新西兰阿尔卑斯断层中段（Tatare Stream）主糜棱岩带面理的平均产状为 SE 倾～60°，平行于断层上盘的角闪岩相韧性剪切带的边界（图 6.28）。其中 C′条带与剪切带边界夹角为～30°，表明 C′条带形成时，阿尔卑斯断层不是简单剪切带，而是减薄 - 伸长剪切带。若根据边饰构造的动力学模拟，运动学涡度为 0.8（Grasemann *et al.*，2003）。此外，糜棱岩带和弱糜棱岩发育反向 C′条带。反向 C′条带剪切指向相反，发育程度远不如 C′条带，与糜棱面理交角较大，典型情况为～40°，与糜棱面理倾向相反。共轭 C′条带广泛解释为近垂直剪切带边界方向是共轴缩短（Platt and Vissers，1980；Platt，1984；Simpson and De Poar，1993；Grasemann *et al.*，2003；Zheng *et al.*，2004）。

现行的根据 C′条带估算运动学涡度有两途径。一是流行于文献中的方法，假定共轭剪切条带初始与最大角剪应变速率平行，并平分特征向量的锐角（AB）和钝角（OB）（图 6.27）。Gillam 等（2013）据此假定，将伸展性特征向量平行剪切带边界，将产状稳定的 C′条带

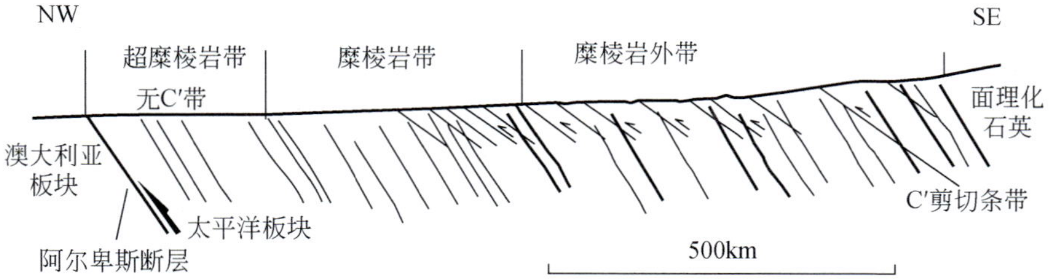

图 6.28 新西兰阿尔卑斯断层中段简化剖面示糜棱面理与 C′ 条带（据 Gillam *et al.*，2013）

与剪切带边界（糜棱面理）的 30° 作为 *AB* 线。由此确定两特征向量间的锐角为 60° 。该角的余弦给出运动学涡度值 W_k=0.5。

如果 C′ 剪切条带沿最大角剪应变速率面发育的假定正确，所预期反向 C′ 条带将与之垂直、与特征向量的钝角角平分线（*OB*）平行。然而该区的资料并未遵循这一几何关系（图 6.27），反向 C′ 条带平均取向为 139°，与 C′ 条带间的共轭角为 109°，明显超过 90° 。二是依据最大有效力矩准则，根据稳定的 C′ 条带逆时针取 55° 获得主应力 σ_1 方向与剪切带法线的夹角 10° 。根据运动学涡度的应力定义，W_k =sin2 × 10° =0.34。所预测的反向 C′ 条带产状与实测产状完全一致。新西兰阿尔卑斯断层中段资料证明 C′ 条带受最大有效力矩控制。

然而必须指出，伸展褶劈理的形成晚于糜棱面理，所建立的运动学涡度是剪切带发育晚期的涡度，未必与糜棱岩主期的运动学涡度一致。C′ 法获得的运动学涡度往往远远小于 PHD（碎斑双曲线）法所测定的糜棱岩期涡度。近来用数值模拟检验 PHD 法得出的结论是：文献中 PHD 运动学涡度为 0.5 ～ 0.85，天然剪切带全都可能是近简单剪切流的产物（Li and Jiang，2011）。该成果表明，近全部的天然剪切带都可能始于近简单剪切（W_k>0.9）。这与最大有效力矩准则所期待的完全一致，最大有效力矩准则所预测的原生剪切带的 W_k 为 0.94（σ_1 与剪切带法线的夹角 90° −55° =35°；据 Weijermars 公式，W_k=sin2 × 35° ）。

剪切带的运动学涡度从糜棱岩期近于 1 到伸展褶劈理期的 0，证明相关剪切带的流动远非稳态，主应力方向在剪切带的发展过程中有显著变化，因此要求研究者建立不同阶段的运动学涡度。

6.10 造山过程与后造山期的伸展垮塌分析

近三十年来，晚或后造山期的伸展垮塌作用得到国际地质界的关注，一般归因于造山期的地壳增厚导致地面隆升和山根下沉。后造山阶段，因山根拆沉而反弹，使浅部岩石趋于上隆。该效应与重力联合作用最终导致浅部岩石的重力垮塌（Coney and Harms，1984；Dewey，1988；Platt and Vissers，1989；Teyssier and Whitney，2002；Platt *et al.*，2003）。然而对造山期逆冲推覆断层与晚造山期伸展拆离断层间密切的运动学联系却缺乏系统研究。郑亚东和王涛（2005）根据最大有效力矩与运动学涡度的关系，查明中蒙边境区造山带早中侏罗世造山期主压应力方向总体近水平，相关运动学涡度为负值，形成巨型逆冲推覆构造。逆冲推覆过程中导致的地壳递进增厚，运动学涡度从负值转化为正值并递进增大，主压应力方向从近水平方向逐步旋转至近直立方向，形成亚干变质核杂岩，从而完成造山期的地壳缩短增厚到晚侏罗世—早白垩世地壳伸展垮塌构造演化过程。该研究揭示造山期逆冲推覆－地壳增厚和晚造山期伸展垮塌－地壳减薄间构造演化过程中的运动学和动力学联系。如果说威尔逊旋回（Wilson，1968）（详见第一卷第 4 章 4.7 节）说明了板块构造从离散到俯冲－碰撞的规律，造山作用与晚或后造山期的伸展垮塌则说明了板块的后继演化过程。

6.10.1 挑战滑移线理论，完善构造的侧向挤出模式

Tapponnier 和 Molnar（1976）在 *Nature* 杂志发表的“滑移线场理论与大型大陆构造”一文中，提出印度作为刚性压入体压入塑性的西藏及其邻区的模式解释中东亚的新生代构造格局。近 40 年来这一“挤出”构造理念是解释中亚－青藏、我国西南－中南半岛和阿尔卑斯东部等地区构造型式最流行的一种构造模式。该理念的基础是塑性力学中滑移线（最大剪应力轨迹）理论。然而滑移线理论面临事实上的两大挑战：

（1）根据滑移线理论，平面变形中的共轭滑移线应相互垂直（Hill，1950），而作为该区主要“滑移线”的共轭走滑断层系夹角总是钝角（图 6.29）。中亚地区最大的共轭走滑断层是塔纳斯－费尔干纳为代表的北西向右行走滑断层和北东东向阿尔金断层左行走滑断层，延伸上千千米，构成该区最大的宽 V 形共轭走滑断层系，共轭角约为 108°，接近最大有效力矩准则的预测角，而非滑移线理论预测的 90°。往北部阿尔泰和内蒙古西部地区，北西向阿尔泰右行走滑断层与北东东向 Bolnay 左行走滑断层构成宽 V 形共轭走滑断层系，共轭角约 115°。青藏区宽 V 形走滑系统计平均共轭角为 115°（图 6.15、图 6.16）。

（2）根据滑移线理论，挤入与挤出的速率应相等，而一些作为挤出构造典型的地区（如安纳托亚）挤出的速率远大于挤入的速率。

印支地块大致呈菱形，北东和南西边界分别为北西走向的哀牢山－红河大型走滑断裂带、玫坪断层和三塔山断层带。前者，渐新世—中新世（32 ～ 17Ma）发生大规模左行走滑运动（Zhong *et al.*，1990；Lacassin *et al.*，1993；Leloup *et al.*，1993；Burchfiel and Wang，2003；Scharer *et al.*，1994）。估计走滑断距 500km 以上（Leloup *et al.*，2001；Liu *et al.*，2006；Morley，2007）。上新世（～ 5Ma）转化为右行走滑（Leloup *et al.*，2001；Gilley *et al.*，2003；曹淑云等，2009）。后者延伸约 600km，将印支期带状花岗岩左行错断约 150km。印支地块西钝角约 100°，右翼为上述北北东向奠边府断层。左翼玫坪走滑断层，左行韧性切割右翼印支花岗岩。

6.10.2 超高压变质岩折返的垂向“挤牙膏”模式

欧洲阿尔卑斯和加里东、中亚哈萨克斯坦和我国苏鲁－大别造山带中发现含柯石

图 6.29　中东亚地区新生代挤出构造（据 Tapponnier *et al.*，1982）

注意：共轭“滑移线”的夹角为 100° ～ 120°，平均 110°

英和金刚石等超高压矿物的榴辉岩是 20 世纪 80 年代以来地质学领域最重大研究进展之一。根据这些超高压矿物的形成条件，绝大多数地质学家认为所赋存的岩石是地下 90 ～ 100km 深处超高压变质作用的产物。由于榴辉岩的比重明显高于周边岩石，其折返机制成为备受关注的热点问题。Liou 等（2004）根据这类岩石产出的构造背景和变质的 *P-T-t* 轨迹，提出大陆边界超高压变质岩深俯冲 - 折返模型，超高压岩石以“挤瓜子”的方式出露地面。许志琴等（2005）提出的“挤出推覆体”模式与之相似。因该模型未考虑构造附加应力的因素，有些研究者对超高压变质岩的形成深度提出质疑。吕古贤等（2003）考虑到构造附加应力的影响，获得超高压变质深度为 30 ～ 40km 的研究数据。由于下地壳和岩石圈岩石的强度急剧变小，所能承受的构造应力有限，这一数据存在争议。然而，人们不怀疑超高压变质岩形成于地下深处。“挤瓜子”或“挤出推覆体”的方式折返，都需要一对剪切指向相反、沿挤出方向呈锐角的韧性剪切带作为主滑移面。最大有效力矩准则为这对滑移面的形成提供了理论依据。超高压变质岩的基本构造特征是呈大小不等透镜体夹持在强片理化的片麻岩、大理岩和云母片岩中，两者都经历超高压变质作用（Wang and Liou，1991；Liou *et al.*，1995；Liu *et al.*，1999；Liu *et al.*，2004）。最大有效力矩准则可合理说明这一基本特征，即板块汇聚或碰撞时产生的近水平挤压缩短作用，岩石圈深部韧性域形成菱网状韧性剪切带，面对板块汇聚或碰撞一侧为钝角，拉伸或挤出一侧为锐角。菱网状强变形域内由糜棱状片麻岩组成，所分割的超高压岩块为弱变形域透镜体。由于超高压岩石深部一端受到周边物质的限制，而上端临近地表的自由面，超高压岩石除部分挤向深部，大部分则趋向浅部迁移，部分挤出地面，这种折返方式与Tapponnier 和 Molnar（1976）提出的平面侧向挤出构造模式相似，剖面中折返 - 挤出或许可称为“挤牙膏”模式，其折返速率取决于板块汇聚的速率。实际上，从更大的尺度上看，很多地壳深部变质岩系在挤压体制下的抬升大都是与此类似的（垂向或斜向）挤出有关，如大别造山带核部杂岩和秦岭造山带核部杂岩。这似乎还可以解释为韧性条件下最大有效力矩控制下的两条相反运动性质的韧性剪切带运移的结果。

思 考 题

1. 膝褶带及其形成机理。
2. 伸展褶劈理及其形成机理。
3. 低角度正断层和高角度逆断层的形成机理。
4. 如何用伸展褶劈理分析运动学涡度及存在问题？

参考文献

曹淑云，刘俊来，Leiss B 等 . 2009. 哀牢山 - 红河剪切带左行走滑作用起始时间约束——点苍山高温糜棱岩的显微构造与热年代学证据 . 地质学报，83(10): 1388 ～ 1400

程南南，刘庆，侯泉林等 . 2018. 剪切带型金矿中金沉淀的力化学过程与成矿机理探讨 . 岩石学报，34(7): 2165 ～ 2180

吕古贤，刘瑞珣，王方正等 . 2003. 关于成岩成矿深度构造校正测算的理论基础、方法和实例 . 地质科学，38(4), 546 ～ 563

宋超，卫巍，侯泉林等 . 2016. 湘东茶陵地区老山坳剪切带特征及其与湘东钨矿的关系 . 岩石学报，32(5): 1571 ～ 1580

许志琴，曾令森，梁凤华等 . 2005. 大陆板片多重性俯冲与折返的动力学模式——苏鲁高压 - 超高压变质地体的折返年龄限定 . 岩石矿物学杂志，24(5): 357 ～ 368

闫淑玉，张进江，张波等 . 2011. 新疆巴楚地区共轭膝折带的物理模拟研究 . 大地构造与成矿学，35(1): 24 ～ 31

郑亚东，王涛 . 2005. 中蒙边界区中生代推覆构造与伸展垮塌作用的运动学和动力学分析 . 中国科学：D 辑，35(4): 291-303

郑亚东，莫午零，张文涛等 . 2007. 柴达木盆地油气勘探新思路 . 石油勘探与开发，34(1): 13 ～ 18

郑亚东，王涛，张进江 . 2008. 运动学涡度的理论与实践 . 地学前缘，15(3): 209 ～ 220

朱志澄 . 1999. 构造地质学（第二版）. 武汉：中国地质大学出版社 . 1 ～ 262

朱志澄，宋鸿林 . 1990. 构造地质学（第一版）. 武汉：中国地质大学出版社 . 1 ～ 331

Agard P, Augier R, Monie P. 2011. Shear band formation and strain localization on a regional scale: Evidence from anisotropic rocks below a major detachment (Betic Cordilleras, Spain). Journal of Structural Geology, 33(2): 114 ～ 131

Anderson E M. 1951. The dynamics of faulting (Second Edition). Edinburgh: Oliver and Boyd. 1 ～ 206

Anderson T B. 1964. Kink-band and related geological structures. Nature, 202: 272 ～ 274

Angelier J. 1984. Tectonic analysis of fault slip data sets. Journal of Geophysical Research Solid Earth, 89(B7): 5835 ～ 5848

Bailey C M, Eyster E L. 2003. General shear deformation in the Pinaleno mountains metamorphic core complex, Arizona. Journal of Structural Geology, 25(11): 1883 ～ 1893

Becker G F. 1893. Finite homogeneous strain, flow and rupture of rocks. Geological Society of America Bulletin, 4: 13 ～ 19

Berthe D, Choukroune P, Jegouzo P. 1979. Orthogneiss, mylonite and non coaxial deformation of granites: The example of the South American Shear Zone. Journal of Structural Geology, 1(1): 31 ～ 42

Blenkinsop T G, Treloar P J. 1995. Geometry, classification and kinematics of s-c, and s-c′, fabrics in the Mushandike area, Zimbabwe. Journal of Structural Geology, 17(3): 397 ～ 408

Bobyarchick A R. 1986. The eigenvalues of steady state flow in Mohr space. Tectonophysics, 122(1-2): 35 ～ 51

Boullier A M, Robert F. 1992. Palaeoseismic events recorded in Archaean gold-quartz vein networks, Val d’ Or, Abitibi, Quebec, Canada. Journal of Structural Geology, 14(2): 161 ～ 180

Buck W R. 1988. Flexural rotation of normal faults. Tectonics, 7(5): 959 ～ 973

Burchfiel B C, Wang E. 2003. Northwest-trending, middle Cenozoic, left-lateral faults in southern Yunnan, China, and their tectonic significance. Journal of Structural Geology, 25(5): 781 ～ 792

Byerlee J. 1978. Friction of rocks. Pure & Applied Geophysics, 116(4-5): 615 ～ 626

Camerlo R H, Benson E F. 2006. Geometric and seismic interpretation of the Perdido fold belt: Northwestern deep-water Gulf of Mexico. Aapg Bulletin, 90(3): 363 ～ 386

Choukroune P, Gapais D. 1983. Strain pattern in the Aar Granite (Central Alps): Orthogneiss developed by bulk inhomogeneous flattening. Journal of Structural Geology, 5(3): 411 ～ 418

Collettini C. 2011. The mechanical paradox of low-angle normal faults: Current understanding and open questions. Tectonophysics, 510(3-4): 253 ～ 268

Collettini C, Sibson R H. 2001. Normal faults normal friction? Geology, 29(10): 927 ～ 930

Coney P J, Harms T A. 1984. Cordilleran metamorphic core complexes: Cenozoic extensional relics of Mesozoic compression. Geology, 12(9): 550 ～ 554

Cottle, John M. 2007. Timing of crustal metamorphism, melting and exhumation of the Greater Himalayans crust, Makalu-Kangshung-Kharta region, south Tibetan Himalaya. University of Oxford

Crittenden M D, Coney P J, Davis G H. 1980. Cordilleran metamorphic core complexes-an overview. Geological Society of America Memoirs. 7 ～ 31

Davis G A, Lister G S. 1988. Detachment faulting in continental extension: Perspectives from the southwestern U. S. Cordillera. Geological Society of America Special Paper, 218: 133 ～ 159

Davis G A, Darby B J, Zheng Y D, *et al*. 2002. Geometric and temporal evolution of an extensional detachment fault, Hohhot metamorphic core complex, Inner Mongolia, China. Geology, 30: 1003 ～ 1006

Davis G H. 1980. Structural characteristics of metamorphic core complexes, southern Arizona. In: Critternden Jr M D, *et al* (eds). Cordilleran Metamorphic Core Complexes. Geological Society of America Memoir. 35 ～ 78

Faill R T. 1969. Kink band structures in the Valley and Ridge Province, Central Pennsylvania. Geological Society of America Bulletin, 80(12): 2539 ～ 2550

Faill R T. 1973. Tectonic development of the Triassic Newark-Gettysburg Basin in Pennsylvania. Geological Society of America Bulletin, 84(3): 725

Gillam B G, Little T A, Smith E, *et al*. 2013. Reprint of extensional shear band development on the outer margin of the Alpine mylonite zone, Tatare Stream, Southern Alps, New Zealand. Journal of Structural Geology, 34: 1 ～ 20

Gilley L, Harrison T, Leloup P H, *et al*. 2003. Direct dating of left-lateral deformation along the Red River shear zone, China and Vietnam. Journal of Geophysical Research, 108 (B2): 14 ～ 21

Gómez-Rivas E. 2008. Localización de deformación en mediosdúctiles y anisótropos: Studio de campo, experimental y numérico. Tesis doctoral, Universitat Autònoma de Barceloma. 1 ～ 65

Gómez-Rivas E, Griera A. 2012. Shear fractures in anisotropic ductile materials: An experimental approach. Journal of Structural Geology, 34(1): 61 ～ 76

Goodwin L B, Tikoff B. 2002. Competency contrast, kinematics, and the development of foliations and lineations in the crust. Journal of Structural Geology, 24(6): 1065 ～ 1085

Guzofski C A, Shaw J H, Lin G, *et al*. 2007. Seismically active wedge structure beneath the Coalinga anticline, San Joaquin basin, California. Journal of Geophysical Research Solid Earth, 112(B3): 3 ～ 5

Hill R. 1950. The Mathematical Theory of Plasticity. Oxford: Oxford University Press/Clarendon Press

Holcombe R J, Little T A. 2001. A sensitive vorticity gauge using rotated porphyroblasts and its application to rocks adjacent to the Alpine Fault, New Zealand. Journal of Structural Geology, 23(6-7): 979 ～ 990

Holyoke C W I, Tullis J. 2006. Formation and maintenance of shear zones. Geology, 34(2): 105 ～ 108

Jackson J A, White N J. 1989. Normal faulting in the upper continental crust: observations from regions of active extension. Journal of Structural Geology, 11(1): 15 ～ 36

Jaeger J C, Cook N. 1979. Fundamentals of rock mechanics (Third edition). Science Paperbacks, 9(3): 251 ～ 252(2)

Jamison W R. 1987. Geometric analysis of fold development in overthrust terranes. Journal of Structural Geology, 9(2): 207 ～ 219

Jessell M W, Bons P D, Griera A, *et al*. 2009. A tale of two viscosities. Journal of Structural Geology, 31(7): 719 ～ 736

Jessup M J, Law R D, Searle M P, *et al*. 2006. Structural evolution and vorticity of flow during extrusion and exhumation of the Greater Himalayan Slab, Mount Everest Massif, Tibet/Nepal: Implications for orogen-scale flow partitioning. Geological Society, London, Special Publications, 268(1): 379 ～ 413

Klepeis K A, Daczko N R, Clarke G L. 1999. Kinematic vorticity and tectonic significance of superposed mylonites in a major lower crustal shear zone, northern Fiordland, New Zealand. Journal of Structural Geology, 21(10): 1385 ～ 1405

Knill D G. 1960. Petrographical aspects of the polishing of natural roadstones. Journal of Chemical Technology & Biotechnology Biotechnology, 10(1): 28 ～ 35

Knill J L. 1957. The pre-tertiary geology of the Craignish-Kimelfort district, Argyllshire. University of London.

Kruhl J H. 1998. Reply: Prism-and basal-plane parallel subgrain boundaries in quartz: a microstructural geothermobarometer. Journal of Metamorphic Geology, 16: 142 ～ 146

Kurz G A, Northrup C J. 2008. Structural analysis of mylonitic rocks in the Cougar Creek Complex, Oregon–Idaho using the porphyroclast hyperbolic distribution method, and potential use of SC′-type extensional shear bands as quantitative vorticity indicators. Journal of Structural Geology, 30(8): 1005 ～ 1012

Lacassin R, Leloup P H, Tapponnier P. 1993. Bounds on strain in large Tertiary shear zones of SE Asia from boudinage restoration. Journal of Structural Geology, 15(6): 677 ～ 692

Law R D, Searle M P, Simpson R L. 2004. Strain, deformation temperatures and vorticity of flow at the top of the Greater Himalayan Slab, Everest Massif, Tibet. Journal of the Geological Society, 161(3): 305 ～ 320

Law R D, Jessup M J, Searle M P, *et al*. 2011. Telescoping of isotherms beneath the South Tibetan detachment system, Mount Everest Massif. Journal of Structural Geology, 33(11): 1569 ～ 1594

Law R D, Stahr III D W, Francsis M K, *et al*. 2013. Deformation temperatures and flow vorticities near the base of the Greater Himalayan Series, Sutlej Valley and Shimla Klippe, NW India. Journal of Structural Geology, 54: 21 ～ 53

Leloup P H, Harrison T M, Ryerson F J, *et al*. 1993. Structural, petrological and thermal evolution of a Tertiary ductile strike-slip shear zone, Diancang Shan, Yunnan. Journal of Geophysical Research Solid Earth, 98(B4): 6715 ～ 6743.

Leloup P H, Arnaud N, Lacassin R, *et al*. 2001. New constraints on the structure, thermochronology, and timing of the Ailao Shan - Red River shear zone, SE Asia. Journal of Geophysical Research Solid Earth, 106(B4): 6683 ～ 6732

Li C, Jiang D. 2011. A critique of vorticity analysis using rigid clasts. Journal of Structural Geology, 33(3): 203 ～ 219

Liou J G, Zhang J G, R Y. 1995. Significance of ultrahigh-P talc-bearing eclogitic assemblages. Mineralogical Magazine, 59(1): 93 ～ 102

Liou J G, Tsujimori T, Zhang R Y, *et al*. 2004. Global UHP metamorphism and continental subduction/collision: The himalayan model. International Geology Review, 46(1): 1 ～ 27

Lister G S, Hobbs B E. 1980. The simulation of fabric development during plastic deformation and its application to quartzite: The influence of deformation history. Journal of Structural Geology, 2(3): 355 ～ 370

Little T A, Hacker B R, Gordon S M, *et al*. 2011. Diapiric exhumation of Earth's youngest (UHP) eclogites in the gneiss domes of the D'Entrecasteaux Islands, Papua New Guinea. Tectonophysics, 510(1-2): 39 ～ 68

Meissner R. 1989. Rupture, creep, lamellae and crocodiles: Happenings in the continental crust. Terra Nova, 1(1): 17 ～ 28

Molnar P, Chen W P. 1983. Focal depths and fault plane solutions of earthquakes under the Tibetan Plateau. Journal of Geophysical Research Solid Earth, 88(B2): 1180 ～ 1196

Morley C K. 2007. Variations in Late Cenozoic–Recent strike-slip and oblique-extensional geometries, within Indochina: The influence of pre-existing fabrics. Journal of Structural Geology, 29(1): 36 ～ 58

Morley C K, Gabdi S, Seusutthiya K. 2007. Fault superimposition and linkage resulting from stress changes during rifting: Examples from 3D seismic data, Phitsanulok Basin, Thailand. Journal of Structural Geology,

29(4): 646 ～ 663

Park R G. 1981. Shear-zone deformation and bulk strain in granite-greenstone terrain of the Western Superior Province, Canada. Precambrian Research, 14(1): 31 ～ 47

Passchier C W. 1987. Stable positions of rigid objects in non-coaxial flow-a study in vorticity analysis. Journal of Structural Geology, 9(5): 679 ～ 690

Passchier C W. 1991. Geometric constrains on the development of shear bands in rocks. Geologie en Mijnbouw, 70: 203 ～ 211

Passchier C W. 2001. Flanking structures. Journal of Structural Geology, 23(6-7): 951 ～ 962

Paterson M S, Weiss L E. 1966. Experimental Deformation and Folding in Phyllite. Geological Society of America Bulletin, 77(4): 343 ～ 374

Paterson M S, Wong T. 2005. The Role of Pore Fluids. Experimental Rock Deformation-The Brittle Field. 147 ～ 163

Platt J P. 1979. Extensional crenulation cleavage. Journal of Structural Geology, 1(1): 95 ～ 96

Platt J P. 1984. Secondary cleavages in ductile shear zones. Journal of Structural Geology, 6(4): 439 ～ 442

Platt J P, Vissers R L M. 1980. Extensional structures in anisotropic rocks. Journal of Structural Geology, 2(4): 397 ～ 410

Platt J P, Vissers R L M. 1989. Extensional collapse of thickened continental lithosphere: A working hypothesis for the Alboran Sea and Gibraltar arc. Geology, 17(6): 540 ～ 543

Platt J P, Allerton S, Kirker A, *et al*. 2003. The ultimate arc: Differential displacement, oroclinal bending, and vertical axis rotation in the External Betic-Rif arc. Tectonics, 22(3): 1 ～ 31

Price N J, Cosgrove J W. 1990. Analysis of Geological Structures. Cambridge: Cambridge University Press. 1 ～ 502

Proffett J M. 1977. Cenozoic geology of the Yerington district, Nevada, and implications for the nature and origin of Basin and Range faulting. Geological Society of America Bulletin, 88(2): 247 ～ 266

Ramsay J G. 1980. Shear zone geometry: A review. Journal of Structural Geology, 2: 83 ～ 99

Ramsay J G, Huber M I. 1987. The techniques of modern structural geology. Vol. 2: Folds and fractures. London: Academic Press. 1 ～ 309

Ramsay J G, Lisle. 2000. The Techniques of Modern Structural Geology, vol. 3, Applications of Continuum Mechanics in Structural Geology. London: Academic Press

Reston T J. 1990. The lower crust and the extension of the continental lithosphere: Kinematic analysis of Birps Deep Seismic Data. Tectonics, 9(5): 1235 ～ 1248

Sadowiak P, Wever T, Meissner R. 1991. Deep seismic reflectivity patterns in specific tectonic units of Western and Central Europe. Geophysical Journal of the Royal Astronomical Society, 105(1): 45 ～ 54

Schmid S M, Casey M. 1986. Complete fabric analysis of some commonly observed quartz C-axis patterns. Geophys Monogr, 36: 263 ～ 286

Sibson R H. 1985. A note on fault reactivation. Journal of Structural Geology, 7(6): 751 ～ 754

Sibson R H, Robert F, Poulsen K H. 1988. High-angle reverse faults, fluid-pressure cycling, and mesothermal gold-quartz deposits. Geology, 16(6): 551 ～ 555

Simpson C, DePaor D G. 1993. Strain and kinematic analysis in general shear zones. Journal of Structural Geology, 15(1): 1 ～ 20

Spencer J E. 1984. Role of tectonic denudation in warping and uplift of low-angle normal faults. Geology, 12(1984): 95 ～ 98.

Suppe J. 1985. Principles of Structural Geology. Prentice-Hall

Tapponnier P, Molnar P. 1976. Slip-line field theory and large-scale continental tectonics. Nature, 264(5584): 319 ～ 324

Tapponnier P, Peltzer G, Le Dain A Y, *et al*. 1982. Propagating extrusion tectonics in Asia: New insights from simple experiments with plasticine. Geology, 10(10): 611 ～ 616

Teyssier C, Whitney D L. 2002. Gneiss domes and orogeny. Geology, 30(12): 1139 ～ 1142

Thatcher W, Hill D P. 1991. Fault orientations in extensional and conjugate strike-slip environments and their implications. Geology, 19(19): 1116

Tikoff B, Teyssier C. 1994. Strain modeling of displacement-field partitioning in transpressional orogens. Journal of Structural Geology, 16: 1575 ～ 1588

Wallis S R. 1992. Vorticity analysis in a metachert from the Sanbagawa belt, SW Japan. Journal of Structural Geology, 14(3): 271 ～ 280

Wallis S R. 1995. Vorticity analysis and recognition of ductile deformation in the Sanbagawa belt, SW Japan. Journal of Structural Geology, 17(8): 1077 ～ 1093

Wang X, Liou J G. 1991. Regional ultrahigh-pressure coesite-bearing eclogitic terrane in central China: Evidence from country rocks, gneiss, marble, and metapelite. Geology, 19(9): 933

Watterson J. 1999. The future of failure: Stress or strain? Journal of Structural Geology, 21(8-9): 939 ～ 948

Weijermars R. 1991. The role of stress in ductile deformation. Journal of Structural Geology, 13(9): 1061 ～ 1078

Weijermars R. 1993. Progressive deformation of single layers under constantly oriented boundary stresses. Journal of Structural Geology, 15(7): 911 ～ 922

Weijermars R. 1998. Taylor-mill analogues for patterns of flow and deformation in rocks. Journal of Structural Geology, 20(1): 77 ～ 92

Wernicke B. 1981. Low-angle normal faults in the Basin and Range Province: Nappe tectonics in an extending orogen. Nature, 291(5817): 645 ～ 646.

Wernicke B, Axen G J. 1988. On the role of isostasy in the evolution of normal fault systems. Geology, 16(9): 848 ～ 851

Westaway R. 1999. The mechanical feasibility of low-angle normal faulting. Tectonophysics, 308(4): 407 ～ 443

White S H. 1979. Large strain deformation: Report on a tectonic studied group discussion meeting held at Imperial College, London on 14 November 1979. Journal of Structural Geology, 1(4): 333 ～ 339

Williams P F, Price G P. 1990. Origin ofkinkbands and shear-band cleavage in shear zones: an experimental study. Journal of Structural Geology, 12(2): 145 ～ 164

Wilson J T. 1968. Static or mobile earth: The current scientific revolution. Proceedings of the American Philosophical Society, 112(5): 309 ～ 320

Wojtal S F. 2001. The nature and origin of asymmetric arrays of shear surfaces in fault zones. Acm Sigoa

Newsletter, 186(1): 171 ～ 193

Xypolias P. 2010. Vorticity analysis in shear zones: A review of methods and applications. Journal of Structural Geology, 32(12): 2072 ～ 2092

Yin A. 1989. Origin of regional, rooted low-angle normal faults: A mechanical model and its tectonic implications. Tectonics, 8(3): 469 ～ 482

Yin A. 2010. Cenozoic tectonic evolution of Asia: A preliminary synthesis. Tectonophysics, 488(1-4): 293 ～ 325

Zheng Y D, Wang T. 2005. Kinematics and Dynamics of the Mesozoic Orogeny and Late-Orogenic Extensional Collapse in the Sino-Mongolian Border Areas. Science in China (D), 48(7): 846 ～ 862

Zheng Y D, Wang T, Ma M B, *et al*. 2004. Maximum effective moment criterion and the origin of low-angle normal faults. Journal of Structural Geology, 26(2): 271 ～ 285

Zheng Y D, Wang E, Zhang J J, *et al*. 2011a. A challenge to the concept of slip-lines in extrusion tectonics. Geoscience Frontiers, 2(1): 23 ～ 34

Zheng Y D, Zhang J J, Wang T. 2011b. Puzzles and the maximum-effective-moment (mem) criterion in structural geology. Journal of Structural Geology, 33(9): 1394 ～ 1405

Zheng Y D, Zhang Q, Hou Q L. 2015. Deformation Localization-A Review on the Maximum-Effective-Moment (MEM) Criterion. Acta Geologica Sinica (English edition), 89(4): 1133 ～ 1152

Zhong D L, Tapponnier P, Wu H W, *et al*. 1990. Large-Scale Strike-Slip-Fault-the Major Structure of Intracontinental Deformation after Collision. Chinese Science Bulletin, 35(4): 304 ～ 309

第 7 章　广义断层理论及其应用

广义断层理论突破了构造地质学的世纪经典理论——Anderson 断层模式（Anderson，1951）的局限性，把 Anderson 断层模式从均匀介质扩展到有先存构造的非均匀介质；从 Anderson 应力状态到任意应力状态；从应用库仑准则到广义剪切破裂准则；从断层的瞬时活动趋势分析扩展到断裂系统的形成演化。该成果不仅是构造地质学理论上的突破，而且在油气、地下水、煤、金属与非金属等矿产资源的勘探和开发、滑坡体预测、地震预测分析等地质灾害防治中有广阔的应用前景。本章结合砂箱实验成果和大量的三维地震资料，在讨论 Anderson 断层模式局限性的基础上，从断层作用的物理本质出发，建立广义剪切活动准则，进一步提出广义断层理论，从而揭示裂陷盆地断层复杂性的实质。广义断层模式作为构造地质学的新的理论可能还不够成熟，供读者参考讨论。

7.1　Anderson 断层模式及其局限性

高精度的反射地震资料表明裂陷盆地内断层分布十分复杂，其复杂性被形容为："摔破了的盘子，又被踢了一脚"。不同的裂陷盆地都有自身的特点，世界上没有两个盆地断层的分布是一致的（Martin and John，2006），包括渤海湾盆地在内的中国东部的裂陷盆地都是如此。裂陷盆地断层的复杂性大体可概括为以下几个方面（童亨茂等，2011）：①同一盆地不同凹陷边界断层的延伸方向可存在很大的差异；②存在不同方向、同时活动的正断层；③主断层和次级断层的走向不一致；④同一断层在不同反射层的走向和长度可有很大的变化；⑤存在多种类型的断层平面组合方式（如"帚状"、"梳状"、"雁列状"及"平行交织状"等）；⑥剖面构造样式类型丰富等。裂陷盆地上述复杂的断层分布现象无法用经典构造地质学理论——Anderson 断层模式做出合理的解释。很多学者通过实际断层分布的考查分析，指出实际的断层分布在很多情况下也不符合 Anderson 模式（Reches，1978；Krantz，1988；Nieto-Samaniego and Ángel，1999；漆家福等，2006）。

Anderson 模式提出之后，裂陷盆地的断层研究取得了一系列的进展：20 世纪 80 年代，确立了倾角小于 45° 的大型低角度正断层的存在和提出了变质核杂岩伸展构造模式（Davis and Coney，1979；Wernicke，1981；Lister and Davis，1989），以及对低角度正断层系构造模式的进一步阐述和正断层类型的划分（Wernicke and Burchfiel，1982；Wernicke and Axen，1988）。变换断层（transfer fault）和变换带概念的提出和应用是裂陷盆地断裂系统研究的一个重要进展（Morley *et al.*，1990）。McClay 将低角度拆离伸展的概念引入砂箱实验（McClay and Ellis，1987；McClay，1990）是裂陷盆地断层研究的又一重要进展。此后，砂箱实验被公认为是研究裂陷盆地的有效工具（Eisenstadta and Simsb，2005；Patton，2005），并广泛地应用到裂陷盆地断层的研究中，同时与三维地震资料解释和野外观测结合，在断层的形成和演化（如断层的产生、扩展、连接、活动）、分布模式、断层的量化研究等方面取得了一系列成果。然而，上述断层分布的理论和模式都无法合理地解释裂陷盆地断层分布的复杂现象。

对裂陷盆地断层复杂性研究有实质性进展的是从砂箱实验基础上提出的“斜向伸展”模型（McClay and White，1995）和“不协调伸展”模型（Tong *et al.*，1995；童亨茂，1998，2003）（“不协调”指的是先存构造面与 Anderson 模式预测的断层面产状不一致）。这两种模型均强调**基底先存构造**基础上的伸展作用，这是它们的共同点；而“不协调伸展”不仅注意到盆地边界基底先存构造的作用，还强调盆地**内部**基底先存构造作用和在递进变形过程中的影响。

人们很早就认识到基底断裂等先存构造对盆地的形成和演化有影响，但直到 20 世纪 90 年代中期，随着高精度三维地震资料和砂箱模拟实验在裂陷盆地构造解析中的广泛应用，基底先存构造对裂陷盆地断裂系统形成和演化的控制和影响才逐渐开始被认识。“斜向伸展模型”（McClay and White，1995）和“不协调伸展模型”（Tong *et al.*，1995；童亨茂，1998，2003）是较早从砂箱实验的角度开始探索基底先存构造对裂陷盆地断裂系统形成和演化的影响。此后，基底先存构造对裂陷盆地构造形成演化的控制和影响作用逐渐被重视，其中 Morley 专门针对基底先存构造进行了研究，将基底先存构造划分为“间隔性构造”和“透入性构造”，并多次撰文阐述基底先存构造对裂陷盆地断裂系统形成与演化的重要作用（Morley，1999，2002，2007；Morley *et al.*，2004；Morley and Seusutthiy，2007）。至此，“斜向伸展”模型可以解释裂陷盆地断层复杂性的很多现象，已被广泛应用到裂陷盆地断裂系统的研究中，但文献中迄今还未出现一个“斜向伸展”实验模型的实例，来成功再现实际裂陷盆地断层的形成和演化。而“不协调伸展”模型则合理地解释了前述裂陷盆地断层复杂性的各种表现形式，并且按照“不协调伸展”模型设计的砂箱实验，成功地再现了渤海湾盆地张巨河构造带、北部湾盆地涠西南凹陷等实际裂陷盆地区断裂系统的形成和演化（童亨茂，2003；童亨茂等，2009b）。但它们都还没有很好地揭示裂陷盆地断层复杂性的实质和建立有先存构造条件下断层形成和演化的力学模型。

7.1.1 Anderson 断层模式

断层作用的物理本质是岩石的剪切活动。岩石发生剪切破裂的经典准则是库仑破裂准则（Coulomb criterion，详见第 2 章 2.2 节）。Anderson 根据库仑破裂准则，指出均匀介质的岩石在应力作用下发生的剪破裂是**方位优选**的，即剪破裂面与最大主压应力轴 σ_1 的夹角（剪裂角）等于 ±（45° -ϕ/2），并与中间主应力轴 σ_2 平行，是一对共轭的破裂面（其中 ϕ 为内摩擦角）。在此基础上，进一步提出了 Anderson 断层模式，成为构造地质学的世纪经典理论，至今还产生着重要影响。

Anderson（1951）根据库仑准则和地球表面为一主应力面（剪应力为零的平面），提出三类不同应力状态下断层的基本类型（图 7.1）：最大主应力 σ_1 直立的情况下产生正断层，断层倾角一般为 60° 左右，断层走向与 σ_3 垂直，与 σ_2 平行［图 7.1（a）］；σ_3 为直立的情况下形成逆断层，断层倾角一般为 30° 左右，断层走向与 σ_1 垂直，与 σ_2 平行［图 7.1（b）］；σ_2 为直立的情况下出现走滑断层，断层一般为直立，断层走向与 σ_1 的夹角一般为 30° 左右［图 7.1（c）］。

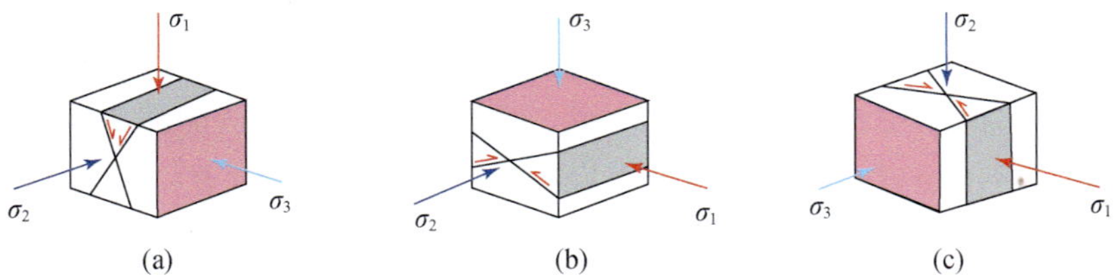

图 7.1　Anderson 断层模式（据 Anderson，1951）

7.1.2　Anderson 断层模式的局限性

Anderson 断层模式自提出以来一直是构造地质学中断层研究的基本理论。然而，很多情况下，自然界的断层并不符合 Anderson 断层模式，特别是高精度的反射地震资料出现以后，前述的裂陷盆地复杂的断层分布现象根本无法用 Anderson 断层模式来解释。究其原因，是因为 Anderson 断层模式只适用于**均匀**弹性或脆性变形域。均匀介质只是理想的端元情况，而自然界的绝大多数为不均匀变形。导致地质体不均质的先存构造（主要是先存断裂）是自然界中普遍存在的现象（Morley，1999，2002；Morley *et al.*，2004）。因此，Anderson 断层模式在实际应用中具有很大的局限性。

地质体的不均质性存在多种表现形式（如沉积盆地中基底的先存构造，基底不同区域力学性质的差异，沉积岩中的层状构造和已形成的断层等）。砂箱实验研究表明，在沉积盆地中，基底先存构造（主要是先存断裂）对不均质性的影响程度相对最大。Morley 等（2004）提出的两类基底先存构造中，“分隔性构造”是指基底存在一个截然的破裂面，相当于基底的先存断层；“透入性构造”是指该构造带不是一截然的破裂面，而是由一系列弥漫性构造组成，表现为力学性质相对薄弱的一个带。这样，这里把基底先存构造划分为“基底先存断裂”和“基底先存薄弱带”两大类。后面各节在研究分析“先存断裂”进一步活动和沿“先存薄弱带”发生破裂的力学机理的基础上，来阐述“广义剪切活动准则”。

7.2 广义剪切活动准则

7.2.1 滑动摩擦律（Byerlee 律）

基于库仑准则的 Anderson 断层模式被广泛、深入应用后，发现有很多实际地质现象无法用 Anderson 断层模式来解释，主要存在 3 个方面的问题，其中，它不符合沿先存构造面上滑动的断层作用，因 Anderson 断层模式假定地质体是均匀介质，预测的断层是方位优选，只与主应力的方位有关，而与其他（如先存构造面）无关。

然而，实际地质体是非均质的。地质体的非均质性存在多种形式，如沉积盆地中沉积岩的层理、基底中先存断裂构造、面理等。砂箱实验研究表明，在沉积盆地中，先存构造（主要是先存断裂）对非均质性的影响一般最为显著，是造成地质体非均质的主导因素。一般情况下（如露头尺度），地壳岩石的非均质性是很强的，这是造成 Anderson 模式存在局限、无法很好地解释自然界断层作用现象的根本原因。

为了克服上述问题，先后提出了摩擦滑动律（Wallace，1951；Bott，1959；Mckenzie，1969；Byerlee，1978；Jaeger and Cook，1979）和滑动趋势分析理论（Morris，1996）。摩擦滑动律认为，先存断裂在地应力作用下，当作用在先存断裂面上的剪应力克服其内聚力和摩擦力后，先存断裂可以重新活动，其中最著名的是在实验基础上提出的 Byerlee 律（Byerlee，1978），可以用式（7.1）表示。

$$\tau_w = C_w + \mu_w \sigma_n \tag{7.1}$$

式中，τ_w 为临界剪应力；C_w 为先存断裂面的内聚力［注意：前文中 C 为库仑准则（均匀介质）的内聚力，等于 τ_0，见第 2 章 2.2 节］；σ_n 为先存断裂面上的正应力；μ_w 为先存断面上的摩擦系数。

摩擦滑动律提出的沿先存构造面滑动的断层作用，克服了 Anderson 断层模式中均质体的假设和斜向滑动的问题，但这些模型都局限于二维应力分析。滑动趋势分析理论（Morris，1996）把沿薄弱面的摩擦滑动分析从二维扩展到了三维，在三轴应力已知的情况下（主应力值确定，方向直立或水平，即 Anderson 应力状态），定量分析了先存薄弱面发生活动的可能性，并用来分析不同先存构造地震活动的可能性。但该模型也存在一定的局限性：①只考虑了 Anderson 应力状态（一个主应力轴直立）；②忽略了薄弱面的内聚力；③没有考虑岩石内摩擦系数的变化。

总之，尽管滑动摩擦律在一定程度上克服了 Anderson 断层模式的局限性，但没有从根本上解决自然界复杂介质条件下断层作用的力学机制问题。

7.2.2 剪切活动的物理本质

从库仑准则和 Byerlee 律分析可以看出，不论是均匀介质还是非均匀介质，产生剪切活动的物理本质是共同的，即作用在界面上的剪应力只要能克服该界面上的**内聚力**和（内）**摩擦力**，即可产生剪切活动。这里使用“剪切活动”而非“剪切破裂”一词，主要考虑沿失去内聚力（已经破坏）的构造面发生剪切活动不需要再发生剪切破坏。也就是说“剪切活动”存在两种情况：①产生剪切活动的潜在界面是有内聚力的，则剪切活动通过剪切破坏而产生，需要克服内聚力和内摩擦力；②产生剪切活动的界面无内聚力（如先存断裂面），则剪切活动只需克服界面的摩擦力即可。

这样，从剪切活动的物理本质出发，对于任意介质中的任意界面，发生剪切活动的临界剪应力［τ_n］可以用式（7.2）表示。

$$[\tau_n]=C_p+\mu_p\sigma_n \tag{7.2}$$

式中，［τ_n］为沿界面的临界剪应力；C_p，μ_p 和 σ_n 分别为该界面的内聚力、（内）摩擦系数和正应力。当界面没有内聚力时，C_p 取 0。式（7.2）与式（7.1）形式相同，但物理含义不同，意在强调任意介质的任意界面。

7.2.3　剪切活动趋势因子及其数学表达

通过上述剪切活动物理本质的分析，对任意介质中的任意界面，定义一参数 f_s 称为剪切活动趋势因子［式（7.3）］，用来描述任意界面发生剪切活动的可能性。

$$f_s=\tau_n/[\tau_n] \tag{7.3}$$

式中，τ_n 为沿界面的剪应力；［τ_n］为沿该界面产生剪切活动时的临界剪应力。很显然，当 f_s=1 时，该界面处于临界剪切活动状态；当 f_s>1 时，处于已活动状态；当 f_s<1 时，处于稳定状态。

结合式（7.2）和式（7.3），得到

$$f_s=\tau_n/(C_p+\mu_p\sigma_n) \tag{7.4}$$

在任意三轴应力状态下，τ_n 和 σ_n 的定量计算公式如下（Tong *et al.*，2010）：

$$\sigma_n=(\sigma_1\sin^2\theta+\sigma_2\cos^2\theta\cos^2\alpha+\sigma_3\cos^2\theta\sin^2\alpha) \tag{7.5}$$

$$\sigma^2=(\sigma_1^2\sin^2\theta+\sigma_2^2\cos^2\theta\cos^2\alpha+\sigma_3^2\cos^2\theta\sin^2\alpha) \tag{7.6}$$

$$\tau_n=\sqrt{\sigma^2-\sigma_n^2} \tag{7.7}$$

结合式（7.4）～式（7.7），在任意三轴应力状态下，得到剪切活动趋势因子 f_s 的计算公式：

$$f_s=\frac{\sqrt{(\sigma_1^2\sin^2\theta+\sigma_2^2\cos^2\theta\cos^2\alpha+\sigma_3^2\cos^2\theta\sin^2\alpha)-(\sigma_1\sin^2\theta+\sigma_2\cos^2\theta\cos^2\alpha+\sigma_3\cos^2\theta\sin^2\alpha)^2}}{C_p+\mu_p\times(\sigma_1\sin^2\theta+\sigma_2\cos^2\theta\cos^2\alpha+\sigma_3\cos^2\theta\sin^2\alpha)} \tag{7.8}$$

式中，σ_1，σ_2 和 σ_3 分别为最大、中间和最小主压应力；θ 为界面与 σ_1 的夹角、α 为界面在 σ_2-σ_3 平面上的交线与 σ_3 的夹角（图 7.2）。界面的地理方位（如倾向和倾角）与 θ 和 α 之间的关系可以通过坐标转换来建立（Tong and Yin，2011）。

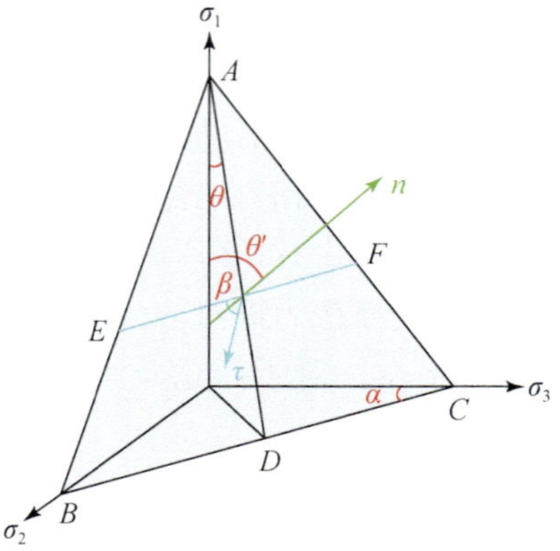

图 7.2 薄弱面在坐标轴与 σ_1，σ_2，σ_3 平行的坐标系中的方位

ABC 面代表薄弱面；θ 代表薄弱面与 σ_1 的夹角；α 代表 σ_3 和 *BC* 的夹角；*n* 代表 *ABC* 面的法线；θ' 代表薄弱面法线与 σ_1 的夹角；β 代表薄弱面上剪应力 τ 与 *EF* 的夹角，当 σ_1 直立时，是侧伏角

很容易看出，这里的剪切活动趋势因子 f_s 和 Tong 等（2010）提出的“先存构造活动性准则”中的先存构造活动性系数 f_a 具有相同形式的表达式，只是 f_a 针对的是先存构造面，而 f_s 针对任何界面。用式（7.8）可以定量计算在任意三轴应力状态下、任意方位界面（包括先存薄弱面和非薄弱面）发生剪切活动的可能性。

7.2.4 剪切活动趋势因子（f_s）在摩尔空间中的表达

据式（7.8），剪切活动趋势因子 f_s 与应力状态（三个主应力值）、界面相对主应力的方位（θ 和 α）及其界面的力学性质（C_p，μ_p）有关。但由于 f_s 的计算公式（7.8）式比较复杂，不方便对各影响因素进行定量分析。利用 Tong 和 Yin（2011）提出的“摩尔空间”图解（详见 7.3 节），可以直观地分析剪切活动趋势因子 f_s 与应力状态、界面方位和界面力学性质等之间的定量关系。

在任一应力状态下，摩尔空间可以直观地表达任一确定方位界面的正应力和剪应力以及界面的力学性质（图 7.3）：①按照界面的方位（θ 和 α）找到该界面在摩尔空间中的极点，该极点的横坐标和纵坐标分别对应界面上正应力（σ_n）和剪应力（τ_n）。②界面的临界剪切活动线［式（7.2）的图形表达］的起点（C_p，0）取决于界面的内聚力 C_p，斜率取决于（内）摩擦系数 μ_p。这样，当应力状态（决定摩尔空间）、界面的力学性质（决定界面的临界活动线）和界面的方位（决定界面在摩尔空间中极点的位置）确定后，应用“摩尔空间”就可以十分方便和直观地表达和预测任一界面的剪切活动性（图 7.3）。剪切活动趋势因子 f_s 由其极点 P（σ_n，τ_n）与其相对应的临界活动点（σ_n，τ^w_n）的相对位置决定，等于 τ_n 和 τ^w_n 的比值（图 7.3），即当界面的极点位于：①临界剪切活动线上时（如图 7.3 中的 P_3），界面处于临界活动状态；②临界剪切活动线之外时（图 7.3 中有横线的黄色区域，如 P_1），界面已经活动；③临界剪切活动线之内时（图 7.3 中没有横线的黄色区域，如 P_2），界面处于稳定状态。这种判别方法适用于任何界面（包括薄弱面和非薄弱面），当界面为：①非薄弱界面时，临界剪切活动线为 Coulomb 包络线（图 7.3 中的 Coulomb

剪破裂线）；②先存薄弱面时，临界剪切活动线为“先存构造活动线”（图 7.3 中的 a 和 a' 线）（Tong *et al.*，2010）。

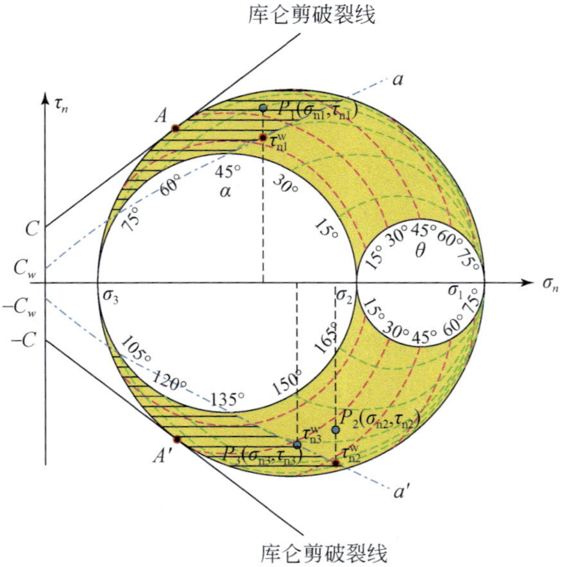

图 7.3 “摩尔空间”及剪切活动趋势因子 f_s 的表达（据童亨茂等，2014，2015 修改）

σ_1-σ_3，σ_1-σ_2，σ_2-σ_3 和 3 个摩尔圆以及黄色区域构成“摩尔空间”，绿色虚线和粉色虚线分别为界面方位角 θ 和 α 的等值线；a 和 a' 为“先存构造活动线”；P_1、P_2 和 P_3 分别为 3 个先存构造界面（其力学性质 C_w、μ_w 一致）在“摩尔空间”中的极点（σ_{n1}，τ_{n1}），（σ_{n2}，τ_{n2}）和（σ_{n3}，τ_{n3}），τ_{n1}^{w}、τ_{n2}^{w} 和 τ_{n3}^{w} 分别为对应的临界剪应力，对应的剪切活动趋势因子 f_s 分别为 $f_{s1}>1.0$，$f_{s2}<1.0$ 和 $f_{s3}=1.0$；C_w 为先存构造界面的内聚力；A 和 A' 为库仑准则的剪破裂点

7.2.5　广义剪切活动准则及其与库仑准则、Byerlee 律之间的关系

1. 剪切活动趋势因子 f_s 算式在实际地质体中的适用性

从前面的分析可以看出，剪切活动趋势因子 f_s 的算式［式（7.8）］理论上适用于任何介质。但式（7.8）隐含了两个条件：计算区域内的应力场是均匀的；界面是一平面，而且其力学性质是一样的。只有包含平面（板）状先存构造的非均匀介质［先存构造为平面（板）状，且不同位置的力学性质一致；母质为均匀介质］，才能满足上述两个条件。那么，式（7.8）是否适用于实际的非均匀地质体呢？

按照有限单元的思想，任何类型的实际非均匀地质体，只要进行有限单元的划分，都可以看作是含平面（板）状先存构造的介质和均匀介质的组合体。如砂泥岩互层、层内均匀的沉积岩，可以看作是有先存薄弱带（泥岩）的均匀砂岩；复杂形态的先存断裂面，只要把断面分割成足够小的有限单元，单元内的断面可以看作是平面；被不规则岩脉侵入的岩体，不管侵入接触的边界多么复杂，只要把边界附近的岩体分割成足够小的有限单元，单元内就可以看作是有“分隔性”先存构造（侵入接触面）的均匀介质。

从上面的分析可以看出，任何实际的非均匀地质体，从力学上均可以看作是含平面（板）状先存构造（薄弱带）的均匀介质（如含一条平面状断层的均匀地质体）及其组合体。

因此从理论上，式（7.8）适用于任何实际的地质体。

2. 式（7.8）与库仑准则的关系

很容易验证，当 $C_p=C=\tau_0$，$\mu_p=\mu$，即在均匀介质的情况下，若 $f_s=1$（发生临界剪切活动），式（7.8）可以简化成式（2.2），即库仑准则［注：C，τ_0 均为库仑准则（均匀介质）的内聚力，不同文献表示不同，详见第 2 章 2.2 节］。这样，库仑准则是式（7.8）在均匀介质和临界剪切活动情况下的端元。

库仑准则是式（7.8）端元的情况还可以用摩尔空间来直观地说明。图 7.3 中的摩尔空间代表临界库仑应力状态，大摩尔圆与库仑剪破裂线相切，切点为 A 和 A'。在此摩尔空间中，极点位于先存构造活动线（a 和 a'）上及其以外区域（图 7.3 中有横线的黄色区域）的先存构造界面（C_w，μ_w 均一致）都达到了剪切活动的条件（$f_s \geqslant 1$）。即在临界库仑应力状态下，存在无数个潜在的先存薄弱面满足剪切活动条件。随着 C_w 的变大，“先存构造活动线”（图 7.3 中的 a 和 a'）向外移动，满足剪切活动条件的区间（图 7.3 中有横线的黄色区域）逐渐变小；当 $C_w=C$，且 $\mu_p=\mu$，即有先存构造的介质转化为均匀介质后，该区间退缩成两个点（如图 7.3 中的 A 和 A'，代表一对共轭剪切破裂），转化为库仑准则（$f_s=1$），同时先存构造活动线（如图 7.3 中的 a 和 a'）转化为库仑剪破裂包络线。这样，式（7.8）把库仑准则从均匀介质扩展到有先存构造的非均匀介质，从临界应力状态扩展到任意应力状态。同时，式（7.8）也揭示了按库仑准则产生的剪破裂为方位优选（Anderson，1951）的物理本质：在均匀介质所有方位的界面中，只有方位优选的界面才能达到临界剪切活动的条件（$f_s=1$）。

3. 式（7.8）与滑动摩擦律的关系

很容易验证，滑动摩擦律的代表 Byerlee 律是式（7.8）在二维应力状态下（界面与中间主应力 σ_2 轴平行），先存薄弱面处于临界剪切活动状态（$f_s=1$）的端元。在图 7.3 的摩尔空间中，Byerlee 律代表先存构造活动线 a 和 a' 与大摩尔圆相交的 4 个点。表明，式（7.8）把以 Byerlee 律为代表的滑动摩擦律扩展到任意三轴应力状态。

可见，剪切活动趋势因子 f_s 的算式［式（7.8）］一方面把经典的剪切破裂准则——库仑准则和 Byerlee 律统一起来，并把他们作为其中的端元；另一方面，理论上适用于任何介质和任意应力状态。因此，称式（7.8）为“广义剪切活动准则”，它可以定量地判断任意介质、在任意三轴应力状态下、任意方位界面（包括先存薄弱面和非薄弱面）发生剪切活动的可能性。

7.3 摩尔空间及其在先存构造活动性预测中的应用

人们很早就认识到基底断裂等先存构造对盆地的形成和演化有影响，是导致地质体不均质的基本因素之一（童亨茂等，2011；Tong *et al.*，2014）。但直到 20 世纪 90 年代中期，随着高精度三维地震资料和砂箱模拟实验在裂陷盆地构造解析中的广泛应用，基底先存构造对裂陷盆地断裂系统形成和演化具体的控制和影响才逐渐开始被认识，其中

“斜向伸展模型”（Withjack and Jamison，1986；McClay and White，1995；Arreola and Morandi，2005；Boccaletti and Bonini，1998；Crider，2001；Mart and Dauteuil，2000）和“不协调伸展模型”（多个先存构造条件下的斜向伸展模型）（Tong *et al.*，1995；童亨茂，1998，2003），从砂箱实验的角度探索基底先存构造对裂陷盆地断裂系统形成和演化的影响，取得了重要进展，解释了裂陷盆地断层复杂性的很多现象。Morley（2002，2007）利用三维地震资料对实际盆地基底先存构造的研究，建立了基底先存构造对裂陷盆地断裂系统形成与演化影响的地质模型。在此基础上，童亨茂等（2011），Tong 等（2014）建立了在三轴应力条件下先存构造活动性的定量判据——“先存构造活动性准则”（即广义剪切活动准则）（童亨茂，2015），并探讨了裂陷盆地先存构造活动性的基本特征和规律（童亨茂等，2009a），揭示了裂陷盆地断层复杂性的实质（童亨茂等，2009b）。在应力场和先存构造的方位和力学性质已知的情况下，利用“先存构造活动性准则”可以定量预测先存构造的活动性（童亨茂等，2011）。

根据“先存构造活动性准则”（童亨茂等，2011），先存构造的活动性由先存构造的活动性系数 f_a 决定。考虑到影响 f_a 的因素有内因（先存构造的方位和力学性质）和外因（三个主应力的大小和方向），而且 f_a 的计算的公式比较复杂；在自然界中，准确确定主应力的大小、先存构造的力学性质（内聚力和内摩擦系数）是比较困难的。因此在具体的实际应用中，直接应用先存构造活动性准则判定先存构造的活动性往往不太方便。

应力摩尔圆由 Otto Mohr 于 1882 提出，并由李四光（1948）最先引入构造地质研究领域，可以直观方便地表达二维应力状态下、不同方位面上的正应力（σ_n）和剪应力（τ_n）分布（Jaeger and Cook，1979）。应力摩尔圆被认为是构造地质学中应用最广、最有价值的基本力学分析工具（Coelho and Passchier，2008），并被广泛应用到诸如应力分析、破裂包络线、裂缝开启、先存构造重新活动等方面的研究分析中（Ramsay，1967；Brace，1961；Means，1983；Delaney *et al.*，1986；Jolly and Sanderson，1997）。虽然已经确定应力摩尔圆可以扩展到三轴应力状态，提出了三轴应力摩尔圆（Jaeger and Cook，1979），但到目前为止，只能表示主应力轴平面（σ_1-σ_2 平面、σ_2-σ_3 平面和 σ_1-σ_3 平面）上的正应力和剪应力（Jaeger and Cook，1979），无法表示与主应力轴斜交的空间任意面。

童亨茂等（2011，2015）提出的“广义剪切活动准则”，建立了任意三轴应力（已知 σ_1，σ_2，σ_3 的大小和方向）状态下，空间任意方位面上的正应力和剪应力（σ_n，τ_n）与该面空间方位之间的定量关系，为应力摩尔圆从二维扩展到三维（“摩尔空间”）提供了理论基础。在此基础上，Tong 和 Yin（2011）通过坐标转换，确定了空间任意方位面上的 σ_n，τ_n 与该面产状（如倾向和倾角）之间的定量关系。该定量关系在 σ-τ 坐标系中用图解表示出来后，可以直观方便地表达任一面上的 σ_n，τ_n 与其方位之间的一一对应关系。因为该图解是对应力摩尔圆的扩展，并能表达空间中任一平面的 σ_n 和 τ_n，所以该图解被称为“摩尔空间”（Mohr Space），其中空间任意面在 σ-τ 坐标系中的投影点（σ_n，τ_n）被称为该平面的极点（Tong and Yin，2011），但未阐述“摩尔空间”的制作方法和具体应用。

本节针对上述问题，阐述“摩尔空间”的具体制作方法和先存构造活动性在“摩尔空间”中的表达方法，提出利用“摩尔空间”预测先存构造活动性的思路和方法，并在北部湾盆地涠西南凹陷和渤海湾盆地南堡凹陷断层的活动性分析预测中加以实际应用和验证。

7.3.1 “摩尔空间”及角度（θ' 和 φ'）等值线的编制

1.“摩尔空间”

在任意三轴应力（σ_1，σ_2，σ_3）状态下，用倾向 θ（注意：与 7.2 节中界面与 σ_1 的夹角 θ 定义不同）和倾角 φ 定义的任意方位面（如先存构造面，由于本节重点讨论先存构造的活动性，空间上的任意面均用“先存构造面”来表示。其结果适用于所有的平面），在 σ-τ 坐标系中的极点（σ_n，τ_n）位于 σ_1-σ_2、σ_2-σ_3、σ_1-σ_3 三个摩尔圆上，或摩尔大圆 σ_1-σ_3 之内和摩尔小圆 σ_1-σ_2、σ_2-σ_3 之外的区域内（图 7.4）（Jaeger and Cook，1979；Twiss and Moores，1992）。上述区域（三个摩尔圆以及交会的区域）中的极点（σ_n，τ_n）与空间中任意方位的先存构造面之间具有一一对应关系，该区域被 Tong 和 Yin（2011）称为“摩尔圆空间”（简称“摩尔空间”，包括 σ_1-σ_2、σ_2-σ_3 和 σ_1-σ_3 三个摩尔圆，以及大摩尔圆 σ_1-σ_3 之内和小摩尔圆 σ_1-σ_2、σ_2-σ_3 之外的区域）。为了能实际应用“摩尔空间”，需要建立起任意先存构造面在“摩尔空间”中的极点（σ_n，τ_n）与方位的一一对应关系。

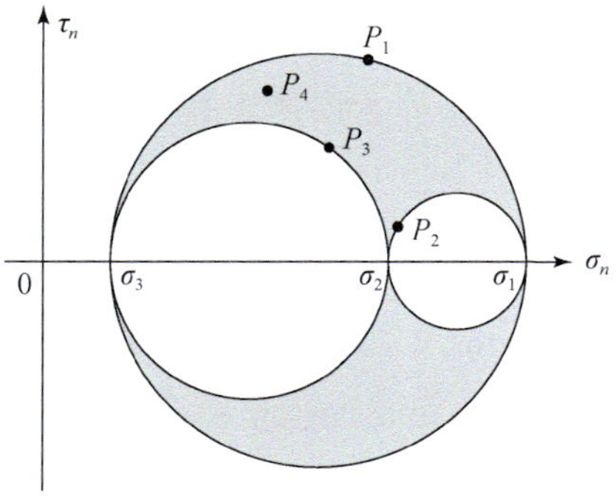

图 7.4 三轴应力摩尔圆图解（据童亨茂等，2014）

与 σ_2 平行的面（如 P_1）的极点构成 σ_1-σ_3 摩尔大圆；与 σ_3 或 σ_1 平行的面的极点（如 P_2，P_3）分别构成 σ_1-σ_2 和 σ_2-σ_3 摩尔小圆；与主应力轴斜交的面（如 P_4）位于摩尔大圆和两个摩尔小圆之间的区域（图中的灰色区域）

童亨茂（2010）、童亨茂等（2011）提出的“先存构造活动性准则”，建立了任意三轴应力（已知 σ_1，σ_2，σ_3 的大小和方向）状态下，空间任意方位面上的正应力和剪应力（σ_n，τ_n）与该面空间方位之间的定量关系，为建立任意先存构造面在“摩尔空间”中的极点（σ_n，τ_n）与方位之间的一一对应关系提供了理论基础。考虑到“先存构造活动性准则”σ_n 和 τ_n 的计算公式中，先存构造面的方位是在特定的坐标系（坐标轴与三个主应力平行）中定义的，用 θ' 和 φ' 表示（Tong and Yin，2011）。而一般情况下，先存构造面的方位是在地理坐标系中定义的（如用倾向 θ 和倾角 φ 表示）。为此，需要进行坐标转换（坐标转换的具体方法见 Tong and Yin，2011）。通过坐标转换，可利用 θ 和 φ 可以求解 θ' 和 φ'；反过来也可以利用 θ' 和 φ' 得到 θ 和 φ。

2.“摩尔空间”中先存构造面角度（θ' 和 φ'）等值线的编制

若在参考坐标系中确定了先存构造面的方位（θ'，φ'），利用“先存构造活动性准则”（童亨茂等，2011）中的计算公式［式（7.9）、式（7.10）］，可以确定极点（σ_n，τ_n）与该先存构造面方位角之间的定量关系：

$$\sigma_n=\sigma_1\cos^2\varphi'+\sigma_2\sin^2\varphi'\cos^2\theta'+\sigma_3\sin^2\varphi'\sin^2\theta' \quad (7.9)$$

$$\tau_n=\left[(\sigma_1^2\cos^2\varphi'+\sigma_2^2\sin^2\varphi'\cos^2\theta'+\sigma_3^2\sin^2\varphi'\sin^2\theta')-\sigma_n^2\right]^{1/2} \quad (7.10)$$

这样，在确定的应力状态（σ_1，σ_2，σ_3 大小和方向已知）下，利用式（2.2）（详见第 2 章 2.2 节），再利用计算机程序绘制“摩尔空间”中 θ' 和 φ' 的等值线（图 7.3 中的绿色虚线和粉色虚线）后，就能便捷地找到任意方位的先存构造面在 σ-τ 坐标系中的极点（σ_n，τ_n）。因此，利用 θ' 和 φ' 的等值线，可以十分便捷地在“摩尔空间”中找到任意方位面（即 θ'，φ' 值确定的面）对应的极点（σ_n，τ_n），其中 θ' 和 φ' 可以由先存构造面的方位角（θ，φ）通过坐标转换公式计算确定（Tong and Yin，2011）。比如（θ'，φ'）值分别为 P_1（90°，58°），P_2（0°，53°），P_3（155°，90°），P_4（45°，60°），P_5（37°，45°），P_6（15°，68°），P_7（161°，71°）的 7 个先存构造面，很容易在其“摩尔空间”中找到对应的极点（图 7.5），从而确定对应先存构造面上的正应力（σ_n）和剪应力（τ_n），如可以方便地在图 7.5 中确定 P_1 的正应力和剪应力分别为 2.65T 和 2.86T（T 为一个单位的应力值）。其中与 σ_2 平行的先存构造面（θ'=90°）位于 σ_1-σ_3 摩尔大圆上（如 P_1）；与 σ_3 平行的先存构造面（θ'=0°）位于 σ_1-σ_2 摩尔小圆上（如 P_2）；与 σ_1 平行的先存构造面（φ'=90°）位于 σ_2-σ_3 摩尔小圆上（如 P_3）；与主应力轴斜交的先存构造面位于“摩尔空间”的内部（图 7.5 中黄色的区域，如 P_4，P_5，P_6 和 P_7）。

这样，在任意三轴应力状态下，先通过坐标转换计算确定 θ' 和 φ'；再利用“摩尔空间”中的方位角度（θ'，φ'）等值线，就可以十分便捷地确定任意方位面上的正应力（σ_n）和剪应力（τ_n），也可以分析正应力（σ_n）和剪应力（τ_n）随方位（θ' 和 φ'）的变化及其规律。

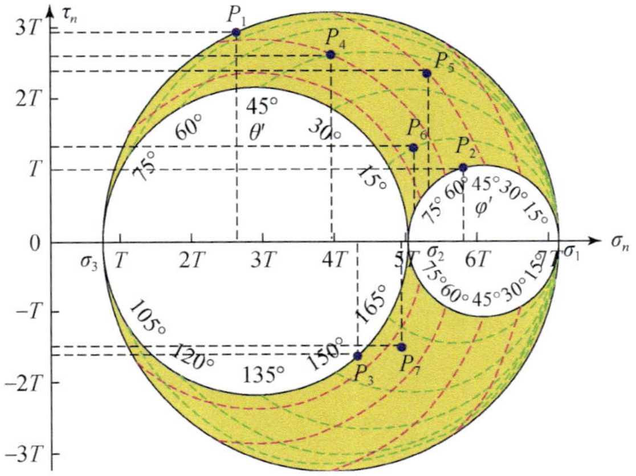

图 7.5 “摩尔空间”以及 7 个不同方位先存构造面的极点（据童亨茂等，2014）

σ_1-σ_3，σ_1-σ_2，σ_2-σ_3 3 个摩尔圆以及黄色区域构成“摩尔空间”，绿色虚线和粉色虚线为先存构造面方位角 θ' 和 φ' 的等值线，T 为一个单位的应力值；P_1、P_2、P_3、P_4、P_5、P_6 和 P_7 分别为 7 个先存构造面，即（90°，58°），（0°，53°），（155°，90°），（45°，60°），（37°，45°），（15°，68°），（161°，71°）在“摩尔空间”中的极点，对应的横坐标和纵坐标分别为其正应力（σ_n）和剪应力（τ_n）

7.3.2 “摩尔空间”中先存构造活动性系数 f_a 的表达

根据先存构造活动性准则，先存构造的活动性由先存构造活动性系数 f_a 决定。而 f_a

可由式（7.11）计算（童亨茂等，2011）：

$$f_a=\left|\frac{\tau_n}{\tau_n^w}\right|=\left|\frac{\tau_n}{C_w+\mu_w\sigma_n}\right| \tag{7.11}$$

式中，τ_n、τ_n^w 和 σ_n 分别为先存构造面上的剪应力、临界剪应力和正应力；C_w 和 μ_w 则分别为先存构造面的内聚力和内摩擦系数。① f_a=1.0 时，先存构造面处于临界活动状态；② f_a>1.0 时，先存构造面已经活动；③ f_a<1.0 时，先存构造面保持稳定（童亨茂等，2011）。

按照先存构造活动性系数 f_a 的计算公式［式（7.11）］，当

$$|\tau_n|=|\tau_n^w|=|C_w+\mu_w\sigma_n| \text{ 或 } \tau_n=\pm(C_w+\mu_w\sigma_n) \tag{7.12}$$

时，f_a=1.0，先存构造面处于临界活动状态。因此，在 σ-τ 坐标系中，曲线 $\tau_n=\pm(C_w+\mu_w\sigma_n)$ 被称为“先存构造活动线”（童亨茂等，2011），是两条沿 σ_n 轴对称的曲线（图 7.6 中的 a 和 a'，当 μ_w 为常量时为直线）。“先存构造活动线”的形态和展布由 C_w 和 μ_w（先存构造面的力学性质）决定：C_w 决定“先存构造活动线”的起点（0，C_w），μ_w 决定“先存构造活动线”的斜率。

这样，当应力状态和先存构造面的方位和力学性质确定时，应用“摩尔空间”就可以十分方便和直观地预测先存构造面的活动性（图 7.6），当先存构造面对应的极点（σ_n，τ_n）：①正好位于“先存构造活动线”上时，先存构造处于临界活动状态（如图 7.6 的 P_3）；②位于“先存构造活动线”之外时，表明先存构造已经活动（如图 7.6 的 P_1），越远离“先存构造活动线”向外，先存构造的活动性就越强；③位于“先存构造活动线”之内时，先存构造保持稳定（如图 7.6 的 P_2），越远离“先存构造活动线”向内，先存构造就越稳定。即，先存构造的活动性由其极点 P（σ_n，τ_n）与其对应的临界活动点（σ_n，τ_n^w）的相对位置，或 τ_n/τ_n^w 的值（先存构造活动性系数 f_a）决定（图 7.6）。

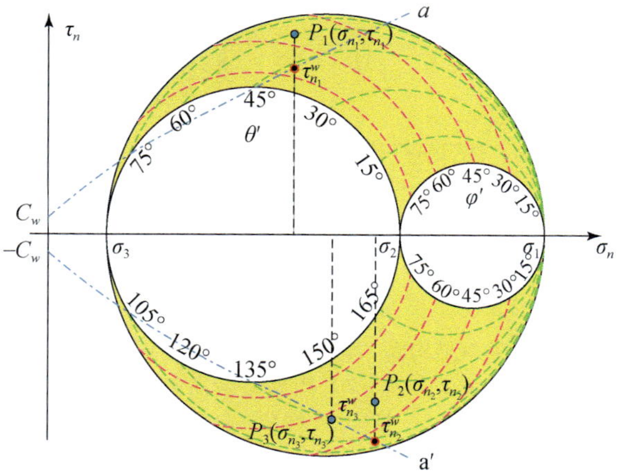

图 7.6 “摩尔空间”及其先存构造的活动性（据童亨茂等，2014）

“摩尔空间”有关内容的说明同图 7.2；a 和 a' 为“先存构造活动线”；P_1、P_2 和 P_3 分别为 3 个先存构造面（其力学性质 C_w，μ_w 一致）在“摩尔空间”中的极点（σ_{n1}，τ_{n1}），（σ_{n2}，τ_{n2}）和（σ_{n3}，τ_{n3}），τ_{n1}^w、τ_{n2}^w 和 τ_{n3}^w 分别为对应的临界剪应力，对应的活动性系数分别为 f_{a1}>1.0，f_{a2}<1.0 和 f_{a3}=1.0；C_w 为先存构造面的内聚力，μ_w 为先存构造面上的摩擦系数

7.3.3 先存构造相对活动性的分析和预测

与先存构造活动性相关的参数中，先存构造面的方位可以通过野外观测、地震资料解释等方法取得，主应力的方位可以通过区域应力场分析、地震震源机制解、不同方式的地应力实测等获得初步的结果；而主应力的大小，先存构造面的内聚力和内摩擦系数等参数则往往难以获得准确的数值。这样，直接应用先存构造活动性准则定量计算先存构造的活动性（活动性系数 f_a 的确定值）往往存在一定的困难。另外，在实际应用中，特别是地质构造分析中，先存构造的相对活动性往往显得更加重要。如盆地构造分析中，需要确定的往往是先存构造的相对活动性（活动性系数的相对大小），它决定了先存构造复活断层活动的先后次序及其活动量（断层位移量）（Tong and Yin，2011）。因此，先存构造的相对活动性分析显得更加重要，而利用“摩尔空间”则可以解决这一问题。

1. 在“摩尔空间”中确定先存构造的相对活动性

在“摩尔空间”中，先存构造面的极点位置与其“先存构造活动线”之间的相对关系，决定了不同先存构造面的活动性系数，从而决定了它们的相对活动性。对于两个先存构造面（W_1 和 W_2，在“摩尔空间”对应的极点为 P_1 和 P_2）而言，存在以下三种情况：①一个极点（如 P_1）在其“先存构造活动线”之外，另一个极点（如 P_2）在其“先存构造活动线”之内，则 $f_{a1}>f_{a2}$；②两个极点都在“先存构造活动线”之外，但一个极点（如 P_1）比另一个极点（如 P_2）相对靠近“先存构造活动线”，则 $f_{a1}<f_{a2}$；③两个极点都在其“先存构造活动线”之内，但一个极点（如 P_1）比另一个极点（如 P_2）相对靠近其“先存构造活动线”，则 $f_{a1}>f_{a2}$。对于多个先存构造面而言，可以通过上述两两对比的方式确定它们的相对大小。另外，也可以直接测量各个先存构造面极点的纵坐标（τ_n）及其先存构造活动线上对应点（σ_n，τ_n^w，图 7.2）的纵坐标（τ_n^w），并根据 τ_n/τ_n^w（f_a）的相对大小次序确定不同先存构造的相对活动性。

考虑到利用 θ' 和 φ' 的等值线，可以在“摩尔空间”中很方便和直观地表示不同方位的先存构造面，而用“先存构造活动线”可以便捷地表示先存构造的力学性质，为此，“摩尔空间”可以很方便直观地表示不同先存构造的相对活动性。

对于力学性质确定的先存构造面而言，“先存构造活动线”的位置和形态是确定的[C_w 决定其起点（0，C_w），μ_w 决定其斜率]。在递进构造变形（特别是脆性变形）过程中（主应力大小发生变化而方向保持不变的情况下），“摩尔空间”中不同方位先存构造面的相对位置不会发生变化，因此不同先存构造面的相对活动性也保持不变。因此，先存构造面的相对活动性主要由先存构造面本身的因素（方位及力学性质，是先存构造面的内因）决定。也就是说，在构造变形过程中，若主应力的方位和（σ_1-σ_2）/（σ_2-σ_3）值保持不变，不同确定方位的先存构造的相对活动性也将保持不变。随着主应力值的变化，不同先存构造活动性系数的绝对值虽然会发生变化，但其相对活动性系数将保持不变。这样，在分析先存构造的相对活动性时，主应力的具体值不是必需的，这正是摩尔空间在先存构造活动性分析中的优势所在。

2. 先存构造相对活动性预测的方法和步骤

（多个）先存构造相对活动性的预测包括两方面的工作：数据的准备和相对活动性预测。

1）数据的准备

前面的分析表明，先存构造的相对活动性主要取决于先存构造的方位和力学性质，即取决于先存构造的内因。预测不同先存构造的相对活动性，只需要准备与先存构造相关方面的数据，包括先存构造的方位（θ' 和 φ'）和力学性质（C_w 和 μ_w）。

先存构造的方位（θ' 和 φ'）：确定先存构造的倾向和倾角以及主应力的方位后，通过坐标转换确定 θ' 和 φ'，当最大主压应力直立时，θ' 为先存构造面的走向与 σ_3 的夹角，φ' 为先存构造面与 σ_1 夹角的余角，即先存构造面的倾角。值得注意的是，θ' 和 φ' 与主应力的方位相关，由先存构造的倾向和倾角及主应力的方位联合决定。

在 Anderson 状态下（均匀介质，主应力是直立或水平），主应力方位可以根据断层的走向很方便确定。但实际地质体一般为非均匀介质，主应力方位与断层方位的关系比较复杂，不能简单地用 Anderson 断层模式确定，而是需要专项研究，应用先存构造活动性准则，对断层进行系统的分析（最好结合物理模拟实验）才能比较准确确定（童亨茂等，2011）。

先存构造的内聚力（C_w）：分两种情况。若①内聚力可以忽略的先存构造，如先存断裂，内聚力可以按零处理（C_w=0）。②先存构造为具有一定内聚力的先存薄弱带（如薄弱岩性带，变形带等），可以测定其内聚力，如实在无法测量，也可以按零处理。

先存构造的摩擦系数（μ_w）：摩擦系数是岩石力学的重要参数。岩石的摩擦作用研究已有很长的历史，1785 年提出了库仑准则（$\tau=C+\mu\sigma_n$），把岩石的内摩擦系数作为常数。此后，不同学者采用了多种方法测定岩石的摩擦系数（Jaeger and Cook，1979），测定了不同岩石类型（如砂岩、花岗岩、片麻岩、白云岩、大理岩等）的摩擦系数，如 Rae（1963），Jaeger（1959），Hoskins 等（1968），Byerlee（1967）等测定砂岩的摩擦系数为 0.51 ～ 0.68，花岗岩为 0.60 ～ 0.64，片麻岩为 0.61 ～ 0.71。其中一个重要的认识是，岩石的摩擦系数与界面的正压力（σ_n）有关，随着正压力的增大而减小。在此基础上，Jaeger 和 Cook（1979）给出了摩擦系数随正应力变化的经验公式（$\mu^*=\mu+C/\sigma_n$）。根据 Byerlee（1978）的实验研究成果，得出各种岩石的内摩擦系数没有太大的区别，指出围压 200MPa 以下，摩擦系数为 0.85，200MPa 以上为 0.6。

事实上，在地应力条件下，内摩擦系数是很难准确确定的（Jaeger and Cook，1979），存在很多影响因素，如温度、活动速率（Sabine，2012）、流体、断层带内的结构和物质组成（断层泥）以及有机质的含量等（Zhang and He，2013）。但根据前人的研究成果，岩石的摩擦系数一般为 0.5 ～ 0.8（王仁等，1979）。在没有其他资料的情况下，可以考虑取 0.6。

2）相对活动性预测

首先选定一事先制作好的摩尔空间［对于伸展变形区，一般取（σ_1-σ_2）/（σ_2-σ_3）=0.5 的“摩尔空间”；挤压变形区，一般取（σ_1-σ_2）/（σ_2-σ_3）=2.0］，再按照每一个先存构造的内聚力（C_w）和内摩擦系数（μ_w），绘制相应的“先存构造活动线”，之后，再按照每一个先存构造对应的 θ' 和 φ'，找到其在摩尔空间中的极点。最后，根据极点与“先存构造活动线”的关系，按照前面所述的“两两对比”的原则，或根据 τ_n/τ_n^w 的相对大小次序，确定先存构造相对活动性的大小序列。

7.3.4　先存构造和活动断层的活动性预测——应用实例及验证

1. 砂箱实验中先存构造活动性的预测和验证

在基底设置先存构造的条件下，通过多次实验，北部湾盆地涠西南凹陷的目标砂箱模拟实验成功地再现了该地区的断裂系统特征（童亨茂等，2009b），表明：①实验中设置的基底先存构造是合理的，可以反映实际地质情况；②实验结果反映出的先存构造的相对活动性（活动的先后次序及活动量的相对大小）可以验证相对活动性的预测结果。为此，利用“摩尔空间”对实验模型中所设置先存构造的相对活动性进行预测的基础上，再利用实验结果进行验证，确定预测结果的可靠性。

涠西南凹陷目标砂箱模拟实验中，直接由先存构造控制的断层有 4 条：1 号断层、2 号断层、3 号断层和海 1 号断层，对应的先存构造分别称为 P_{wb1}、P_{wb2}、P_{wb3} 和 P_{wb4}，它们对应的（θ'，φ'）分别为（71°，60°）、（68°，60°）、（75°，60°）和（125°，50°）。内聚力取 0（石英砂与聚苯板的可以忽略），内摩擦系数为 0.42（石英砂与聚苯板的内摩擦角为 23°，内摩擦系数为 tan23° =0.42）。把上述 4 个先存构造投影到摩尔空间上［图 7.7（a）］，结果表明，$f_{b3}>f_{b1}>f_{b2}>f_{b4}$。其中，$P_{wb1}$、$P_{wb2}$ 和 P_{wb3} 比较接近，而 P_{wb4} 明显偏小。预测 3 号断层最先活动，其次是 1 号断层，再次是 2 号断层，海 1 号断层最后活动，活动量也是按上述次序依次减小。与实验结果的对比表明，预测结果与实验结果完全吻合（童亨茂，2009b）。

采用不同形态（σ_2 的相对值不一致）的“摩尔空间”［图 7.7（b）］，也得到一致的预测结果［对比图 7.7（a）、（b）］。

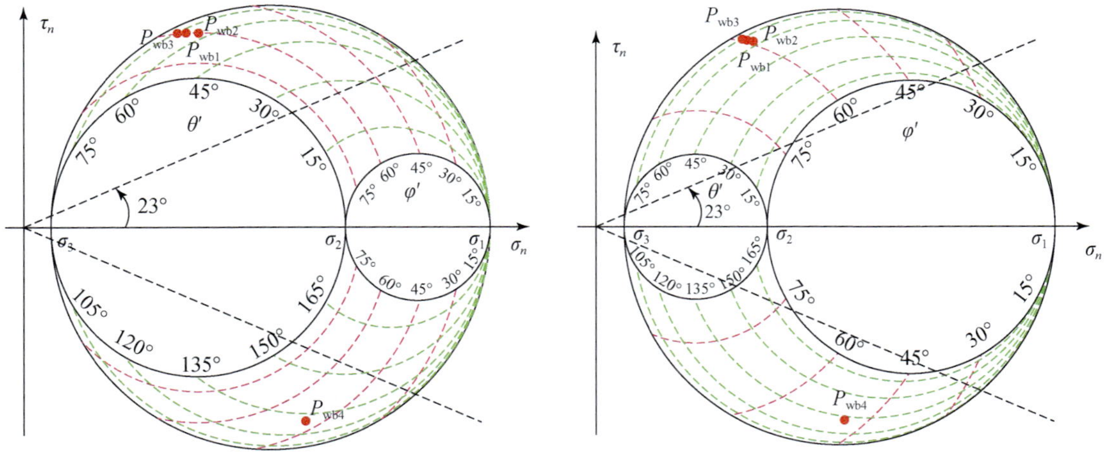

图 7.7　应用“摩尔空间”预测涠西南凹陷先存构造的相对活动性（据童亨茂等，2014）

P_{wb1}、P_{wb2}、P_{wb3} 和 P_{wb4} 分别为 1 号断层、2 号断层、3 号断层和海 1 号断层先存构造的极点；黑色虚线为“先存构造活动线”。摩尔空间及其角度等值线同图 7.2。（a）$(\sigma_1-\sigma_2)/(\sigma_2-\sigma_3)=1:2$；（b）$(\sigma_1-\sigma_2)/(\sigma_2-\sigma_3)=2:1$

该实例表明，应用“摩尔空间”预测先存构造的相对活动性有较高的准确性，具有现实的应用价值。

2. 活动断层的活动性预测和验证

在露头地区，要获得活动断层准确的断面形态及定量活动数据是十分困难的，而对于有高精度三维地震资料覆盖的盆地区，则可以实现对活动断层的定量描述。这里以先存构造基础上发育的、上新世以来持续活动的渤海湾盆地西南庄断层为例，应用“摩尔空间”预测不同段落的相对活动性，并用地震资料解释成果进行检验。

西南庄断层是渤海湾盆地南堡凹陷西北的主控边界断层（图 7.8）。南堡凹陷位于河北唐山市南侧，是一充填新生代沉积的富烃凹陷，高精度的三维地震资料覆盖整个凹陷。三维地震资料的构造解析表明，凹陷内的活动断层非常发育。从地震剖面（图 7.9）看，很多断层切穿到地表，说明其活动性，这些断层在浅层（500ms 双程反射时间，大约 600m 深度）的相干体切片中有很清晰的反映（图 7.10）。

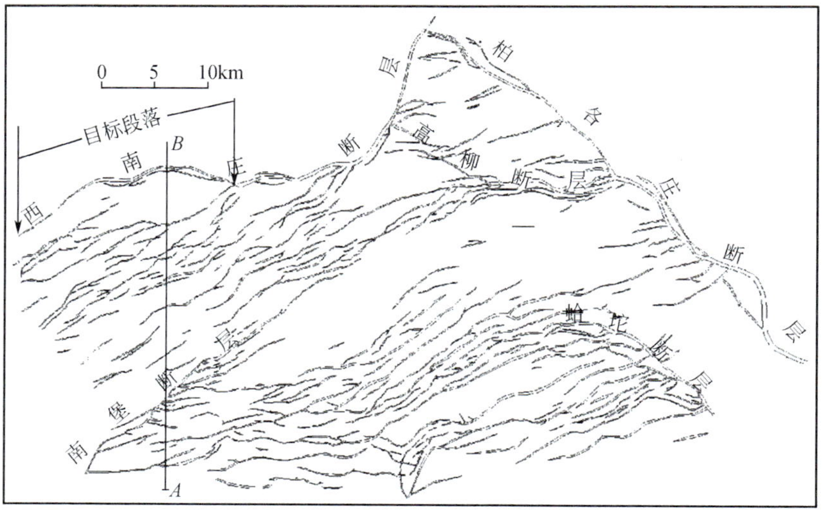

图 7.8　渤海湾盆地南堡凹陷新近系明化镇底界断裂系统分布图（据童亨茂等，2014）

A–B 是图 7.9 剖面位置

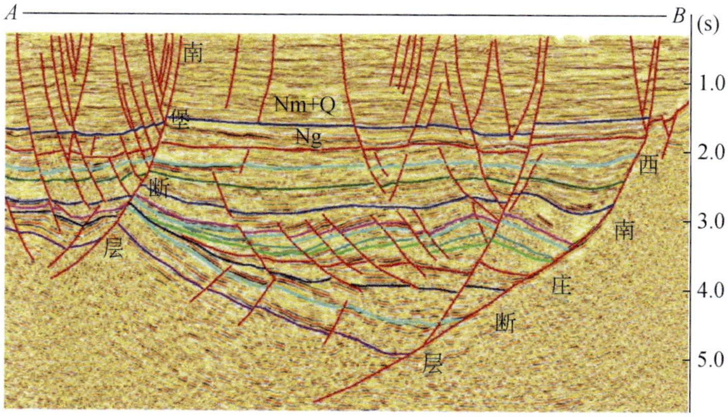

图 7.9　渤海湾盆地南堡凹陷三维地震 inline421 和 inline613 剖面（据童亨茂等，2014）

剖面位置见图 7.8，图中西南庄断层上蓝色箭头的长度代表 N_2m 的滑距，方向指示上盘的滑动方向

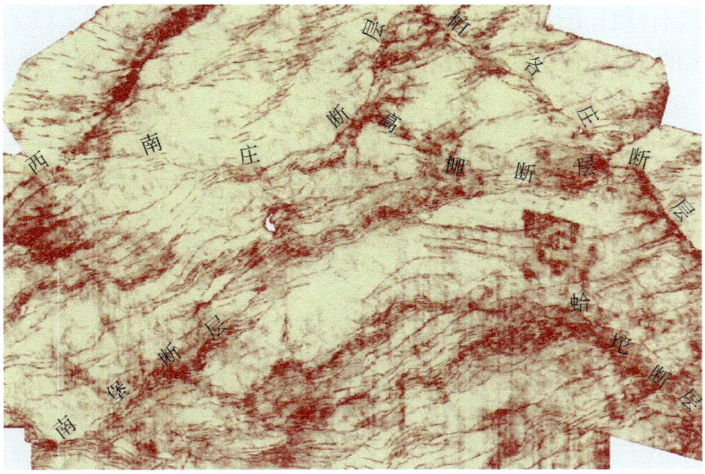

图 7.10　南堡凹陷三维地震相干体 500ms（约 600m 深度）水平切片（据童亨茂等，2014）

地震资料的构造解析表明，西南庄断层是一长期发育的断层，而在新近纪馆陶组（N_1g）沉积时期，是整个凹陷断层活动的平静期，而明化镇期（N_2m）以来又开始重新活动至今，是一典型的先存构造基础上重新活动的活动断层。西南庄断层的西南段没有分支断层（图 7.9），但在横向上，断层的走向却有明显的变化（可以分为 8 个亚段，图 7.11），倾角也有一定的变化。为此选择该段落作为活动断层相对活动性研究的对象（图 7.8、图 7.11）。

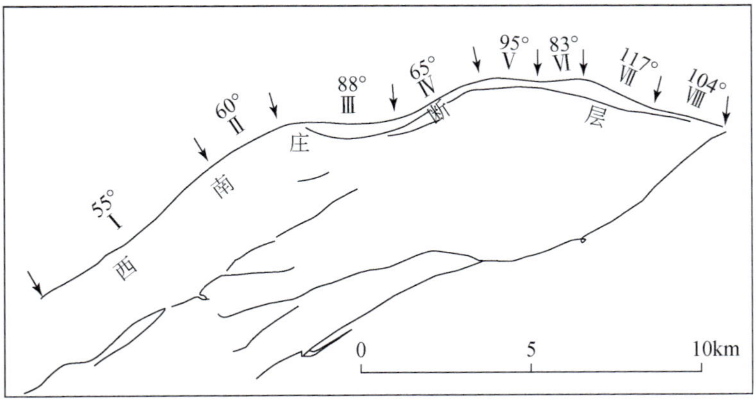

图 7.11　西南庄断层西南段走向的变化及其亚段分布（据童亨茂等，2014）

已有的研究表明（周建勋等，1999；周天伟等，2009），渤海湾盆地南堡凹陷明化镇期以来经受南北方向的伸展，因此，σ_1，σ_2，σ_3 分别为竖直方向、东西方向和南北方向。西南段不同亚段断层的倾向和倾角，以及对应的 θ'，φ' 值的分布见表 7.1。考虑到不同亚段断层两盘的岩性均为砂泥岩，断层面的摩擦系数在横向上应该没有明显的变化（均取 0.6）；该断层长期活动，内聚力均取 0。把上述 7 个断层面投影到摩尔空间上（图 7.12），结果表明，$f_{\rm III}>f_{\rm V}>f_{\rm VIII}>f_{\rm VI}>f_{\rm IV}>f_{\rm VII}>f_{\rm II}>f_{\rm I}$，预测Ⅲ亚段活动性最大，Ⅰ亚段活动性相对最小。活动性由强到弱依次为Ⅲ，Ⅴ，Ⅷ，Ⅵ，Ⅳ，Ⅶ，Ⅱ，Ⅰ，虽然断层活动性系数与活动强度的实际测量值没有线性正比关系，但相对次序却几乎完全一致（图 7.13）。表明，应用“摩尔空间”预测活动断层的相对活动性也有较高的准确性，也具有较好的现实应用价值。

表 7.1 西南庄断层西南段不同亚段断层参数分布表（据童亨茂等，2014）

亚段名称	Ⅰ	Ⅱ	Ⅲ	Ⅳ	Ⅴ	Ⅵ	Ⅶ	Ⅷ
断层倾向 /（°）	145	150	178	155	185	173	207	194
断层倾角 /（°）	57	58	57	56	55	57	58	56
θ'/（°）	125	120	92	115	85	97	63	76
φ'/（°）	57	58	57	56	55	57	58	56
活动性系数 f	1.31	1.44	1.90	1.54	1.77	1.55	1.51	1.74
Nm 底界剖面滑距 /m	331	367	627	413	468	445	422	429
Nm 以来活动速率 /（mm/a）	0.0624	0.0692	0.1180	0.0779	0.0883	0.0840	0.0796	0.0809

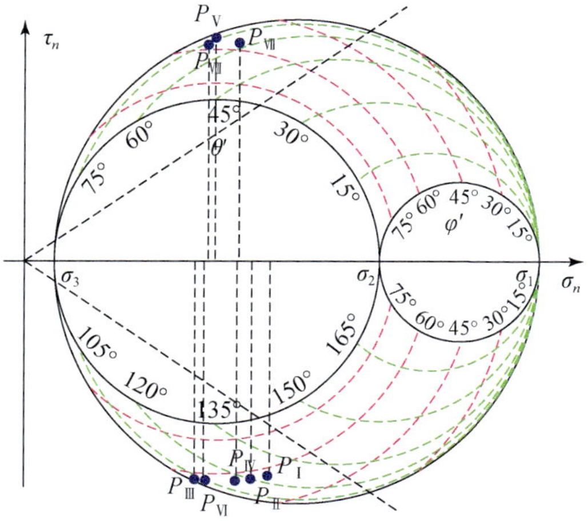

图 7.12 应用“摩尔空间”预测西南庄断层的相对活动性（据童亨茂等，2014）

$P_Ⅰ$、$P_Ⅱ$、$P_Ⅲ$、$P_Ⅳ$、$P_Ⅴ$、$P_Ⅵ$、$P_Ⅶ$和 $P_Ⅷ$分别为西南庄断层不同亚段断层面的极点；黑色虚线为“先存构造活动线”（C=0，μ_w=0.6）。摩尔空间及其角度等值线同图 7.2，（σ_1-σ_2）/（σ_2-σ_3）=1：2

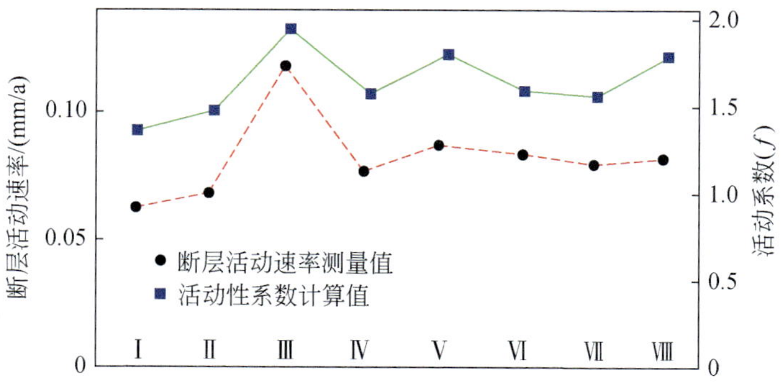

图 7.13 西南庄断层西南段不同亚段（横坐标）活动性系数、断层活动速率分布图（据童亨茂等，2014）

裂陷盆地中正断层活动性的差异，会导致对沉降和沉积的控制作用、断层的封闭性等方面的差异，断层的活动性越强，对沉积和沉降的控制作用就越强，越容易成为油气运移的通道。例如，西南庄断层西南段，Ⅲ亚段的活动性最强，所控制的沉降量和沉积物（N_2m+Q）厚度也相对最大，油气运移的能力也相对最强。这样，断层的活动性分析和预测对油气勘探具有现实的指导意义。另外，活动断层中，活动性强弱变化较大的段落（如Ⅱ、Ⅲ亚段之间），容易出现应力集中，若活动出现闭锁，就容易出现地震风险。

7.4　广义断层模式

根据前面的分析，任何类型的非均匀地质体，只要进行有限单元的划分，都可以看作是含平面（板）状先存构造介质和均匀介质的组合体。因此，任意地质体的断层作用都可以看作是有先存构造介质的断层作用，下面分两种情况进行讨论。

7.4.1　单个先存构造的断层作用

根据广义剪切活动准则[式(7.8)]可定量判断任意面(包括先存破裂面和库仑破裂面)上的断层活动性。若只有一个先存构造面，对比先存构造面和库仑剪破裂面在临界库仑应力状态下的 f_{aw} 和 f_{ak}，若①$f_{aw}>f_{ak}$，则首先沿先存构造面发生断层作用，随着构造作用的继续，形成库仑断层；②$f_{aw}<f_{ak}$，则形成库仑剪破裂面，先存构造稳定；③$f_{aw}=f_{ak}$，则两种类型断裂同时产生。

7.4.2　多个先存构造条件下的断层作用

在一个先存构造断层作用模型的基础上，Tong 和 Yin（2011）进一步提出了多个先存构造情况下的断层作用模型。在有多个先存构造(图 7.14)的情况下，在递进变形(如伸展)过程中，在临界库仑应力状态下活动性系数 $f_a \geqslant 1.0$ 的先存构造（如 $f_{a1}>f_{a2}>1.0>f_{a3}$）按活动性系数 f_a 大小次序先后活动形成断层（**先存构造复活断层**，图 7.14 中断层 F_1 和 F_2），先存构造复活断层活动过程中会形成与先存构造平行或近于平行的断层（**先存构造关联断层**，图 7.14 中断层 F_3），最后形成与先存构造无关的**库仑断层**（图 7.14 中与伸展方向垂直的小断层），而 f_{aw} 小于 1.0 的先存构造（如 $f_{a3}<1.0$）保持稳定。

从上面的分析可以看出，在有多个先存构造的情况下，地质体的断层作用不能看出是一瞬时作用，而是一个递进变形的过程。构造变形（如图 7.14 的伸展作用）开始后，活动趋势因子相对最大的薄弱面（P_1，最薄弱）首先达到活动条件[摩尔空间中的 P_1 与其先存构造活动线 l_{P1} 相碰，图 7.15(a)]，形成先存构造复活断层；随着伸展作用的继续，活动趋势因子排第 2 的先存构造面达到活动条件[摩尔空间中的 P_2 与其先存构造活动线 l_{P2} 相碰，图 7.15（b）]，又形成先存构造复活断层。最后，当摩尔空间的大圆与库仑包络线相切时[图 7.15(c)]，与区域伸展方向垂直的库仑断层形成，它们与先存构造无关。

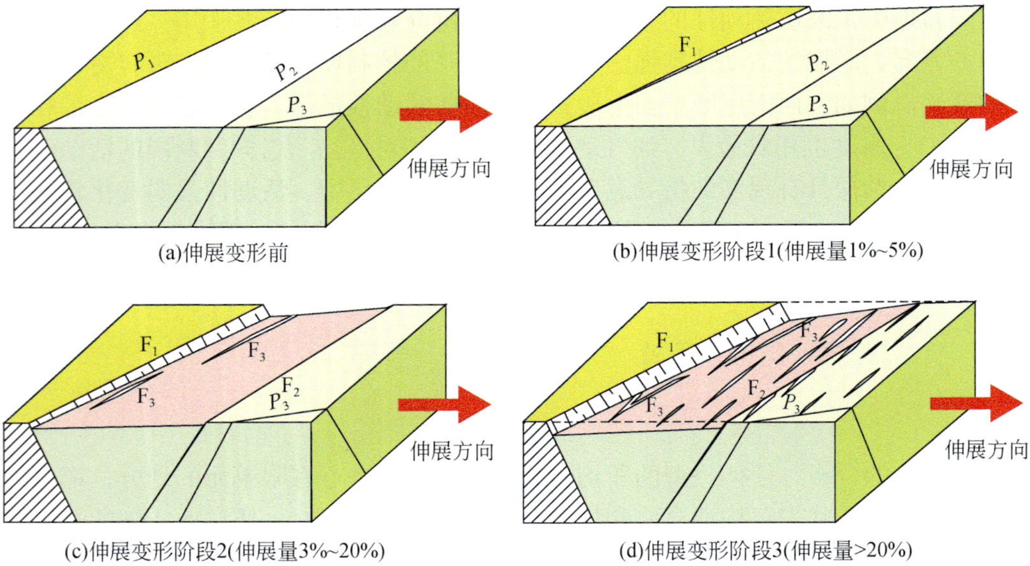

图 7.14　多个先存构造条件下的断层作用（伸展）模式图（据童亨茂，2010）

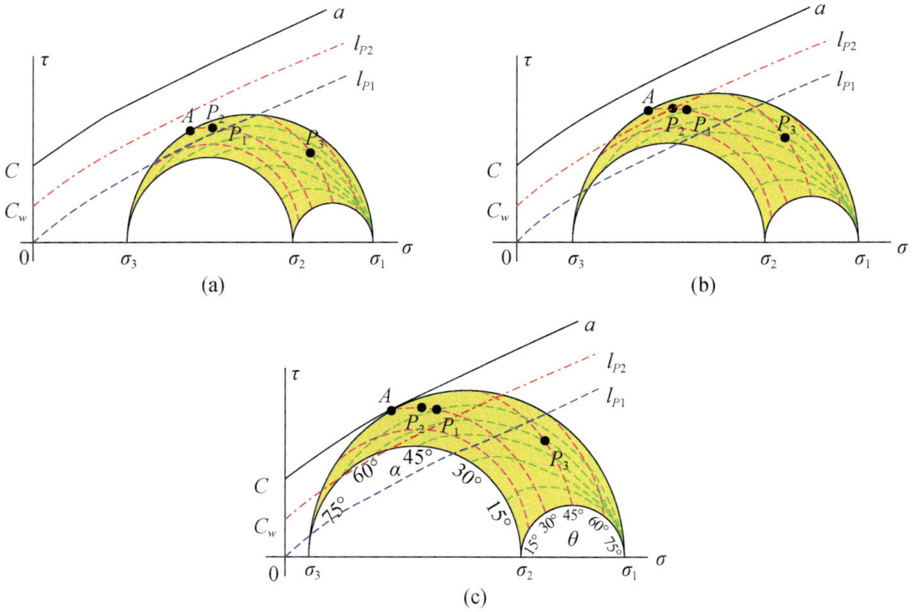

图 7.15　多个先存构造条件下递进变形过程中摩尔空间演化模式图（Tong and Yin，2011）

P_1，P_2，和 P_3 对应于图 7.14 的 3 个先存构造面，a，l_{P1}，l_{P2} 分别为库仑包络线、P_1 的先存构造活动线、P_2 和 P_3 的先存构造活动线

从上面的分析可以看出，在有多个先存构造的情况下，地质体断层作用的有关认识发生了革命性的变化，表现在：一个构造变形期内，①可以有多个活动期次的断层，②形成不同方向的断层，③形成不同规模的断层；断层作用不能看出是一瞬时作用，而是一个递进变形的过程。

7.4.3　先存构造复活断层活动性规律

先存构造复活断层是地质体断层的基本类型之一。下面应用“广义剪切活动准则”来分析裂陷盆地先存构造复活断裂（不同倾角、不同走向和不同规模和性质）的活动性规律。

1. 先存断层的活动性与断层倾角的关系

先讨论与 σ_2 平行的先存断层面（走向与伸展方向垂直的断层）的情况。σ_1-σ_3 应力摩尔圆（大圆）上的点反映与 σ_2 平行的、不同倾角的面上的正压力和剪应力的分布。其中与破裂线相切的点（即破裂点 A）与 σ_1 夹角为 $\theta=45°-\phi/2$，是 Anderson 预测的断层面，在裂陷盆地区倾角一般为 60°（图 7.16）。该倾角的先存断层与破裂包络线的距离最近（是唯一距离为零的点），断层活动性系数 f_{aF} 最大，是活动性最强的先存断层。

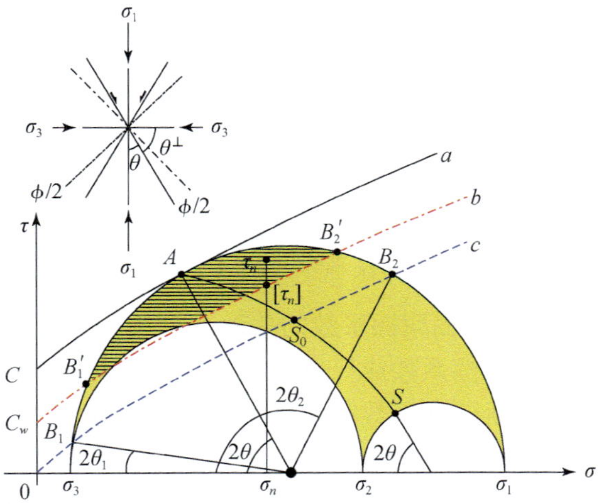

图 7.16　广义剪切活动准则的三轴应力摩尔圆图解（据 Tong and Yin，2011）

a 为破裂包络线；b 为薄弱带破裂线；c 为断层活动线

在 σ_1-σ_3 摩尔圆上（图 7.16），从破裂点 A 向左右两侧到与断层活动线相交（点 B_1 和 B_2）的弧上，都是断层可以重新活动（$f_{aF}\geqslant 1$），但不能新产生断层的区域。越过断层活动线（点 B_1 和 B_2）后，先存断层便无法再活动。故 B_1 和 B_2 为临界点，对应是断层倾角 $\theta_1^{\perp}$ 和 $\theta_2^{\perp}$ 为临界倾角。先存断层活动性系数与倾角的关系如图 7.17 所示。

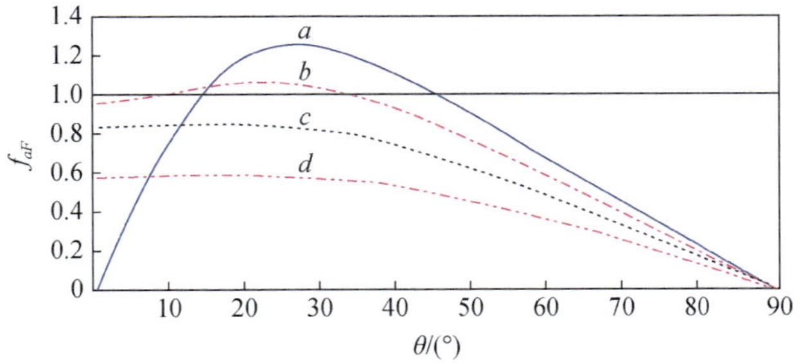

图 7.17　先存断裂活动性系数与 θ 关系图（据 Tong *et al.*，2010）

其中 σ_1=40MPa，σ_2=30MPa，σ_3=10MPa，f_F=0.6；曲线 a，b，c，d 对应的 γ 值分别为 90°、60°、45° 和 30°［f_F 为断层面摩擦系数，γ 为断层走向与伸展方向（σ_3）的夹角］

2. 存断层的活动性与断层走向的关系

假定在三轴应力摩尔圆上先存断层倾角为 $\theta^{\perp}$=（45°+ϕ/2）保持不变，作用在走向从与伸展方向垂直（点 *A*）变到与伸展方向平行（点 *S*）的平面上的正压力和剪应力如曲线 *AS* 所示（图 7.16）。曲线 *AS* 上，点 *A* 是剪破裂点，与破裂包络线的距离最近（为零），对应的先存断层面最易活动；点 *S* 离破裂包络线最远，对应的先存断层面最不易活动，中间的点介于两者。点 *S* 一般处在断层活动线以下，所对应的先存断层面不能活动，*AS* 之间存在一临界点，对应的断层走向与 σ_3 的夹角存在一临界值 γ_0。即倾角为 $\theta^{\perp}$=（45°+ϕ/2）的断层，当 $\gamma<\gamma_0$ 以后，先存断层就不再活动。先存断层活动性系数与走向的关系如图 7.18 所示。

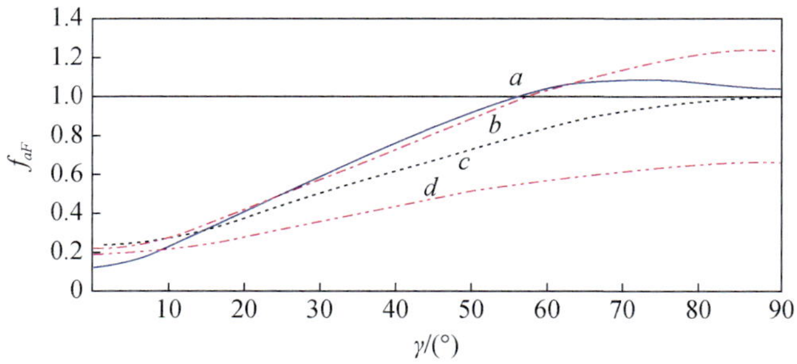

图 7.18　先存断裂活动性系数与 γ 关系图（据 Tong *et al.*，2010 修改）

其中 σ_1=40MPa，σ_2=30MPa，σ_3=10MPa，f_F=0.6；曲线 *a*，*b*，*c*，*d* 对应的 θ 值分别为 15°、30°、45° 和 60°

3. 先存断层的活动性与断层面摩擦系数的关系

断层活动性与断层面的摩擦系数成反比，在其他条件相同的情况下，随着断层面摩擦系数的增大，先存断层的活动性系数就会减小，活动性就会降低；反之，先存断层活动性就会增大。根据 Byerlee 律，摩擦系数与材料无关，大小取决于作用在面上的剪应力和正应力。实验证明，摩擦系数随深度增大而减小。摩擦学的研究表明，断层面的摩擦系数还与断层面的平整度、断裂带的宽度、断层面两侧的岩性及差异、断层面上流体的饱和度、温度等诸多因素有关。随着断层带宽度、断层面两侧岩性差异程度，以及断层面上流体饱和度的增加，断层面的摩擦系数将会减小，断层的活动性就会增大（图 7.19）。

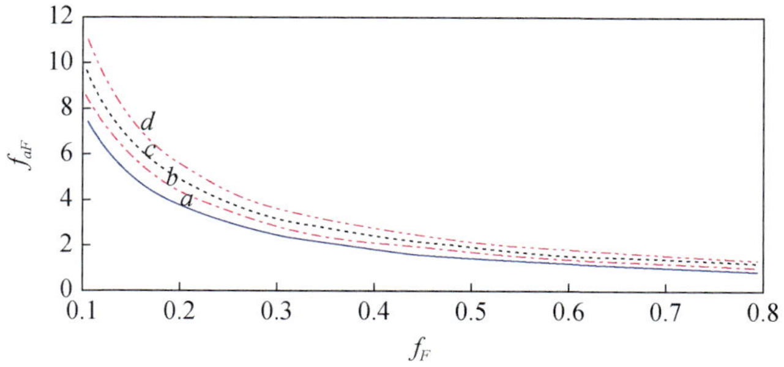

图 7.19　先存断裂活动性系数与断面摩擦系数关系图（据 Tong *et al.*，2010）

其中 σ_2=30MPa，σ_3=10MPa，θ=30°，γ=90°；*a*，*b*，*c*，*d* 对应的 σ_1 值分别为 40MPa、50MPa、60MPa、80MPa

一般情况下，规模较大断层的断层带宽度、断层面两侧岩性差异程度，以及断层面上流体饱和度相对较大，断层的活动性也相对较大，特别是断层面上升盘一侧是刚性程度较高结晶基底的大断层（相当于在后面实验模型中涉及的“刚性边界基底先存断裂”）。这样，在其他条件一样的情况下，大的刚性边界先存断层的活动性相对最强，最先活动，规模最大。

4. 基底先存断裂对裂陷盆地断层形成和演化的控制作用规律

盆地形成初期，沉积物很少。在应力场作用下，这一阶段盆地断层的形成和活动实际上是盆地基底新断层的形成和先存断裂活动的问题。因此，盆地形成初期，基底先存断裂的活动一般可体现基底先存断裂对盆地盖层断层的控制。根据前述分析，推断基底先存断裂的活动性具有如下规律：

（1）在同样的条件下，先存断层的重新活动比新形成相同方向的断层要容易得多，即先存断裂优先活动。这是基底先存断裂能控制沉积盆地断层形成和演化的根本原因。

（2）在同样的条件下，不同走向的基底先存断裂中，与伸展方向垂直的基底先存断裂的活动性最强，随着走向与伸展方向的夹角 γ 逐渐变小，基底先存断裂的活动性逐渐降低，并存在一临界夹角 γ_0，当 $\gamma<\gamma_0$ 以后，基底先存断裂便不再活动。

（3）在同样的条件下，与 σ_1 夹角为 $\theta=(45°-\phi/2)$ 的基底先存断裂（在裂陷盆地区倾角一般为 60°）活动性相对最大；向两侧，随着倾角增大或减小，基底先存断裂的活动性逐渐降低，并存在临界夹角 θ_1 和 θ_2，当断层面倾角大于 $\theta_2^{\perp}$ 或小于 $\theta_1^{\perp}$ 以后，先存断层便不能再活动。

（4）在其他条件相同的情况下，基底先存断裂的规模越大，其活动性就越强，其中大规模的刚性边界基底先存断层的活动性最强。

随着裂陷盆地的演化，沉积物厚度不断增加，基底先存断裂对盆地盖层断层的形成和活动的控制和影响作用自然会减小。

7.5　广义断层模式的砂箱实验验证

构造物理模拟实验研究历史悠久，是帮助地质学家认识构造变形过程、研究构造形成机制的重要途径（Eisenstadta and Simsb，2005；Patton，2005；马瑾，1987；张文佑等，1985；钟嘉猷，1998；单家增，1996）。自 McClay 在 20 世纪 80 年代末将低角度拆离伸展的概念应用于砂箱实验以来，对伸展盆地构造样式、断裂系统的形成和演化的认识进入了一个新的阶段，砂箱实验研究伸展盆地断裂系统形成和演化的有效性得到了广泛的认可（McClay and Ellis，1987；McClay，1990；McClay and White，1995；Dooley *et al*.，2003；Acocella *et al*.，2000），表明松散砂是实验模拟上部地壳（裂陷盆地）伸展变形的很好的相似材料（McClay and Ellis，1987；McClay，1990）。

构造物理模拟实验可分为概念模型实验（conceptual modeling experiment）和目标模拟实验（objective modelling）（童亨茂，2003）。

所谓概念模型实验，就是正演模型实验，即从条件→结果，是针对抽象的地质模型进行的，主要是为了研究分析构造变形要素（包括构造作用方式、边界几何形态等边界条件，内部结构和材料性质，应变量和应变速率，后期沉积物分布、性质及数量等）对构造变形的控制和影响以及构造变形的一般规律。

所谓目标模拟实验，是针对具体的实际地区所进行的模拟实验，采用反演的方式，从结果→条件，即直接针对目标区设计实验模型进行模拟实验，通过实验构造变形要素的调试、反复实验，直到成功再现目标地质体的构造特征。概念模型实验可以为目标模拟实验提供基础，而目标模拟实验可以为概念模型实验提供更为合理的地质构造模型。

由于砂箱实验已被证明是裂陷盆地区很好的相似模型（McClay and Ellis，1987；McClay，1990；McClay and White，1995；Dooley *et al.*，2003；Acocella *et al.*，2000），当砂箱实验结果能很好地再现一个实际裂陷盆地区的构造特征（包括断裂系统的展布和演化特征、隆坳格架等）时，一方面可用实验模型来确定该地区的构造成因机制和边界作用条件；另一方面通过对实验过程和结果的详细观测，可很好地反映该地区的详细构造演化过程（包括不同断层的形成、扩展、活动等演化特征）；再者，结合其他方面（如平衡剖面和构造力学分析等）的研究，可揭示盆地构造（主要是断层）的演化规律。

一个有价值的目标砂箱模拟实验的前提条件是：①作为目标研究区的构造几何学特征必须得到正确的刻画，而要实现这一点必须有高品质的、系统的三维地震资料作保障；②目标区主要断层的运动学特征（不同阶段的活动性特征）必须得到正确的认识，这需要由平衡演化剖面研究成果作支撑；③实验模型边界条件的设置必须符合实际地质情况，为此，必须对构造变形机制有正确的认识。可能是大规模（整个凹陷规模）的三维地震资料是近十几年才逐渐出现的、实验条件的限制和对构造变形机制认识的局限性等方面的原因，虽然砂箱模拟实验的成果很多，但针对具体裂陷盆地断裂系统演化的目标砂箱模拟实验则比较少见。

这里在对中国两个有高品质三维地震资料覆盖的实际裂陷盆地区（北部湾盆地涠西南凹陷，渤海湾盆地黄骅坳陷张巨河复杂断块区）构造精细解析和平衡演化剖面编制的基础上，采用“不协调伸展”的理念对上述地区进行目标砂箱模拟实验研究，研究分析裂陷盆地断层的形成机制和演化规律。

“不协调伸展”是指裂陷盆地在不同方向基底先存构造（主要是先存断裂，下同）基础上的伸展作用，其内涵有二：一是区域伸展方向与基底先存构造不垂直（斜交）；二是基底存在多个不同方向（包括盆地边界和盆地内部）的先存构造。与斜向伸展的差异是：斜向伸展只考虑盆地边界的基底先存构造，而不协调伸展还考虑盆地内部的先存构造，而且先存构造的类型、分布、性质等都可以产生变化（Tong *et al.*，1995；童亨茂，1998；童亨茂，2003）。

本实验是在中国石油大学（北京）构造物理模拟实验室“构造变形物理模拟综合实验台”上完成的，实验材料为松散石英砂，在模型上方间隔照相记录实验结果。按照“不协调伸展”理念反复进行目标砂箱模拟实验，最终上述两裂陷盆区的构造特征都得到很好的再现。在目标砂箱模拟实验的基础上，再进行先存构造条件下断层作用的概念模型实验。

7.5.1 目标砂箱模拟实验之一：北部湾盆地涠西南凹陷

1. 断裂构造特征

涠西南凹陷是中国南海北部大陆架西部北部湾盆地北部的沉积构造单元（图 7.20 ～

图 7.22），沉积了古新统长流组—第四系的地层（表 7.2），经历了古近纪的裂陷作用和新近纪—第四纪的拗陷作用两个构造演化阶段。由于断层主要发育在古近系地层内，模拟对象为涠西南凹陷古近系内的断层。

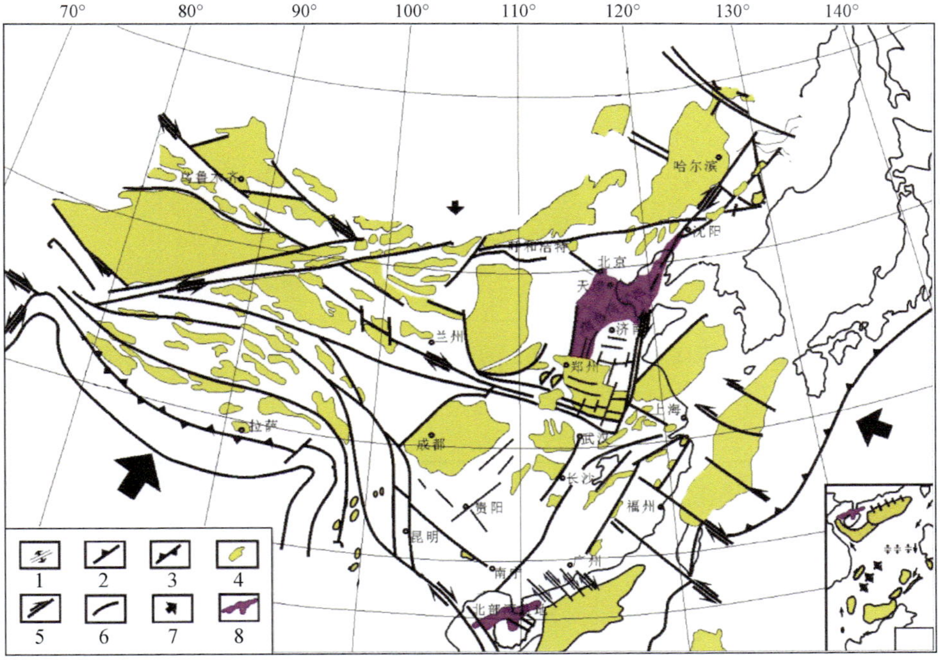

图 7.20　中国新生代盆地区域构造格架图（据吴奇之和王同和，1997 修改）

1. 海底扩张带；2. 俯冲带；3. 缝合带；4. 盆地及其边界；5. 基底走滑断层；6. 基底断层；7. 板块运动方向；8. 研究区盆地

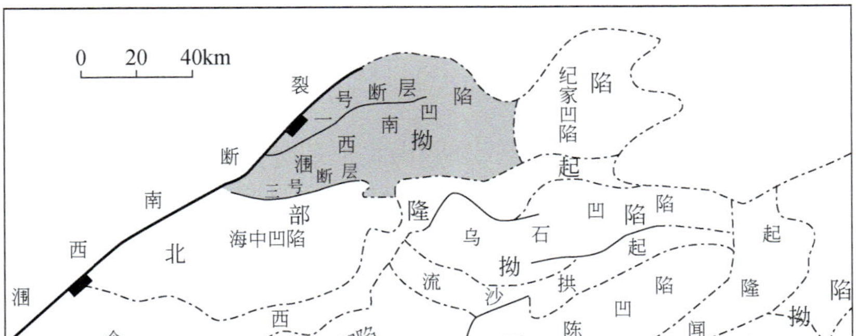

图 7.21　北部湾盆地构造单元划分和涠西南凹陷位置图［引自中海石油（中国）有限公司湛江分公司］

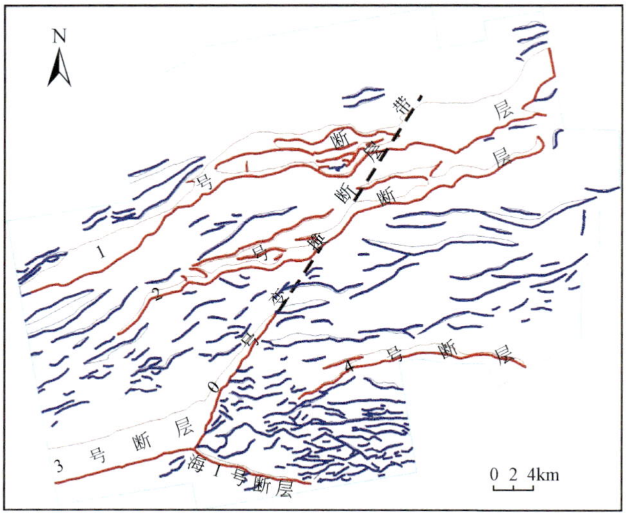

图 7.22 涠西南凹陷长流组底界断层分布图（根据三维地震资料解释）（据童亨茂等，2009a）

表 7.2 北部湾盆地涠西南凹陷地层及年代简表（据童亨茂等，2009a）

系	统	组	段	底界年龄 /Ma	构造演化阶段
新近系 N– 第四系 Q				23.3	拗陷
古近系 E	渐新统 E_3	涠州组 E_3w	涠一段 E_3w^1		裂陷
			涠二段 E_3w^2		
			涠三段 E_3w^3	32	
		流沙港组 E_2l	流一段 E_3l^1	38	
	始新统 E_2		流二段 E_2l^2		
			流三段 E_2l^3	56.5	
	古新统 E_1	长流组 E_1c		65	

基于三维地震资料系统的构造解释，该区古近系的断裂系统特征概述如下［图 7.22、图 7.23（a）］。

（1）凹陷内发育 4 个方向的断层，分别为北东东向、近东西向、北东向和北西向，其中绝大部分是北东东向和近东西向的断层，少量断层是北东向和北西向。

（2）1 号断层、2 号断层和 3 号断层是凹陷的主控断层，均为北东东走向，倾向南南东，均长期发育。其中 1 号断层位于凹陷北侧，是凹陷的主控边界断层；3 号断层是凹陷南部的边界断层，作为与海中凹陷的分界断层；2 号断层则是涠西南凹陷内部的一条主干断层。

（3）2 号断层在凹陷底部（长流组底界）为一基本连续的北东东向断层（图 7.22），向上（流沙港组 2 段底界及以上）则转化为一系列近东西走向的雁行断层［图 7.23（a）］。

（4）0 号变换断层带是凹陷内一显著的分隔带，其东西两侧（尤其是 3 号断层附近）断层的分布存在巨大的差异。①两侧断层的走向不同：东侧东西向断层明显超过北东东向走向的断层，而西侧北东东走向的断层明显占主导地位。②两侧断层的规模存在显著

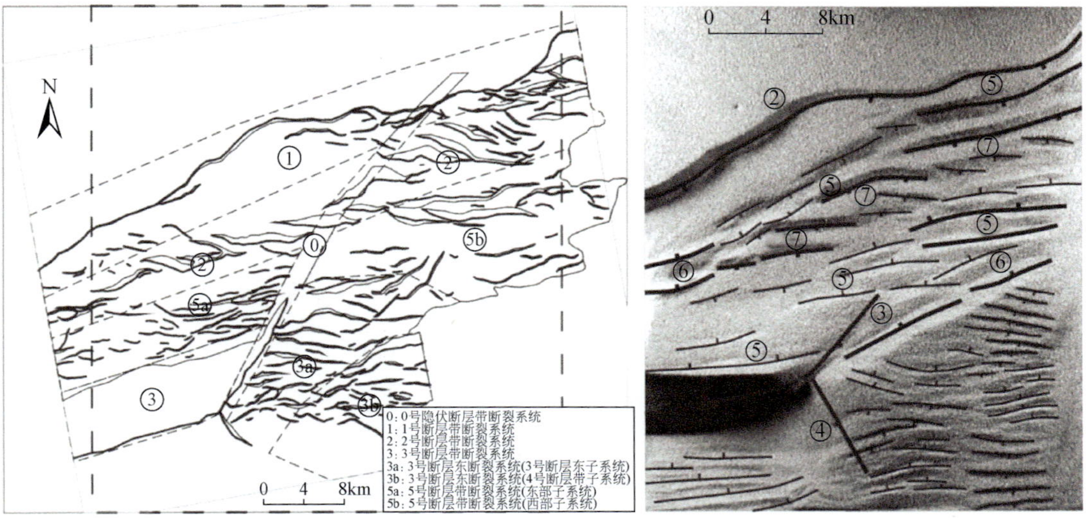

(a)　　　　(b)

图 7.23　三维地震资料解释成果与砂箱实验结果对比图（据童亨茂等，2009a）

（a）流沙港组一段底界断裂系统分布图（根据三维地震资料解释）；（b）平面砂箱实验结果及解释图

差异：西侧发育的断层规模明显大于东侧，特别是 3 号断层的延伸线方向，西侧是一条位移巨大的 3 号断层，东侧则是由无数条断距较小、延伸较短的小断层组成。③两侧断层的数量存在很大的差异：东西两侧的面积大体相同，而断层的数量东侧明显多于西侧。④断层的形成演化存在很大差异：西侧的 3 号断层长期继承性活动，位移量很大，而 0 号断层东侧的断层，除 4 号断层和海 1 号断层外，绝大部分断层形成较晚，到涠州组时开始形成。

（5）以 4 号断层及其向南西方向延伸线为界，3 号断层东侧断层的倾向存在系统的差异：以北绝大部分断层北倾，以南绝大部分断层则南倾，而走向则基本一致。

（6）不同反射层断层方位存在系统的变化规律，表现为：①断层的平均走向从下到上存在顺时针旋转的特征，即平均走向从凹陷底部的北东东走向逐渐变化到古近系顶部的近东西走向；②主断层和次级断层的方位存在系统的差异，自下而上，主、次断层方位的差异不断减小。凹陷底部（长流组底部）主断层和次级断层间的平均方位差约为 10°，到流沙港组二段底界的差异约为 5°，涠州组顶界的差异则不到 2°。

涠西南凹陷三维地震资料的品质很好，再加上区内存在特别稳定的标志层（流二段的泥岩在全凹陷内稳定分布），从三维地震资料精细解释得到的上述断裂系统特征比较准确地反映了涠西南凹陷的实际地质情况。为了解释这些构造特征及其形成机制，特设计进行了如下砂箱模型的实验。

2. 实验模型

实验采用砂箱模型，模型区域为一长方形［图 7.24（a）］，基本包括了整个涠西南凹陷，模拟目标为涠西南凹陷主力储层流一段的构造变形。在设计多个实验模型反复实验的基础上，图 7.24 所示的不协调伸展实验模型成功地再现了涠西南凹陷的构造特征。下面简要介绍这一实验模型（图 7.24）。

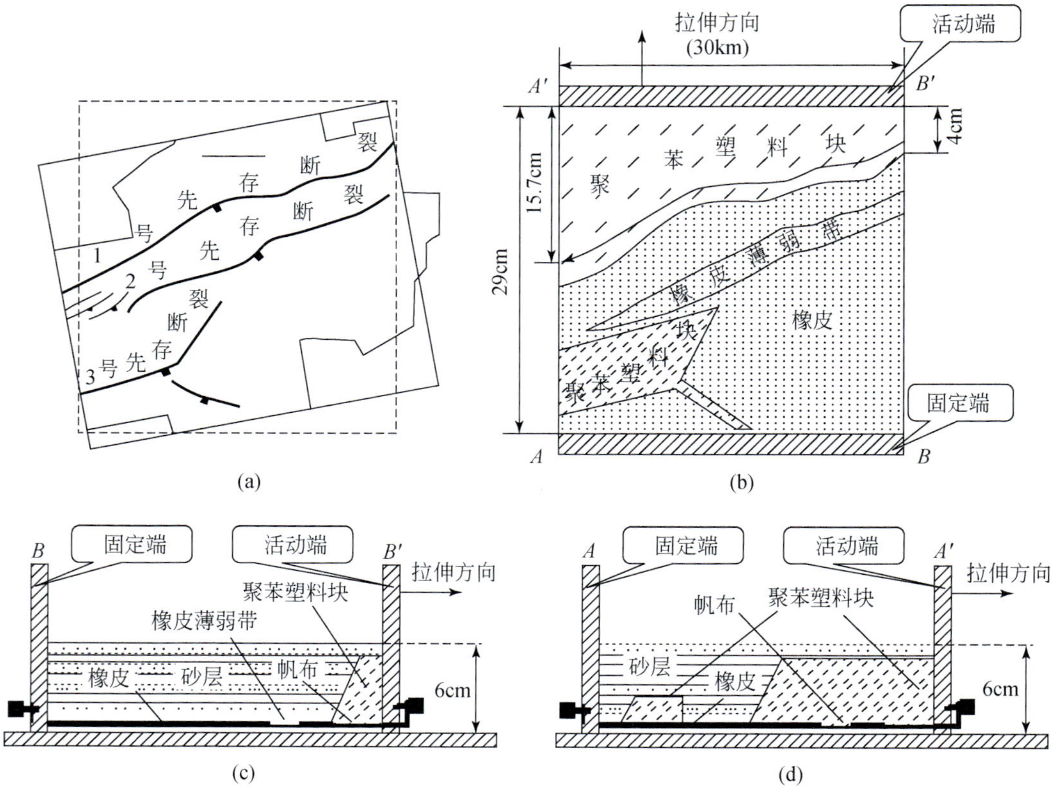

图 7.24 涠西南砂箱实验模型示意图（据童亨茂等，2009a）

（a）平衡复原后的基底先存断裂位置；（b）实验模型平面图；（c）、（d）实验模型剖面图［位置见图（b）］

该模型以单侧拉伸的概念模型为基础，两侧为玻璃，一端固定，另一端由驱动头牵引基底的不均匀弹性胶皮使模型发生变形（图 7.24），具体设计如下：

（1）模型基底及先存构造。模型底面为橡皮布（模拟凹陷区域内基底的伸展变形）和帆布（模拟北侧隆起区不变形的区域）连接组成，帆布边界的几何形状按照涠西南凹陷北部边界——1 号断层在平面上的延伸简化而来，并在帆布上放置倾角 60° 的聚苯塑料块，来模拟 1 号边界断层的刚性边界基底先存断裂（这种模型中一边为刚性的基底先存断裂作者称为“刚性边界基底先存断裂”）；在 3 号断层上升盘中涠西南低凸起所在的范围的橡皮布上放置聚苯塑料块，来模拟 3 号断层的刚性边界基底先存断裂及其上升盘涠西南低凸起所在范围内相对刚性的特征；在海 1 号断层上升盘也在橡皮布上放置小聚苯塑料块，来模拟海 1 号断层的基底先存断裂（图 7.24）；2 号断层处设置薄弱带，来模拟 2 号断层的薄弱带基底先存断裂（这种模型中的基底先存薄弱带被称为“薄弱带基底先存断裂”）。上述基底先存断裂具体位置是通过平衡恢复确定的基底古断裂位置来设定的［图 7.24（a）］。这样，1 号断层、3 号断层的基底先存断裂设置为刚性边界基底先存断裂，来模拟断层先存断裂两侧基底力学性质的显著差异，其中一侧是相对不变形的刚性块体；2 号断层的先存断裂设置为薄弱带基底先存断裂，来模拟基底的先存破裂，而两侧基底的变形特征则没有明显的差异。

（2）伸展量。驱动头位于模型北侧，两个驱动头的驱动速率和位移一致，总的伸展量为 6.9cm（由于边界的不规则，不同位置发生伸展的原始长度是不一致的，平均约为 35% 的伸展量），模型的伸展量是参照实际资料和多次实验而确定的。

（3）伸展方向。模型的伸展方向为近南北向，是根据涠西南凹陷古近系顶部反射层次级断层的平均方位，并考虑不同反射层断层的组合特征（包括主次断层的组合关系）和不同反射层断层方位的变化规律，在多次实验的基础上确定的。

（4）驱动方向和拉伸速率（0.04mm/s）保持不变，用来模拟在涠西南凹陷在流沙港组和涠州组沉积期间（涠西南凹陷断裂系统的主要形成期），区域伸展构造作用方向保持不变的状态。

上述实验模型伸展作用的“不协调”主要表现如下：1 号断层所在的基底边界先存断裂的延伸方向与伸展方向的夹角为 70°，与伸展方向斜交；2 号断层和海 1 号断层所在的基底先存断裂的延伸方向和伸展方向的夹角分别为 69° 和 125°，均与伸展方向斜交；3 号断层所在的基底先存断裂及刚性块体的延伸方向与伸展方向的夹角为 75°，也与伸展方向斜交。

实验结果再现了涠西南凹陷断裂系统的主体特征：①4 个方向的断裂；②主控断层——1 号断层、2 号断层和 3 号断层分布和组合特征；③ 2 号断层特征的组合演化规律；④ 0 号变换断层带及东西两侧断裂系统特征的差异分布；⑤ 3 号断层东侧断层的倾向的系统差异；⑥不同构造层断层方位的系统变化以及隆拗分布特征等［对比图 7.23（a）、(b)］。重复实验结果几乎完全一致。

3. 实验过程和结果的描述

阶段 1——伸展作用开始后不久［图 7.25（a）］，3 号断层［图 7.25（a）中的断层①］最先产生并开始活动；随后 1 号边界断层［图 7.25（a）中的断层②］由西向东扩展而逐渐形成；3 号断层北东的延伸方向［图 7.25（a）中的断层③］开始出现与 3 号断层倾向相反的断层。

阶段 2——随着伸展作用的继续［图 7.25（b）］，北西走向的海 1 号断层［图 7.25（b）中的断层④］和 2 号断层［图 7.25（b）中的断层⑤］开始形成和活动。2 号断层分为东西两段，东段南倾，西段北倾，东西两段的长度之比约为 2：1，几乎同时形成。在 3 号断层以北和 1 号断层以南的区域，开始形成对倾的雁行排列的断层带，即在中间形成地堑；3 号断层快速活动，凹陷明显［图 7.25（c）］。

阶段 3——伸展中后期［图 7.25（c）］，3 号断层和 1 号断层的断距不断增大，凹陷变深；2 号断层东段由 1 条北东东走向连续的断层逐渐演化成若干条雁行排列的、近东西走向的断层；3 号断层东段近东西向的断层开始形成；随着伸展量的进一步加大，新产生的断层绝大部分为近东西走向；涠西南凹陷断层的分布格局基本形成。

阶段 4——伸展后期［图 7.25（d）］，随着伸展量的继续增大，断层的断距及裂陷的沉降加大，边界断层变得更加显著，但构造格局不变［对比图 7.25（c）、（d）］。

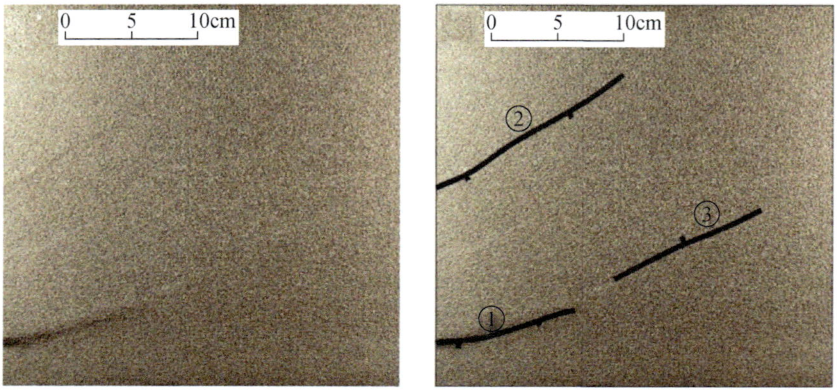

(a)阶段1：伸展位移量d=0.90cm，伸长度e=0.0463时伸展模型变形面貌

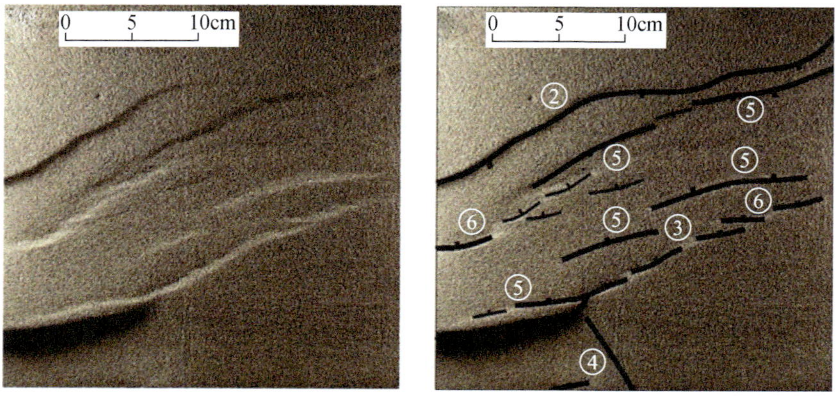

(b)阶段2：伸展位移量d=2.08cm，伸长度e=0.1070时伸展模型变形面貌

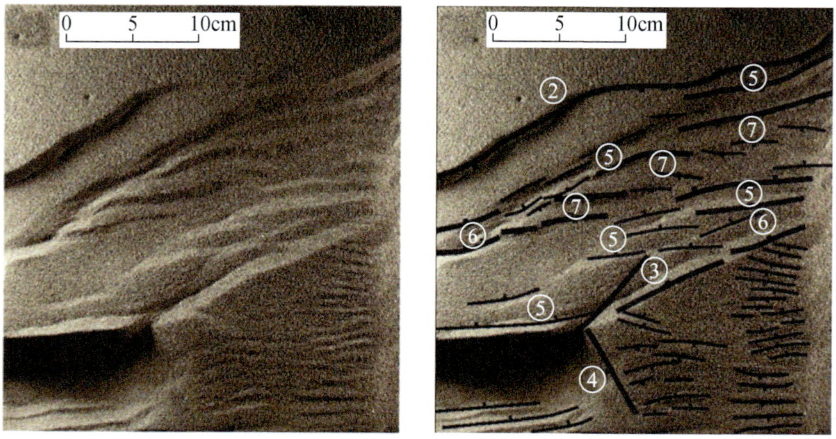

(c)阶段3：伸展位移量d=4.10cm，伸长度e=0.2109时伸展模型变形面貌

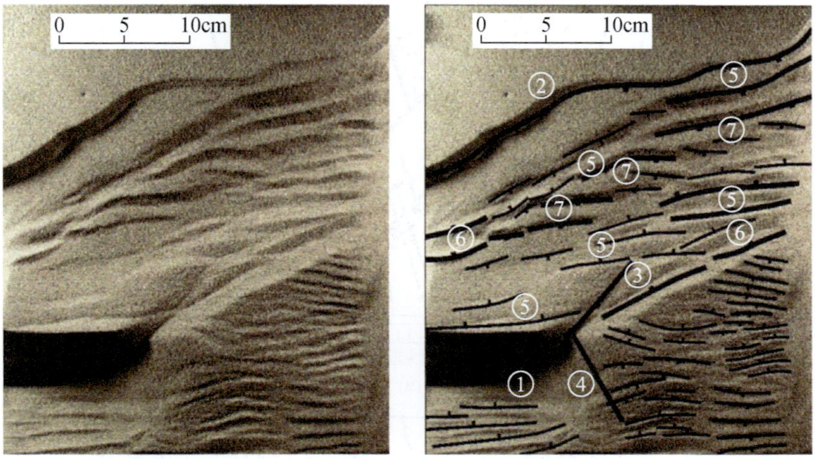

(d)阶段4：伸展位移量d=6.93cm，伸长度e=0.3565时伸展模型变形面貌

图 7.25 涠西南凹陷砂箱实验不同阶段变形特征及解释图（据童亨茂等，2009a）

图（a）～（d）中，左图为原始照片，右图为解释图；右图中的数字为主干断层形成的先后次序

7.5.2 目标砂箱模拟实验之二：渤海湾盆地张巨河复杂断块区

1. 断裂构造特征

张巨河位于渤海湾盆地黄骅拗陷的东南部的滩海区，为一复杂断块区［图 7.26（b）］，新生界始新统沙三段（E_2s_3）及以上沉积地层（表 7.3）中断裂构造发育。具有如下主要构造特征。

（1）三组主要断层方向［图 7.26（b）］：以张北断层为代表的北北东向断层、以张东断层为代表的近东西向断层和北东东向的阶梯状断层［图 7.26（b）］。除张北断层在渐新世东营期（E_3d）以后显示一些走滑特征外，三组断层在地震剖面上都表现为正断层。平衡剖面表明，张东断层和张北断层长期（E_2s_3 沉积以来）并同时活动，对沉积起控制作用；北东东向的阶梯状断层形成和活动的时间稍晚（E_3s_1 沉积以来）。

（2）存在一隆起构造（张东隆起），该隆起构造是一继承性隆起构造，两侧以背倾的正断层为界，北界为张东断层，平面与张北断层组成“人”字形展布［图 7.26（b）］。

（3）北侧发育一弧形断层，断层在高尖头镇附近倾向反转：西侧南倾，东侧北倾。

（4）张东断层西延线的南北两侧，张北断层下降盘发育两个鼻状构造，北侧一个相对较大。

可以看出，张巨河断块区，断层分布和组合比较复杂，用 Anderson 断层模式无法得到合理的解释。

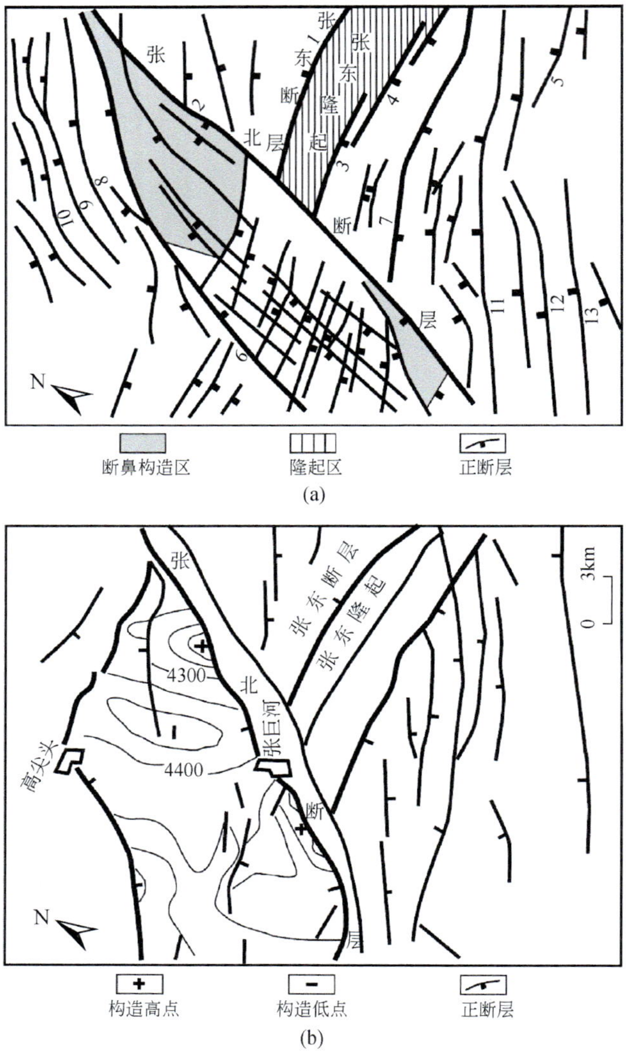

图 7.26 张巨河断块区模拟实验结果与地震资料解释的对比（据童亨茂等，2011）

（a）张巨河砂箱模拟实验解释图（数字为断层形成顺序）；（b）张巨河地区构造纲要图（根据地震资料解释）

表 7.3 渤海湾盆地构造演化阶段简表（据童亨茂等，2011）

地层			底界年龄 /Ma	构造演化阶段
系	组段	代号		
第四系		Q	2.0	坳陷
新近系	明化镇组	N_2m	5.1	
	馆陶组	N_1g	23.3	
古近系	东营组	E_3d	36	裂陷
	沙河界组一二段	E_3s^{1-2}	38	
	沙河界组三段	E_2s^3	43	
	沙河界组四段	E_2s^4	45.4	
	孔店组	E_1k	65	

2. 实验模型

实验采用 40cm 宽度的砂箱，模型区域为一长方形，包括了张巨河断块区，模拟张巨河区的主力储层沙二段的构造变形。在实验的多种模型方案中，叠加隆升作用的不协调伸展模型（图 7.27）（童亨茂，2003）成功地再现了张巨河复杂断块区的构造特征，包括三组断裂、张东隆起、“人”字形构造格架、弧形断层分布及倾向反转、张北断层上盘构造所具有的两个鼻状构造，以及隆坳分布特征等都成功地获得再现［对比图 7.26（a）、（b）］。为了确定实验结果的必然性，进行了重复实验，实验结果几乎完全一致。下面简要介绍这一模型实验（图 7.27）。

该实验模型以单侧拉伸的概念模型和张巨河砂箱剖面模拟实验（童亨茂等，1997）为基础。砂箱模型两侧为玻璃，一端固定，另一端由两个驱动头牵引基底的不均匀弹性胶皮使模型发生变形（图 7.27）；两个驱动头的牵引速率不一致，总的伸展量分别为 25.7% 和 29.6%，实验期间拉伸方向和拉伸速率（0.04mm/s）不变；伸展量总体西部（活动端 1）大于东部（活动端 2）；在张东隆起处设计一刚性块体上拱，上拱作用发生在实验的开始阶段，上拱量为总伸展量的 18%（2.5cm）。在该处设计刚性块体上拱的依据是：根据地质分析，张东隆起构造是一继承性隆起构造，推测是由基底上拱造成的；不均匀的伸展作用和基底的上拱作用均可能在盖层形成隆起，但根据张巨河剖面砂箱模拟实验

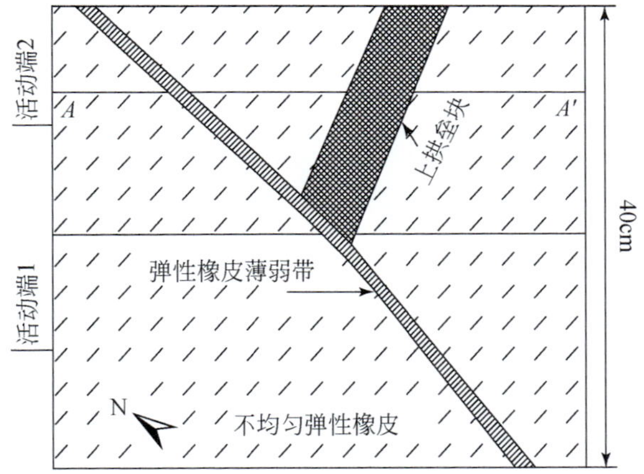

(a)

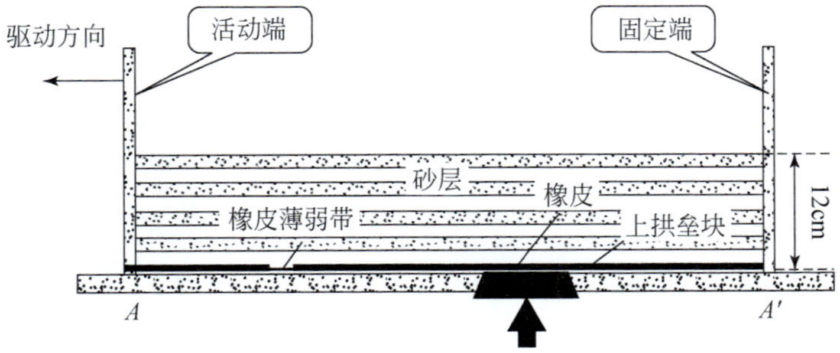

(b)

图 7.27　张巨河砂箱实验模型示意图（据童亨茂等，2011）

（a）平面；（b）剖面

结果（童亨茂等，1997），无论实验条件怎么改变，不均匀伸展模型都不能很好地模拟张巨河剖面构造特征，而叠加上拱的实验模型则成功地再现了张巨河剖面构造形态（童亨茂等，1997）。根据地质分析，张北断层是在先存基底断层的基础上发展起来的，为此在张北断层处设置薄弱带（软胶皮带）作为预置断层来模拟先存断裂；张北断层和张东隆起的延伸方向都与伸展方向不协调；砂箱模型内按要求分层铺设松散砂。

3. 实验过程和结果的描述

（1）在伸展作用的开始阶段［图 7.28（a）］张东断层、张北断层和张东隆起就开始活动，形成“人”字形构造格架［图 7.28（a）］，其中张东断层活动最为强烈，不同段落几乎是同时形成的；张北断层不同段落活动强度存在明显差异，断层的明显段平面上显示左行雁列，总体连续性不强；张东隆起的向西延伸区中发育与张东隆起延伸方向一致的正断层。

（2）中期阶段［图 7.28（b）、（c）］与张东断层、张北断层平行的断层开始发育，倾向一致或相反，其中倾向相反的对倾正断层与张东或张北断层构成地堑；弧形断层开始发育，并出现倾向反转，倾向反转处出现在张东隆起和张北断层交会处的北北西方向的延伸线上；张北断层下降盘在张东隆起向西延伸的区域，同时发育两组小型正断层分别与张东断层和张北断层平行），相互交切；在张北断层的下降盘，出现鼻状构造的雏形；张北断层的北东端出现雁列断层。

（3）终期阶段［图 7.28（d）］位于模型南侧和张东隆起南侧断层下降盘，出现与伸展方向近于垂直的北东东方向的断层；其他方向的断层进一步继承性发育；张北断层下降盘的两个鼻状构造被断层切割并最终定型［图 7.28（d）］。

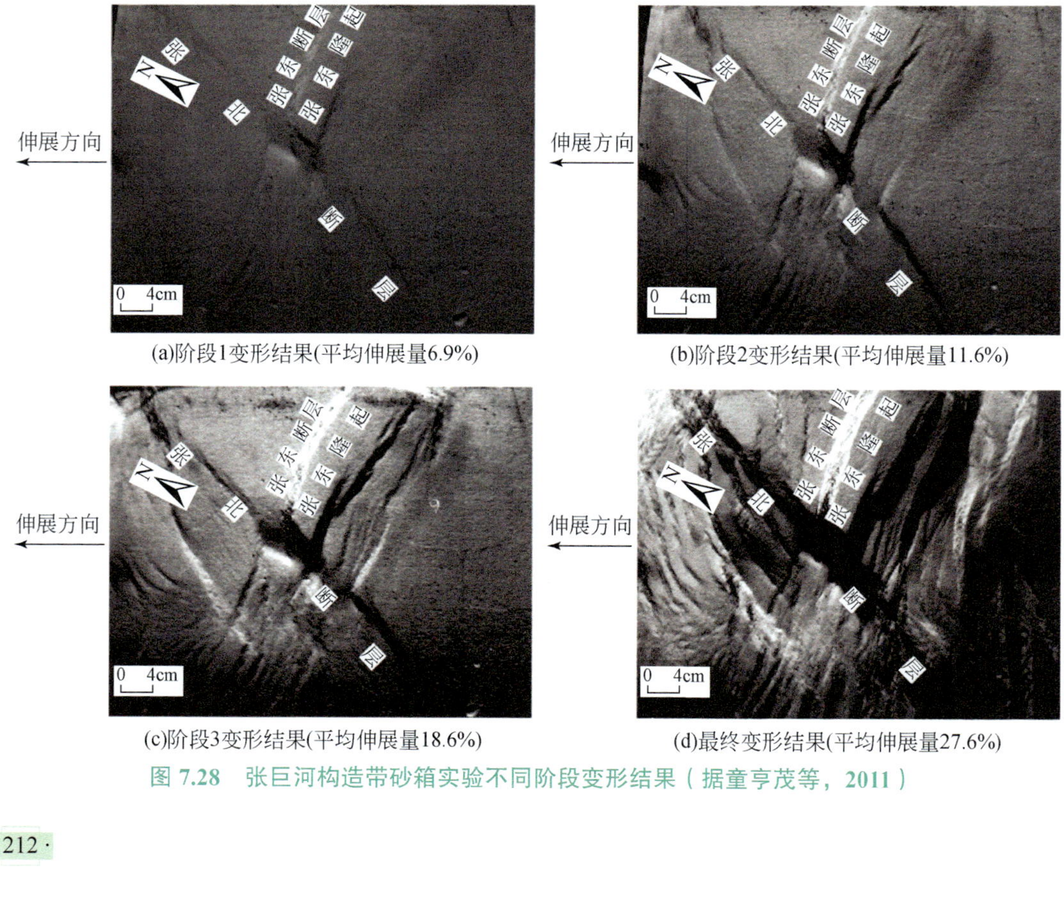

(a)阶段1变形结果(平均伸展量6.9%)

(b)阶段2变形结果(平均伸展量11.6%)

(c)阶段3变形结果(平均伸展量18.6%)

(d)最终变形结果(平均伸展量27.6%)

图 7.28 张巨河构造带砂箱实验不同阶段变形结果（据童亨茂等，2011）

7.5.3　实验结果分析

不协调伸展目标砂箱实验所显示的涠西南凹陷和张巨河构造带断层的形成和演化取决于基底先存断裂、区域伸展方向和伸展量三要素。

（1）基底先存构造（先存断裂）和基底活动（基底上拱）对盆地沉积盖层断层的形成和演化起重要的控制作用，所控制的断层多为盆地盖层的主干断层，构成了盆地断裂系统的基本格架。特别是伸展作用的早期，控制沉积盖层断层发育的位置和延伸方向。首先，在基底先存构造（张巨河构造带张东隆起南北两侧、张北基底先存断裂；涠西南凹陷的 1 号、2 号和 3 号基底先存断裂）所在处开始发育与基底先存构造延伸方向一致的断层［图 7.24（a）的 1 号断层、3 号断层，图 7.28（a）的张东断层和张北断层］。随着伸展作用的进行，受基底先存构造间接控制的断层开始发育：①在张东隆起南侧，发育与张东隆起近于平行的系列断层［图 7.28（b）］；②在张北断层下降盘，发育与张北断层小角度相交的、以弧形断层［图 7.26（a）中编号为 6 的断层］为代表的系列断层［图 7.28（b）］；③在张北断层下降盘与张东隆起延伸方向交会的区域，同时发育两组相交的小型正断层分别与张东断层和张北断层近于平行［图 7.28（c）］；④在 2 号断层的下降盘发育与 2 号断层近于平行、对倾的断层［图 7.25（b）中编号为⑤、⑥的断层］。

刚性边界与薄弱带基底先存断裂对盆地沉积盖层断层形成和演化的影响显著不同。受刚性边界基底先存断裂控制的断层最先形成，如张巨河构造带的张东断层，涠西南凹陷的 3 号断层和 1 号断层，分别是张巨河和涠西南构造带的主干断层。其位置严格受控于基底先存断裂（对比图 7.24 和图 7.25，图 7.27 和图 7.28），在演化过程中断层的方向、位置和活动方式保持不变。断层持续活动并显示良好的继承性，长期控制沉积，断距较大。受薄弱带基底先存断裂控制的断层形成时间稍晚，活动性较小，如张巨河构造带的张北断层的形成稍晚于张东断层，涠西南凹陷的 2 号断层的形成稍晚于 3 号断层和 1 号断层。断层发育的位置总体受控于基底先存断裂，平面上可能是一条连续分布的断层（张北断层），延伸长度大体等于基底先存断裂的长度；也可能是雁列断层带（2 号断层带），其中单条断层的延伸长度小于基底先存断裂的长度，但它们也是主干断层的组成部分。此外，基底先存断裂的规模影响对盖层构造的控制程度，受小型基底先存断裂控制的断层（海 1 号断层）形成时间仅早于不受基底先存断裂控制的断层。

（2）断层的形成与演化取决于基底先存断裂的取向及其与区域伸展方向的关系及伸展量。伸展作用晚期受基底先存断裂影响较小的区域（远离基底先存断裂的区域）形成的断层主要受伸展方向的控制，走向与伸展方向基本垂直。若区域内基底先存断裂的加权平均走向与伸展方向近于垂直（张巨河构造带的砂箱实验），随着伸展量的增加，断层的平均走向并不会产生太大的变化（图 7.29），砂箱实验中从伸展早期到晚期，张巨河构造带不同伸展阶段断层的平均走向分别为 55.5°、55.3°、55.7°、49.3°，变化较小；若基底先存断裂的加权平均走向与伸展方向斜交（涠西南凹陷砂箱实验），随着伸展量的增加，断层的平均走向会产生系统的偏转（图 7.29），砂箱实验中从伸展早期到晚期，涠西南凹陷不同伸展阶段断层的平均走向分别为 65.6°、75.8°、80.3°、84.3°。

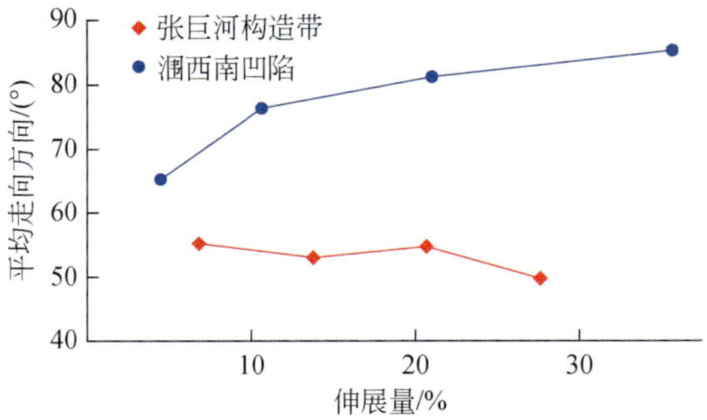

图 7.29　砂箱实验断层加权平均走向与伸展量关系图（据童亨茂等，2009a）

伸展量不大的伸展作用早期，断层的方位主要取决于基底先存断裂的方位[（图 7.30（a）、图 7.31（a）]。随着伸展量的增大，断层的方位受基底先存断裂的影响越来越小，受伸展方向的影响越来越大[图 7.30（b）～（d）；图 7.31（b）～（d）]。在走向与伸展方向呈高角度斜交的基底先存断裂带附近往往可能新形成一系列延伸方向与伸展方向近于垂直的、雁行排列的新断层（如涠西南凹陷的 2 号断层带），基底先存断裂对单条断层走向的控制作用已不明显，但对雁列断层的总体走向分布仍起控制作用，如图 7.25（b）、（c）中的 2 号断层带雁列断层的连线方向和 2 号断层基底先存断裂的延伸方向一致。而走向与伸展方向呈高角度相交的基底先存断裂带如张巨河构造带的张北断层，则表现为断层的进一步扩展连接，而不产生雁列断层（如张巨河构造带的张北断层）。

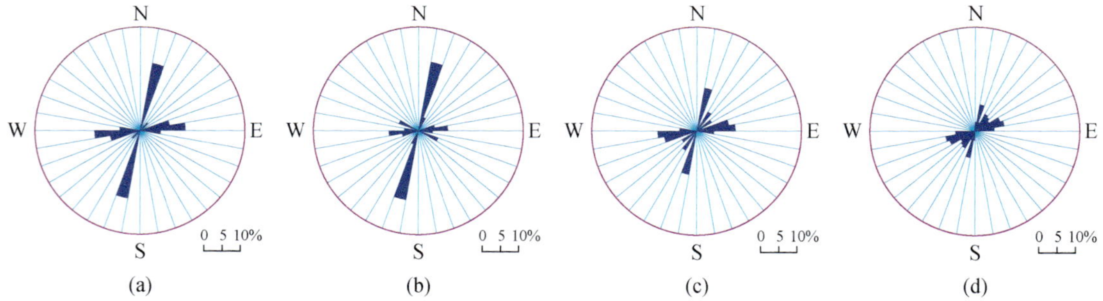

图 7.30　张巨河砂箱模拟实验不同变形阶段断层走向玫瑰花图（据童亨茂等，2009a）

变形阶段与图 7.28 相对应

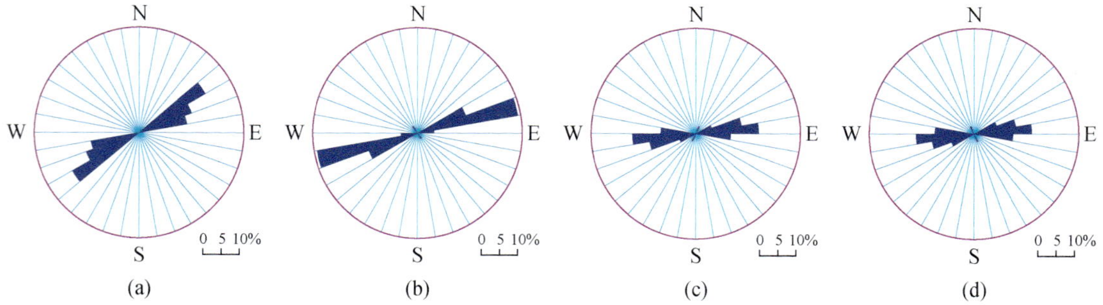

图 7.31　涠西南砂箱模拟实验不同变形阶段断层走向玫瑰花图（据童亨茂等，2009a）

变形阶段与图 7.24 相对应

因此，断层的走向分布是基底先存断裂分布、区域伸展方向和递进伸展变形过程的综合反映，不能简单地用断层（特别是主控断层）的走向来确定区域伸展方向。而远离主控断层、在伸展作用后期形成的小型断层则可以反映区域伸展作用方向。

（3）断层的形成和扩展方式、断层长度和数量的增加与基底先存断裂关系密切。受刚性边界基底先存断裂控制的断层（张巨河构造带的张东断层，涠西南凹陷的 3 号断层和 1 号断层）的形成和扩展速度快，整条断层在伸展作用初期就已形成，不存在所谓的连接过程，表明断层发育的位置和延伸长度严格受控于基底先存断裂，而且在构造演化过程中断层的位置和延伸长度保持不变。随着伸展量的不断增加，断层的延伸方向和活动方式保持不变，只是断层的位移量不断增加。受薄弱带基底先存断裂控制的断层（张巨河构造带的张北断层，涠西南凹陷的 2 号断层）形成和扩展较快，但可见一连接过程。断层发育的位置总体受控于基底先存断裂，但随着伸展作用的继续，断层的发展可能存在两种趋势：继承性发育（如张巨河构造带的张北断层，断层的位移量不断增加，断层的位置和延伸长度基本保持不变）和改造性发育（如涠西南凹陷的 2 号断层带，在伸展作用的中后期，在基底先存断裂带附近新形成一系列延伸方向和伸展方向近于垂直的、雁行排列的断层，基底先存断裂对单条断层走向的控制作用已不明显，但控制雁列断层的总体分布）。不受基底先存断裂控制的断层，延伸方向与伸展方向基本垂直，在伸展作用的中后期才逐渐出现（如涠西南凹陷 3 号断层东段分布的断层，张巨河构造带模型东南一侧的断层）。单条断层的扩展和形成速度也较快，随着伸展量的增加，断层长度并不显著增长，而是不断出现新断层。

不同长度断层的数量分布和长度变化与基底先存断裂的性质和分布密切相关，然而并不存在统一的规律。在实验模型能分辨的断层中，不同长度断层的数量分布未必呈负指数分布。虽然涠西南凹陷的实验结果大体显示这一趋势（图 7.32），但在伸展初期（阶段 1），延伸较长断层的数量反而多于延伸较短的断层。而张巨河构造带的砂箱实验结果则完全不符合这一规律，表现为延伸较长断层的数量总体上少于延伸较短断层的数量（图 7.33）。实验结果表明，随着伸展量的增加，断层的累计长度不断增加［图 7.34（a）］，而断层的平均长度并不增加，而是呈现较复杂的变化，如张巨河构造带随着伸展量的增加，断层的平均长度初期略有增加，中后期则大体保持不变［图 7.34（b）］。涠西南凹陷的情况则完全相反，随着伸展量的增加，断层的平均长度反而呈现下降的趋势［图 7.34（b）］。原因是涠西南凹陷砂箱实验中，早期（阶段 1）形成的断层均是受延伸较长的基底先存断裂直接控制的断层，断层的平均长度相对最大。随着伸展量的增加，受基底先存断裂所直接控制的断层的长度并没有明显的增加，而新产生的断层主要是受基底先存断裂间接控制的断层或不受其控制的断层，单条断层的长度不大，断层的累计长度增加速度低于断层数量的增加，导致断层的平均长度随着伸展量的增加而出现下降的情况。

上述实验结果表明，传统的断层形成与扩展和形成模式、不同长度断层的数量分布模式和断层长度的增量模式不能反映不协调伸展作用（存在基底先存断裂）的情况，需要进行修正。

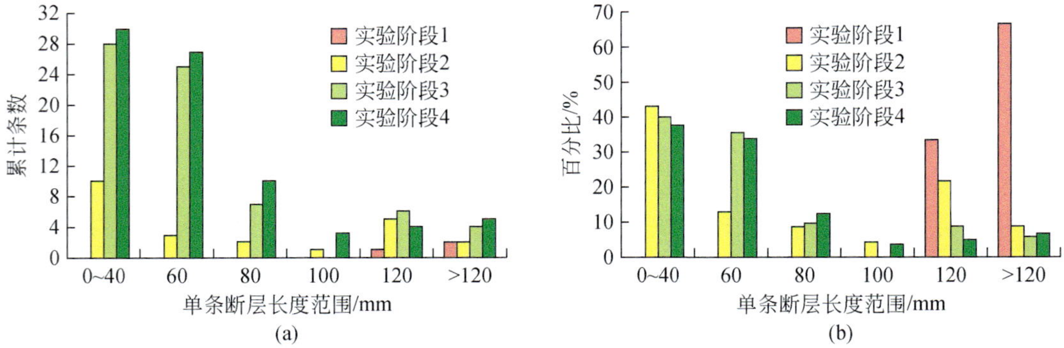

图 7.32 涠西南凹陷砂箱实验不同伸展阶段不同长度断层分布频率直方图（据童亨茂等，2009a）

（a）不同长度断层数量分布直方图；（b）不同长度断层数量分布直方图

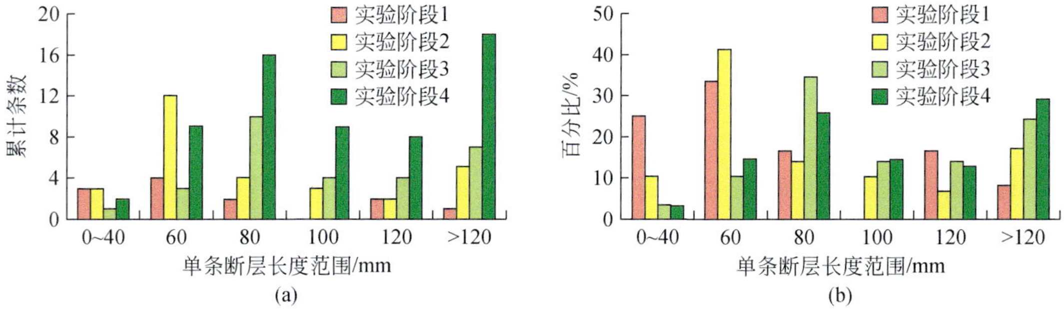

图 7.33 张巨河构造带砂箱实验不同伸展阶段不同长度断层分布频率直方图（据童亨茂等，2009a）

（a）不同长度断层数量分布直方图；（b）不同长度断层数量分布直方图

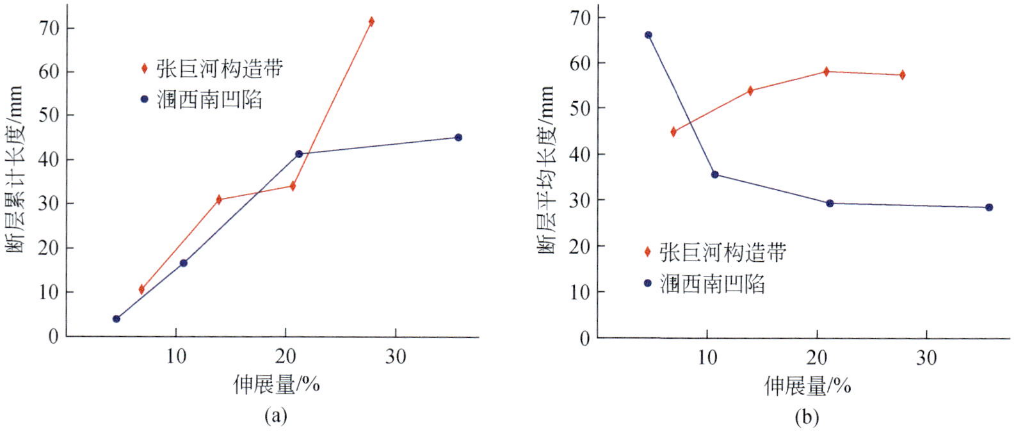

图 7.34 砂箱实验断层累计长度（a）、平均长度（b）与伸展量关系图（据童亨茂等，2009a）

（4）断层的形成存在明显的先后次序，并具有显著的规律性。首先形成的是有刚性边界基底先存断裂控制的断层（涠西南凹陷的 3 号断层和 1 号断层；张巨河构造带的张东断层）。其次，形成的是薄弱带基底先存断裂控制的断层（涠西南凹陷的 2 号断层，张巨河构造带的张北断层）。再次，形成的是小型基底先存断裂控制的断层（涠西南凹陷的海 1 号断层）。最后，在伸展作用的后期，在远离基底先存构造的区域，才大量出现与伸展方向垂直的、不受基底先存断裂控制的断层（涠西南凹陷以 3 号断层东段近东西走向断层为代表，张巨河构造带以模型南侧的北东东走向断层为代表）。

（5）砂箱实验表明，裂陷盆地复杂的断层组合可以是在**方向不变**的区域伸展构造作用下的产物，导致复杂构造的区域构造作用方式可能很简单（图 7.25 和图 7.28），如图 7.28（d）所示的复杂断层组合，就是在有张东隆起和张北先存断裂等基底先存构造的条件下，在方向不变的北北西 - 南南东向区域伸展作用下的递进变形过程中形成的。再如图 7.25（d）所展示的复杂的断层组合，是在 1 号、3 号和 2 号基底先存断裂的条件下，在方向不变的南北向区域伸展作用下的递进变形过程中形成的。断裂组合的复杂程度主要取决于基底先存断裂的分布格局及其与伸展方向的关系，其次是伸展量。断层的组系主要取决于基底先存构造的组系及其与区域伸展方位之间的关系，一般情况下基底先存构造与伸展方向不垂直，断层组系的数量≥基底先存构造组系的数量 +1，如张巨河实验模型有两组先存构造（近东西向的张东隆起和北北东向张北基底先存断裂，图 7.26），实验结果则有三组断层。

由于最后形成的小型断层，远离基底先存构造，不受基底先存断裂控制影响，可据其平均走向来确定区域伸展作用的方向。

7.5.4　广义剪切活动准则对砂箱实验结果的解释——断层的形成和演化规律

童亨茂等（2015）提出的“广义剪切活动准则”是用来判定有先存构造的情况下，介质脆性断层作用的力学准则。该准则根据先存构造带（主要是先存断裂）活动性系数（先存断裂的活动性系数为 f_{aF}）将库仑准则扩大至非均匀变形域，表明 Anderson 断层模式是广义剪切活动准则在均质体情况下的特例。运用“广义剪切活动准则”及据此得到的基底先存断裂活动性的变化规律可对实验总结的断层形成和演化规律做出合理的解释。

1. 基底先存断裂对裂陷盆地断层形成和演化的控制规律

盆地形成初期，沉积物很少。在应力场作用下，这一阶段盆地断层的形成和活动问题实际上是盆地基底新断层的形成和先存断裂活动的问题。因此，盆地形成初期，基底先存断裂的活动规律总体可反映基底先存断裂对盆地盖层断层形成和活动的控制规律。根据广义剪切活动准则，基底先存断裂的活动性具有如下规律。

（1）在同样的条件下，先存断层的重新活动比新形成相同产状的断层要容易得多，即先存断裂优先活动。这是基底先存断裂能控制沉积盆地断层形成和演化的根本原因。

（2）在同样的条件下，不同走向的基底先存断裂中，与伸展方向垂直的基底先存断裂的活动性最强，随着走向与伸展方向的夹角逐渐变小，基底先存断裂的活动性逐渐降低。

（3）在同样的条件下，与 σ_1 夹角为 $45° - (\phi/2)$ 的基底先存断裂（在裂陷盆地区倾角一般为 60°）活动性相对最大；向两侧，随着倾角增大或减小，基底先存断裂的活动性逐渐降低。

（4）在其他条件相同的情况下，基底先存断裂的规模越大，其活动性就越强，其中大规模的刚性边界基底先存断层的活动性最强。

随着裂陷盆地的演化，沉积物厚度不断增加，基底先存断裂对盆地盖层断层的形成和活动的控制和影响作用自然会减小。

2. 广义剪切活动准则对砂箱实验结果的解释

1）断层发育的先后次序

由于刚性边界基底先存断裂面的摩擦系数相对最小，活动性相对最大，在伸展作用开始后，它的断层活动性系数 f_{aF} 最先达到 1，因此受其直接控制的断层最先形成。薄弱带基底先存断裂的活动性其次，受其直接控制的断层其次形成。不受基底先存断裂控制的区域活动性相对最小，必须达到库仑准则的条件才能新产生与伸展方向正交的断层，因而断层形成相对最晚。裂陷盆地的上述断层形成和先后次序，可以用“广义剪切活动准则”得到很好的解释。

2）断层的扩展和演化

由于刚性边界基底先存断裂面的摩擦系数很小，活动性很大，在伸展作用开始后不久，其不同段落的断层活动性系数 f_{aF} 都能迅速达到 1，而且在整个伸展过程中通常都能满足 $f_{aF} \geqslant 1$ 的条件，因此受刚性边界基底先存断裂直接控制的断层，其扩展过程是十分快速的，一条断层的不同段落几乎是同时形成的，而且在构造演化过程中断层的位置和长度基本保持不变，断层活动显示良好的继承性。薄弱带基底先存断裂的活动性也比较大（但小于刚性边界基底先存断裂），伸展作用开始后在应变积累的过程中，先在一些最薄弱地段断层活动性系数 f_{aF} 达到 1，此后随着伸展量的增加，其他段落的也可能逐渐达到 f_{aF}=1 的条件，因此，受薄弱带基底先存断裂控制的区域在伸展作用初期，形成断续分布的、通常呈雁行排列的不连续的断层。随着伸展作用的继续，断层的不同段落扩展连接，但断层的最终长度一般小于基底先存断裂的长度。雁列断层的连线方向和基底先存断裂的延伸方向一致。伸展作用的中晚期形成的、与伸展方向正交的大部分断层的形成、扩展也十分快速，不同段落几乎是同时形成，体现了均匀弹性变形——脆性断裂的瞬时特征。

3. 断层的规模和组系

由于刚性边界基底先存断裂的活动性相对最大，受其直接控制的断层最先形成，并且长期继承性活动，活动强度相对最大，长期对沉积起控制作用，延伸长度与基底先存断裂的长度直接相关，断层的规模因而也最大；薄弱带基底先存断裂的活动性比较大，受其直接控制的断层形成也较早，活动时期较长，活动强度也较大，断层的规模一般也较大。不受基底先存断裂控制和影响的、与伸展方向垂直的断层，一般发育时期较晚，延伸较短，规模往往较小。

实验结果表明，在伸展过程中，受每条不同方向的基底先存断裂（根据广义剪切活动准则，延伸方向与区域伸展方向夹角大于临界夹角的基底先存断裂都可以重新活动）控制的区域都至少会产生一组断层，另外还会产生与伸展方向垂直的断层。这样，盆地内断层组系的数量≥基底先存构造组系的数量 +1（在基底先存断裂与伸展方向都斜交的情况下）。因此，不协调伸展很可能是造成裂陷盆地复杂断裂系统的基本原因，其复杂程度主要取决于基底先存断裂的分布和组合。显然，前述裂陷盆地复杂性的各种表现方式都可以用不协调伸展模式得到合理的解释。

4. 断层的方位及演变

实验结果表明，伸展作用早期，主要发育与基底先存断裂延伸方向一致或近于一致的断层，断层的方位取决于基底先存断裂的方位分布；随着伸展作用的继续，在伸展作用中晚期，受基底先存构造控制和影响相对较弱的区域开始发育和伸展方向近于垂直的断层，而且随着伸展量的不断增加，与伸展方向近于正交的断层数量不断增加；另外，受薄弱带基底先存断裂控制的区域也可能会产生与伸展方向近于一致的雁列断层。从伸展早期到中晚期，随着伸展量的增加，断层的方位会产生了系统的变化（图 7.29 ～图 7.31）。断层方位的变化趋势有二：①若区域内基底先存断裂的加权平均走向与伸展方向近于垂直，随着伸展量的增加，断层的平均走向不产生明显的变化，但优势方位会产生显著的变化；②若基底先存断裂的加权平均走向与伸展方向斜交，随着伸展量的增加，断层的平均走向会产生系统的偏转，最终转向与伸展方向近垂直的方向。因此，主干断层的延伸方向一般只能反映基底先存断裂的延伸方向，而远离主控断层在伸展作用后期形成的小型断层则可以反映区域伸展作用方向。

5. 断层的形成与伸展量

受基底先存断裂直接控制的区域，断层形成时间最早，活动强度总体是一由强变弱的趋势；不受基底先存断裂控制的地区，伸展作用早期很少有断层发育，到伸展作用中晚期断层才逐渐形成，断层的活动强度总体是一由弱变强的趋势。这种递进变形不同阶段断层形成和活动的差异和变化是有序的，主要取决于盆地基底先存断裂的分布和伸展量的变化。

6. 断层的继承性与新生

砂箱实验表明，绝大部分断层表现出继承性活动的特征：无论是否受到基底先存断裂的控制和影响，大部分断层的形成是十分快速的，之后是断层活动量不断增加的过程，断层的长度一般没有太大的变化。只有很少量受先存断裂直接控制的区域，在递进伸展变形过程中断层出现被改造的情况。断层形成以后的进一步活动问题，实际上就是先存断裂的活动问题，根据广义剪切活动准则，先存断裂的重新活动比新生断层要容易得多。

7. 断层复杂组合的成因

不协调伸展作用下，在递进变形过程中应力场不断变化，从而导致断层形成和活动的不断变化是形成复杂断层组合的根本原因。在递进变形过程中，随着断层的产生、扩展和进一步活动及沉积物的不断增加，地质体的结构和力学性质是不断地变化着的，这样，虽然边界条件（区域伸展作用的方式和方向，以及基底结构）保持不变，应力场也会产生不断的变化，导致递进变形的不同阶段断层的形成和活动存在差异。

因此，如果能很好地确定不协调伸展作用下应力场在递进变形过程中的演变规律，对确定断层的分布和活动的规律性，以及对断层的分析和预测工作能提供很大的帮助。这有待于深入的研究工作。

思　考　题

1. Anderson 断层模式的局限性。

2. 剪切活动趋势因子的数学表达式。
3. 如何在摩尔空间中确定先存构造的活动性?
4. 先存构造活动性规律。
5. 尝试设计砂箱实验模拟某一地区的断裂系统演化过程。

参考文献

马瑾 . 1987. 构造物理学概论 . 北京：地震出版社 . 1 ～ 386

漆家福 , 夏一平 , 杨桥 . 2006. 油区构造解析 . 北京 : 石油工业出版社 . 1 ～ 161

单家增 . 1996. 构造物理模拟实验在石油地质学中的应用 . 北京：石油工业出版社 . 1 ～ 163

童亨茂 . 1998. 伸展盆地复杂断层组合成因新模式 . 北京大学国际地质科学学术研讨会论文集 . 北京 : 地震出版社 . 107 ～ 114

童亨茂 . 2003. 渤海湾盆地张巨河复杂断块区平面砂箱模拟实验及其启示 . 地质论评 , 49(3): 305 ～ 310

童亨茂 . 2010. “不协调伸展”作用下裂陷盆地断层的形成演化模式 . 地质通报 , 29(11): 1606 ～ 1613

童亨茂 , 陆克政 , 漆家福 . 1997. 张巨河复杂断块区构造变形物理模拟 . 石油大学学报 : 自然科学版 , 21(3): 12 ～ 15

童亨茂 , 孟令箭 , 蔡东升等 . 2009a. 裂陷盆地断层的形成和演化——目标砂箱模拟实验与认识 . 地质学报 , 83(6): 759 ～ 774

童亨茂 , 聂金英 , 孟令箭等 . 2009b. 基底先存构造对裂陷盆地断层形成和演化的控制作用规律 . 地学前缘 , 16(3): 97 ～ 104

童亨茂 , 蔡东升 , 吴永平等 . 2011. 非均匀变形域中先存构造活动性的判定 . 中国科学 : 地球科学 , 41(2): 158 ～ 168

童亨茂 , 王建君 , 赵海涛等 . 2014. “摩尔空间”及其在先存构造活动性预测中的应用 . 中国科学 : 地球科学 , 44(9): 1948 ～ 1957

童亨茂 , 陈正乐 , 刘瑞珣 . 2015. 广义剪切活动准则 . 自然杂志 , 37(6): 441 ～ 447

王仁 , 丁中一 , 殷有泉 . 1979. 固体力学基础 . 北京 : 地质出版社 . 1 ～ 364

吴奇之 , 王同和 . 1997. 中国油气盆地构造演化与油气聚集 . 北京 : 石油工业出版社 . 1 ～ 361

张文佑 , 钟嘉猷 , 单家增等 . 1985. 构造物理模拟实验图册 . 北京 : 科学出版社 . 1 ～ 78

钟嘉猷 . 1998. 实验构造地质学及其应用 . 北京 : 科学出版社 . 1 ～ 246

周建勋 , 漆家福 , 童亨茂 . 1999. 盆地构造研究中的砂箱模拟实验方法 . 北京 : 地震出版社 . 1 ～ 123

周天伟 , 周建勋 , 董月霞等 . 2009. 渤海湾盆地南堡凹陷新生代断裂系统形成机制 . 中国石油大学学报 (自然科学版), 33(1): 12 ～ 17

Acocella V, Gudmundsson A, Funiciello R. 2000. Interaction and linkage of extension fractures and normal faults: Examples from the rift zone of Iceland. Journal of Structural Geology, 22(9): 1233 ～ 1246

Anderson E M. 1951. The dynamics of faulting (Second Edition). Edinburgh: Oliver and Boyd. 1 ～ 206

Arreola M A, Morandi M. 2005. Structure of the rift basins in the central Gulf of California: Kinematic implications for oblique rifting. Tectonophysics, 409(1-4): 19 ～ 38

Boccaletti M, Bonini M.1998. Quaterary oblique extensional tectonics in the Ethiopian Rift (Horn of Africa). Tectonophysics, 287(1-4): 97 ～ 116

Byerlee J D. 1967. Frictional characteristics of granite under high confining pressure. Journal of Geophysical Research, 72(14): 3639 ~ 3648

Bott M H P. 1959. The mechanics of oblique slip faulting. Geological Magazine, 96(2): 109 ~ 117

Byerlee J. 1978. Friction of rocks. Pure & Applied Geophysics, 116(4-5): 615 ~ 626

Coelho S, Passchier C. 2008. Mohr-cyclides, a 3D representation of geological tensors: The examples of stress and flow. Journal of Structural Geology, 30(5): 580 ~ 601

Crider J G. 2001. Oblique slip and the geometry of normal-fault linkage: Mechanics and a case study from the Basin and Range in Oregon. Journal of Structural Geology, 23(12): 1997 ~ 2009

Davis G H, Coney P J. 1979. Geologic development of the Cordilleran metamorphic core complexes. Geology, 7(1): 120 ~ 124

Delaney P T, Pollard D D, Ziony J I, et al. 1986. Field relations between dikes and joints: Emplacement processes and paleostress analysis. Journal of Geophysical Research Solid Earth, 1986, 91(B5): 4920 ~ 4938

Dooley T, McClay K R, Pascoe R. 2003. 3D analogue models of variable displacement extensional faults, applications to the Revfallet fault system, offshore mid-Norway. Geological Society Special Publications, 212(1): 151 ~ 167

Eisenstadta G, Simsb D. 2005. Evaluating sand and clay models: Do rheological differences matter? Journal of Structural Geology, 27(8): 1399 ~ 1412

Jaeger J C. 1959. The frictional properties of joints in rock. Geofisica Pura E Applicata, 43(1): 148 ~ 158

Jaeger J C, Cook N. 1979. Fundamentals of rock mechanics (third edition). Science Paperbacks, 9(3): 251 ~ 252(2)

Jolly R J H, Sanderson D J. 1997. A Mohr circle construction for the opening of a pre-existing fracture. Journal of Structural Geology, 19(6): 887 ~ 892

Krantz R W. 1988. Multiple fault sets and three-dimensional strain: Theory and application. Journal of Structural Geology, 10(3): 225 ~ 237

Lister G S, Davis G A. 1989. The origin of metamorphic core complexes and detachment faults formed during Tertiary continental extension in the northern Colorado Rever region, U. S. A. Journal of Structural Geology, 11(1): 65 ~ 94

Mart Y, Dauteuil O. 2000. Analogue experiments of propagation of oblique rifts. Tectonophysics, 316(1-2): 121 ~ 132

Martin P J, John J W. 2006. Localization of normal faults in multilayer sequences. Journal of Structural Geology, 28(5): 816 ~ 833

McClay K R. 1990. Extensional fault system in sedimentary basins: A review of analogue model studies. Marine and Petroleum Geology, 7(1): 206 ~ 233

McClay K R, Ellis P G. 1987. Geometries of extensional faults systems in model experiments. Geology, 15(3): 341 ~ 344

McClay K R, White M J. 1995. Analogue modeling of orthogonal and oblique rifting. Marine and Petroleum Geology, 12(1): 137 ~ 151

Morley C K. 1999. How successful are analogue models in addressing the influence of pre-existing fabrics on rift structure? Journal of Structural Geology, 21(8-9): 1267 ~ 1274

Morley C K. 2002. A tectonic model for the Tertiary evolution of strike–slip faults and rift basins in SE Asia. Tectonophysics, 347(4): 189 ~ 215

Morley C K. 2007. Interaction between critical wedge geometry and sediment supply in a deep-water fold belt. Geology, 35(2): 139 ~ 142

Morley C K, Seusutthiy G K. 2007. Fault superimposition and linkage resulting from stress changes during rifting: Examples from 3D seismic data, Phitsanulok Basin, Thailand. Journal of Structural Geology, 29(4): 646 ~ 663

Morley C K, Nelson R A, Patton T L, *et al*. 1990. Transfer zone in the East African rift system and their relevance tohydrocarbon exploration in rift. AAPG Bulletin, 74(8): 1234 ~ 1253

Morley C K, Haranya C, Phoosongsee W S. 2004. Activation of rift oblique and rift parallel pre-existing fabrics during extension and their effect on deformation style: Examples from the rifts of Thailand. Journal of Structural Geology, 26(10): 1803 ~ 1829

Nieto-Samaniego, Ángel F. 1999. Stress, strain and fault patterns. Journal of Structural Geology, 21(8-9): 1065 ~ 1070

Patton T L. 2005. Sandbox models of downward-steepening normal faults. AAPG Bulletin, 89(6): 781 ~ 797

Ramsay J G. 1967. Folding and Fracturing of Rocks. New York: McGraw-Hill. 1 ~ 568

Reches Z. 1978. Analysis of faulting in three-dimensional strain field. Tectonophysics, 47(1-2): 109 ~ 129

Tong H M, Yin A. 2011. Reactivation tendency analysis: A theory for predicting the temporal evolution of preexisting weakness under uniform stress state. Tectonophysics, 503(3-4): 195 ~ 200

Tong H M, Lu K Z, Qi J F. 1995. Analogue sandbox modeling of deformation in Zhangjuhe structural belt, Huanghua depression. The Tectonics of China: 114 ~ 118

Tong H M, Cai D S, Wu Y P, *et al*. 2010. Activity criterion of pre-existing fabrics in non-homogeneous deformation domain. Science China (Earth Science), 53(8): 1 ~ 11

Tong H M, Koyi H, Huang S, *et al*. 2014. The effect of multiple pre-existing weaknesses on formation and evolution of faults in extended sandbox models. Tectonophysics, 626(20): 197 ~ 212

Twiss R J, Moores E M. 1992. Structural geology. Structural Geology, 37(1995): 283 ~ 304

Wernicke B. 1981. Low-angle normal faults in the Basin and Ridge province-Nappe tectonics in an extending orogen. Nature, 291(5817): 645 ~ 648

Wernicke B, Axen G J. 1988. On the role of isostasy in the evolution of normal fault systems. Geology, 16(9): 848 ~ 851

Wernicke B, Burchfiel B C. 1982. Modes of extensional tectonics. Journal of Structural Geology, 4(1): 105 ~ 115

Withjack M O, Jamison W R. 1986. Deformation produced by oblique rifting. Tectonophysics, 126(2-4): 99 ~ 124

第 8 章　问题讨论：最大有效力矩准则的理论拓展

变形带内先存面理发生转动是变形带的基本特征，该转动与力矩有关。郑亚东等根据这一思想，在定量分析共轭膝褶带（郑亚东和杜思清，1985）和共轭伸展褶劈理交角（Zheng，1992）的基础上，提出了岩石韧性变形的最大有效力矩准则（Zheng *et al.*，2004）（详见第 2 章 2.3 节）。该准则表明最大有效力矩出现在主应力轴（σ_1）左右两侧 54.7° 方向，54.7° ±10° 无显著力矩降，构成了韧性变形带形成的有利区间，同时强调该**韧性变形带发育与先存面理没有关系**（Zheng *et al.*，2004，2006，2015）（见第 5、第 6 章讨论）。该准则在实践中可解释膝褶带、伸展褶劈理、膏盐层中的屈服带、低角度正断层、高角度逆断层、结晶基底中的菱网状剪切带等的形成，解决了低角度正断层和高角度逆断层的产状与库仑准则不相容的问题（详见第 5、第 6 章）。有效力矩概念的提出为韧性变形力学机理的研究提供了新的途径，是构造地质学基础理论的重要进展。

然而，童亨茂等（2011）认为，导致变形带发育的最大有效力矩与先存面理或层理的方向有关，同时对最大有效力矩准则进行了理论拓展，提出了泛最大有效力矩准则（general criterion of maximum effective moment，GCMEM）。为了使读者更加深入地了解最大有效力矩准则的内涵和应用条件，本章简要介绍童亨茂等（2011）提出的泛最大有效力矩准则，以便读者与 Zheng 等（2004）提出的最大有效力矩准则进行比较和思考。

8.1　最大有效力矩准则的理论拓展

童亨茂等（2011）认为，按照 Zheng 等（2004）的定义：θ 是 σ_1 和面理的夹角，而 α 是 σ_1 和面理法线的夹角（图 2.13）。那么，按照此定义，必然会出现以下三个结果：

（1）潜在变形带（图 2.13 中标记的“潜在剪切带”的方向，为 τ_θ 方向）和面理方向（也是 τ_θ 方向）是平行的。潜在变形带若和面理平行，面理的有效力臂就为零，有效力矩也就为零。这显然是不合理的。

（2）根据角度的定义，θ 和 α 不是独立的，它们互为余角（图 2.13）。

（3）一旦面理方向确定后，θ（包括 α）是确定值，并不是变量，按有效力矩公式［$M_{eff}=0.5(\sigma_1-\sigma_3)L\sin2\theta\sin\theta$］计算出的有效力矩也是一确定值，而不是变量，因此，不存在所谓的最大值（最大有效力矩值）。

上述角度定义中隐含的三个结果并非Zheng等(2004)的本意,那么其本意是什么呢?

从力学角度看，力矩是针对转动而言的，而转动是有对象的（即杠杆）。因此，童亨茂等（2011）认为，Zheng 等（2004）提出的最大有效力矩准则中的转动对象应是先存面理。因此，根据受力分析图标明的“有效力臂”为“H”（图 2.13）、有效力矩 M_{eff} 的计算公式，以及有效力矩随 θ 的变化这三方面的情况（详见第 2 章 2.3 节），可以推定，先存面理方向即最大主压应力方向。而且认为，只有在先存面理方向和最大主压应力方向平行的条件下，才能满足：①先存面理“有效力臂”$H=L\sin\theta$，②潜在变形带与最大主压应力的夹角为 θ，沿潜在变形带的剪应力为 $0.5(\sigma_1-\sigma_3)L\sin2\theta$，③有效力矩 $M_{eff}=$ 力 × 有效力臂 $=0.5(\sigma_1-\sigma_3)L\sin2\theta\sin\theta$；④ θ 是可以变化的，有效力矩存在最大值。

童亨茂等（2011）认为，Zheng 等（2004）在有效力矩的计算中隐含了**先存面理方向和最大主压应力方向平行**的条件，因为只有满足这一条件，最大有效力矩的计算公式才能成立。如果如此，可能存在不合理性。因为虽然自然界中先存面理与最大主压应力平行的情况是很多的（如水平地层遭受挤压），但先存面理毕竟可以是各种方向的，最大主压应力也可以是各种方向的，理论上它们之间可以以任何角度相交。

不难理解，先存面理方向的改变会导致有效力臂大小的改变，并导致最大有效力矩值的变化，即最大有效力矩（导致先存面理沿变形带方向发生转动）与先存面理的方向有关。如与 σ_1 夹角为 45° 的先存面理发生转动的最大有效力矩出现在主应力轴（σ_1）另一侧 45° 方向（该方向剪应力和有效力臂都达到最大值）。

另外，根据塑性力学的滑移线理论（Hill，1950），平面应变情况下共轭滑移线的夹角为 45°（Platt and Vissers，1980）；单侧拉伸情况下，沿拉伸方向（σ_3）的共轭夹角为 109.4°，即缩短方向为 70.6°（Hill，1950）；野外观测表明，很多膝褶带并非共轭发育（Price and Cosgrave，1990；Johnson，1977；Camerlo，2006）。上述情况与 Zheng 等（2004）的最大有效力矩准则不相协调。

童亨茂等（2011）在理论研究分析的基础上，应用郑亚东等力矩分析的思想，对最大有效力矩准则进行了理论拓展，提出了可以判定任意方向先存面理或层理发生转动的最大有效力矩准则，称为“泛最大有效力矩准则”，并认为：①最大有效力矩准则是泛最大有效力矩准则在先存面理或层理与 σ_1 平行情况下的一个特例；②不同方向先存面理达到最大有效力矩的方位及组合是不一致的，如与 σ_1 的夹角为 0°、45°、90° 的先存面理发生转动的最大有效力矩分别出现在 σ_1 两侧 54.7°（两组，共轭）、另一侧 45° 方向（一组，非共轭）和两侧 35.3°（两组，共轭）；③泛最大有效力矩准则克服了最大有效力矩准则与滑移线理论不相容的问题，可以解释膝褶带非共轭发育等多种现象。

8.1.1 不同方向先存面理有效力矩的计算

设先存面理与 σ_1 的夹角为 α（AC 与 σ_1 的夹角，为逆时针为正，AC 为先存面理方向，图 8.1），BC 为可能的变形带方向，与 σ_1 的夹角为 θ（图 8.1），AC 为先存面理的单位长度（$AC=L$，图 8.1），则 AC 沿 BC 面发生转动的有效力矩（M_{eff}）为

$$M_{G\text{-}eff}=0.5\,(\sigma_1-\sigma_3)\,L\sin 2\theta\sin(\theta-\alpha) \qquad (8.1)$$

式中，σ_1-σ_3 为材料屈服时的差应力；L 为先存面理的单位长度。它们的涵义与最大有效力矩准则（Zheng *et al.*，2004；郑亚东等，2007）应该是一致的（图 2.13）。

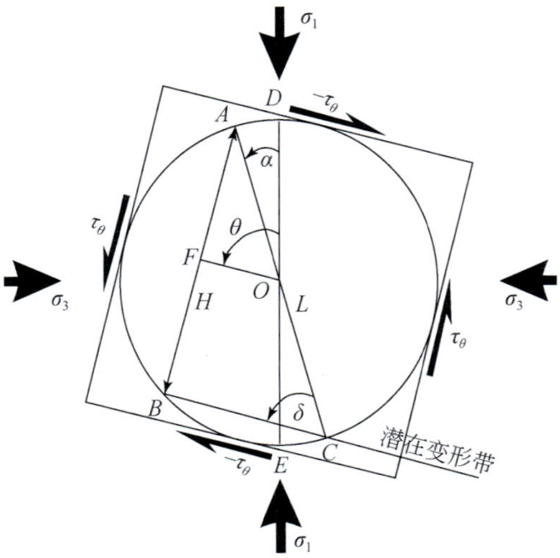

图 8.1　不同方位先存面理有效力矩计算的相关参数示意图（据童亨茂等，2011）

AC 的延伸方向为先存面理方向，先存面理与 σ_1 的夹角为 α（从 σ_1 到先存面理，逆时针为正）；潜在变形带（BC 方向）与 σ_1 的夹角为 θ（从 σ_1 到潜在变形带方向，逆时针为正）；AC 为先存面理的单位长度 L。单位长度先存面理沿变形带剪切弯曲的力臂为 AB（H），有效力矩为 AB［$H=L\sin(\theta-\alpha)$］与沿变形带剪应力［$0.5(\sigma_1-\sigma_3)\sin 2\theta$］的乘积［$0.5(\sigma_1-\sigma_3)L\sin 2\theta\sin(\theta-\alpha)$］

可以看出，当 α=0° 时，式（8.1）就成为 Zheng 等（2004）、郑亚东等（2007）提出的最大有效力矩准则的表达式。

8.1.2　不同方向先存面理出现最大有效力矩的方位及变化规律

对于确定性质的材料而言，材料屈服时的差应力和先存面理的单位长度都是确定的（Zheng *et al.*，2004）。这样，只要确定任意先存面理方向（由 α 值确定，图 8.1）有效力矩分量 $\sin 2\theta\sin(\theta-\alpha)$ 的最大值（取绝对值），就可以确定该先存面理有效力矩的最大值（取绝对值）。为此只要讨论有效力矩分量 $\sin 2\theta\sin(\theta-\alpha)$ 值的变化情况，就可以确定有效力矩的变化情况。为此，在没有特别说明的情况下，后面均由有效力矩的分量 $\sin 2\theta\sin(\theta-\alpha)$ 来代表有效力矩值。

由于 α 在 90° ～ 180° 和 0° ～ 90° 的变化是对称的，只要编制 α 在 0° ～ 90° 变化时 $\sin 2\theta\sin(\theta-\alpha)$ 的等值线图（图 8.2，θ 在 0° ～ 180° 变化，图中数值的符号代表力矩的方向，顺时针转动为正，逆时针转动为负，下同），就可以反映任意先存面理出现最大有效力矩的方位及其变化。同时编制 α 分别为 0°，15°，30°，45°，60°，75°，90° 时，$\sin 2\theta\sin(\theta-\alpha)$ 的分布图（图 8.3，θ 在 0° ～ 180° 变化），来说明上述特征方位的先存面理出现最大有效力矩的方位。

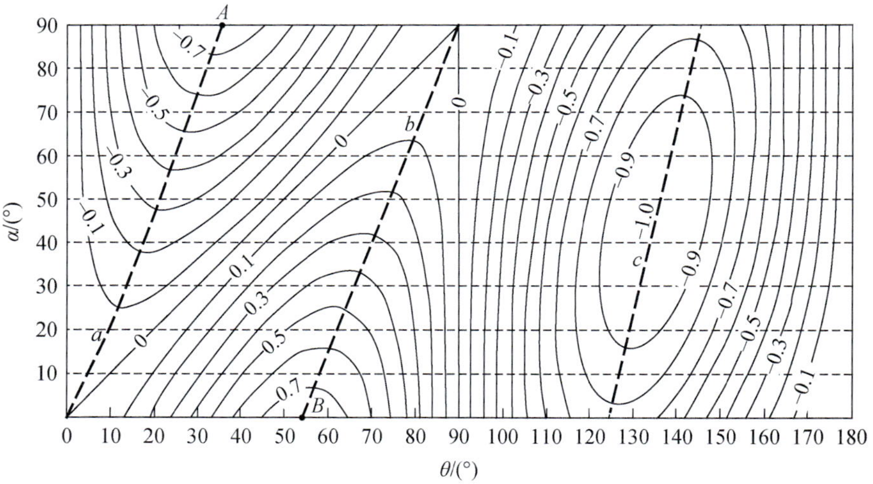

图 8.2　不同方位先存面理沿不同方向的有效力矩分量 sin2*θ*sin（*θ*−*α*）的等值线图（据童亨茂等，2011）

a，*b*，*c* 为不同方位先存面理 sin2*θ*sin（*θ*−*α*）值的极值分布线，每一方位的先存面理都有 3 个极值点，其中 *a* 中的 *A* 点（*α*=90°），*b* 中的 *B* 点（*α*=0°），以及 *c* 上的所有点 sin2*θ*sin（*θ*−*α*）的绝对值都是最大值。这样，当 *α*=90° 或 *α*=0° 时，有 2 个最大值，其他的都只有 1 个最大值。图中数值的符号代表力矩的方向，顺时针转动为正，逆时针转动为负

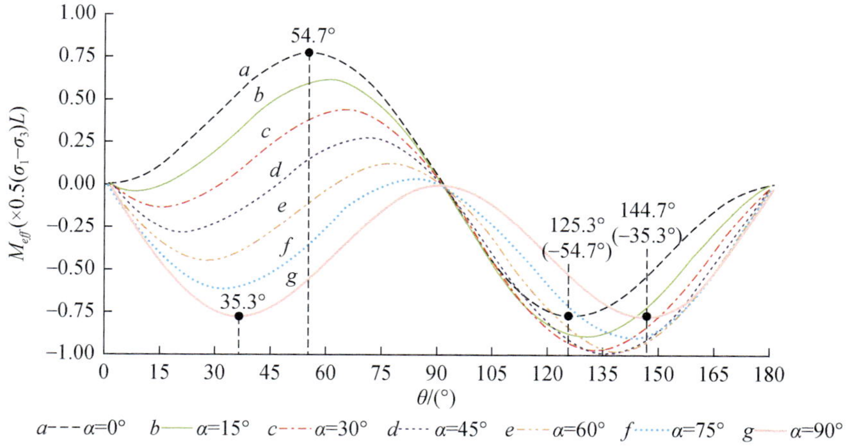

图 8.3　七个特征方位的先存面理的有效力矩分量 sin2*θ*sin（*θ*−*α*）与 *θ* 变化关系及最大值分布图（据童亨茂等，2011）

除了 *α*=90° 或 *α*=0° 两种情况有 2 个最大值，曲线是对称的，其他情况都只有 1 个最大值，并且曲线是不对称的；上述情况（0° <*α*<90°）力矩绝对值的最大值均出现在 125.3° ≤ *θ* ≤ 144.7° 区间；图中数值的符号代表力矩的方向，顺时针转动为正，逆时针转动为负

从图 8.2 和图 8.3 可以看出，每个方位的先存面理在 *θ* 于 0° ～ 180° 变化时，有效力矩都有 3 个极值点。但除了 *α*=0° 或 90°（先存面理与 σ_1 平行或垂直）这两种情况，3 个极值点中的两个极值点的绝对值相等（均为 0.77，2 个都成为最大值）外，所有其他情况（0° <*α*<90°）的 3 个有效力矩极值点中，只有一个绝对值最大，达到最大值，即当 0° <*α*<90° 时，有效力矩的最大值只有 1 个。如 *α*=45° 时，对应的 3 个有效力矩的极值（及相应的 *θ* 值）分别为 −0.275（22.5°），0.275（67.5°），−1.0（135°），其中只有 1 个（第 3 个）是最大值。

当 α=0°（先存面理与 σ_1 平行）时，有效力矩的最大值有 2 个（为 0.77），分别出现在 σ_1 轴两侧，对称分布，θ=±54.7°（图 8.2 和图 8.3，θ=−54.7° 与 θ=125.3° 是同一方位）。预测出现 2 个共轭的变形带，与 σ_1 轴的夹角为 θ=54.7°，钝角（109.4°）对 σ_1 方向。

随着先存面理偏离 σ_1 方向（α 值不断增加，0° <α<90°），其中的一个极值点的绝对值不断增加，到 θ=45° 时达到最大（绝对值从 0.77 增加到 1.0），之后不断减小（绝对值从 1.0 减小到 0.77）；另一个极值点的绝对值不断减小（绝对值从 0.77 减小到 0）；第 3 个极值点的绝对值不断增加（绝对值从 0 增加到 0.77）。3 个极值中最大值（绝对值）只有 1 个（图 8.2、图 8.3）。同时，随着先存面理偏离 σ_1 方向（α 值不断增加，α<90°），出现最大有效力矩的方位与 σ_1 轴的夹角不断减小（从 54.7° 降低到 35.3°）。当 α=45° 时，最大值达到最大（θ=−45° 时，有效力矩达到所有方位最大值中的最大值），绝对值为 1.0。表明，当 0°<α<90° 时，只能出现一个方向的变形带（沿有效力矩最大值的方向），而不是出现共轭变形带。

当 α=90°（先存面理与 σ_1 垂直）时，有效力矩的最大值也有 2 个，分别出现在 σ_1 轴两侧，对称分布，但 θ=±35.3°。预测也出现 2 个共轭的变形带，但与 σ_1 轴的夹角为 θ=35.3°，锐角（70.6°）对主压应力方向（σ_1）。

在应力状态和先存面理力学性质一致的条件下，当先存面理与 σ_1 成 45° 夹角时（α=45°），最大有效力矩达到最大值（1.0），沿潜在变形带（先存面理的垂直方向，θ=−45°）发生变形相对最为容易；当先存面理与 σ_1 平行或垂直时（α=0° 或 α=90°），最大有效力矩达到最小值（0.77），沿潜在变形带（两组共轭的变形带）发生变形相对最不容易。

上述分析表明，不同方位先存面理出现最大有效力矩的方位及组合方式是不一致的（表 8.1）。当先存面理与 σ_1 平行时，出现两组共轭的变形带，它们与 σ_1 的夹角为 54.7°，钝角面对主压应力方向，变形带与先存面理的夹角为 ±54.7°；当先存面理与 σ_1 垂直时，也出现两组共轭的变形带，它们与 σ_1 的夹角为 35.3°，锐角面对 σ_1 方向，变形带与先存面理的夹角为 125.3° 和 54.7°；当先存面理与 σ_1 既不平行也不垂直时，只出现 1 组变形带，并随着先存面理偏离 σ_1 方向，变形带与 σ_1 的夹角逐渐减小（从 α=0° 时的 54.7°，减小到 α=90° 时的 35.3°），而与先存面理的夹角逐渐增大（从 α=0° 时的 54.7°，增加到 α=90° 时的 125.3°）（表 8.1）。

表 8.1　不同方位先存面理出现最大有效力矩的方位及其组合（据童亨茂等，2011）

α	0°	15°	30°	45°	60°	75°	90°
出现最大有效力矩时的 θ 值	−54.7° 54.7°	−51.5°	−48.2°	−45°	−41.8°	−38.5°	−35.3° 35.3°
潜在变形带的组数	2	1	1	1	1	1	2
潜在变形带的组合	共轭	单组	单组	单组	单组	单组	共轭
潜在变形带与先存面理的夹角	54.7° −54.7°	66.5°	78.2°	90°	101.8°	113.5°	125.3° 54.7°
备注	钝角对 σ_1						锐角对 σ_1

8.1.3 变形带方向与最大主压应力（σ_1）方位的确定

1. 变形带方向的确定

泛最大有效力矩准则的理论分析表明，出现最大有效力矩的方位（即潜在变形带的方位）不仅与 σ_1 的方位有关，而且与先存面理的方位有关。变形带方向与 σ_1 方向的夹角是随先存面理的方位而变化的（表 8.1），可以通过泛最大有效力矩准则定量确定。这样，在已知 σ_1 和先存面理方向的情况下，可以确定变形带的方向及其组合（图 8.4）。值得注意的是，①变形带与主压应力的夹角是变化着的；②在大部分情况下（先存面理与 σ_1 斜交，即非平行或垂直），只出现一个方向的变形带，只有在 2 种特殊情况下（先存面理与 σ_1 方向平行或垂直），才会出现 2 组共轭的变形带（图 8.4）。

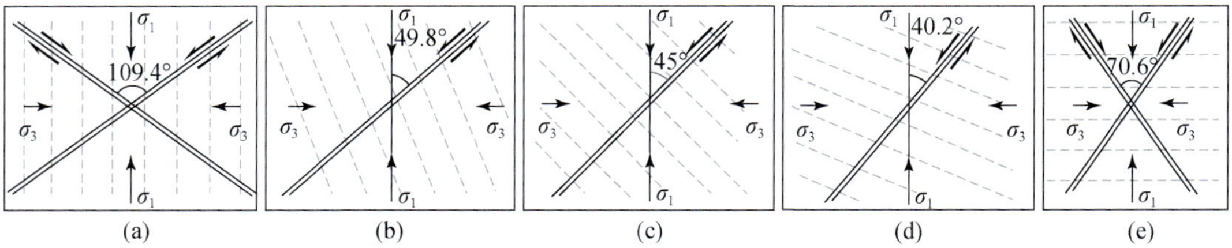

图 8.4　五个特征方位先存面理所对应的变形带及剪切方向关系图（据童亨茂等，2011）

（a）先存面理与 σ_1 平行；（b）先存面理与 σ_1 的夹角为 22.5°；（c）先存面理与 σ_1 的夹角为 45°；（d）先存面理与 σ_1 的夹角为 67.5°；（e）先存面理与 σ_1 垂直。虚线为先存面理方向

2. 最大主压应力（σ_1）方位的确定

由于变形带方向与 σ_1 方向的夹角是随先存面理的方位而变化的，故不能简单地利用变形带的方位来确定 σ_1 的方位。

泛最大有效力矩准则的理论分析表明，利用变形带确定 σ_1 方向的方法如下：在确定变形带剪切方向（左旋或右旋）的基础上，再在主应变平面（垂直面理、平行滑动剪切方向的面，即 *XZ* 面）上测量变形带与先存面理的夹角，其中测量方式要根据变形带的剪切方向来确定。当变形带为左旋剪切时，从变形带起逆时针方向到先存面理，测量它们的夹角 φ；当变形带为右旋剪切，从变形带起顺时针方向测量 φ（图 8.5）。最后利用泛最大有效力矩准则制作的模板来确定 σ_1 方向与变形带的夹角 θ（如表 8.1），从而确定 σ_1 方向（图 8.5）。其中 σ_1 与变形带剪切方向必须是协调的［σ_1（矢量）与同侧的剪切滑动方向（矢量）的夹角为锐角，并且 σ_1 位于先存面理和变形带之间，图 8.4 和图 8.5］。

泛最大有效力矩准则的理论分析表明，当先存面理和变形带方向都一致，而变形带剪切方向相反时，结果会导致 σ_1 方向相差 90°（见图 8.5）。如图 8.4（a）旋转 90°（σ_1 由竖直方向变为水平方向）后，先存面理和变形带的方向和图 8.4（e）都完全一致，但剪切方向和图 8.4（e）相反，结果，它们之间的 σ_1 方向相差 90°。

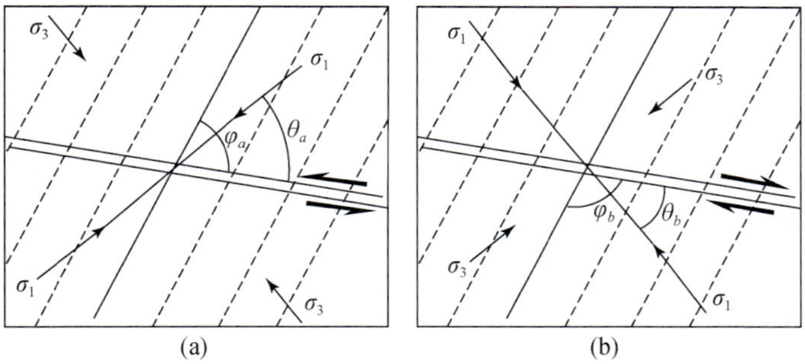

图 8.5　利用先存面理与变形带的夹角 φ 及变形带剪切方向确定主压应力方位示意图（据童亨茂等，2011）

（a）变形带左旋剪切，从变形带起逆时针方向测量 φ（为 φ_a），并计算确定 θ（θ_a），从而确定 σ_1 方向；（b）变形带右旋剪切，从变形带起顺时针方向测量 φ（为 φ_b），并计算确定 θ（θ_b），从而确定 σ_1 方向。图（a）和（b）中先存面理与变形带的方向都一致，但变形带的剪切方向不一致，结果导致 σ_1 方向相差 90°［（φ_b-φ_a）=90°］。虚线为先存面理方向

8.2　最大有效力矩准则的问题讨论

8.2.1　问题讨论

在以上分析的基础上，童亨茂等（2011）认为，郑亚东等（Zheng *et al*.，2004）提出的最大有效力矩准则是有条件的，只在先存面理与最大主压应力方向平行时成立。进而通过理论分析和推导，把最大有效力矩准则从理论上进行了拓展，提出了适合任意先存面理方向的新的最大有效力矩准则——泛最大有效力矩准则（童亨茂等，2011）。最大有效力矩准则是泛最大有效力矩准则在先存面理与最大主压应力平行时的一个特例。该准则一方面克服了最大有效力矩准则与塑性力学的滑移线理论（Hill，1950）不相容的问题；另一方面，可以解释自然界出现的大多膝褶带和韧性剪切带非共轭发育（Price and Cosgrave，1990；Johnson，1977；Camerlo，2006）等多种现象。当然，泛最大有效力矩准则还有待进一步的实践和实验的验证。

虽然郑亚东等提出的最大有效力矩准则只适用于先存面理或层理平行于最大主压应力方向的变形条件（Zheng *et al*.，2004；郑亚东等，2007），但由于先存面理或层理与最大主压应力平行的情况（如水平地层或面理水平的岩层遭受水平挤压）是经常存在的，该准则还是具有很大的实际应用价值。更重要的是，实践表明，用有效力矩来分析如膝褶等韧性弯曲屈服变形十分有效，具有广泛的适用性。这样，由于泛最大有效力矩准则与最大有效力矩准则设置的假定条件是一样的，因此，理论上该准则可以应用到任何以韧性弯曲屈服而发生变形的材料中，应具有广阔的应用前景。

野外观测和高精度三维地震资料的构造解释均表明，无论是韧性变形域还是脆性变

形域，出现共轭的现象是很少见的。在脆性变形域，库仑准则或 Anderson 断层模式均预测出现共轭断层，与自然界大量的断层作用现象不相容（童亨茂等，2009；Reches，1978；Krantz，1988；Nieto-Samaniego and Ángel，1999）。而根据先存构造活动性准则（Tong *et al.*，2010），只有在均匀介质（如花岗岩），或层状各向同性介质且最大主压应力与层面垂直（如水平地层中发生伸展作用）这两种情况下，才能出现共轭的脆性断裂，其他任何非均匀介质（如包含有先存薄弱带）都不能出现共轭的脆性断裂。在韧性弯曲屈服变形中，最大有效力矩准则预测出现共轭的变形带，钝角（110° 左右）面对最大主压应力方向。而根据泛最大有效力矩准则，只有在先存面理平行或垂直最大主压应力方向时，才能出现共轭的变形带，其他方向的先存面理均不能出现共轭的变形带。这样，一方面，先存构造活动性准则和泛最大有效力矩准则，很好地解释了自然界出现的脆性断裂和韧性变形带绝大部分是非共轭的现象，另一方面表明脆性变形和韧性变形存在一定的共性。

8.2.2 小结

泛最大有效力矩准则认为，导致变形带内先存面理或层理发生转动的最大有效力矩与先存面理或层理的方向有关［式（8.1）］。在先存面理与最大主压应力平行时（α=0°），则为郑亚东等提出的最大有效力矩准则［式（2.19）］（Zheng *et al.*，2004）。

当先存面理与 σ_1 平行时，在 σ_1 左右两侧 ±54.7° 方向出现两个有效力矩的最大值［$0.77\times0.5(\sigma_1-\sigma_3)L$］，形成共轭的变形带，钝角（109.4°）对着 σ_1 方向；当先存面理与 σ_1 斜交时，在 σ_1 的另一侧出现 1 个有效力矩的最大值，从而只出现一个方向的变形带，并随着先存面理偏离 σ_1 方向，变形带与 σ_1 的夹角逐渐减小（从 α=0° 时的 54.7°，减小到 α=90° 时的 35.3°），而与先存面理的夹角逐渐增大（从 α=0° 时的 54.7°，增加到 α=90° 时的 125.3°）；当先存面理与 σ_1 垂直时，在 σ_1 左右两侧 ±35.3° 方向出现两个有效力矩的最大值［$0.77\times0.5(\sigma_1-\sigma_3)L$］，也形成共轭的变形带，但锐角（70.6°）对着 σ_1 方向。

在应力状态和先存面理力学性质一致的条件下，当先存面理与 σ_1 成 45° 夹角时（α=45°），最大有效力矩达到最大值［$1.0\times0.5(\sigma_1-\sigma_3)L$］，沿潜在变形带（先存面理的垂直方向，$\theta$=−45°）发生变形相对最为容易；当先存面理与 σ_1 平行或垂直时（α=0° 或 α=90°），最大有效力矩达到最小值［$0.77\times0.5(\sigma_1-\sigma_3)L$］，沿潜在变形带（两组共轭的变形带）发生变形相对最不容易。

通过在主应变平面上变形带与先存面理的夹角的测量及变形带剪切方向（左旋或右旋）的确定，可以确定最大主压应力方向。

思 考 题

1. 不同方向先存面理出现最大有效力矩的方位及变化规律。
2. 如何确定变形带中最大主压应力（σ_1）的方位？
3. 如何看待最大有效力矩准则和泛最大有效力矩准则？

参考文献

童亨茂，孟令箭，蔡东升等 . 2009. 裂陷盆地断层的形成和演化——目标砂箱模拟实验与认识 . 地质学报，83(6): 759 ～ 774

童亨茂，王明阳，郝化武等 . 2011. 最大有效力矩准则的理论拓展 . 地质力学学报，17(4): 312 ～ 321

郑亚东，杜思清 . 1985. 共轭扭折带夹角的定量分析 . 国际交流地质学论文集——为二十七届国际地质大会撰写 . 北京：地质出版社 . 187 ～ 190

郑亚东，王涛，王新社 . 2007. 最大有效力矩准则的理论与实践 . 北京大学学报（自然科学版），43(2): 145 ～ 156

郑亚东，张进江，王涛 . 2009. 实践中发展的最大有效力矩准则 . 地质力学学报，15(3): 209 ～ 217

Anderson E M. 1951. The dynamics of faulting (Second Edition). Edinburgh: Oliver and Boyd. 1 ～ 206

Hill R. 1950. The Mathematical Theory of Plasticity. Oxford: Oxford University Press/Clarendon Press

Krantz R W. 1988. Multiple fault sets and three-dimensional strain: Theory and application. Journal of Structural Geology, 10(3): 225 ～ 237

Nieto-Samaniego, Ángel F. 1999. Stress, strain and fault patterns. Journal of Structural Geology, 21(8-9): 1065 ～ 1070

Platt J P, Vissers R L M. 1980. Extensional structures in anisotropic rocks. Journal of Structural Geology, 2(4): 397 ～ 410

Price N J, Cosgrove J W. 1990. Analysis of Geological Structures. Cambridge: Cambridge University Press. 1 ～ 502

Reches Z. 1978. Analysis of faulting in three-dimensional strain field. Tectonophysics, 47(1-2): 109 ～ 129

Zheng Y D. 1992. A quantitative analysis of the angle between conjugate sets of extensional crenulation cleavage: An explanation of the low-angle normal fault development. Abstract of 29th IGC: 131

Zheng Y D, Wang T, Ma M B, *et al*. 2004. Maximum effective moment criterion and the origin of low-angle normal faults. Journal of Structural Geology, 26(2): 271 ～ 285

Zheng, Y D, Wang T, Wang X S. 2006. The maximum effective moment criterion (MEMC) and its implications in structural Geology. Acta Geologica Sinica, 80(1): 70 ～ 78

Zheng Y D, Zhang Q, Hou Q L. 2015. Deformation Localization-A Review on the Maximum-Effective-Moment (MEM) Criterion. Acta Geologica Sinica (English edition), 89(4): 1133 ～ 1152

附录1　造山带研究23问

1. 俯冲混杂带的主要岩石－构造组合特征是什么？

答：混杂带是识别造山带的关键大地构造单元，有关问题在第一卷第3、第4章和第四卷中有详细论述。俯冲混杂带的典型特征是基质夹岩块（block-in-matrix），即俯冲混杂带的岩石组成包括两部分：①混杂带的基质，即原地岩系（autochthonous rock），主要由海沟以及海沟－斜坡盆地的浊积岩复理石和块体搬运沉积（mass-transport deposit，MTD）以及远洋沉积物组成，常含放射虫硅质岩；②包裹于复理石基质中的大小悬殊、岩性和时代各异的外来块体（allochthonous block），如洋岛（oceanic island）、海山（seamount）、洋底高原（oceanic plateau）、大洋岩石圈（蛇绿岩）等的残块，以及大陆碎片（continental fragments）、岛弧火山岩块、不同成因的碳酸盐岩（多变质为大理岩）块体等。由于俯冲深度和经历的温压条件不同，俯冲混杂带的基质和外来岩块经受不同的变质作用，从基本不变质到高压甚至超高压变质，这取决于其随俯冲带是否曾经俯冲下去过和俯冲深度以及随之折返情况。这些不同来源、不同成因和时代、不同变质程度的外来岩块（或构造岩块）与基质混杂在一起，构成俯冲混杂带。混杂带构造杂乱，变形强烈，尤其是基质，发育各类冲断构造（thrusts、duplex）、大型复式褶皱（阿尔卑斯式褶皱）和大型韧性剪切带，以及底劈构造等。此外，常发育 broken formation，地层呈现 out-of-sequence 特征。

2. 碰撞造山等挤压构造环境下能发育正断层和拆离断层等伸展构造吗？

答：造山过程的任何阶段都可以发育伸展构造。造山作用过程中，通常最大主压应力 σ_1 水平垂直于造山带方向，最小主应力 σ_3 从起初的铅直方向逐渐演化到平行于造山带的水平方向，从而引发垂直于造山带走向的正断层和伸展拆离断层以及平行于造山带的走滑逃逸构造，甚至形成变质核杂岩，如喜马拉雅造山带发育的一系列近南北走向的正断层和地堑，以及变质核杂岩；再者，以隧道流（channel flow）等方式可形成平行于造山带的大型伸展拆离断层，如喜马拉雅造山带的藏南拆离系（South Tibet Detachment，STD）；还有，碰撞作用过程中深部的构造底垫（underplating）顶托作用往往会引发浅部的伸展拆离作用。还有，如斜向俯冲和凸凹的碰撞边界的碰撞作用也会引起局部的伸展和走滑构造发育。因此，在碰撞造山带研究中，不能因为发现了一定规模的伸展构造就认为造山作用已经结束。

3. 俯冲混杂带中碳酸盐岩的可能形成环境有哪些？

答：俯冲混杂带中的碳酸盐岩有多种可能形成环境：①形成于洋中脊附近的CCD面（碳

酸盐补偿深度）之上的远洋碳酸盐岩随洋壳扩张进入俯冲带并被刮削下来，多变质为薄层的条带状大理岩；②海山、洋岛和洋底高原顶部的碳酸盐岩在俯冲过程中进入混杂带；③变形隆起的增生楔构造高点也可堆积碳酸盐岩；④当不发育弧前盆地时，岛弧边缘的局限台地碳酸盐岩可垮塌滑落至增生楔中；⑤被动陆缘的台地碳酸盐岩会以孤立滑塌岩块方式进入深海环境，俯冲过程中进入混杂带。因此在造山带中会有形成于不同构造环境的碳酸盐岩的共存共生现象。应具体问题具体分析，确定其形成的构造环境和成因，不能看见碳酸盐岩就认为是碳酸盐台地环境，否则，会对造山带的研究造成误导（详见第一卷第3章有关讨论）。

4. 俯冲混杂带中局部会有老的陆壳物质，其可能原因有哪些？

答：大致有几种可能原因：一是大洋中往往残留有许多大陆碎片，在洋壳俯冲过程中这些带有陆壳的碎片难以俯冲下去而可能就位于增生混杂带中，或俯冲到一定深度后折返就位于俯冲混杂带中；二是洋－陆俯冲情况下，上行板片的陆壳物质可能会发生垮塌而掉入混杂带中；三是横切活动陆缘的巨大海底峡谷（canyon）会将大陆物质以碎屑形式输送到海沟以及增生楔中沉积下来，并再循环至俯冲混杂带中。也许还有其他原因。所以在造山带中发现有老的岩石或探测到老的年龄数据是正常现象，因此，在造山带中发现老的岩石或年龄，一是不要马上否定造山带的存在和时限；二是不要轻易在其前后划出两条造山带。另外，要注意区分大陆与洋中大陆碎片。洋中的大陆碎片几乎没有或只发育有很窄的陆缘沉积，而大陆却往往发育有宽阔的被动陆缘沉积。

5. 蛇绿岩的形成时代和就位时代能反映碰撞时限吗？其出露位置能代表缝合带位置吗？

答：俯冲混杂带中的任一蛇绿岩块的时代只代表该洋壳形成的时代，它既可以就位于俯冲阶段也可以就位于碰撞阶段，与俯冲作用和碰撞造山没有对应关系。大洋岩石圈从其在洋中脊处形成到在俯冲带处消亡，是一个四维连续演化过程，俯冲混杂带中不同时代的蛇绿岩残块仅表示不同时代的洋壳碎块以不同方式就位于俯冲混杂带中或其他位置。因此，蛇绿岩的形成时代和就位时代与大洋何时闭合、两侧大陆何时发生碰撞没有直接联系，不能代表碰撞造山的时代，尽管最年轻的蛇绿岩可作为大洋闭合和碰撞事件发生的下限，但往往误差较大。蛇绿岩就位有多种方式（见第一卷第4章），不同的就位方式会导致其位置不同，而且在碰撞造山作用过程中还可能经历远距离推覆，因此蛇绿岩出露位置并不能代表缝合带的位置。

6. 为什么大部分蛇绿岩都是SSZ型的？它代表什么含义？

答：蛇绿岩是大洋岩石圈残片，大洋岩石圈形成于大洋中脊，现在地球表面的大部分被大洋所覆盖，而造山带中的蛇绿岩却90%以上是SSZ型的，这一推论让人匪夷所思，无法用“将今论古”这一地质学基本原理予以解释。标准的MOR型蛇绿岩与SSZ型蛇绿岩往往见于同一套蛇绿岩中，如阿曼蛇绿岩中就可见到两种不同类型的蛇绿岩，而且两种类型蛇绿岩之间是过渡关系，仅仅是上部玄武岩的地球化学特征与弧有类似之处（钙碱性特征）。由此看来，SSZ型蛇绿岩可能并不代表该洋壳形成于俯冲带之上，也就是说与构造环境没有直接联系，或者说没有任何构造意义（详细讨论见第一卷第4章4.1、4.2节）。

7. 何为增生型造山带？何为碰撞型造山带？

答：增生型造山带是 Sengör（1992）提出来的，又叫土耳其型或阿尔泰型造山带，是指因海沟不断向洋方向后撤，侧向上形成宽阔的消减 - 增生混杂带，其中常发育多条蛇绿岩带。随着海沟的后撤，岩浆弧也随之周期性地向洋方向跃迁，在增生楔上形成的岩浆弧即增生弧把增生楔和洋壳碎片等焊接起来的一类造山带，以发育增生弧为特征。这一类造山带可能属软碰撞。

碰撞型造山带，也叫特提斯型造山带，是以较窄的缝合带（增生混杂带）为特征，不发育增生弧。

然而，现阶段的一些文献中，将洋壳俯冲阶段即增生楔形成过程叫增生型造山带如环太平洋型造山带；而将大洋闭合，两侧大陆发生（间接或直接）碰撞作用形成的造山带叫碰撞型造山带。这种分类是按照演化阶段的纵向分类，与 Suess（1875）提出的“特提斯型造山带”和“太平洋型造山带”分类类似，即所谓“增生型造山带”就是“太平洋型造山带”，指大洋仍在俯冲、尚未闭合的情形。若如此，又如何称中亚造山带是增生型造山带呢？因为该洋早已闭合。如果按此划分，又有哪个造山带不是从增生型到碰撞型的呢？所以这种类型划分在研究古老造山带中不仅没有实际意义，而且还会造成混乱（详细讨论见第四卷）。因此，应将增生型造山带回归到 Sengör（1992）提出的本来面目。

8. 何为增生弧？有何岩石和地化特征？其大地构造意义如何？

答：增生弧（accretionary arc）是指形成于俯冲增生楔（又称俯冲混杂带、蛇绿混杂带或增生杂岩）之上的岩浆弧，是增生型造山带的重要标志。增生弧不同于洋内弧和陆缘弧，它是“岩浆弧与混杂带的共生体”，其岩浆主要来自增生楔物质（包括复理石基质和各类外来岩块）的高度不均匀混熔，这与经典的“岛弧拉斑玄武岩质岩浆以及钙碱系列岩浆来源于俯冲带之上的地幔楔的水致部分熔融”模式不同。这是因为在俯冲混杂带侧向长距离增生过程中，地幔楔不可能紧跟在俯冲消减带之上，所以增生弧的岩浆来源难以用地幔楔水致部分熔融机制来解释。有人认为，其部分熔融可能与增生楔中的大型逆冲断层的摩擦热和剪切带的剪切热有关；也有人认为地幔仍然是增生弧形成的主要热源。

因岩浆来源不同，岩石和地球化学特征必然有其特殊性。有研究发现，增生弧花岗岩普遍具有 Sr-Nd 同位素解耦现象，表现为 Nd 同位素亏损，Sr 同位素富集，这可能是因为增生弧花岗岩主要来自于增生楔复理石的部分熔融，海水富 Sr 之缘故。目前有关增生弧的研究比较薄弱。

9. 增生弧花岗岩中基性或超基性岩块的可能成因机制是什么？

答：增生弧的特征之一就是常含有来自蛇绿混杂带物质的顶垂体（roof pendant）。因由增生混杂带基质部分熔融形成的酸性或中酸性岩浆的黏度较大，但其温度往往较镁铁质和超镁铁质岩块的熔点低，所以在增生弧岩浆经过蛇绿混杂带时会把一些镁铁质、超镁铁质岩块以固体方式携带上来，形成顶垂体。这些镁铁质和超镁铁质岩块不乏大洋岩石圈残片即蛇绿岩，因此增生弧中的顶垂体是蛇绿岩就位的重要方式之一（详见第一卷第 4 章 4.1 节）。

10. 显著的退变质作用是碰撞作用的结果吗？退变质作用可以限定碰撞事件的发生吗？

答：退变质作用指的是变质岩石经历了温度（或压力）明显降低的过程。造山带中变质岩的退变质作用，通常与岩石变质环境的深度变小有关。尽管碰撞过程会发生抬升和拆离作用，从而引发退变质作用。但俯冲阶段，同样会有一些俯冲到一定深度的物质，因折返而发生退变质作用。所以，显著的退变质作用未必一定是碰撞作用的结果，因此不能用退变质的时间来限定碰撞事件的发生（详见第一卷第 3 章和第 4 章 4.4 节）。

11. 碰撞造山过程会形成显著的进变质作用吗？

答：进变质作用指的是变质岩石经历了温度（或压力）明显升高的过程。造山带中变质岩的进变质作用，通常与岩石变质环境的深度增大有关。碰撞造山过程以区域变质作用为主，可以造成进变质作用，但一般不会发生高压或超高压变质作用，因为两侧大陆碰撞过程中，再发生深俯冲的难度较大；俯冲过程更容易形成进变质作用，特别是高压和超高压变质作用。高压变质岩折返就位后形成高压变质带（详细讨论见第一卷第 4 章 4.4 节和第四卷）。

12. 高压变质峰期年龄与碰撞事件有关吗？

答：高压变质与俯冲作用关系密切，俯冲带可以将混杂带中的任何物质携带至深部发生高压变质，然后再折返就位，此时碰撞作用并未发生。所以高压变质与碰撞事件的关联并不密切（详见第一卷第 4 章 4.4 节讨论）。所谓“峰期”指的是变质岩石所经历温度或压力极大值的变质阶段，不能以此作为判别碰撞事件发生的依据。

13. 陆壳物质的高压变质作用是碰撞作用的结果吗？

答：需要具体情况具体分析，一般不是碰撞作用的结果。高压变质作用多发生于俯冲阶段，增生混杂带中的陆壳物质或者洋内的大陆碎片物质等均可能被俯冲带携带至深部，发生高压变质作用，然后再折返就位（详见第一卷第 4 章 4.4 节讨论）。相反，碰撞作用过程则很难发生深俯冲作用。因此，大陆物质的深俯冲更可能发生于俯冲阶段，而不是碰撞阶段。

14. “造山型 *P-T-t* 轨迹”代表的是碰撞造山过程吗？

答：“造山型 *P-T-t* 轨迹” 传统上指的是顺时针型 *P-T-t* 轨迹，其中退变质过程可以是近等温降压（或降温降压同时发生）的过程。许多情况下，随俯冲带进入深部发生变质的岩石在快速折返过程中，压力（*P*）随之降低；就温度（*T*）而言，如果折返速度快，加之岩石是热的不良导体，能够长期保持较高温度，形成近等温降压的 *P-T-t* 轨迹。所以“造山型 *P-T-t* 轨迹”表明岩石经历了俯冲阶段的升温（还包括升压）过程，之后在折返阶段经历降压（可能还包括降温）过程，不能代表顾名思义的碰撞造山过程。

15. 造山带中的最高海相地层能作为限定碰撞事件下限指标吗？

答：不可以。因为碰撞后仍可保留局部海相沉积，如周缘前陆盆地中的磨拉石底部仍可保留一定时间的海相沉积，但它是碰撞事件发生后的沉积。最好的实例就是台湾海峡，菲律宾海板块与欧亚板块在台湾岛已经发生碰撞，而且碰撞作用仍在持续，台湾东部海岸山脉与中央山脉之间的纵谷就是混杂带，但现在台湾海峡（前陆盆地）仍在接受海相沉积，它反而代表了碰撞事件的上限，而不是下限（详细讨论见第一卷第 3 章，第四卷）。

16. 复理石与磨拉石的含义及其大地构造意义是什么？

答：复理石是巨厚的海相浊积岩地层，常发育不完整的鲍马序列，可形成于被动陆缘、活动陆缘、岛弧等构造环境，是碰撞造山前的产物。需要说明的是，湖等陆相浊积岩不属于复理石范畴。磨拉石是一套下部为海相细碎屑沉积（如台湾海峡）和上部为陆相粗碎屑沉积的巨厚沉积组合，这一组合特征与山间盆地沉积形成明显对照。磨拉石往往堆积在较早形成的复理石的前锋部位，（周缘）前陆盆地中的磨拉石是碰撞造山过程的产物。所以它们可作为限定碰撞事件发生的上、下限标志。

17. 限定碰撞事件时限有哪些有效方法？

答：从洋壳俯冲到大洋闭合和碰撞作用发生是一个连续的过程，因此没有留下任何能直接反映碰撞事件发生的物质和年龄记录，或者说任何年龄都不能代表碰撞事件发生的时间，因此只能通过碰撞前与碰撞后环境、物质的改变以及年龄记录去限定其上、下限。限定碰撞事件发生的上、下限的方法很多，但往往误差都较大。最有效的方法是，碰撞前俯冲板块如被动大陆边缘（碰撞后进入前陆褶皱冲断带）最晚的复理石地层与其上覆的（周缘）前陆盆地中最早的磨拉石地层分别作为限定碰撞事件发生的下限和上限标志。两套地层有时为连续沉积，因此可以把碰撞事件限定在很小的时间范围之内（详细讨论见第一卷第 3 章，第四卷）。需要注意的是，只有覆于最晚复理石地层之上，即晚于最晚复理石地层的周缘前陆盆地中最早的磨拉石地层方可作为限定碰撞事件发生的上限，其他类型的前陆盆地如弧背前陆盆地（retro-arc foreland basin）以及增生楔顶盆地等的磨拉石地层则不能用于限定碰撞事件发生的上限。

18. 造山带中地层的不整合与碰撞事件有对应关系吗？

答：造山带中地层的不整合，即使是较大规模的角度不整合，与碰撞事件也无必然对应关系。无论是俯冲还是碰撞造山均是连续的构造过程，都会形成大量不同规模地冲褶席（duplex）、冲断席（thrust）以及褶皱构造，自然会形成遭受剥蚀的高地和接受沉积的洼地。构造规模不同，遭受剥蚀的范围就不同，加之持续的构造作用会造成岩石的强烈变形，从而形成不同规模的不整合特别是角度不整合自然是造山过程中的普遍现象，与碰撞构造事件并无对应关系，也就是说不整合并不代表有重大构造事件发生。相反，如前所述的复理石向前陆盆地磨拉石地层的转变过程可能是连续沉积，但它指示了碰撞事件的发生。因此，造山带中地层的连续沉积并不代表没有重大构造事件发生。

19. 碰撞造山过程中的大规模成矿前景如何？

答：碰撞造山过程中的（内生）成矿作用一般比较有限，因为该过程地壳加厚，深部地幔物质难以上升至浅部，所以成矿的物质基础相对匮乏，形成大规模内生矿床的可能性较小。反而，在碰撞前的俯冲阶段，尤其是洋脊俯冲会有大量地幔物质上涌，成矿物质基础丰厚，有利于大规模成矿（见第一卷第 3 章 3.3、3.7 节）；碰撞造山后的拆沉作用会引发大规模地幔物质或能量上升，加之浅部伸展拆离作用的构造配套，有利于大规模成矿。总之，碰撞前和造山后是内生矿床成矿的关键时期，反而碰撞造山作用过程中不利于内生矿床的大规模形成。

20. 造山带中发育具有“大陆型”岩石圈地幔的可能成因有哪些？

答：这里的“大陆型”岩石圈地幔是指造山带中的富集型地幔，实际上是地球化学意义上的大陆地幔。大致有三种可能成因：一是洋内大陆碎片的岩石圈地幔；二是洋岛和海山的岩石圈地幔；三是大洋核杂岩（OCC）和大洋拆离断层直接将未经洋脊玄武质岩浆抽取或少量抽取后的未亏损或轻度亏损的岩石圈地幔拆离至洋底，其地球化学特征可能与大陆型岩石圈地幔有相似之处。此外，还有一种可能就是洋盆形成初期的洋－陆过渡性地幔（OCT）。对于慢速或超慢速扩张的大洋中脊普遍发育大洋核杂岩和大洋拆离断层，其岩石圈地幔的地球化学特征与快速扩张形成的岩石圈地幔会有明显不同（详细讨论见第一卷第 4 章第 4.2 节）。

21. 造山带中的淡色花岗岩与碰撞事件有关吗？

答：淡色花岗岩是一种暗色矿物含量极低（一般不超过 5%）的花岗岩，因其颜色较浅而得名。其化学成分以高硅、过铝、富碱为特征，富含白云母、石榴石等富铝矿物。一般认为淡色花岗岩来自陆壳熔融，特别是沉积岩的部分熔融。因此，碰撞造山作用会引起陆壳部分熔融形成同碰撞的淡色花岗岩；俯冲过程中，增生混杂岩复理石基质的部分熔融也可以形成淡色花岗岩，如增生弧花岗岩中的淡色花岗岩；碰撞造山期后或之后的伸展拆离过程也会引起陆壳部分熔融形成碰撞后的淡色花岗岩。所以淡色花岗岩既与碰撞作用有关系，但又没有必然联系。因此，造山带中淡色花岗岩的出现并不能反映碰撞事件是否发生。

22. 缝合带（suture zone）与深大断裂对应吗？

答：缝合带（suture zone）是板块构造学的术语，是以水平运动为主的活动论概念，指俯冲下盘与仰冲上盘的接触部位；而深大断裂则是槽台学说的术语，属以垂向运动为主的固定论概念，指垂向上切过地壳乃至岩石圈的大断层。所以，二者无论在概念还是内涵方面都不具有对应关系。

23. 角度不整合与造山幕有对应关系吗？板块构造理论如何理解这一问题？

答：造山幕（orogenic episode）又称褶皱幕（folding episode）、构造幕（tectonic episode）。这一概念最早是由 Stille（1936）提出来的，其含义是地槽转变为褶皱带的过程都经历了一系列短时间的褶皱幕；褶皱幕之间，为比较长的、相对静止的阶段所隔开；每一个褶皱幕在整个地槽区，乃至全球所有的地槽区都是近于同时发生的，而且褶皱幕是根据地层间的角度不整合来确定的。之所以用地层角度不整合来确定造山幕，是因为地槽学说认为，造山带是地槽褶皱回返抬升的垂向运动的结果，造山带的回返抬升造成整个造山带的强烈变形和剥蚀，然后再沉降接受沉积时，就会形成地层的角度不整合。

板块构造学说认为，从大洋岩石圈的俯冲到大陆岩石圈的碰撞，以及其后的持续碰撞造山作用是一个连续的过程。在此过程中，可以形成经历变形和遭受剥蚀的高地（如冲断岩席），也可同时形成接受沉积的洼地（盆地），也就是说在同一次造山作用过程中会形成若干个角度不整合，而且一个地方遭受剥蚀形成角度不整合和另一个地方接受连续沉积是同时进行的，并不存在统一的角度不整合；再者，角度不整合的成因也是多种多样的，即使同一个角度不整合的不同位置也可能是穿时的，如日本西南部石库岛增生楔顶盆地底部的不整合。因此，**造山作用过程中并不存在造山幕；造山带中的角度不整合也不与任何所谓的造山幕有对应关系**。

自 20 世纪 60~70 年代，地球科学革命取得成功，板块构造学说范式取代地槽学说范式之后（参阅第一卷第 1，2 章），全球性的造山幕、造山运动，如加里东运动、燕山运动、喜马拉雅运动等术语已不再使用，地质学教科书中也没有了这些概念。认识这个问题并非仅仅是概念和术语的使用问题，而是如何深层次理解和准确把握板块构造学说的内涵本质和理论体系的问题，也是正确认识板块构造学说与地槽学说两个范式间的不可通约性(incommensurability)问题。至于加里东期、燕山期、喜马拉雅期之类术语仍被广泛使用，其含义也仅代表时代的概念。

附录 2　我国关键区域构造问题

李继亮（2010）在“求索地质学 50 年”一文中提出了我国亟待解决的一些地质问题，是对中国构造地质问题的很好总结。以此为基础，整理出几项我国关键的区域构造问题，以供思考和参考。

1. 中国大陆的组成

这个问题，不是说中国大陆由多少个板块构成，而是说中国大陆有多少个前寒武纪结晶基底单元？它们来自哪里？它们是什么时候、经过什么样的过程拼合在一起的？关于中国大陆有多少个前寒武纪结晶基底单元的问题，不难统计出来，至少就出露地表的前寒武纪结晶基底单元而言，不难统计。但它们的来源是个难题，不过只要下功夫去与有关地区作对比，还是可以解决的。为了研究我国活动论古地理，我们至少要搞清楚在早古生代时期，它们在什么位置？它们是什么时候拼合在一起的？可以把这个问题放在造山带问题研究中一并考虑，但通过走滑拼合的，应该另作研究。

2. 中国的显生宙造山带

中国是世界上的造山带大国，只计算显生宙时期的造山带的数量，世界上就没有一个国家可以相比。以下由北向南，简述各显生宙造山带及其存在的主要问题。

（1）天山－兴安造山带。东西走向，绵延 4000km 以上，类型属于中亚增生型造山带。这条造山带的碰撞时代不清楚，现在争议颇多。黄汲清先生曾认为西部于泥盆纪造山，东部为二叠纪造山。现在看来并不一定，因新近研究表明，其碰撞造山时间可能会晚些，西部可能为晚二叠世—早三叠世，东部更晚。造成不确定性的原因是前陆褶皱冲断带在哪里，尚不能确定。在西部，库尔勒一带尚有迹可寻；在东部，华北板块北缘哪里是前陆褶皱冲断带，无法定断，可能是埋在了二连盆地之下。

（2）那丹哈达造山带。在我国境内，沿乌苏里江的饶河－虎林地区出露蛇绿混杂带，在松辽盆地下伏着弧火山岩，在双鸭山附近出露有弧前盆地浊积岩。这条造山带的问题是：乌苏里江以东究竟是陆块还是岛弧？或其他？这个单元与北海道的中生代造山带有什么关系？有人认为同是白垩纪混杂带，还不能确定。

（3）昆仑－祁连－秦岭－大别造山带。绵延 4000km，也应属增生型造山带。这条造山带的仰冲陆块、蛇绿混杂带和前陆褶皱冲断带表现清楚，碰撞时代为三叠纪早－中期。遗留的问题是：①大别山为什么找不到蛇绿岩？②苏鲁造山带是什么性质的造山带，它与大别山怎样相接？③该造山带往朝鲜半岛如何延伸？侯泉林等（2008）、武昱东和侯泉林（2016）提出了其向朝鲜半岛的延伸方式，有其道理，但证据还需进一步加强。

（4）班公湖－怒江造山带。普遍认为是弧后盆地闭合形成的造山带。弧后盆地北侧是羌塘陆块，南侧是拉萨－冈底斯弧。遗留的问题是：①弧后盆地的洋壳向北还是向南俯冲消减？②北羌塘和南羌塘之间还有没有一条缝合带？如果有，是什么时代？近年来的研究已取得了一些进展，但证据还不够充分。

（5）喜马拉雅造山带。拉萨－冈底斯活动大陆边缘、雅鲁藏布江蛇绿混杂带和印度前陆带基本清楚。剩余的问题只是：①有几条蛇绿岩带？②印度前陆褶皱冲断带为什么如此复杂？是板块边界几何形状复杂所致，还是混杂带与前陆冲断带界线划分不确定，或是其他问题；③其碰撞作用究竟发生于何时？这一问题近年争论较多，肖文交等（2017）认为，印度与欧亚大陆最终的碰撞拼贴时间最早不早于 14Ma，与以往 60Ma 左右的认识相差较远。下一步应如何解决这些问题？

（6）三江造山带。这是一条非常复杂的造山带，在云南境内格局比较清楚。高黎贡山东侧有三台山蛇绿混杂带；保山陆块东侧有昌宁－孟连蛇绿混杂带，保山陆块的前陆褶皱冲断带向两侧俯冲。昌宁－孟连带东侧是兰坪－思茅陆块，它的前陆褶皱冲断带向东俯冲到哀牢山蛇绿混杂带之下，扬子板块仰冲到哀牢山混杂带之上。在四川境内，不清楚的问题很多。在金沙江蛇绿混杂带与甘孜－理塘－木里蛇绿混杂带之间，现在能够确定的只有义敦弧，其他地质格局不清楚。甘孜－理塘带与丹巴蛇绿混杂带之间，地质格局也不清楚。最近研究表明，丹巴以东则属于元古宙晋宁造山作用拼合的扬子板块的部分。所以，三江造山带还需要进行深入的研究。

（7）雪峰山造山带。这条造山带西侧具有清楚的前陆褶皱冲断带和覆于其上的前陆盆地，东侧有仰冲的湘中陆块。一个显著的问题是蛇绿岩时代与碰撞时代的协调问题。从西侧前陆褶皱冲断带看，碰撞作用应发生于三叠纪，但需要更多证据，应该通过混杂带中基质和硅质岩块的时代来解决。另一个问题是向东如何延伸。李继亮（2010）的看法是从黔阳经溆浦、常德到益阳，然后与赵崇贺等（1995）发现古生代放射虫的江西混杂带相接。看法相当简单，然而需要做的研究工作则十分繁重、复杂。

（8）那坡造山带。那坡位于广西境内，那坡及其东侧是从十万大山向西增生到此处的增生楔混杂带；西侧是云南境内的前陆褶皱冲断带。问题是这条蛇绿混杂带向哪里延伸？目前的资料很难解答这个问题，必须进行深入的研究工作。

（9）闽赣湘造山带。这是一条志留纪末期碰撞的造山带。造山带内部，从前陆褶皱冲断带到增生楔混杂带向东到前缘弧，再到弧后混杂带和仰冲的小陆块，单元十分齐全（李继亮，1993）。向北，这个带被萍乡－铅山断裂切断，不能延伸。向南可能延入广东，但是如何延伸，其地质格局如何，目前尚不清楚。

（10）浙西和闽西三叠纪造山带。这两条带具有相同的格局，西部是前陆褶皱冲断带，向东，浙江有芝溪头蛇绿混杂带；福建有戴云山混杂带。两者的仰冲陆块都不清楚。两者的碰撞时代都是早三叠世（侯泉林等，1995；肖文交，1995）。浙西带向北，过了长兴之后被太湖和第四系覆盖。向南，被浙江南部的中生代火山岩覆盖。以此，浙西和闽西造山带是否相连，目前尚不清楚。闽西带向南可能延伸到广东。到广东境内如何展布，目前也不清楚。

（11）福建沿海造山带。 这条造山带出露了变质的前陆褶皱冲断带岩石和混杂带岩石（李继亮，1993）。在研究东海西湖凹陷天然气时，李继亮（1993）发现了一条向东俯冲的残留海沟的地震影像，其东侧经过该凹陷，见到一个由白垩纪安山岩组成的隆起。这说明：①福建沿海造山带延伸到东海海域；②海沟向东消减，以此不是太平洋向西俯冲的构造，应该属于特提斯构造域。还有待进一步工作。

（12）台湾海岸造山带。 这里经过我国学者和美国、法国学者多年的研究，已经形成了习惯的看法：仰冲盘是菲律宾岛弧，混杂带是纵谷蛇绿混杂带，太鲁阁带是变质的前陆褶皱冲断带，台湾西部是前陆盆地。这里有很多问题，例纵谷蛇绿岩代表缝合带，恒春半岛蛇绿岩如何解释？太鲁阁变质岩已经达到角闪岩相，而海岸造山带的碰撞历史只有 3 ～ 5Ma，太鲁阁带的俯冲－变质－折返速率何其快哉？台湾的蛇绿岩为何都具有滑塌堆积的再沉积特点？这些问题目前都缺乏深入研究。

3. 中国前寒武纪造山带

我国的前寒武纪造山带，在南方，环扬子晋宁造山带已经有了比较系统的研究（Li，1993），但需要进一步精细化。我国北方的前寒武纪造山带，需要像 Hoffman（1988）研究加拿大前寒武纪造山带那样，每一个造山带都研究之后，再进行归纳。有学者开展了五台山的一些岩石地球化学工作，提出将前寒武纪造山带外推到整个华北克拉通等认识。前寒武纪，特别是早前寒武纪，陆块和岩浆弧的规模比显生宙小得多，因此必须开展相当密集地详细地质构造研究。现在华北地区的早前寒武纪造山带在五台山地区发育比较典型。需要静下心来，在五台山的相邻地区或者远离五台山的地区，一个一个均匀区去测量不同期次的面理和线理，一块一块露头地去恢复原岩，一个一个岩石组合去研究其大地构造功能及其与相邻岩石组合的构造关系，研究其大地构造指向和碰撞时代标志，研究大区域的变形特征、变形关系和岩石组合体的相互构造关系，才能厘清另一条造山带。也许用 10 年的时间，可以把华北究竟有多少条早前寒武纪造山带研究清楚。

4. 板内构造问题

华北板块的一个最引人注目的问题是缺失中奥陶统—下石炭统，是本来就没有沉积，还是沉积后剥蚀了？什么原因造成的？这个问题不仅对于华北的构造演化意义重大，对天然气烃源岩层也有经济价值，另外，对于华北与韩国京畿地块的构造对比及构造关系也很重要。花很多人力、物力和时间把走滑挤压造成的隆升作为板内造山去研究，远不如研究这个地层缺失事件的意义重大。

1986 ～ 1995 年，中国科学院的六个研究所与四所大学集中了地球物理、地球化学和地质学科的近 300 人的队伍，研究了我国东南地区岩石圈构造演化。其中一项重要成果就是证明了扬子板块没有出露过老于 2.0Ga 的岩石，并证明 850Ma 的晋宁造山作用中，扬子板块盖层向周边造山带下俯冲，使得扬子板块基底更加难以出露。扬子板块周边的太古宙、古元古代岩石都是晋宁造山作用期间外来的仰冲陆块（李继亮，1992，1993）。

近年来，塔里木板块的塔中隆起的深钻，证明塔中有一条元古宙的岩浆弧。在昆仑山北部也可以见到元古宙末—早古生代的岛弧残余。因此，塔里木盆地的塔中以南地区是一个弧间盆地。这个弧间盆地的靠近昆仑山的地方有一个高背斜，然后一个低背斜；继续向北，古生代和中生代地层一马平川，既无褶皱也无断层，所以给油气勘探造成了困难。所以，在塔中以南地区，要认识以洋壳为基底的盆地的岩性油气藏的特点和分布规律，才能突破困难，开拓塔里木油气区新的辉煌前景（李继亮，2010）。

5. 地幔柱问题

二叠纪峨眉山玄武岩的地幔柱成因，已经不存在疑义。需要进一步研究的是扬子板块和塔里木板块的岩石圈在峨眉山地幔柱上的运动轨迹。如果二叠纪时期，塔里木和扬子板块曾经在一个地幔柱上运动，运动距离可能相当大，时距易于超过误差范围。至少，从最远点开始定年，容易做出成果。另外两个可能的地幔柱：山东蒙阴和辽宁复县的金伯利岩，华北板块从熊耳群到大庙岩体，有待证实，更有待运动轨迹的验证。

6. 两个岛的复原

台湾岛和海南岛都已经做了详细的地质工作，积累了大量的资料。从已有资料看，它们与相邻地区的地质情况相差很多。因此，研究它们的来源，应该提上研究日程。

参考文献

侯泉林，李培军，李继亮．1995. 闽西南前陆褶皱冲断带．北京：地质出版社

侯泉林，武昱东，吴福元等．2008. 大别－苏鲁造山带在朝鲜半岛可能的构造表现．地质通报，27（10）：1660 ～ 1666

李继亮．1992. 中国东南海陆岩石圈结构与演化研究．北京：中国科学技术出版社，1 ～ 315

李继亮．1993. 东南大陆岩石圈结构与地质演化．北京：冶金工业出版社，1 ～ 263

李继亮．2010. 求索地质学 50 年．地质科学，45（1）：1 ～ 11

武昱东，侯泉林．2016. 大别苏鲁造山带在朝鲜半岛的延伸方式——基于 $^{40}Ar/^{39}Ar$ 构造年代学的约束．岩石学报，32（10）：3187 ～ 3204

肖文交．1995. 浙西北前陆褶皱冲断带的构造样式及其演化．中国科学院地质与地球物理研究所博士研究生论文

肖文交，敖松坚，杨磊等．2017. 喜马拉雅汇聚带结构－属性解剖及印度－欧亚大陆最终拼贴格局．中国科学：地球科学，47：631 ～ 656

赵崇贺，何科昭，莫宣学等．1995. 赣东北深断裂带蛇绿混杂岩中晚古生代放射虫硅质岩的发现及其意义．科学通报，40（23）：2161 ～ 2163

Hoffman P F. 1988. United plates of America，the birth of a craton. Annual Review of Earth and Planetary Sciences，16：543 ～ 603

Li J L. 1993. Circum-Yangtze Jinninide. Memoir of Lithospheric Tectonic Evolution Research，1：11 ～ 17

附录 3　糜棱岩与片岩和片麻岩的比较

岩石类型	糜棱岩	片岩、片麻岩
应力作用方式	剪应力	正应力（差异应力）
加载 / 卸载速率	加载速率＞卸载速率	加载速率≤卸载速率（松弛）
面理	S-C 面理	S- 面理
a- 线理	发育	不发育
变形特征	变形局部化	变形均一化
变形行为	塑性（弹黏性）	黏性
变形方式	位错蠕变	扩散蠕变
变质作用	动力变质	区域变质

附录4 符号说明

a	微裂隙的半长；应变椭球长轴，等于 X，$\sqrt{\lambda_1}$
A	常数；试件顶或底面积
$\boldsymbol{A}$	应变速率分配张量；任意张量
b	应变椭球中间轴，等于 Y，$\sqrt{\lambda_2}$
B	形态因子
$\boldsymbol{B}$	应力分配张量
B^*	临界形态因子，等于运动学涡度
c	应变椭球短轴，等于 Z，$\sqrt{\lambda_3}$
C	与温度有关的材料常数；内聚强度（也可写为 τ_0）
$\boldsymbol{C}$	弹性模量张量，是一个四阶张量
$\boldsymbol{C}_E$	包体 / 异质体中的黏度张量
$\boldsymbol{C}_M$	基质中的黏度张量
C_p，μ_p，σ_n	界面的内聚力、（内）摩擦系数和正应力
C_w	先存断裂面的内聚力，等于 τ_0
$\boldsymbol{C}^{\mathrm{sec}}$	切线黏度张量
$\boldsymbol{C}^{\tan}$	有效黏度（割线黏度）张量
$C_{ijkl}^{\tan}$	切线黏度
C_{ijkl}^{sec}	有效黏度
$\overline{\boldsymbol{C}}$	均匀对等基质 HEM 的黏度张量
$\overline{\boldsymbol{C}}_{\mathrm{inital}}$	均匀对等基质 HEM 的初始力学性质
De	德波拉数
d	伸展位移量；剪切带位移；RDE 的平均特征长度
d'	各相邻标志体中心间的距离
D	代表体积元（RVE）的特征长度

$\mathcal{D}$	整个岩石圈尺度的高应变带的特征长度
$\boldsymbol{D}$	对称的应变率张量
d_{002}	煤基本结构单元的层间距
e	伸长度，即线段长度改变量与原长度的比值（伸长为正，缩短为负）
$\boldsymbol{e}$	包体内的弹性应变；柯西应变张量
$\boldsymbol{e}^{c}$	包体内部的应变张量
$\boldsymbol{e}^{*}$	均匀应变张量
$\bar{e}$	自然应变
$\bar{e}_{1,2,3}$	应变椭球三个主轴的自然应变
$\bar{e}_{s}$	单位八面体的自然剪应变
$\dot{e}$	应变速率
e_1，e_2，e_3	沿主方向的伸长度，也叫主应变
e_x，e_y，	横截面 x 和 y 方向的伸长度
e_z	轴向伸长度
$\dot{e}_x$，$\dot{e}_y$，$\dot{e}_z$	主应变速率，即平行于 ISA 的应变速率
$e_{z'}$	垂向对试件施压导致的轴向缩短应变
$e_{z''}$，$e_{z'''}$	相关的水平伸长应变产生的围压导致的垂向伸长应变
E	比例系数，称为杨氏模量或弹性模量
$\boldsymbol{E}$	宏观应变速率
E_0，E_i	主弹簧和附属 i 弹簧的弹性模量
f_a	先存构造活动性系数
f_{aF}	先存断裂活动性系数
f_{aW}，f_{aK}	先存构造面和库仑剪破裂面在临界库仑应力状态下的活动性系数
f_s	任意三轴应力状态下、任意方位界面的剪切活动趋势因子
f_F	断层面摩擦系数
F	试件所受轴向挤压力； 作用在预期将形成剪切带的有限小方块边界上的力
$\boldsymbol{F}$	变形梯度或位置梯度张量，是二阶张量
$\boldsymbol{F}^{\varepsilon}$	平面纯剪应变张量
$\boldsymbol{F}^{\gamma}$	简单剪切应变张量
$F_{ij}(x)$	位置梯度张量
F^{i}	第 i 个应变增量
F_{ij}^{TP}	剪切缩短情形时的纯剪应变分量

F_{ij}^{TT}	剪切伸展的应变分量
ΔF_{ij}^{γ}	无限小单剪增量
G	刚性模量；剪切模量
h	缩胀构造厚度
H	作用在预期将形成剪切带的有限小方块边界上的力臂
$\mathrm{ISA}_{1\text{-}3}$	最大 / 中间 / 最小瞬时伸长轴
$\boldsymbol{J}^{d}$	偏四阶单位张量
$\boldsymbol{J}^{m}$	平均四阶单位张量
$\boldsymbol{J}^{s}$	对称四阶单位张量
k	弗林参数，用以描述应变椭球体形态
k_x，k_y，k_z	沿 x、y、z 坐标轴的伸长或缩短量
K	Maxwell 体的松弛模量；体积模量
l_0，l_1	物体中某质点线段变形前后的长度
L	单位长线段
$\boldsymbol{L}$	速度场对质点瞬时坐标的梯度，是一个二阶张量
L_{a}	芳香层片的延展度
L_{c}	芳香层片的堆积高度
L_d	缩胀构造主波长
L_d/h	缩胀构造的长宽比
$L_{ij}(x)$	速度梯度张量，是一个关于空间位置 x 的函数
L_{ij}^{ε}	以坐标轴为主轴的纯剪分量
L_{ij}^{γ}	与 x_1x_3-面平行的简单剪切分量
$\boldsymbol{M}$	基质中的场变量
M_{eff}	有效力矩
$M_{G\text{-}eff}$	泛有效力矩
M_x，M_n	碎斑长轴和短轴
n，$n^{(k)}$	应变速率敏感度；应力指数
P_c	三轴挤压实验中试件所受围压
P_f	孔隙流体压力
Q	活化能
r'	莫尔图解中椭圆的短半轴
R	气体常数；应变椭圆的长短轴比（轴率），或叫二长比
$\boldsymbol{R}$	旋转变形张量

R^*	临界二长比
R_c	临界二长比，等于刚性体最小二长比（R_m）
R_f	原始椭圆形的标志体变形后的最终轴率
R_i	椭圆形标志体变形前的原始轴率
R_m	碎斑最小轴比
R_{o}	镜质组反射率
$R_{\mathrm{o,\ max}}$	最大镜质组反射率
R_s	应变椭圆的长短轴比（轴率），或叫二长比
s，S	长度比，线段变形后长度 l_1 与变形前长度 l_0 的比值，与 β 因子为同义语
$\boldsymbol{S}$	“对称”Eshelby 张量
$\boldsymbol{S}^E$	外部问题的“对称”Eshelby 张量
t	时间
t_m	Maxwell 松弛时间
t_r	黏弹材料的 Maxwell 松弛时间
t_{visc}	黏性流特征时间
T	温度（K 或℃）；表面张力；岩石的抗张强度
T_0	材料的单轴抗张强度；岩层的伸展强度
T_c	张应力临界值
T_H	材料的均一温度
T_m	材料熔点的绝对温度
$\boldsymbol{U}$	对称张量
v	速度；Lode 参数，具有与弗林参数（k）相似的作用
v_i（i=1, 2, 3）	速度矢量的坐标分量
$\boldsymbol{V}$	对称张量
$\boldsymbol{w}^{(k)}$	RDE 内部的微观（局部）涡度
W	涡度向量
$\boldsymbol{W}$	反对称的涡度张量
W_k	运动学涡度
$W_{k,\ \mathrm{max}}$	运动学涡度最大值
W_m	平均运动学涡度
Y	剪切带宽度
$\boldsymbol{x}$	物质点在变形状态的位置矢量
X，Y，Z	最大 / 中间 / 最小应变轴
$\boldsymbol{X}$	连续体在变形前的任意一物质点的位置矢量

α	两个流脊的夹角； 膝褶带内长翼与膝褶边界的夹角，为外侧角； 界面在 σ_1-σ_3 平面上的交线与 σ_3 的夹角； 方块边界法线与 σ_1 间的夹角； 任意方位面的倾角； 标志层初始方位与剪切带的夹角
α'	先存构造面在特定的坐标系（坐标轴与三个主应力平行）中的方位，通过坐标转换可以求解 α； 标志体变形后与剪切带的夹角
β	石英 C- 组构大环带的法线与糜棱岩面理间的夹角； 膝褶带内短翼与膝褶边界的夹角，为内侧角； 薄弱面上剪应力 τ 与 EF 的夹角，当 σ_1 直立时，是侧伏角
$\boldsymbol{\varepsilon}^{(k)}$	RDE 内部的微观（局部）应变速率
$\dot{\varepsilon}$	纯剪应变速率
$\dot{\boldsymbol{\varepsilon}}$	应变速率张量，是一个二阶张量
$\dot{\varepsilon}_1$，$\dot{\varepsilon}_2$，$\dot{\varepsilon}_3$	分别为沿 x_1-，x_2- 和 x_3- 轴的应变率
Δ	变形带的体积变化；体积损失因子
ΔG	化学反应路径的吉布斯自由能变
Δt	时间增量
$\Delta\sigma$	差（异）应力
γ	断层走向与伸展方向（σ_3）的夹角； 剪应变
γ	剪应变速率
γ_0	断层走向与伸展方向（σ_3）夹角的临界值
$\bar{\gamma}_{\text{oct}}$	共轴变形中八面体［111］面上的剪应变
Γ	次简单剪切（一般剪切）变形矩阵的非对角项
η，$\eta^{(k)}$	黏度常数； 刚性体长轴分别在直角坐标中的取向
η^*	有效动力学黏度
η_i	阻尼的黏度
λ	平方长度比，长度比（S）的平方； 边界条件波动的特征长度；拉美常数

λ_1，λ_2，λ_3	应变椭球长、中、短轴平方长度比；变形矩阵的特征值
$\sqrt{\lambda_1}$，$\sqrt{\lambda_2}$，$\sqrt{\lambda_3}$	应变椭球体长、中、短轴轴长
μ	内摩擦系数，即莫尔包络线斜率（等于 tan ϕ）
μ_p	某一界面的内摩擦系数
μ_w	先存构造面或断面上的摩擦系数
ν	泊松比
θ	ISA_1 与剪切平面的夹角；长轴与剪切带的夹角，某质点线变形前与应变主轴 X 的夹角； 界面与 σ_1 的夹角； 任意方位面的倾向； 破裂面与 σ_1 的夹角，即剪裂角
2θ	共轭剪裂角
θ'	先存构造面在特定的坐标系（坐标轴与三个主应力平行）中的方位，通过坐标转换可以求解 θ； 应变椭球长轴 X 与剪切方向间的夹角； 某质点线变形后与 X 轴的夹角； 剪切带边界面理与剪切带夹角
$\theta^{\perp}$	三轴应力莫尔圆上先存断层的倾角
θ_r	先存断层的活化角
ρ	密度
σ	正应力
$\boldsymbol{\sigma}$	柯西应力张量
$\boldsymbol{\sigma}'$	偏应力张量
$\boldsymbol{\sigma}^{(k)}$	RDE 内部的微观（局部）应力场
σ_0	初始应力； 材料在各向等值拉伸条件下的抗张断裂极限
σ_1，σ_3	分别为最大和最小主应力（压应力为正）
σ_c	临界剪应力
σ_d	最大有效力矩准则的莫尔包络线与横坐标的交点
σ_H	水平主应力
σ_{ij}	张量在 i 面上沿 j 方向的分量
σ_m	平均正应力；平均压力
σ_n	受力岩石任一截面上的有效正应力； 先存断裂面上的正应力

σ^{*}_{n}	有效正应力
σ_v	垂向主应力
σ_z	垂向应力
σ_α	轴向压应力
τ	剪应力
τ_0	抗纯剪断裂极限，即抗剪强度，也称岩石的内聚力
$\tau_{\max}$	最大剪应力
τ_n	界面上的剪应力
τ_w	临界剪应力
τ^{w}_{n}	先存构造面上的临界剪应力
$[\tau_n]$	沿界面产生剪切活动时的临界剪应力
ϕ	内摩擦角； 刚性体长轴分别在极坐标系中的取向； 异质体（CE）与剪切带边界的夹角； 应力率； 剪切方向与 x_1- 轴的夹角
φ	刚性体原始长轴与应变椭圆长轴的夹角； 各向异性方向； 各向异性面与伸展方向（X 或 σ_3）间的夹角； 变形带与先存面理之间的夹角
φ'	最终椭圆长轴与应变椭圆长轴的夹角
ψ	变形前与剪切面垂直的线的旋转角度，即角剪切
ω	角速度； 应变椭球三个主轴从参考状态到变形状态的旋转，可从 $\boldsymbol{R}$ 求得
$\boldsymbol{\omega}$	旋转张量
$\boldsymbol{\omega}^{c}$	包体内部的旋转张量
$\boldsymbol{\omega}_{ij}$	无限小旋转，为无限小变形的反对称部分
ξ	变形带（剪切带）边界的法线与瞬时最小主长度或最大主应力轴的夹角； 糜棱面理或石英条带的与石英斜向面理或云母解理面的夹角
δ	剪切带与缩短轴（Z 或 σ_1）间的初始夹角
δ_d，δ_s	右行和左行断裂与施加主压应力 σ_1 间的夹角
δt	时间增量
δ_{ij}	克罗内克函数

$\boldsymbol{\Pi}$	“反对称”Eshelby 张量
$\boldsymbol{\Pi}^E$	外部问题的“反对称”Eshelby 张量
$\boldsymbol{\Sigma}$	应力场
Ω	无限延伸的均匀弹性材料包含的一个子体积
Ω^*	无限延伸的均匀弹性材料包含的一个无应力状态的子体积

附录5　中小构造研究20问

1. 如何认识剪节理概念问题？

答：国外现行教材大多对节理是这样定义的：节理是具有小的伸展位移但没有或几乎没有沿壁位移的破裂。也就是说并不把具有剪切性质的破裂当作节理，或者说节理仅指具有引张性质的破裂。国内现行教材是按照力学性质将节理分为张节理和剪节理两类，并强调剪节理是剪应力作用的结果，张节理是张应力作用的结果。由此可以看出，国内外教材对“节理”的认识有较大差异，读者应对此有清楚的认识（参阅第三卷第3章）。

2. 自然界存在共轭的正交破裂吗？

答：水平直线型包络线破裂理论在地质条件下无法实现，因为剪破裂面上的正应力（σ_n）不可能为0，因此要使剪裂角 θ=45° 夹角的截面发生滑动，剪应力不仅需要克服岩石的内聚力（τ_0），还需要克服该界面上的内摩擦力（内摩擦角 $\phi \neq 0$）岩石才可能发生破裂。因此，剪应力仅达到内聚力（τ_0）时，岩石不可能发生破裂，也就是说不可能形成共轭的正交破裂。反之，如果要产生共轭的正交破裂，按照库仑－莫尔破裂准则，需要平行于横坐标（σ_n）的莫尔圆包络线，该包络线与横坐标的截距（抗张强度）为无限大，而自然界根本不存在抗张强度无限大的材料（包括岩石）。所以，野外看到的正交破裂往往并非共轭，而更可能是两组非共轭的节理或剪破裂（参阅第二卷第2章）。

3. 破劈理是劈理吗？

答：尽管岩石容易沿劈理面裂开，但劈理间仍具有内聚力；再者，劈理的四种成因类型包括机械旋转、重结晶、压溶作用和晶体塑性变形等。然而，破劈理完全是岩石的脆性破裂行为，与岩石中的矿物排列毫无关系，其间已不具有内聚力；而且形成劈理的四种机制均无法形成破劈理。因此，无论从劈理的特征，还是成因机制来看，破劈理并不属于劈理范畴，而仅仅是密集的破裂而已。故建议摒弃“破劈理”概念（参阅第三卷第5章）。

4. 何为主动面理和被动面理？

主动面理（active foliation）是指由剪切条带或应力活动面如糜棱岩中的C-面理和C′-面理等构成的面理，与应变积累无关，通常与有限应变的 *XY* 面不平行，递进变形过程中通常不旋转。

被动面理（passive foliation）作为物质的均匀流动面，应变过程中随着应变积累而被动旋转如糜棱岩中的S-面理等大部分连续面理。理想情况下，被动面理平行或近于平行于构造应变的 *XY* 面。

区分主动面理与被动面理有利于认识变形过程中不同面理的行为（参阅第三卷第 5 章）。

5. 伸展褶劈理（C′）在递进剪切过程中旋转吗？ S- 面理如何变化？其意义如何？

答：有两种不同的观点：一是按照最大有效力矩准则，认为 C′ 为一材料不变量，不管变形程度如何，不管岩石类型和变形方式，C′ 始终与 σ_1 保持约 55° 的夹角关系，即 C′ 不会因持续的剪切作用而旋转。另一种观点认为，当 C′ 形成时，如果剪切带有简单剪切成分，则 C′ 必须是总体旋转的，微劈石必然正在变形。

我们的研究结果表明：（1）伸展褶劈理是递进变形过程中应变分配（strain partitioning）的结果，其初始方向与剪切带（C- 面理）的运动学涡度（W_k）有关。按照应变分配原则，C′ 发育后主要承担了剪切带的简单剪切部分，而 S- 面理则承担了剪切带的纯剪切部分。若应变分配充分，原始剪切带（C- 面理）则不再发生应变，之后的应变则分别由 C′- 面理上的简单剪切和 S- 面理上的纯剪切来实现，C′ 不再受 C- 面理的控制，因此递进变形过程中 C′ 不发生旋转（参阅第三卷 114 页）。（2）随着递进剪切作用进行，C′ 之间的微劈石（即 S- 面理）在 C′ 的控制下发生反向旋转，因此随着变形程度的增加，S- 面理与剪切带（C- 面理）之间的夹角（θ'）不是减小，而是增大。因此，国内外教材中常用的剪应变（γ）与 θ' 之间的函数关系［见第三卷第 7 章式（7.3），图 7.11］将不复存在。也就是说，在发育伸展褶劈理（C′）的情况下，不能再利用 θ' 来求解剪应变（γ）（参阅侯泉林等 2021 年《岩石学报》有关文章）。

有研究者认为，低角度的拆离断层（韧性剪切带）可能是由伸展褶劈理发展而来的。若如此，在逆冲推覆构造发育的过程中会形成伸展褶劈理，进而发展成为拆离断层，而逆冲剪切带则趋于停止。也就是说，在同一构造应力场作用下，既可以发育逆冲推覆构造，也可以发育伸展拆离构造（这里的“伸展”是指应变，而非应力），二者顺序上有先后，一般逆冲作用在先，拆离作用（C′）略晚，但时间上非常接近。因此，不能轻易地将同一地区发育的逆冲推覆构造和伸展拆离构造看作是两次构造作用（事件）的结果，即前者代表挤压事件，后者代表拉张事件；另一方面，这可能解释了为什么两套相同剪切方向（如同为左旋剪切或右旋剪切）的构造系列（逆冲推覆构造系列和伸展拆离构造系列）会在同一地区且几乎同时发育。

总之，这一问题还没有达成共识，值得重视，有待进一步研究（参阅第二卷第 2 章和第 6 章，第三卷第 5 章）。

6. 糜棱岩的 S-面理与有限应变 *XY* 面平行吗？

答：糜棱岩中的 S-面起初与应变椭圆的 *XY* 面平行，即位于 ISA_1 方向。递进变形过程中，S-面的旋转速度比 *XY* 面快，而变得不平行（参阅第二卷图 1.8）。所以通常情况下，糜棱岩的 S-面理与有限应变的 *XY* 面不平行，但随着变形程度的增加，S-面的旋转速度逐渐减慢，二者往往近于平行。因此，实际工作中假定平行，通常把 S-面看作 *XY* 面（参阅第三卷第 5 章）。

7. 拉伸线理与剪切带的剪切方向一致吗？

答：理论上拉伸线理（L）与有限应变椭圆的 *X* 轴平行，因糜棱岩的 S-面理与 *XY* 面近于平行，因此拉伸线理位于 S-面上，而不是 C-面上。而我们的剪切方向是沿 C-面的剪切方向，但拉伸线理并不在C-面上，因此L与剪切方向并不一致。在简单剪切情形下，拉伸线理在C-面上的投影与剪切方向一致，可用于指示剪切方向。然而，自然界完全的简单剪切却几乎不存在，所以通常情况下不能用拉伸线理判别剪切方向。

研究表明，拉伸线理方向与剪切带的剪切方向之间的关系比较复杂，即使在剪切方向比较稳定的近简单剪切的高应变带中，拉伸线理的方向也会发生显著变化。因此拉伸线理的方向通常与剪切方向不平行，故不能用拉伸线理判别剪切方向（参阅第三卷第1，6，7章）。

8. 斜面理（oblique foliation）与S-面理的关系及意义如何？

答：斜面理或斜向面理（oblique foliation）是显微尺度下的一种面理，也称斜向显微面理（oblique microscopic foliation），主要由定向排列的亚颗粒构成，仅代表构造应变最后阶段的增量应变。这些小颗粒的优选方向与应变椭球*XY*面（近似于有限应变S-面）斜交。递进变形过程中，斜面理保持相对固定的方向，一般与C-面理夹角≤45°，角度的大小与剪切带的运动学涡度（W_k）、重结晶机理等有关。有限应变的S-面理与斜面理之间的组构关系犹如河床与鹅卵石的关系，实际工作中应注意区分斜面理与S-面理。借此可判断剪切带运动方向，计算运动学涡度（参阅第二卷第1章1.3节；第三卷第5、7章）。

9. 何为侧生构造？有何意义？

答：应变带或糜棱岩带中，面理或层理等标志层［即寄主元素（host element，HE）］中常常发育斜切寄主元素的脉、裂隙、小断层及剪切条带等不连续面［称为“异质体”或“斜切元素”（crosscutting elements，CE）］。研究表明，这些异质体（CE）是在糜棱岩或应变带形成过程中侵入或发育的，它们与寄主元素（HE）的相互作用可以形成一些不对称构造，称为侧生构造（flanking structures），异质体两侧的相应褶皱称为侧生褶皱（flanking-folds）。尽管看上去好像侧生褶皱被异质体所切，但实际上侧生褶皱的形成晚于异质体（CE）。侧生构造有时可作为剪切指向的判别标志，但侧生褶皱的弯曲方向受控于诸多因素如CE的初始方位、与围岩的黏度差，以及应变大小等，运用时需谨慎（参阅第三卷第2章）。

10. 如何理解变形局部化与均匀变形问题？

答：变形局部化与均匀变形分属不同的变形领域，取决于加载速率与卸载（松弛）速率的相对大小。变形局部化和均匀变形的比较见下表：（参阅第二卷；附录3）

变形局部化	加载速率>卸载速率	剪应力控制	位错蠕变	间隔性	共轭性	最大有效力矩准则（～110°）
均匀变形	加载速率≤卸载速率	正应力控制	扩散蠕变	透入性	单方向	连续介质力学

11. 莫尔－库仑准则与最大有效力矩准则如何相容？

答：莫尔－库仑准则是表述岩石脆性状态下，破裂面发育的位置，即与主压应力（σ_1）的夹角（通常θ=30°），受控于剪应力（$\tau=\tau_0+\sigma_n\tan\phi$），且岩石脆性破裂的强度随围压的增大而增大，因此莫尔圆包络线为正倾斜（$\tan\phi>0$）。

最大有效力矩准则是表述岩石塑性状态下，韧性剪切带或应变带发育的位置，即与主压应力（σ_1）的夹角（$\theta\approx55°$），受控于力矩［$M_{eff}=\pm1/2\cdot(\sigma_1-\sigma_3)L\sin2\theta\sin\theta$］，

且岩石塑性变形强度随围压的增加而减小，因此莫尔圆包络线为反倾斜（tanϕ ＜ 0）。

可以看出，莫尔－库仑准则适用于浅层次脆性破裂面的发育，而最大有效力矩准则适用于深层次韧性剪切带的发育（参阅第二卷第 2 章）。

12. 伸展褶劈理（C′）是褶劈理吗？

答：尽管我们可能难以区分一般的伸展褶劈理（extentional crenulation cleavage，C′）与褶劈理（crenulation cleavage），但伸展褶劈理与褶皱并没有直接联系，它并非由先存面理（如 S- 面）经褶皱发展而成。S- 面在 C′- 面附近的轻度弯曲是牵引褶皱，属侧生褶皱（flanking folds），略晚于或与 C′ 近同期发育，而且 C′ 与最大缩短方向并不垂直，而褶劈理与最大缩短方向垂直。因此，伸展褶劈理（C′）既不是轴面劈理，也不是褶劈理。伸展褶劈理实际上是韧性剪切带中发育的一种平行的间隔性剪切条带，属主动面理，因此用“剪切条带”（shear bands）术语更为贴切（参阅第三卷第 5 章）。

13. 如何理解和认识应变（变位形）分配问题？

答：应变分配（strain partitioning）或变位形分配（deformation partitioning）概念的提出，是基于 20 世纪 70 年代末、80 年代初，大量的构造分析、震源机制解和水压致裂揭示，主压应力方向与走滑断层近垂直、走滑断层与逆冲推覆构造平行等。这种应力状态与运动学间的不相容导致不连续介质的变位形分配或应变分配理念的应运而生。

地壳乃至岩石圈中的不连续面几乎是随处可见，地质结构的不均一性包括原生不均一性和次生不均一性普遍存在。对于应变不均一的地质体，其应变可以用递进伸缩应变分量（共轴变形）和递进剪切应变分量（非共轴变形）来描述。这种把横跨变形带的总应变分别分配到以不同应变类型（共轴变形与非共轴变形）为主导的带或域上的过程即为应变分配。运用应变分配理论可以解释许多连续介质力学无法解释的现象，如美国加州圣安德烈斯断裂带中褶皱轴与走滑断层平行的问题（参阅第二卷第 1 章；第三卷第 9 章）。

14. 核幔构造的核与幔的矿物成分相同吗？其意义如何？

答：核－幔构造（core-and-mantle structure）也称被幔残斑（mantled porphyroclast）是由核部的单晶矿物及与其相同矿物成分的较细粒矿物构成的幔部共同构成。所以，一般情况下幔部是由核晶动态重结晶的细粒产物，理论上其矿物成分相同。但如果有流体等作用，动态重结晶会伴有化学反应，形成新的矿物，如长石会反应生成石英或云母。

核幔构造的不对称形态可指示剪切方向。不同类型的核幔构造与变形程度有关：δ- 型和复合型被幔碎斑系主要发生于高应变糜棱岩中；σ- 型被幔碎斑系主要出现于低应变糜棱岩中；裸碎斑多见于超糜棱岩，特别是高级别的超糜棱岩；ϕ- 型被幔碎斑系常见于高级别的相对粗粒糜棱岩中，但并不代表共轴流变。注意，不要将 σ- 型核幔构造与矿物鱼、S 形矿物集合体混为一谈，也不应与不对称应变影和反应边相混淆，因为每个类型都有其不同的形成机理（参阅第三卷第 7 章）。

15.（超）高压条件下能形成构造岩吗？

答：尽管高压－超高压构造岩与高压－超高压变质岩一样，是个非常重要的命题，然而与高压－超高压变质岩不同的是，高压－超高压构造岩的存在与否长期以来饱受争议。主要有两种观点：一种观点认为，在深俯冲带内，差异应力强度较低，只有几个兆帕（MPa），小于位错蠕变所需的应力强度，应变以溶解－沉淀（dissolution-precipitation）方式为主，因此无法形成（超）高压糜棱岩。另一种观点认为，在深俯冲带内差异应力强度可达几十个兆帕以上，位错蠕变仍然是矿物和岩石的主要变形机制之一，可以形成（超）高压糜棱岩。而且认为，高应变主要集中于韧性剪切带内，构成了超高压变质体的折返通道和润滑带。近期研究发现榴辉岩的强烈变形（如第一卷图 4.52）和蓝片岩的碎裂作用。这一问题尚未完全取得共识，国人应有进一步作为（参阅第三卷第 1 章）。

16. 同为长英质糜棱岩，为什么有的不发育不对称残斑构造?

答：在高级别条件下，剪切带趋于变宽，这是因为软化作用和局部化机理的效应比低级别条件下更低。如此条件下，不同矿物之间的流变性差异减小，扩散蠕变变得更为重要，差异应力降低。在低应变速率下，形成残斑很少、粒度相对较粗的层状岩石，基质中的颗粒可能呈网状，除组分层外，面理和线理的发育程度较弱。在高级别的糜棱岩中，能干性弱的矿物表现为带状伸长重结晶，而能干性强的矿物表现为对称的残碎斑晶，不显示不对称残斑构造，形成菱网状或条带状糜棱岩（参阅第二卷第 4 章图 4.8；第三卷第 1、7 章；附录 3）。

17. 韧性剪切带中会出现脆性破裂吗？与成矿作用关系如何?

答：韧性剪切带中发育脆性破裂的最著名实例是加拿大魁北克卡迪拉克（Cadillac）构造带北侧的西格玛等著名剪切带型金矿。其近水平含金电气石石英脉主要赋存于高角度逆冲型韧性剪切带中及其旁侧。脉纤维与脉壁垂直，表明为张性脉。韧性剪切带与张性脉体现的应力状态相同而岩石的变形行为迥然各异。其脆、韧性变形共存，并非构造层次的变化，而可能是孔隙流体压力和应变速率的变化所致。韧性剪切带形成过程中，晶体塑性变形和动态重结晶作用会破坏孔隙结构并使剪切带发生愈合，封闭条件下孔隙体积逐渐缩小，造成局部流体压力累积并达到静岩至超静岩压力（即高压流体）。局部高压流体所造成的岩石强度的降低和应变速率的突然增加，以及岩石能干性的差异等因素可以引发脆性破裂，往往是 R、R′ 和 T 破裂。新近研究认为，非稳态变形是“常态”，因应变速率的变化而导致岩石韧、脆性变形交叉进行是常见现象。正是由于韧性剪切带发育过程中的脆性破裂构成了剪切带型矿床形成的根本原因，其成矿过程大致为：（多期）岩体 – 热液流体 – 韧性剪切 – 脆性破裂（R、R′ 和 T）– 应力骤降 – 流体闪蒸 – 元素析出成矿（参阅第二卷第 4 章，第四卷有关部分；及侯泉林和刘庆，2020，《剪切带型矿床成矿的岩石构造环境及力化学过程》）。

18. 韧性剪切带中未变形的岩石或矿物能作为限定变形时代的上限吗?

答：应具体情况具体分析，许多情况下不可以。因为韧性变形是非均匀变形，尽管其中的某些岩石或矿物未发生变形，但并不意味着它一定形成于变形之后。韧性剪切带成核后物质的流变性发生变化，即应变软化或硬化，这就是为什么韧性剪切带往往发育于狭长的带内（变形局部化）。其中塑性变形仅限于某些岩石或矿物，而另一些岩石或矿物并不发生变形，如糜棱岩中的残斑。这些未变形的岩石或矿物与变形的岩石和矿物并无时代差异，均形成于变形之前。因此不能用此作为限定变形时代的上限，就像不能用残斑的年龄作为变形时代上限一样。

19. 如何理解运动学涡度（W_k）与剪切带厚度之关系问题?

答：有研究者认为：

当 ξ=90°、α= −90° 时，W_k=−1 代表平行剪切带的挤压或缩短，或者垂直于剪切带的拉张或伸长，形成增厚型剪切带；

当 45° < ξ < 90°、−90° < α < 0° 时，−1 < W_k < 0，形成增厚型一般剪切带，往往解释为多次构造作用（参阅郑亚东和王涛《中国科学》D 辑 2005 年第 4 期文献）。

ξ- 剪切带边界的法线与瞬时最小主应变轴（λ_3）或最大主应力轴（σ_1）间的夹角，0° ≤ ξ ≤ 90°; α- 两特征方向(流脊)间的夹角,若考虑顺时针和逆时针夹角,−90° ≤ α ≤ 90°; 若只考虑夹角的大小，0° ≤ α ≤ 90°（参阅第二卷图 1.37）。

然而，如何理解如下问题: ①二维情形下运动学涡度计算公式 W_k=cosα 或 W_k=sin2ξ[第二卷式（1.33）和式（1.36）]，以及其他公式均无法求解出 W_k 为负值的情况。再者从运动学涡度的初始定义及表达式 [第二卷式（1.30）—式（1.32）] 看，运动学涡度是涡度（W）与应变速率（$\dot{e}$）之比的数值度量，并无负值情形，也就是说运动学涡度不可能为负值（参阅第二卷图 1.37）。② W_k=1，代表非共轴变形的简单剪切（并未强调是左旋剪切还是右旋剪切）; W_k=0，代表共轴变形的纯剪切(也不强调是挤压应变还是拉伸应变); 0 < W_k < 1 代表一般剪切，其大小反映了与剪切带边界垂直的和平行的应变分量所占比例，或者说纯剪切与简单剪切所占比例。那么，W_k=−1 和 −1 < W_k < 0 代表什么物理含义呢? 其本身似乎并不表达任何物理含义。③ 45° < ξ ≤ 90° 可能会导致剪切带的增厚，但未必是多次构造作用的结果，如在剪切带转弯松弛部位往往可以形成增厚型一般剪切带。

若如此，第二卷 47 页的一些表述可能欠妥。总之，剪切带的运动学涡度方面还有许多问题有待深入研究。

20. 如何认识最大有效力矩准则的适用范围和边界条件?

答: 岩石韧性变形的“最大有效力矩准则”是由北京大学郑亚东教授 2004 年提出来的，尽管尚未被普遍接受或形成共识，但在解释低角度正断层、高角度逆断层、伸展褶劈理(C′)等构造的形成机理方面收到了一定效果（参阅第二卷第 2、5 和 6 章）。在最大有效力矩准则的求解过程中并没有设置任何边界条件，即任何条件下变形带与最大主应力 σ_1 的夹角 θ 始终保持约 55°（第二卷图 2.13、图 2.14），因此在莫尔圆图解上的莫尔包络线为一条反倾斜的直线（见第二卷图 2.16、图 2.20）。然而，北京大学苏君（2020）博士论文的测定结果显示，从地壳浅层次到深层次，破裂面（变形带）与 σ_1 的夹角 θ 逐渐增大，从小于 30° 直到下地壳层次的近 90°。虽然这一变化趋势与我们的预测结果相协调（见第二卷图 2.20），但是在深层次塑性变形状态下，θ 角可达近 90°。这暗示变形带与 σ_1 的夹角可能并不总是 55°，而是随深度层次的变化而变化的。因此，最大有效力矩准则可能是有适用范围和边界条件的。若如此，其莫尔包络线可能并非直线，而应该是曲线如抛物线、双曲线或其他。究竟如何? 尚不清楚，有待探索。

后　　记

这套教材的撰写，既有其必然性，也有其偶然性或“故事”性。

说其必然性。一是 2002 年 10 月我从中国科学院地质与地球物理研究所调入中国科学院大学（简称“国科大”，原中国科学院研究生院）工作以来，一直讲授研究生“高等构造地质学”课程，达 15 年之久。期间还讲授了一些其他相关课程，有一定积累，总希望能把这些讲稿、课件系统地整理记录下来；二是在读文献、评审学位论文或参加有关学术会议时，发现对有些基本概念的理解和认识出入较大，甚至有些是误解，因此希望能编撰一部“高等构造地质学”教材，以正视听，并予以规范；三是 2014 年丁仲礼院士任国科大校长后，进行了一系列教学改革，鼓励任课教师撰写教材，并由副校长郭正堂院士分管负责。这二位领导都是地质学院士，我与他们于 20 世纪 90 年代同在一个研究所工作，对他们的学识和为人甚为敬佩，所以他们的号召在我心目中有很大的影响力！还有就是我从副校长岗位上退下来以后，时间也相对充裕。

说其偶然性。尽管自己长期有将多年的教学积累整理出来的想法，平时也注意收集国内外的优秀教材和文献，但总觉得自己学识所限，恐怕误人子弟，迟迟没敢动笔，更没想着出版。幸运的是，国科大地球科学学院地质学科有一个氛围十分和谐的团队，大家经常在一起研讨学术、教学以及研究生指导等问题（我们称之为“构造组会”）。我的同事吴春明教授多次建议我把有关构造特别是造山带的一些问题整理出来出版。这给我造成了压力，也给予了我动力！特别是 2016 年 7 月，利用暑假，我和吴春明、闫全人教授等带领学生一行十多人赴敦煌造山带野外考察，其间吴春明教授又几次催促我。春明的多次催促激起了我的自信和热情，回来后一直在思考这个问题，晚上睡不着觉时，就构思教材的结构和思路。初步架构和思路形成后又听取了我的老师李继亮研究员的意见。8 月 7 日，觉得这件事不能再拖了，否则对不起同事们的热情。《高等构造地质学》第一卷“思想方法与构架”于 2016 年 8 月 8 日开始动笔，2017 年 7 月底完成初稿，期近一年。我对吴春明教授开玩笑地说：“我是被你‘赶上架’的。”但无论如何，总还是有了成效，可赋师友的郊劳。

还有就是《高等构造地质学》第二卷的撰写，起源更早，也有其“故事”。2013 年初，我建议北京大学郑亚东教授根据自己多年的积累整理一本构造地质学教材。郑老师听了我的建议后，同意组织编撰一本叫“新概念构造地质学”教材，由大家共同撰稿。2014 年 10 月份，郑老师将其以“最大有效力矩准则”为核心内容的手稿交给了我，然后到美国与女儿共同生活。后来由于种种原因，其他部分一直没有成稿。2016 年上半年，郑老师从美国发邮件给我，说他自己的手稿不能独立成书，建议我在撰写教材时，根据需要择其内容使用，不用署其名字。郑亚东教授是我十分崇拜和敬仰的构造地质学家！我与郑老师相识于 1986 ~ 1987 学年，当时我在北京大学地质学系作进修教师，郑老师是我的指导老师之一，选修了郑老师主讲的多门课程，如“高等构造地质学”“岩石有限应变测量”等。他退休以后我邀请他在国科大地球科学学院讲授“构造地质学新进展”研究生课程多年。所以我在组织《高等构造地质学》第二卷“新理论与应用”内容时，充分吸纳了郑老师手稿的内容，并尽可能体现郑老师的“新概念构造地质学”思想。

这就是《高等构造地质学》系列教材第一卷和第二卷的撰写历程，以期读者有所了解。至于第三卷和第四卷何时完稿，还难以确定，我会努力！

作　者

2018 年 2 月 13 日于北京怀柔家中